高等职业教育“十三五”规划教材

水利工程测量

主　编　陈　涛
副主编　缑慧娟　邹　宇

中国水利水电出版社
www.waterpub.com.cn
· 北京 ·

内容提要

本书是在总结多年教学经验的基础上，结合作者的实际工作实践编写而成。本书主要内容包括测量学基础知识、水准测量、角度测量、距离测量与直线定向、控制测量、GNSS测量、大比例尺地形图测绘、地形图的应用、施工测量的基本方法、渠道测量、水工建筑物施工放样、测量误差的基础知识等。书中有详细的示例便于自学。

本书可作为高职高专院校水利水电工程、工程测量、土木工程、工程地质勘查及相关专业的教材，也可作为有关技术人员的参考用书。

图书在版编目（CIP）数据

水利工程测量 / 陈涛主编．—北京：中国水利水电出版社，2019. 8（2024.1重印）
高等职业教育“十三五”规划教材
ISBN 978-7-5170-7790-9

Ⅰ. ①水… Ⅱ. ①陈… Ⅲ. ①水利工程测量－高等职业教育－教材 Ⅳ. ①TV221

中国版本图书馆 CIP 数据核字（2019）第 131391 号

策划编辑：宋扬　责任编辑：宋俊娥

书　　名	高等职业教育“十三五”规划教材 水利工程测量 SHUILI GONGCHENG CELIANG
作　　者	主　编　陈　涛 副主编　缑慧娟　邹　宇
出版发行	中国水利水电出版社 （北京市海淀区玉渊潭南路 1 号 D 座　100038） 网址：www. waterpub. com. cn E-mail：zhiboshangshu@163.com 电话：（010）62572966-2205/2266/2201（营销中心）
经　　售	北京科水图书销售有限公司 电话：（010）68545874、63202643 全国各地新华书店和相关出版物销售网点
排　　版	北京智博尚书文化传媒有限公司
印　　刷	三河市龙大印装有限公司
规　　格	185mm×260mm　16 开本　17. 75 印张　438 千字
版　　次	2019 年 8 月第 1 版　2024 年 1 月第 4 次印刷
印　　数	7001—8000 册
定　　价	53. 00 元

前言

FOREWORD

测量学是研究地球及其表面各种形态的学科，主要任务是测量地球表面的点位和几何形状，并绘制成图，以及测定和研究地球的形状和大小等。水利工程测量是在水利工程的规划、设计、施工和运维各阶段所进行的测量工作，是工程测量的一个专业分支。水利工程测量综合应用天文大地测量、普通测量、摄影测量、海洋测量、地图绘制及遥感等技术，为水利工程建设提供各种测量数据资料，保障建设的顺利进行。

本书以水利水电工程建筑、建筑工程技术、工程造价、工程地质勘查等专业的教学大纲及课程标准为依据，结合目前各工程建设中广泛使用的测量仪器、先进技术及方法，在总结多年教学经验的基础上编写而成。本书重点介绍了工程测量的基本理论、基本操作以及各种测量工作的基本作业方法。在兼顾传统测量技术的同时，依据最新的测量规范，舍弃了陈旧的测量方法，新增了电子水准仪、全站仪、GNSS 定位技术、数字化测图等测量新仪器和新方法的内容。

本书由贵州水利水电职业技术学院的陈涛担任主编，缑慧娟、邹宇担任副主编，刘波、何清平等人参编。具体分工如下：陈涛编写第 1、7、10 章；缑慧娟编写第 2、3、6 章；邹宇编写第 4、5、9、11 章；刘波编写第 8 章；何清平编写第 12 章。李高翔、石之依、刘继庚、闫星光、邓仕雄协助完成了整理资料、整理书稿、文稿校对等工作。全书由陈涛统稿。

本书在编写过程中，参阅了大量的文献，引用了同类书刊的部分资料，在此，谨向有关作者表示衷心感谢！贵州水利水电职业技术学院工程测量教研室全体老师对本书的编写提供了大量帮助，在此也深表谢意！

由于编者水平有限，书中难免有疏漏之处，敬请专家和广大读者批评指正。

编　者

2019 年 3 月

目　录
CONTENTS

第1章 测量学基础知识

教学要点

本章主要介绍测量学的任务和分类，地球的形状和大小，地面点位置的表示方法（坐标系和高程），用水平面代替水准面的限度，测量工作的基本内容和基本原则等内容。重点是地面点位置的表示方法，难点是高斯平面直角坐标系和用水平面代替水准面的限度。

1.1 测量学的任务和分类

1.1.1 测量学的研究对象和任务

传统的测量学是研究如何确定地球的形状和大小，以及如何确定地面点的空间位置，并将地球表面各种地物、地貌及其他信息测绘成图的科学。现在测量学已发展到地球的外层空间，并且观测研究的对象由静态发展到动态；使用的手段和仪器设备逐步向自动化、遥测、遥控和数字化方向发展。目前，测量学是研究三维空间中各种物体的形状、大小、位置、方向及其分布的学科。

按照测量地面点位置的工作性质和过程，测量学的主要任务分为测定和测设两个部分。

测定就是按照一定方法，使用测量仪器和工具，通过测量和计算确定地面点的位置（三维坐标）或把地球表面的地物和地貌信息按一定比例尺、专门的图式符号测绘成地形图。因此测定又称测绘。

测设则与测定相反，就是将规划设计图上的建（构）筑物的空间位置、形状、大小，用专门的测量仪器设备和一定的测量方法，经必要的数据处理，在实地标定出来，作为工程施工的依据。这个过程就是测设，在工程上又称为放样。

1.1.2 测量学学科分类

根据研究对象和应用范围的不同，测量学分为大地测量学、地形测量学、摄影测量学和工程测量学等学科。

1.1.2.1 大地测量学

大地测量学是以地球表面大区域为研究对象，确定地球形状、大小、重力场、整体与局部运动和地面点的几何位置，以及它们变化的理论和技术的学科。其基本任务是建立国家大地控制网，测定地球的形状、大小和重力场，为地形测图和各种工程测量提供基础起算数据，为空间科学、军事科学及研究地壳变形、地震预报等提供重要资料。

1.1.2.2 地形测量学

地形测量学是研究测绘地形图的基本理论、技术和方法的学科。地形测量的任务就是将地球表面的地物、地貌及其他信息测绘成按一定比例尺和图式符号表示的地形图，以满足国民经济建设、国防建设、科学研究等各个方面的需要。

1.1.2.3 摄影测量与遥感

摄影测量与遥感是研究利用影像数据信息来测定物体的形状、大小、属性及空间位置，并用图形、图像和数字形式表达的学科。其基本任务是通过对摄影像片或遥感图像进行处理、量测、解译，以测定物体的形状、大小和位置，进而制作成图。随着遥感技术的迅速发展，摄影方式和研究对象越来越多，摄影测量在多种领域内都得到了广泛应用，它的任务已不只是局限于测绘地形图了。

1.1.2.4 工程测量学

工程测量学是研究矿山、道路、水利、军事、工业与民用建筑等工程建设在规划设计、建筑施工、运营管理各个阶段中进行控制测量、地形图测绘、施工放样、设备安装、变形监测及分析和预报等的理论、技术和方法，以及对测量和工程建设有关的信息进行管理和使用的学科。工程测量的任务就是提供规划设计所必需的地形图、断面图和其他观测数据，进行建筑物的施工放样和竣工测量，并进行长期的安全监测工作。工程测量学是一门应用学科，根据研究的对象不同，又分为水利工程测量、建筑工程测量、铁路工程测量、公路工程测量、桥梁工程测量、隧道工程测量、地下工程测量、管线工程测量、矿山测量、城市建设工程测量等。

1.1.3 水利工程测量的任务

建设工程有很多分类，水利工程、建筑工程、铁路工程、公路工程等仅仅是建设工程领域的一部分。水利工程测量主要是为水利工程提供测量服务，它包括水利工程在规划设计阶段、工程施工阶段及工程竣工和运营管理阶段所进行的各种测量工作。

水利工程测量在工程规划设计阶段的主要任务是建立工程区域内的测图控制网，测绘各种比例尺的地形图及地形图应用；在工程施工阶段的主要任务是建立施工控制网，通过施工放样指导开挖、砌筑、设备安装和工程量计算；在工程竣工阶段的主要任务是进行竣工测量，检查工程质量是否符合设计要求；在运营管理阶段的主要任务是精确测定、监测建筑物上一系列关键点的位置及其随时间变化的位移，研究建筑物在自身荷载和外力作用下随时间变化的规律，为确保建筑物的安全、稳定，验证设计理论和检验施工质量提供资料。

以上这些工作都是水利工程测量的任务，所以说测量工作在工程建设方面的应用十分广泛。凡有工程建设的地方就需要工程测量，凡参与工程建设的人员都应该具备相关的测量知识和测量技能。工程测量在整个工程建设中起着先导性、关键性的作用。测量工作贯穿工程建设的全过程。

1.1.4 测量技术的发展

测量技术的进步与发展在很大程度上依赖于测量仪器的革新与发展，测量仪器的进步甚至会引起测量理论、测量技术、测量成果的进步和发展及测量应用领域的拓展。20 世纪 60 年代初激光红外技术的兴起，开辟了电磁波测距的新天地，目前各类电磁波测距仪在测量工作中得到了广泛的应用。电子计算机的出现，使计算技术得到了根本性的变革，几十年来，电子计算机类型之多，更新之快，发展之迅速实属空前。用计算机实施测量计算，尤其对大规模控制网的严密平差既迅速、又准确，减轻了繁重的内业计算工作。电子经纬仪与电磁波测距仪、电子计算器和记录装置相结合组成了全站型的电子速测仪，可以自动地记录和运算，迅速获得地面点的三维坐标，构成由外业测量到数据存储、计算机处理乃至打印与绘图的自动化流程，大大加快了工作速度。

随着空间科学和信息科学的飞速发展，全球导航卫星系统（GNSS）、地理信息系统（GIS）、遥感（RS）技术已成为当前测绘工作的核心技术。计算机和网络通信技术的普遍应用，使测绘领域早已从陆地扩展到海洋、空间，由地球表面延伸到地球内部；测绘技术体系从模拟转向数字、从地面转向空间、从静态转向动态。目前，测量工作正向多领域、多品种、高精度、自动化、数字化、网络化和智能化方向发展。

1.2　地球的形状和大小

测量工作的主要研究对象是地球的自然表面，因此应对地球的形状和大小有所了解。地球表面是极不规则的，有山地、丘陵、平原、盆地、海洋等起伏变化。陆地上最高处珠穆朗玛峰高出平均海水面 8 844.43 m（这个数据是 2005 年 10 月 5 日国家测绘局公布的最新测量数据，高程测量精度为 ±0.21 m，峰顶冰雪深度为 3.50 m），海洋最深处马里亚纳海沟，低于平均海水面 10 994 m（误差 40 m）。由此可见，地球的自然表面最高处与最低处相差约 20 km。尽管有这样大的高低起伏，但相对于地球庞大的体积来说仍可忽略不计。通过长期的测绘工作和科学调查了解到，地球表面上的海洋面积约占 71%，陆地面积约占 29%，因此人们把地球总的形状看作是被海水包围的球体。

地球上的任一质点，因受地球引力影响而不脱离地球。同时，地球又在不停地自转，使质点受到离心力的作用。因此，一个质点实际上所受到的力是地球引力与离心力的合力。这个合力就是大家熟悉的重力（图 1.1）。

测量工作取得重力方向的一般方法是用细绳悬挂一个垂球（图 1.1），细绳即为悬挂点 O 的重力方向，通常称它为垂线或铅垂线方向。铅垂线是测量工作的基准线。

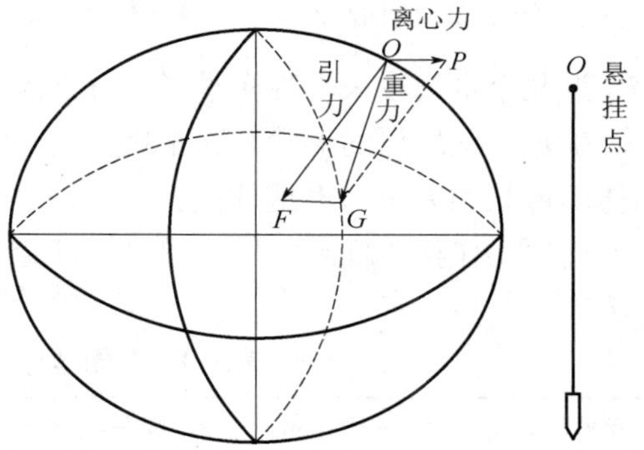

图 1.1　重力及铅垂线

静止而不流动的水面上的每一个分子各自都受到重力的作用，在重力位相同时这些水分子便不流动而呈静止状态，形成一个重力等位面，这个面称为水准面。通俗一点说，水准面就是设想将一个静止不动的海水面向陆地延伸，形成的一个封闭曲面。由物理学知，等位面处处与产生等位能的力的方向垂直，即水准面是一个处处与重力方向垂直的连续曲面。

与水准面相切的平面称为水平面。

由于受太阳、月亮、地球三者引力的影响，海水面时高时低，出现潮汐，因此水准面有无数个，把其中与平均海水面吻合的水准面称为大地水准面。大地水准面是测量工作的基准面，它所包围的地球形体称为大地体，代表了地球的自然形状和大小。

由于地球吸引力的大小与地球内部的质量有关，而地球内部的质量分布又不均匀，这引起地面上各点的铅垂线方向产生不规则的变化，因而大地水准面实际上是一个有微小起伏的不规则曲面，如图 1.2 所示。显然，要在这样的曲面上进行测量计算和绘图是相当困难的，甚至是不可能的。经过长期的测量和研究表明，地球是一个沿赤道稍微膨大而两极略为扁平的椭球。根据卫星照片和卫星大地测量的资料分析，更进一步证明了大地体是接近于一个椭圆绕短轴旋转而成的旋转椭球体。因此，可以用一个能用数学式表达的旋转椭球体与大地体进行定位。这个与大地体定位的椭球体，测量工作者称之为参考椭球体，其表面是一个规则的数学曲面，它是测量计算和投影制图工作的基准面。

地球椭球体的形状和大小主要由三个元素来确定：长半轴 a；短半轴 b；扁率 $\alpha=(a-b)/a$。

只要知道其中的两个元素，即可确定地球椭球体的形状和大小，如图 1.3 所示。

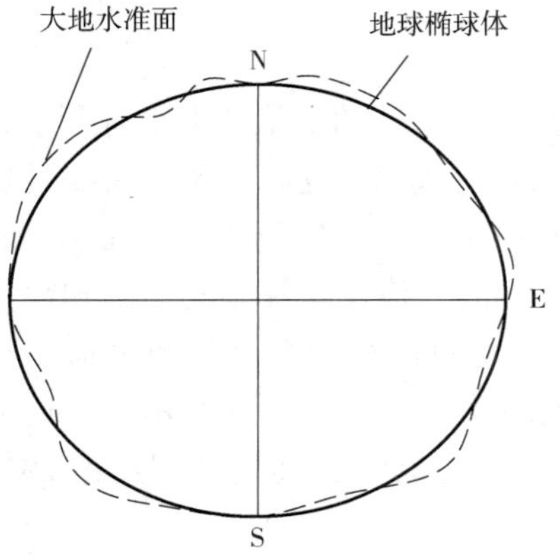

图 1.2　大地水准面与地球椭球体

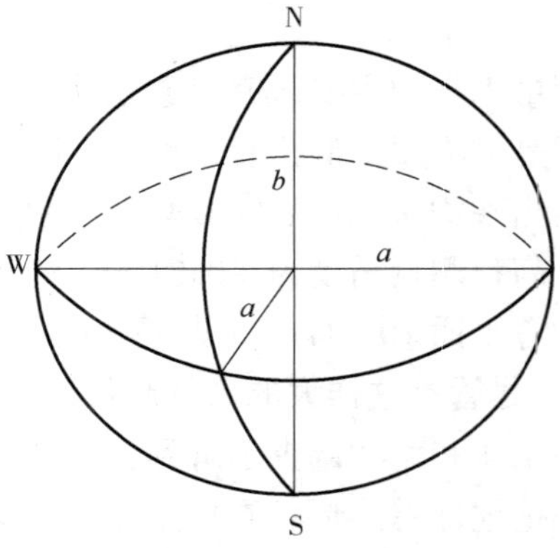

图 1.3　椭球的元素

近几个世纪以来，许多学者曾分别测算出参考椭球体的元素值。表 1.1 为测算的成果。

确定了椭球体的形状和大小后，还必须确定椭球面与大地水准面的相关位置，使这个椭球体的形状和大小与大地体间达到最好的吻合，以将地面上的观测成果解算到地球椭球体上，这项工作称为椭球定位。通过椭球定位，将椭球面在相应位置上与大地水准面的关系固定下来。

表 1.1　各国学者和协会测算的参考椭球体参数

学者或协会	长半轴 a/m	短半轴 b/m	扁率 α	年代和国家（或协会）
德兰布尔	6 375 653	6 356 564	1:334.0	1800 法国
贝塞尔	6 377 397	6 356 079	1:299.2	1841 德国
克拉克	6 378 249	6 356 515	1:293.5	1880 英国
克拉索夫斯基	6 378 245	6 356 863	1:298.3	1942 苏联
IUGG	6 378 140	6 356 755	1:298.257	1979 年国际大地测量与地球物理联合会（IUGG）
WGS-84	6 378 137	6 356 752	1:298.257 223 563	1984 年国际大地测量与地球物理联合会（IUGG）

由于地球椭球体的扁率 α 很小，当测量的区域不大时，可将地球看作圆球，其半径

$$R = \frac{1}{3}(a + a + b) = 6\ 371\ \mathrm{km}$$

1.3　地面点位置的表示方法

测量工作的基本任务是确定地面点的空间位置。地面点的空间位置是指地面点在球面或平面上的投影位置（即地面点的坐标）和它到大地水准面的垂直距离（即地面点的高程）。

1.3.1　测量坐标系

在测量工作中，常用以下几种坐标系来确定点的坐标。

1.3.1.1　地理坐标系

在大区域内确定地面点的位置通常用球面坐标来表示，用经度和纬度表示地面点在参考椭球面上的位置，称为地理坐标，坐标值都是角值。地理坐标又因采用的基准面和基准线不同，可分为大地坐标和天文坐标。

1. 大地坐标

在图 1.4 中，NS 为椭球的旋转轴，N 表示北极，S 表示南极。通过椭球旋转轴的平面称为子午面，而其中通过原格林尼治天文台的子午面称为起始子午面。子午面与椭球面的交线称为子午圈，也称子午线。通过椭球中心且与椭球旋转轴正交的平面称为赤道面，它与椭球面相截所得曲线称为赤道。其他平面与椭球旋转轴正交，但不通过球心，这些平面与椭球面相截所得的曲线称为平行圈或纬圈。起始子午面和赤道面是在椭球面上确定某一点投影位置的两个基本平面。

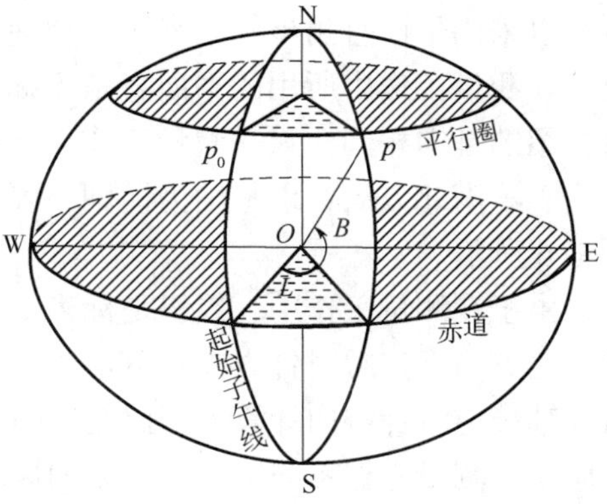

图 1.4　大地坐标

在测量工作中，点在椭球面上的位置用大地经度 L 和大地纬度 B 表示。所谓某点的大地经度，就是通过该点（图 1.4 中的 P 点）的子午面与起始子午面的夹角；大地纬度就是在椭球面上的 P 点作一与椭球体相切的平面，过 P 点作一垂直于此平面的直线，这条直线称为 P 点的法线（此法线不通过椭球中心点 O），它与赤道面的交角就是 P 点的大地纬度。大地经度 L 和大地纬度 B 统称为大地坐标。由此可见，大地经度与大地纬度是以法线为基准线，以参考椭球面作为基准面。

2. 天文坐标

天文坐标是用天文测量的方法来测定的，它用天文经度 λ 和天文纬度 φ 表示地面点在大地水准面上的位置。

天文坐标是建立在大地水准面上的，以铅垂线为基准线，以大地水准面为基准面。

用经度、纬度表示 P 点位置的坐标系是在球面上建立的，故称为球面坐标系，也称为地理坐标系。

不论是大地坐标还是天文坐标，都是由起始子午面起算，向东 0°～180°称为东经，向西 0°～180°称为西经。从赤道面起算，向北 0°～90°称为北纬，向南 0°～90°称为南纬。我国位于首子午面以东的东半球和赤道以北的北半球，因此我国的地理坐标都是东经和北纬。

由于卫星大地测量技术日益发展，常用球心空间直角坐标系来表示空间一点的位置。这种坐标系的原点设在椭球的中心 O，用相互垂直的 x、y、z 三个轴表示，x 轴通过起始子午面，z 轴为椭球旋转轴，故也称为地心坐标系（图 1.5）。它与大地坐标系有一定的换算关系。目前球心空间直角坐标系已逐渐被军事及国民经济各部门采用作为实用坐标系。

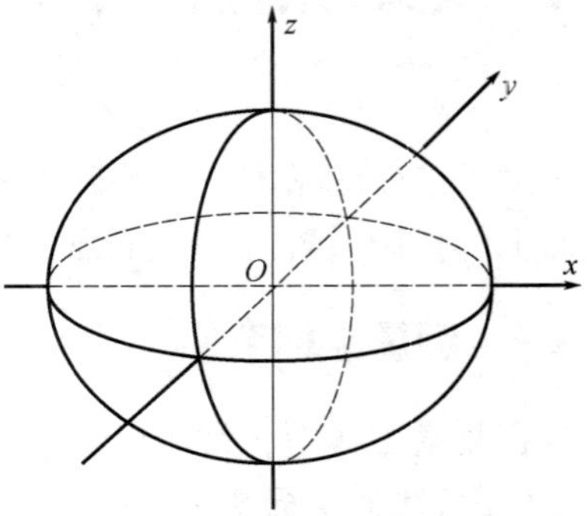

图 1.5　空间直角坐标系

1.3.1.2　平面直角坐标系

在小区域内进行测量工作，若采用大地坐标系来表示地面点位置是不方便的，通常采用平面直角坐标系。某点用大地坐标表示的位置是该点在球面上的投影位置。研究大范围地面形状和大小时，必须把投影面作为球面才符合实际，但研究小范围地面形状和大小时，常把球面的投影面当作平面。既然投影面被当作平面，这就可以采用平面直角坐标系来表示地面点在投影面上的位置。测量工作中所用的平面直角坐标系与解析几何中所介绍的基本相同，只是测量工作以 x 轴为纵轴，一般用它表示南北方向；以 y 轴为横轴，表示东西方向，如图 1.6 所示。

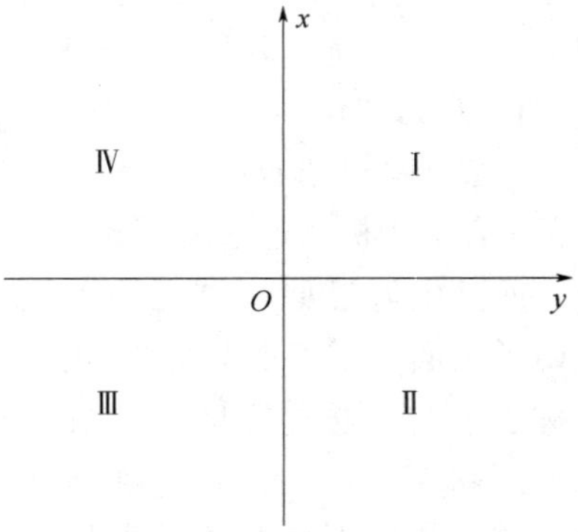

图 1.6　平面直角坐标系

由于在测量工作中，以极坐标表示点位时其角度值是以北方为准按顺时针方向计算的夹角，而数学中则是从横轴按逆时针方向计算，因此把 x 轴与 y 轴纵横互换后，全部平面三角学公式都能在计算中应用。测量坐标系与数学坐标系的区别如图 1.7 所示。

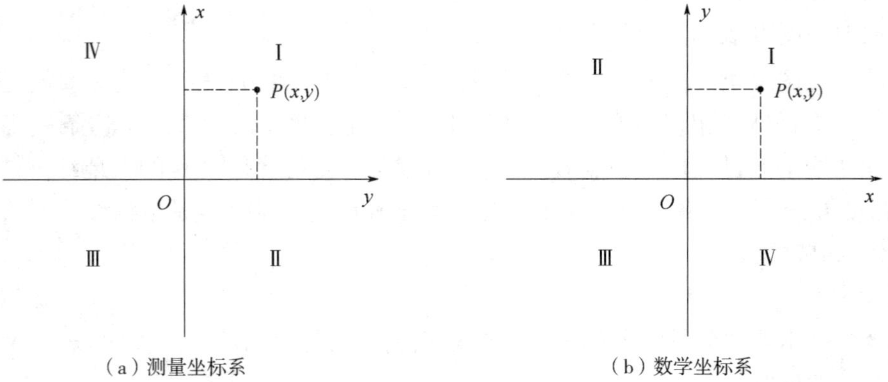

图 1.7　测量坐标系与数学坐标系的比较

为使用方便，测量上用的平面直角坐标系原点有时是假设的，假设原点的位置应选测区的西南角，使测区内各点的 x、y 坐标值为正。

1.3.1.3　高斯平面直角坐标系

如果测区范围较小，可把地球表面的一部分当作平面看待；如果测区范围较大，就不能把地球很大一块地表面当作平面看待，必须考虑球面弯曲对测量结果的影响，考虑将球面变成平面所引起的各种变形，所以应采用适当的投影方法来解决这个问题。投影方法有多种，测量工作中通常采用高斯投影的方法将球面上的大地坐标系转换为平面直角坐标系，来建立平面坐标系。

高斯投影就是把地球作为一个圆球看待，设想把一个平面卷成一个横圆柱，把它套在圆球外面，使横圆柱的中心轴线通过圆球的中心，把圆球面上某子午线与横圆柱相切，与圆柱面相切的子午线称为中央子午线或轴子午线。然后，按照一定的数学方法，将中央子午线东西两侧球面上的图形投影到圆柱面上，再将圆柱面沿过南北极的母线剪开展成平面，这个平面称为高斯投影面，如图 1.8 所示。中央子午线和赤道的投影是两条互相垂直的直线。

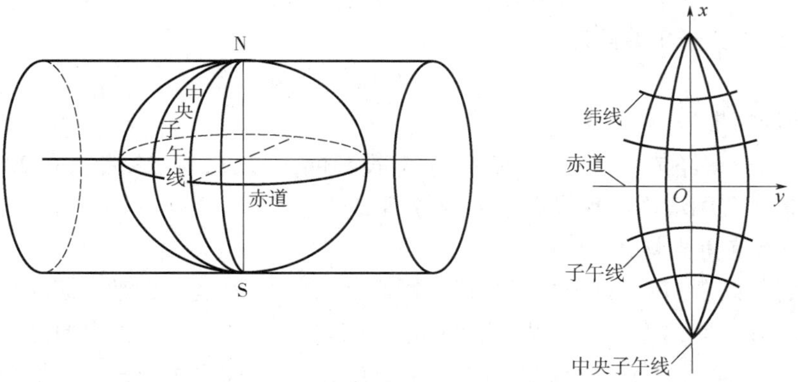

图 1.8　高斯投影面

1. 高斯投影分带

高斯投影虽然没有角度的变形，但长度、面积都发生了变形，离中央子午线越远，变形就越大。为了对长度变形加以控制，使投影误差不影响测图的精度，将地球的椭球面按一定的经差分成若干个范围不大的投影带进行投影，这就是分带投影，如图 1.9 所示。

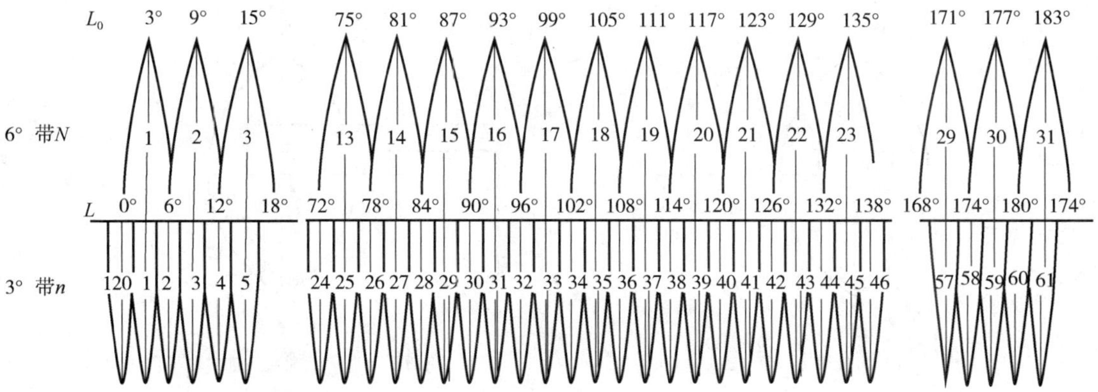

图 1.9　高斯投影 6°和 3°分带

我国通常采用6°带和3°带两种分带方法。测图比例尺小于1∶10 000时，一般采用6°带；测图比例尺大于或等于1∶10 000时，则采用3°带。在工程测量中，有时也采用任意带投影，即把中央子午线选择在测区中央的高斯投影。在高精度的测量中，也可采用小于3°的分带投影。

如图1.9所示，6°带的划分是自起始子午线开始，自西向东每隔经差6°划分为一带，将整个地球分成60个6°投影带，编号依次为1～60，各带的中央子午线经度L_0依次为3°、9°、15°、…、357°。

6°带各带的中央子午线经度

$$L_0 = 6N - 3 \tag{1.1}$$

式中，N为6°带的带号。

如图1.9所示，3°带是在6°带的基础上划分的，它是从经度1.5°的子午线起，自西向东每隔经差3°划分为一带，共120个3°投影带，编号依次为1～120，各带的中央子午线经度L_0依次为3°、6°、9°、…、360°。从图1.9中可以看出，3°奇数带的中央子午线与6°带的中央子午线重合，而3°偶数带的中央子午线则分别与6°带的分带子午线重合。

3°带各带的中央子午线经度

$$L_0 = 3n \tag{1.2}$$

式中，n为3°带的带号。

我国领土位于东经72°～136°，有11个6°投影带，即从11～23带；有22个3°投影带，即从24～45带。我国境内两种投影带的带号不重复。

2. 高斯平面直角坐标系

通过高斯投影，将每一带中央子午线投影后的直线作为坐标纵轴（x轴），赤道投影后的直线作为坐标横轴（y轴），两投影线的交点O为坐标原点，坐标值自原点向北为正、向南为负，向东为正、向西为负。这样建立的坐标系称为高斯平面直角坐标系，如图1.10（a）所示。对应于每一个投影带，就有一个独立的高斯平面直角坐标系。为了区分各带坐标系，可利用相应投影带的带号。

由于我国位于北半球，在高斯平面直角坐标系中，所有点的纵坐标值x均为正值。由于每一带内的横坐标值y有正有负，为了方便计算，避免横坐标出现负值，规定将坐标纵轴向西平移500 km，如图1.10（b）所示。投影带内所有点的横坐标值均加上500 km，可使每

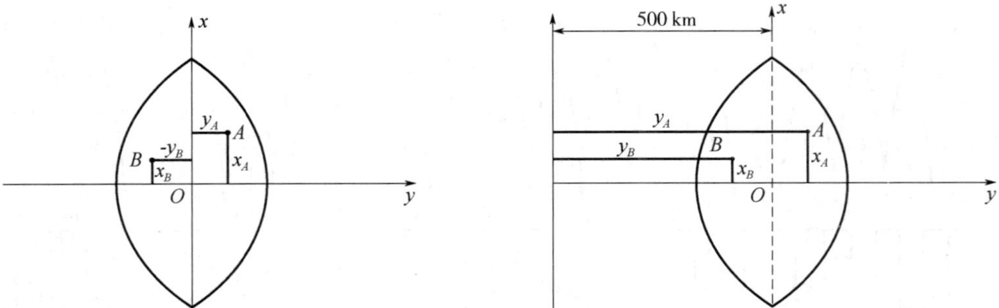

（a）高斯平面直角坐标系　　（b）高斯平面直角坐标系纵轴向西平移500 km

图1.10　高斯平面直角坐标系及其平移

带所有点的横坐标值均为正值。

由于各投影带内都有相同的坐标值的点，为了区分某点位于哪一个投影带内，规定在每点横坐标值之前冠以该点所在投影带的带号。通常把没有加 500 km 和未冠以带号的坐标值，称为自然坐标；将加上 500 km，并冠以带号的坐标值称为通用坐标。

例如 A 点位于中央子午线 105°的 3°带内，带号是 35，其平面坐标自然坐标为

$$x'_A = 2\ 938\ 547.67\ \text{m}$$

$$y'_A = 138\ 274.39\ \text{m}$$

则将纵坐标轴向西平移 500 km，并在 A 点横坐标前冠以带号 35，得该点的通用坐标为

$$x_A = 2\ 938\ 547.67\ \text{m}$$

$$y_A = (\text{带号})y'_A + 500\ 000\ \text{m} = 35\ 638\ 274.39\ \text{m}$$

现测绘部门提供的坐标成果都采用通用坐标。

1.3.1.4　测量工作中常用的几种坐标系

在测量工作中常用的坐标系有 WGS-84 坐标系、北京 54 坐标系、西安 80 坐标系、2000 国家大地坐标系。

1. WGS-84 坐标系

WGS-84 坐标系是美国国防部研制确定的大地坐标系，是一种协议地球坐标系。WGS-84 坐标系的定义是：原点是地球的质心，空间直角坐标系的 z 轴指向 BIH（1984.0）定义的地极（CTP）方向，即国际协议原点 CIO，它由 IAU（国际天文学联合会）和 IUGG 共同推荐。x 轴指向 BIH 定义的零度子午面和 CTP 赤道的交点，y 轴和 z 轴、x 轴构成右手坐标系。WGS-84 椭球采用 IUGG 第 17 届大会测量常数推荐值，采用以下两个常用的基本几何参数：

长半轴 $a = 6\ 378\ 137$ m；

扁率 $\alpha = 1:298.257\ 223\ 563$。

2. 北京 54 坐标系

北京 54 坐标系是将我国大地控制网与苏联 1942 年普尔科沃大地坐标系相结合后建立的过渡性大地坐标系，属于参心大地坐标系，采用了苏联的克拉索夫斯基椭球体。其长半轴 $a = 6\ 378\ 245$ m，扁率 $\alpha = 1:298.3$。北京 54 坐标系虽然是苏联 1942 年坐标系的延伸，但也不能说它们完全相同。

3. 西安 80 坐标系

1978 年，我国决定建立新的国家大地坐标系，并且在新的大地坐标系中进行全国天文大地网的整体平差。这个坐标系定名为 1980 年西安坐标系，属于参心大地坐标系。西安 80 坐标系采用 1975 年国际椭球体，以 JYD1968.0 系统为椭球定向基准，大地原点设在陕西省泾阳县永乐镇。西安 80 坐标系是采用多点定位所建立的大地坐标系，其椭球参数采用 1975 年 IUGG 推荐值：

长半轴 $a = 6\ 378\ 140$ m；

扁率 $\alpha = 1:298.257$。

4. 2000 国家大地坐标系

2000 国家大地坐标系是我国当前最新的国家大地坐标系，英文名称为 China Geodetic Coordinate System 2000，英文缩写为 CGCS 2000。

2000 国家大地坐标系的定义包括坐标系的原点、3 个坐标轴的指向、尺度以及地球椭球

这 4 个基本参数的定义。2000 国家大地坐标系的原点为包括海洋和大气的整个地球的质量中心。2000 国家大地坐标系的 z 轴由原点指向历元 2000.0 的地球参考极的方向。该历元的指向由国际时间局给定的历元为 1984.0 的初始指向推算，定向的时间演化保证相对于地壳不产生残余的全球旋转。x 轴由原点指向格林尼治参考子午线与地球赤道面（历元 2000.0）的交点。y 轴与 z 轴、x 轴构成右手正交坐标系，采用广义相对论意义下的尺度。2000 国家大地坐标系采用的地球椭球参数的数值：

长半轴 $a=6\ 378\ 137$ m；

扁率 $\alpha=1:298.257\ 222\ 101$。

我国自 2008 年 7 月 1 日起启用 2000 国家大地坐标系，到 2018 年全面完成 2000 国家大地坐标系转换工作，2018 年 7 月 1 日起全面使用 2000 国家大地坐标系。国家测绘地理信息局在此时间后停止提供非 2000 国家大地坐标系下的测绘成果。

1.3.2 地面点的高程

确定地面点的空间位置，除了平面位置外，还需要高程。高程分为绝对高程和相对高程。

1.3.2.1 绝对高程

地面点沿铅垂线方向至大地水准面的距离称为该点的绝对高程，又称为海拔，简称高程，用 H 表示。如图 1.11 所示，地面点 A、B 的高程分别为 H_A、H_B。

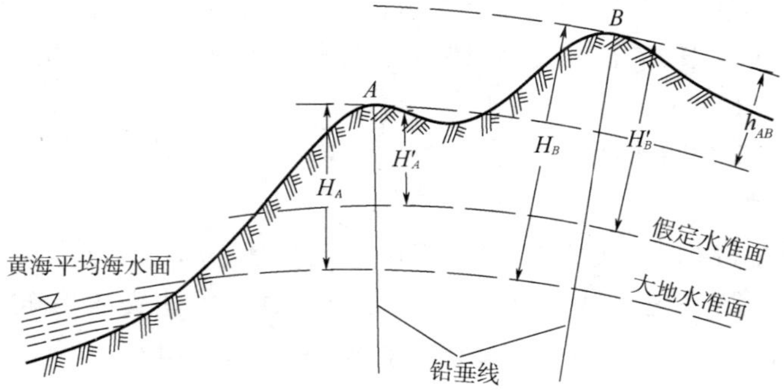

图 1.11 绝对高程、相对高程和高差

我国规定以黄海平均海水面作为大地水准面。黄海平均海水面的位置是青岛大港验潮站对潮汐观测井的水位进行长期观测确定的。由于平均海水面不便于随时联测使用，故在青岛观象山建立了“中华人民共和国水准原点”，作为全国（台湾、海南岛除外）推算高程的依据。1956 年，验潮站根据连续 7 年（1950—1956 年）的潮汐水位观测资料，第一次确定了黄海平均海水面的位置，测得水准原点的高程为 72.289 m。按这个原点高程为基准推算全国的高程，称为“1956 年黄海高程系”。由于该高程系存在验潮时间过短、准确性较差的问题，后来验潮站又根据连续 28 年（1952—1979 年）的潮汐水位观测资料，进一步确定了黄海平均海水面的精确位置，再次测得水准原点的高程为 72.260 m。并以这一新的原点高程作为全国推算高程的基准，称为“1985 年国家高程基准”。

1985 年国家高程基准已于 1987 年 5 月开始启用，1956 年黄海高程系同时废止。

1985 年国家高程基准高程和 1956 年黄海高程的关系为

1985 年国家高程基准高程 = 1956 年黄海高程 − 0.029 m。

1.3.2.2　相对高程

在局部地区，如果无法引用绝对高程或引用有困难，可采用假定高程系统，即以任意一个水准面作为高程起算面。地面点沿铅垂线方向至任意假定水准面的距离称为该点的相对高程，或称为假设高程。在图 1.11 中，地面点 A 和 B 的相对高程分别为 H'_A 和 H'_B。在建筑工程中所使用的标高，就是相对高程，它是以建筑物室内地坪（±0.000）为高程基准面起算的。

1.3.2.3　高差

两点的高程之差称为高差，以符号 h 表示。

高差有方向和正负之分，所以由 A 点至 B 点的高差

$$h_{AB} = H_B - H_A \tag{1.3}$$

用高程计算高差时，要用终点高程减起点高程。

若计算的高差为正，则终点比起点高；若计算的高差为负，则终点比起点低。

A、B 两点间高差与 B、A 两点间高差，绝对值是相等的，而符号相反，即

$$h_{AB} = -h_{BA} \tag{1.4}$$

1.4　用水平面代替水准面的限度

在普通测量工作中是将大地水准面近似地当成圆球看待的。若将地面点投影到圆球面上，然后再将投影描绘到平面的图纸上，是很复杂的。在实际测量工作中，在一定的测量精度要求和测区面积不大的情况下，往往以水平面直接代替水准面，就是把较小一部分地球表面上的点投影到水平面上来决定其位置。但是，在多大面积范围能容许以平面投影代替球面投影的问题就必须加以讨论了。以下的内容是假定大地水准面是一个圆球面来叙述的。

1.4.1　对水平距离的影响

如图 1.12 所示，设地面上有 A'、B' 两点，在水准面上的投影分别为 A、B，弧长为 D；在水平面上的投影为 A、C，长度为 D'。两者之差 ΔD 为用水平面代替水准面所产生的误差。

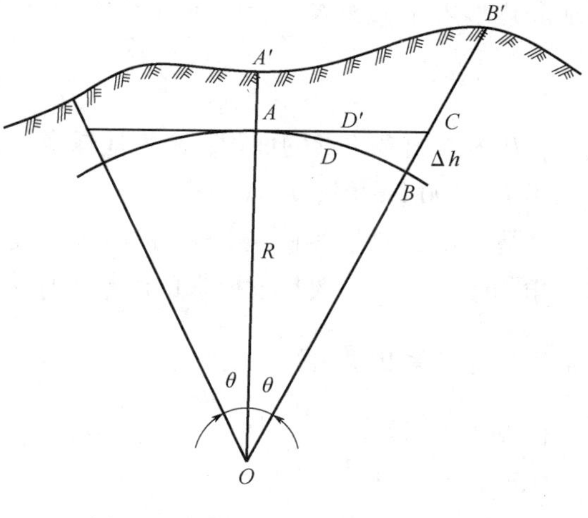

图 1.12　水平面代替水准面的影响

设地球的半径为 R，则

$$\Delta D = D' - D$$

$$D' = R\tan\theta,\ D = R\theta$$

则　　$$\Delta D = R(\tan\theta - \theta)$$

式中，R 为地球半径，6 371 km；θ 为弧长 D 所对的圆心角。

将 $\tan\theta$ 按级数展开，并略去高次项，

取前两项得

$$\tan\theta = \theta + \frac{1}{3}\theta^3$$

则

$$\Delta D = \frac{R}{3}\theta^3$$

$$\theta = \frac{D}{R}$$

$$\Delta D = \frac{D^3}{3R^2} \tag{1.5}$$

表示成相对误差为

$$\frac{\Delta D}{D} = \frac{D^2}{3R^2} \tag{1.6}$$

取地球的半径 R = 6 371 km 和不同的 D 值代入公式，计算出相应 ΔD 和 $\Delta D/D$（相对误差）值，将结果列于表 1.2 中。从表 1.2 中可以看出，当距离 D 为 10 km 时，其相应的距离误差为 8 mm，不到 1 cm，相对误差为 1/1 220 000，而目前最精密测距的相对误差约为 1/1 000 000。因此，可以认为，在半径为 10 km 的圆形区域内，地球曲率对水平距离的影响可以忽略不计，即可以用该区域的水平面代替水准面。在精度要求较低的测量工作中，其范围还可以适当扩大。

表 1.2　地表曲率对水平距离的影响

距离 D/km	1	10	20	50	1 000
距离误差 ΔD/mm	0.008	8	128	1 026	8 212
距离相对误差 $\Delta D/D$	1/125 000 000	1/1 220 000	1/200 000	1/49 000	1/12 000

1.4.2　对水平角的影响

由球面三角可知，同一个空间多边形在球面上投影的各内角之和，比其在平面上投影的相应多边形内角之和大一个球面角超值 ε。ε 的大小与图形的面积成正比，其公式为

$$\varepsilon = \rho\frac{P}{R^2} \tag{1.7}$$

式中，P 为球面多边形的面积；R 为地球半径；ρ = 206 265″，代表 1 弧度对应的秒值。

当 P = 100 km²时，ε = 0.51″。

计算表明，对于面积在 100 km² 内的多边形，只有在最精密的测量中才考虑地球曲率对水平角的影响，在一般精度要求的测量工作中不必考虑。

1.4.3　对高差的影响

由图 1.12 得知

$$(R + \Delta h)^2 = R^2 + D'^2$$

化简得

$$\Delta h = \frac{D'^2}{2R + \Delta h} \tag{1.8}$$

由于两点间投影的水平距离与在大地水准面上的弧长相差很小，可用 D 代替 D'，同时 Δh 比半径 R 小很多，可以忽略不计，则式（1.8）可写为

$$\Delta h = \frac{D^2}{2R} \tag{1.9}$$

以不同距离 D 代入式（1.9），得相应的高差误差值，列于表 1.3 中。

表 1.3　地球曲率对高程的影响

距离 D/m	100	200	500	1000	2000
高程误差 Δh/mm	0.8	3.1	19.6	78.5	313.9

表 1.3 中的计算结果表明，当距离为 200 m 时，用水平面代替水准面所产生的高程误差为 3.1 mm，这个误差对高程测量的影响是比较大的。因此，可以认为在高程测量中，即便是距离很短，也不能忽视地球曲率的影响。

综上所述，可以得出用水平面代替水准面的限度如下：在半径为 10 km 的圆形区域内，以水平面代替水准面对水平距离所产生的误差可以忽略不计，在精度要求较低的测量工作中，其范围还可以适当扩大；对于面积为 100 km^2 内的多边形，以水平面代替水准面对角度测量的影响可以忽略不计；地球曲率对高程测量的影响比较大，即使是较短距离，也应考虑到地球曲率的影响。

1.5　测量工作的基本内容和基本原则

1.5.1　测量工作的基本内容

在测量工作中，地面点的坐标和高程通常不是直接测定的，而是观测其他要素后计算得到的。一般需要测出已知点与待定点之间的几何关系。如图 1.13 所示，设 A、B、C 为地面上的三点，其在水平面上的投影分别为 a、b、c。如果 A 点的坐标和高程已知，要确定 B 点的位置，需要确定水平面上 A 点到 B 点的水平距离 D_{AB} 和 A 点到 B 点的方位。图上 ab 的方向可以用通过 a 点的指北方向线与 ab 的夹角（水平角）α 表示，有了 D_{AB} 和 α，B 点在图上的坐标位置 b 就可以确定。由于 A、B 两点的高程不同，除坐标位置外，还要知道它们之间的高低关系，即 B 点的高程或 A、B 两点间的高差，这样 B 点的位置就完全确定了。如果还要确定 C 点在图上的位置 c，则需要测量 BC 在水平面上的水平距离 D_{BC} 及 b 点上相邻两边的水平夹角 β、H_C 或 h_{BC}。

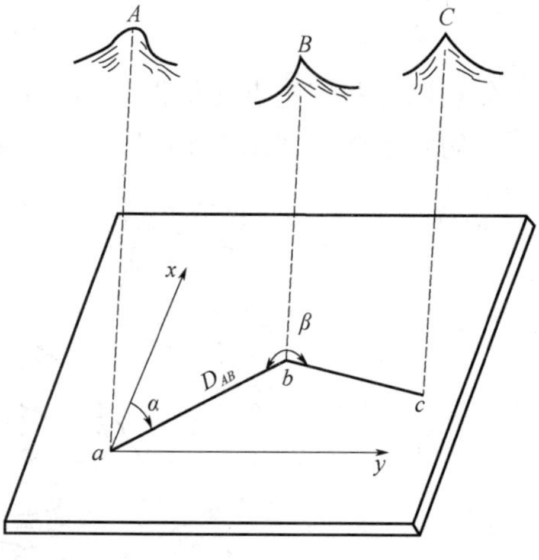

图 1.13　已知点与待定点之间的几何关系

由此可知，水平距离、水平角及高程是确定地面点相对位置的三个基本几何要素。测量

地面点的水平距离、水平角及高程是测量的基本工作。

1.5.2 测量工作的基本原则

工程测量的主要任务是测绘地形图和施工放样。要在一个已知点上测绘该测区所有的地物和地貌是不可能的，需要测量其附近的范围。因此，只能在若干点上分区观测，最后拼成一幅完整的地形图。

如图 1.14 所示，在 *A* 点只能测绘 *A* 点附近的房屋、道路、地面起伏等地物、地貌，对于山的另一面或较远的地方就观测不到，因此必须连续地逐个设站观测，而设站必须控制在统一的坐标系和高程系下。这就是说测量工作必须按照一定的原则进行。这个原则就是"先整体后局部""先控制后碎部""高级控制低级"。

所谓"先整体后局部""先控制后碎部"，即布局上先考虑整体，再考虑局部；工作步骤是先进行控制测量，再进行碎部测量。在图 1.14 中，先在整个测区范围内均匀选定若干数量的点，以控制整个测区，这些点称为控制点。选定的控制点按照一定方式联结成网形，称为控制网，如图中为闭合多边形。以高精度的测量方法测定网中各个控制点的平面位置和高程的工作称为控制测量。

图 1.14 地形图测绘

分别以这些控制点为依据，测定点位附近地物、地貌的特征点（碎部点）的坐标和高程，并勾绘成图，如图 1.15 所示。这项工作称为碎部测量。

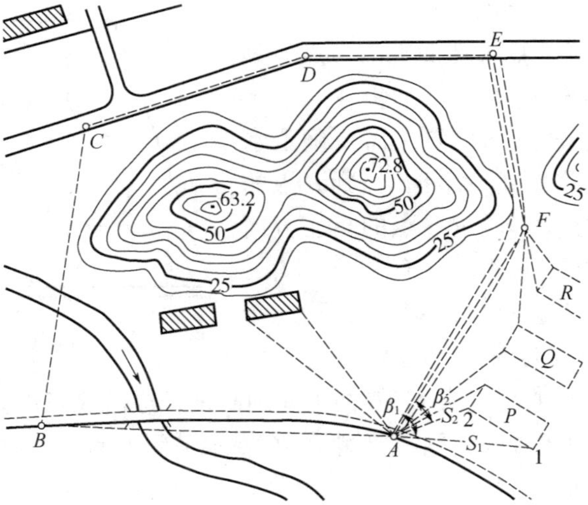

图 1.15 地形图

按照“先整体后局部”“先控制后碎部”“高级控制低级”的原则实施测图。由于建立了统一的控制系统，使整个测区各个局部都具有相同的误差分布或精度，尤其对于大面积的分幅测图，不但为各图幅的同步作业提供了便利，也有效地保证了各个相邻图幅的拼接和使用。

“先整体后局部”“先控制后碎部”“高级控制低级”的原则同样适用于施工测量。为了将图上设计的建筑物放样到实地，应当先建立施工测量控制网，然后根据控制点和放样数据来测设建筑物的细部点。

思考题

1. 测量学中，测定和测设的内容是什么？

2. 水利工程测量在工程建设各阶段的任务是什么？

3. 什么是水准面？什么是大地水准面？

4. 测量工作的基准面和基准线是什么？

5. 测量上的平面直角坐标和数学上的平面直角坐标有何异同？

6. 什么叫绝对高程？什么叫相对高程？什么叫高差？

7. 已知 A 点高程为 123.456 m，B 点高程为 131.654 m，计算 A 到 B 的高差和 B 到 A 的高差。

8. 测绘部门提供某点的通用坐标为：$x=2\,938\,675.46$ m，$y=36\,395\,643.98$ m，该点在 3°带的带号是多少？该带的中央子午线的经度是多少？该点在该带的中央子午线的哪侧？写出该点的自然坐标。

9. 对于距离测量、角度测量和高程测量，在多大范围内可以用水平面代替水准面？

10. 测量工作的基本原则是什么？

第2章 水准测量

教学要点

本章内容主要有水准测量的原理及水准测量所使用的器具；水准测量实施的全过程，包括水准测量的外业施测和内业成果计算的各个环节；水准仪的检验与校正；水准测量的误差分析；电子水准仪。重点是水准仪的使用和水准测量实施的全过程；难点是水准仪的使用和水准测量的内业成果计算。

2.1 水准测量的原理

测定地面点高程的工作称为高程测量。根据高程测量所使用的仪器以及测量原理的不同，将高程测量的方法分为几何水准测量（简称水准测量）、三角高程测量（间接高程测量）、气压高程测量（物理高程测量）和GNSS高程测量等，其中几何水准测量的精度较高，是目前测定地面点高程的一种主要方法。

2.1.1 高差法

水准测量是利用水准仪提供的水平视线，借助水准尺读数计算两点之间的高差，然后由已知点的高程推算出待测点的高程。

如图2.1所示，A 为已知点，高程为 H_A，B 为待测点，欲通过测定 A、B 两点之间的高差 h_{AB}，求待测点 B 的高程 H_B，可在 A、B 两点上分别竖立水准尺，并在 A、B 之间安置水准仪，整平后利用水准仪提供的水平视线，依次照准 A、B 两点上的水准尺，读取水准尺上的读数 a、b。若沿 AB 方向测量，则规定 A 为后视点，其标尺读数 a 为后视读数；B 为前视点，其标尺读数 b 为前视读数。根据几何学中平行线的性质可知，A 点到 B 点的高差

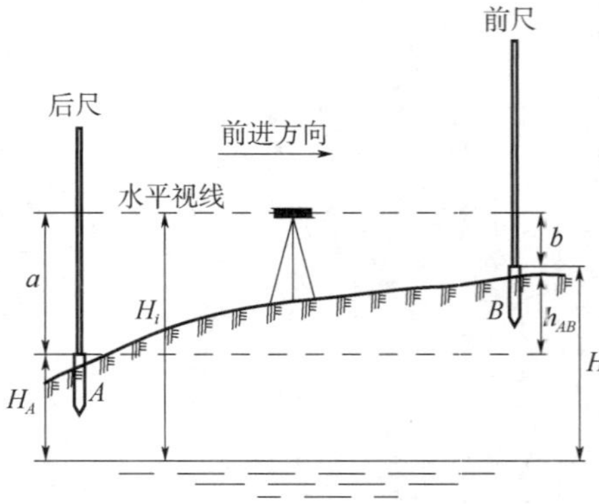

图2.1　水准测量原理示意图

$$h_{AB} = a - b \tag{2.1}$$

即地面两点之间的高差等于后视读数减去前视读数。由式（2.1）可知：当后视读数 a 大于前视读数 b 时，A 点到 B 点的高差 h_{AB} 值为正，说明 B 点比 A 点高；当前视读数 b 大于后视读数 a 时，A 点到 B 点的高差 h_{AB} 值为负，说明 B 点比 A 点低。因此，水准测量的高差

h_{AB} 必须冠以“+”“-”号。

在计算高差 h_{AB} 时，一定要注意 h_{AB} 下标的写法：h_{AB} 表示 A 点到 B 点的高差，h_{BA} 则表示 B 点至 A 点的高差，这两个高差是互为相反数，即

$$h_{AB} = -h_{BA} \tag{2.2}$$

根据计算出的高差可知待测点 B 的高程

$$H_B = H_A + h_{AB} \tag{2.3}$$

高差法在高程控制测量中应用较为广泛。

2.1.2 视线高法

由图 2.1 可以看出，B 点的高程也可以通过水准仪的视线高程 H_i（也称为仪器高程）来计算，视线高程 H_i 等于 A 点的高程加上 A 点水准尺读数 a，即

$$H_i = H_A + a \tag{2.4}$$

则有 B 点的高程

$$H_B = H_i - b = (H_A + a) - b \tag{2.5}$$

当安置一次水准仪需要求出若干个待测点的高程时，则利用式（2.5）计算较为方便快捷，这种方法称为视线高法。

如图 2.2 所示，已知 A 点的高程为 H_A，利用 A 点测定某场地多个待测点的高程，则在该场地的中部安置水准仪，测得在 A 点上标尺的读数为 a，可得此时的视线高程 $H_i = H_A + a$，然后分别观测待测点上标尺读数 b_j，则其他待测点的高程

$$H_{Bj} = H_i - b_j (j = 1,2,3,\cdots,n) \tag{2.6}$$

该方法常用于场地平整、断面测量。

利用视线高法测定待测点高程时，在同一测站上，除读取后视读数和前视读数外，还要在后视点和前视点之间观测一些不传递高程的点上的标尺读数，以获取这些点的高程，这些点称为间视点，不进行高程传递，其标尺读数称为间视读数。

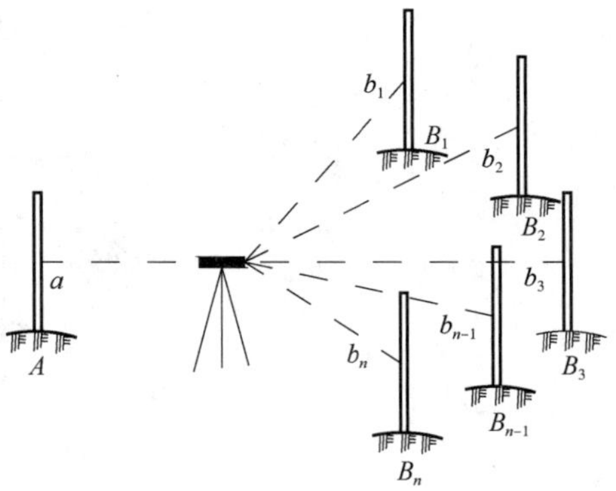

图 2.2 视线高法水准测量示意图

2.2 水准测量的器具及其使用方法

水准测量使用的仪器为水准仪，工具为水准尺和尺垫。水准仪的类型很多，我国按其精度指标划分为 DS05、DS1、DS3 和 DS10 四个等级。D、S 分别为“大地测量”和“水准测量”汉语拼音的第一个字母；数字 05、1、3、10 分别表示仪器的精度等级。如 DS3 型水准仪表示使用该型号仪器进行水准测量时每公里往、返测高差中数的中误差为 ±3 mm。DS3 型水准仪常用于低等级的水准测量中。

2.2.1　光学水准仪的构造

水准仪主要由望远镜、水准器和基座三部分组成。图2.3是国产微倾式水准仪的构造，图2.4是国产自动安平水准仪的构造。

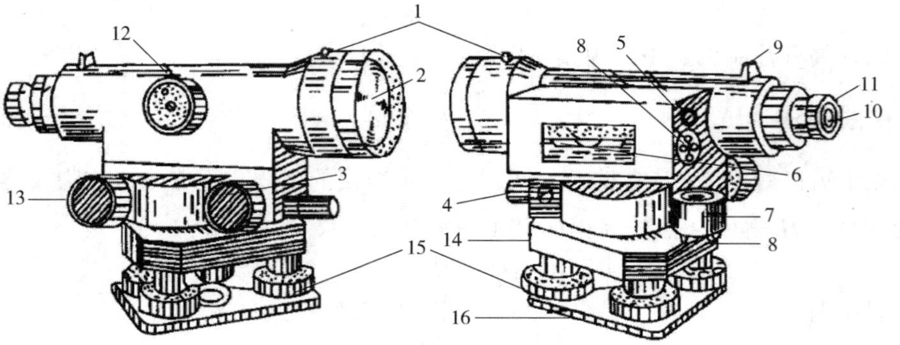

图2.3　微倾式水准仪的构造

1—准星；2—物镜；3—微动螺旋；4—制动螺旋；5—符合水准器观测镜；6—水准管；7—水准盒；8—校正螺钉；9—照门；10—目镜 11—目镜对光螺旋；12—物镜对光螺旋；13—微倾螺旋；14—基座；15—脚螺旋；16—连接板

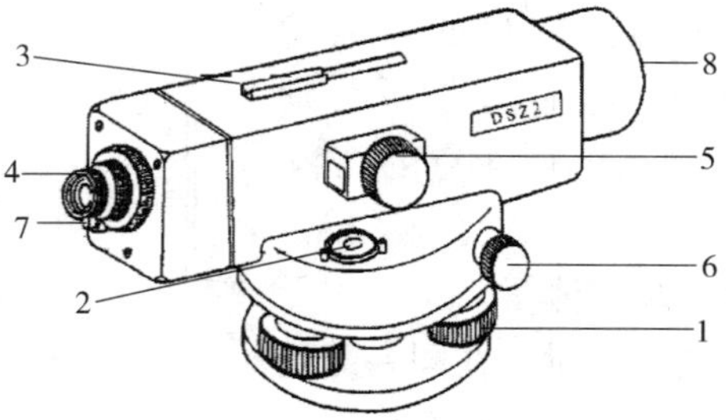

图2.4　自动安平水准仪的构造

1—脚螺旋；2—圆水准器；3—瞄准器；4—目镜调焦螺旋；5—物镜调焦螺旋；6—微动螺旋；7—补偿器检查按钮；8—物镜

2.2.1.1　望远镜

望远镜的作用是提供一条照准目标的视线，并将远处的目标放大，提高照准和读数的精度。如图2.5所示，望远镜由物镜、目镜、十字丝分划板、物镜调焦透镜、物镜调焦螺旋等组成。物镜、物镜调焦透镜和目镜多采用复合透镜组。物镜固定在望远镜前端，物镜调焦透镜通过物镜调焦螺旋沿光轴在镜筒内前后移动。

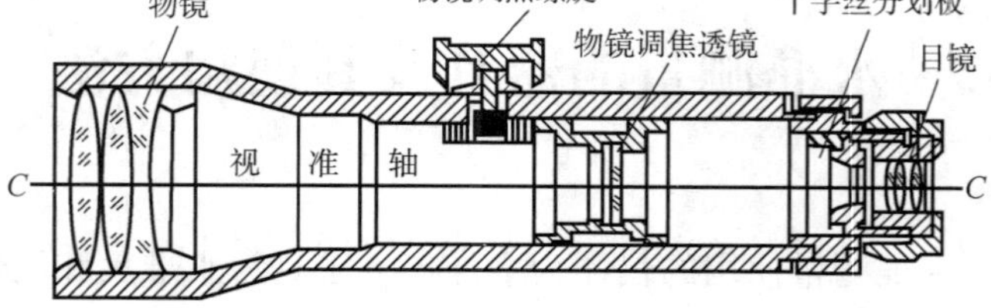

图2.5　望远镜的构造示意图

十字丝分划板是安装在物镜与目镜之间的一块平板玻璃，如图2.6所示，上面刻有细线，称为十字丝。竖着的一条称为竖丝，横着的三条称为横丝，中间的一条横丝称为中丝，与中丝平行的上、下两条短丝称为视距丝（上丝和下丝），用来测距离。十字丝分划板通过压环安装在分划板座上，套入物镜筒后再通过校正螺钉固定在镜筒上。

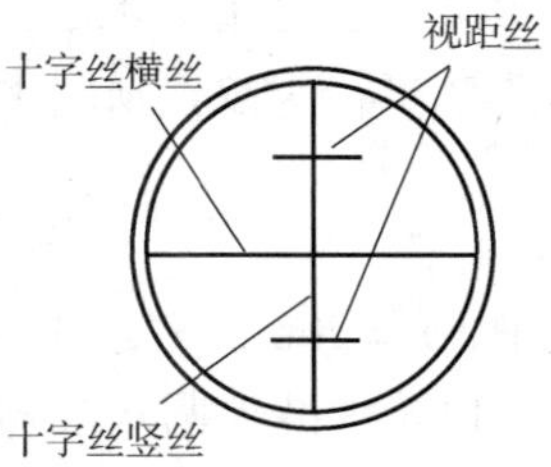

图 2.6　十字丝分划板

物镜光心与十字丝交点的连线称为视准轴，是水准仪望远镜的几何光轴，通常用 CC 表示，如图 2.5 所示。视准轴是利用水准仪进行水准测量的关键轴线，是用来照准和读数的视线。

物镜和目镜由多块透镜组合而成，调焦透镜由单块透镜或多块透镜组合而成。望远镜成像原理如图 2.7 所示。望远镜所照准的目标 AB 经过物镜的作用形成一个倒立而缩小的实像 ab，调节物镜调焦螺旋即可带动调焦透镜在望远镜筒内前后移动，从而使不同距离的目标都能清晰地在十字丝分划板上成像。

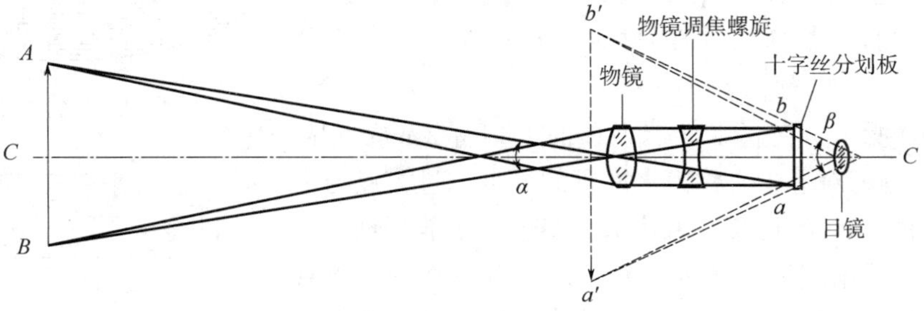

图 2.7　望远镜成像原理

调节目镜调焦螺旋可使十字丝分划板上的成像清晰，再通过目镜便可看到同时放大了的十字丝和目标影像 $a'b'$，通过目镜所看到的目标影像的视角 β 与未通过望远镜直接观察目标的视角 α 之比称为望远镜的放大率，即放大率 $V=\beta/\alpha$。水准仪的望远镜放大率一般大于 20 倍。

2.2.1.2　水准器

水准器是水准仪上的重要部件，它是利用液体受重力作用后使气泡居于最高处的特性，来判断望远镜的视准轴是否水平及仪器竖轴是否竖直的装置。微倾式水准仪的水准器分为圆水准器和管水准器。自动安平水准仪的水准器只有圆水准器，其结构中的自动安平补偿器代替了微倾式水准仪的管水准器结构。

1. 圆水准器

如图 2.8 所示，圆水准器是一个内顶面磨成有一定半径的球面的密封玻璃圆盒，盒内装酒精和乙醚的混合物。内顶面中央有一小圆圈，其圆心即为圆水准器的零点，过零点的球面法线称为圆水准器轴，常用 $L'L'$ 表示。当圆水准器气泡的中心与圆水准器的零点重合（即气泡居中）时，圆水准轴处于铅垂位置。

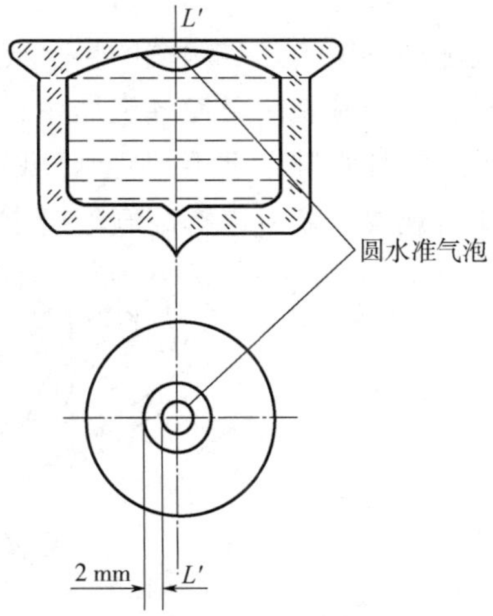

图 2.8　圆水准器

圆水准器轴 $L'L'$ 平行于仪器的旋转轴（竖轴 VV），当圆水准器轴竖直时，仪器竖轴也处于铅垂位置；当圆水准器气泡的中心偏离零点时，圆水准器轴倾斜。当圆水准器气泡的中心偏离零点 2 mm 时，圆水准器轴倾斜（偏离竖直方向）的角值称为圆水准器分划值，又称为灵敏度。它是指圆水准器球面上 2 mm 间弧长所对应的圆心角值的大小，用 τ 表示。若圆弧的曲率半径为 R，则圆水准器分划值

$$\tau = \frac{2}{R} \cdot \rho \tag{2.7}$$

式中，$\rho = 206\ 265''$，代表 1 弧度对应的秒值。

DS3 水准仪圆水准器分划值一般为 $8' \sim 10'$。由于分划值较大，灵敏度较低，只能用于水准仪的粗略整平。

2. 管水准器

管水准器是微倾式水准仪水准器结构中的一部分，用于精确整平水准仪。它是一玻璃圆管，其纵剖面方向的内表面为具有一定半径的圆弧，如图 2.9 所示。玻璃圆管内装有酒精和乙醚的混合物，加热封融而成，待液体冷却后管内即形成了一个气泡。

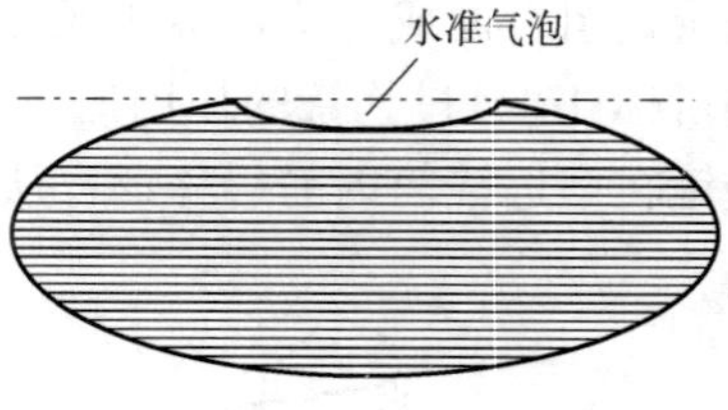

图 2.9　管水准器

如图 2.10 所示，在管水准器内顶面上刻有 2 mm 间隔的分划线。分划的对称中心称为水准管的零点。过零点与水准管内顶面圆弧相切的切线称为管水准器轴或水准管轴，通常用 LL 表示。根据气泡在管内占有最高位置的特性，当管水准器的气泡中心和管水准器的零点重合，即气泡居中，也就是管水准器的零点最高时，管水准器轴 LL 处于水平位置。

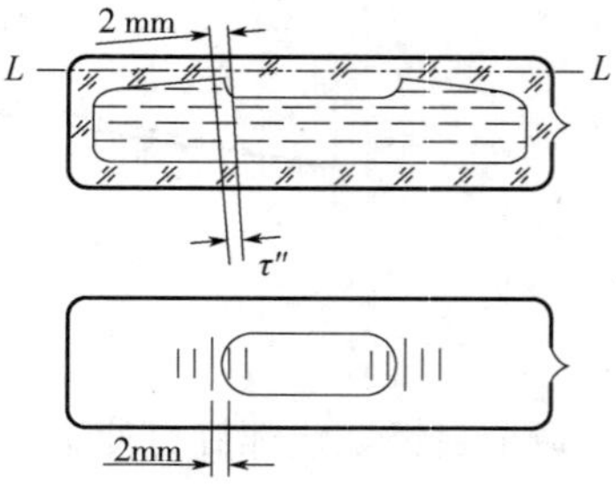

图 2.10　管水准器的分划线

仪器制造时，管水准器轴 LL 与望远镜视准轴 CC 平行，通过管水准器气泡居中，精确整平仪器，从而得到一条水平视线。

当管水准器气泡的中心偏离零点时，管水准器轴倾斜。与圆水准器类似，当管水准器气泡的中心偏离零点 2 mm 时，管水准器轴倾斜（偏离竖直方向）的角值称为管水准器分划值，其大小可根据式（2.7）计算。

DS3 水准仪管水准器分划值一般为 $20''/2$ mm，所以管水准器用于仪器的精确整平。

为了提高目估水准管气泡居中的精度，在水准管上方都装有符合棱镜，如图 2.11（a）所示。通过符合棱镜的反射作用可使水准管气泡两端的半个气泡影像反射到望远镜旁的水准管气泡观察窗内。当两端的半个气泡影像错开时，表示气泡未居中，如图 2.11（b）所示，这时旋转微倾螺旋可使气泡居中，气泡居中后两端的半个气泡影像将对齐，如图 2.11（c）所示。这种水准管上不需要刻分划线，这种具有棱镜装置的水准管又称为符合水准管，它不仅便于观察，还可以提高气泡居中的精度。

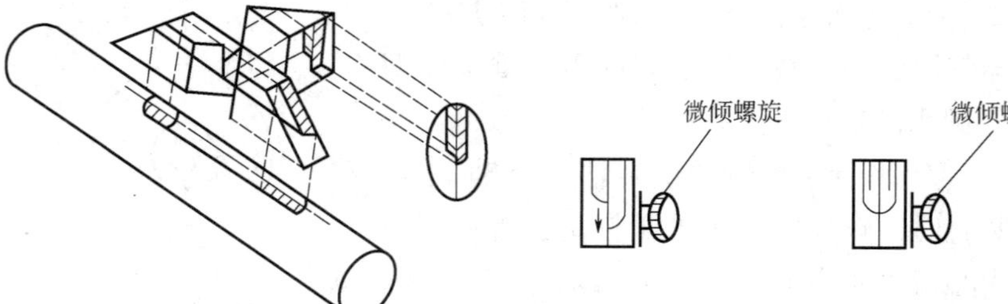

（a）符合棱镜　（b）气泡未居中　（c）气泡居中

图 2.11　水准管符合棱镜系统

3. 自动安平补偿器

自动安平补偿器是自动安平水准仪的重要组成部分，自动安平水准仪是用设置在望远镜内的自动补偿器代替水准管，观测时只需将水准仪上的圆水准器气泡居中，便可通过中丝读到水平视线在水准尺上的读数。由于仪器不需要调节水准管，从而简化了操作，提高了观测速度。

自动安平水准仪的基本原理如图 2. 12 所示。当视准轴水平时，设在水准尺上的正确读数为 a，因为没有管水准器和微倾螺旋，用圆水准器将仪器粗略整平后，视准轴相对于水平面将有微小的倾斜角 α。

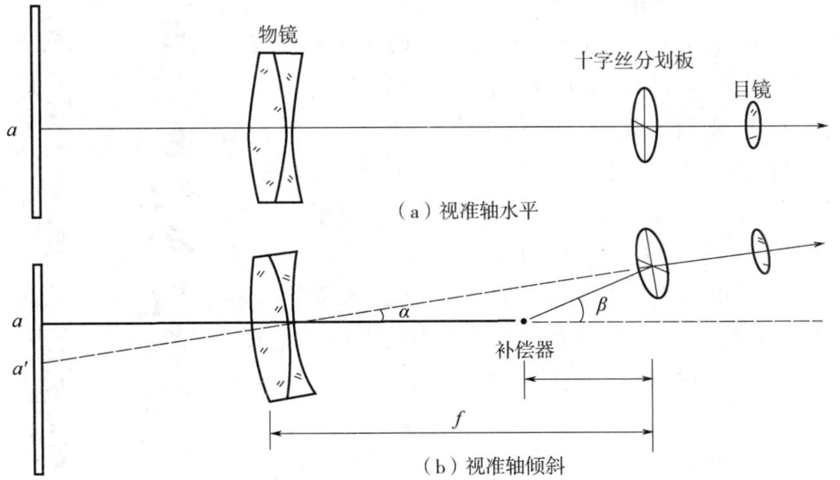

图 2. 12　自动安平水准仪的基本原理

如果没有补偿器，此时在水准尺上的读数为 a'；当在物镜和目镜之间设置补偿器后，进入十字丝分划板的光线将全部偏转 β 角，使来自正确读数 a 的光线经过补偿器后正好通过十字丝分划板的横丝，从而读取视线水平时的正确读数。

自动安平补偿器的结构形式较多，我国生产的 DSZ3 型水准仪采用悬吊棱镜组借助重力作用达到补偿效果。

图 2. 13 所示为 DSZ3 自动安平水准仪结造。补偿器装在调焦透镜和十字丝分划板之间，其结构是将一个屋脊棱镜固定在望远镜筒上，在屋脊棱镜下方用交叉金属丝悬吊两块直角棱镜。当望远镜有微小倾斜时，直角棱镜在重力 G 的作用下，与望远镜做相反的偏转。

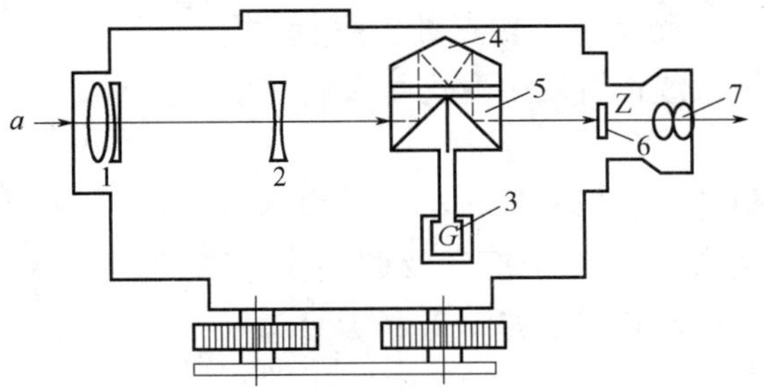

图 2. 13　DSZ3 自动安平水准仪结构

1—目镜；2—调焦透镜；3—空气阻尼器；
4—固定的屋脊棱镜；5—直角棱镜；6—十字丝分划板；7—目镜

2.2.1.3 基座

基座主要由轴座、脚螺旋、底板和三角压板构成。基座的作用是支撑仪器的上部，并通过架头连接螺旋将仪器与三脚架连接。基座有三个可以升降的脚螺旋，转动脚螺旋可以使圆水准气泡居中，使仪器粗略整平。

2.2.2 水准尺、尺垫和三脚架

2.2.2.1 水准尺

水准尺是与水准仪配合进行水准测量的重要工具，其质量的好坏直接影响水准测量的精度。因此，水准尺一般用不易变形且干燥的优良木材、玻璃钢或铝合金制成，有双面尺和塔尺两种。

如图 2.14（a）所示，双面尺的两面均有刻度：一面为黑白分划，称为“黑面尺”（也称为主尺）；另一面为红白分划，称为“红面尺”。通常用两根尺组成一对进行水准测量，两根尺的黑面尺底读数均从 0 开始，而红面尺底一根从固定数值 4. 687 m 开始，另一根从固定数值 4. 787 m 开始。水平视线在同一根水准尺上的黑面与红面的读数之差称为尺底的零点差，可作为水准测量时读数的检核，因此双面尺多用于三、四等水准测量。

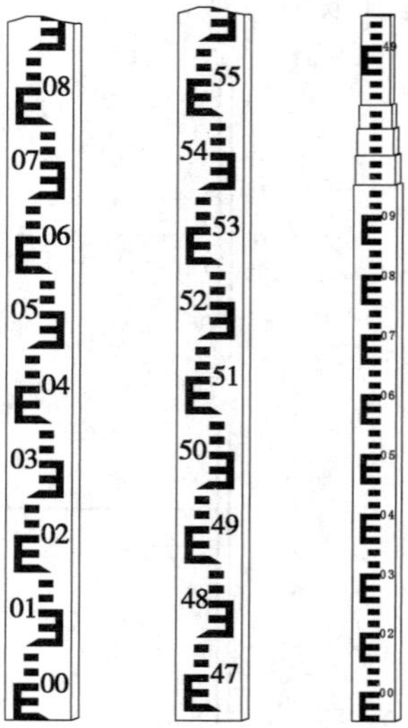

（a）双面尺　（b）塔尺

图 2.14　双面尺和塔尺

如图 2.14（b）所示，塔尺一般为 5 m，由五小节尺套接而成，不用时套在最下一节之内，长度仅为 1 m。如果把每小节全部拉出可达 5 m，塔尺携带方便，但应注意塔尺的连接处必须套接得准确、牢固。塔尺一般用于地形起伏较大、精度要求较低的水准测量中。

2.2.2.2 尺垫

尺垫一般由三角形的铸铁制成，下面有三个尖脚，便于使用时将尺垫踩入土中，使之稳固；上面有一个凸起的半球体，水准尺竖立于球顶最高点，如图 2.15 所示。

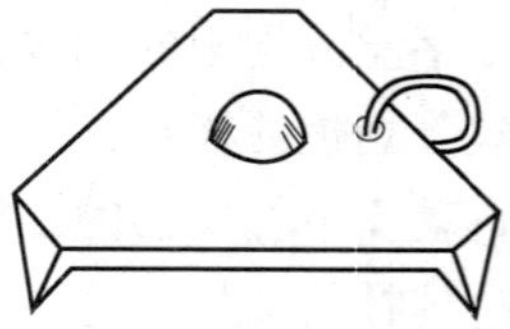

图 2.15　尺垫

根据水准测量等级高低，尺垫的大小和质量有所不同，有 5 kg、2 kg、1 kg 等质量不等的尺垫。

在精度要求较高的水准测量中，转点处应放置尺垫，以防止观测过程中水准尺下沉或位置发生变化而影响读数。

2.2.2.3 三脚架

三脚架是水准仪的附件，用以安置水准仪，由木材（或金属）制成，脚架一般可伸缩，便于携带及调整仪器高度，使用时用中心连接螺旋与仪器紧固，如图 2.16 所示。

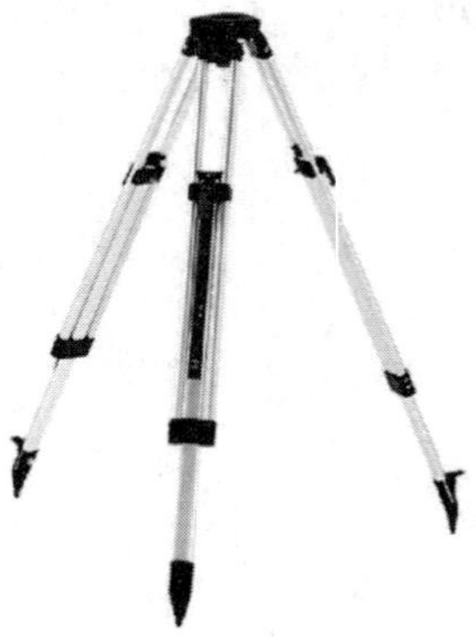

图 2.16　三脚架

2.2.3 水准仪的使用方法

微倾式水准仪的操作包括安置水准仪、粗略整平、照准水准尺、精确整平和读数五个步骤。对于自动安平水准仪来说，仪器操作不需要精确整平

步骤。

2.2.3.1　安置水准仪

在测站上，首先松开三脚架架腿的固定螺旋，伸缩三个架腿使高度适中，再拧紧固定螺旋。在平坦地面，通常三脚架三个脚大致呈等边三角形，高度适中，脚架顶面大致水平，用脚踩实架腿，使脚架稳定、牢固；在斜坡地面上，应将两个架腿平置在坡下，另一个架腿安置在斜坡方向上，踩实各个架腿，这样安置仪器比较稳固；在光滑的地面上安置仪器时，三脚架的三个架腿一定不能分得太开，以防滑动。三脚架安置好后，从仪器箱中取出仪器，旋紧中心螺钉，将仪器固定在架头上。

2.2.3.2　粗略整平

仪器的粗略整平是用脚螺旋使圆水准器的气泡居中。不论圆水准器在任何位置，先用任意两个脚螺旋同时相向旋转或相对旋转，使气泡沿该两个脚螺旋的连线方向居中，再旋转第三个脚螺旋，使其在两个脚螺旋连线的垂线方向居中。

如图2.17（a）中，先将气泡自 a 移到 b，相向旋转①、②两个脚螺旋（脚螺旋①逆时针旋转，脚螺旋②顺时针旋转），直至气泡处在 b 位置，此时两个脚螺旋的连线方向处于水平位置。在这个过程中，左手大拇指转动的方向就是气泡移动的方向。

然后单独旋转第三个脚螺旋③，如图2.17（b）所示，使气泡沿原来两个脚螺旋连线的垂线方向居中。

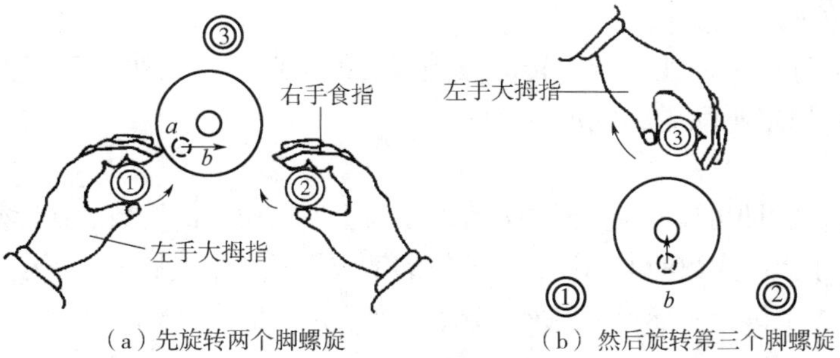

图2.17　粗略整平

脚螺旋操作的三条要领：先旋转两个脚螺旋，然后旋转第三个脚螺旋；旋转两个脚螺旋时，必须做相对转动，即左右脚螺旋旋转方向相反；气泡移动的方向始终和左手大拇指移动的方向一致。

2.2.3.3　照准水准尺

用望远镜十字丝中心对准目标的操作过程称为照准。具体操作步骤如下：

第一步：粗略照准。松开望远镜制动螺旋，转动望远镜（若无望远镜制动螺旋，则直接转动望远镜），利用镜筒上方的粗瞄器照门和准星照准水准标尺，固定水平制动螺旋。

第二步：物镜调焦。旋转物镜调焦螺旋，使成像清晰。

第三步：精确照准。旋转微动螺旋，使十字丝竖丝精确照准水准标尺的一边或中间。

第四步：消除视差。

如果尺像平面与十字丝面还没有严密重合，当观测者眼睛在望远镜目镜后左右晃动或上下晃动时，会出现目标像与十字丝面发生相对变化，即十字丝跳动，这种现象称为十字丝视差。视差产生的原因是尺像平面与十字丝面还没有严密重合，如图2.18（a）、（b）所示。

测量作业中是不允许存在视差的。

为了检查是否存在视差，可使眼睛在目镜后上下或左右稍微晃动，如十字丝的交点始终对着目标的同一位置或横丝对准尺子的刻度不变，则表示没有视差；如果发现十字丝与目标有相对移动，则说明有视差的存在。

消除视差的方法：反复仔细进行物镜调焦，同时配合目镜调焦。观测者的眼睛应处于松弛状态，以防止眼球焦距变化。这样反复1～2次，直到眼睛对着目镜上下晃动时，十字丝与尺像不发生相对移动为止，如图2.18（c）所示。

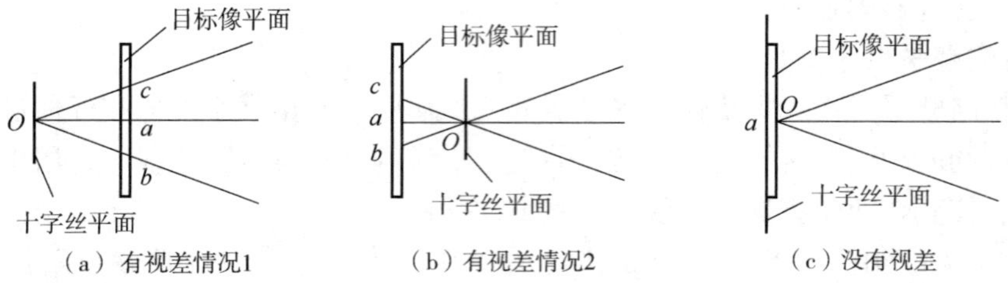

图2.18　视差产生和消除

2.2.3.4　精确整平

精确整平是针对微倾式水准仪的一步操作，自动安平水准仪不需要该操作步骤。它是通过调节微倾螺旋，使目镜左边观察窗内的符合水准器的气泡两端影像完全吻合，这时视准轴精确地处于水平位置。

由于气泡移动有一个惯性，所以转动微倾螺旋的速度不能太快。只有符合水准器气泡两端影像完全吻合且稳定不动时，气泡才居中。

2.2.3.5　读数

完成上述操作后，即可读取十字丝中丝在水准尺上所截位置的读数。在读数时无论成倒像还是正像，均按照由小数到大数的方向读，即若望远镜成倒像，则应从上往下读；反之，若望远镜成正像，则应从下往上读，并准确读出米、分米、厘米位，估读出毫米位，如图2.19所示。

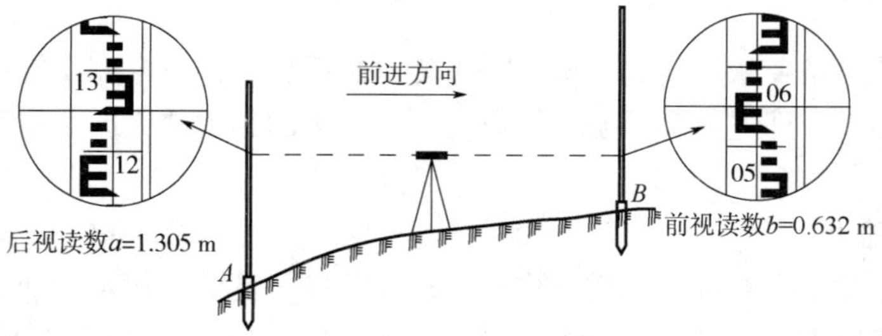

图2.19　水准尺读数

2.3　水准测量的外业施测

我国国家水准测量按照精度等级划分为一、二、三、四等水准测量。一、二等水准测量依据《国家一、二等水准测量规范》（GB/T 12897—2006）相关技术要求进行施测；三、四等水准测量依据《国家三、四等水准测量规范》（GB/T 12898—2009）相关技术要求进行施测；不属于国家规定等级的水准测量一般称为五等水准测量或等外水准测量，依据《工程测量规范》（GB 50026—2007）和《水利水电工程施工测量规范》（SL 52—2015）等相关技术要求进行施测。

国家一等水准测量路线构成的一等水准网是国家高程控制的骨干网，同时也是研究地壳垂直运动以及有关科学问题的主要依据，每15～20年需沿相同的水准路线重复观测一次。一等水准测量路线沿路面坡度平缓、交通不太繁忙的路线布设，一等水准网闭合成环，并构成网状。二等水准网在一等水准环内布设。二等水准路线尽量沿公路、大路及河流布设。三、四等水准网是在一、二等水准网的基础上进一步加密，根据需要在高等级水准网内布设附合路线、环线或结点网，直接提供地形测图和各种工程建设所必需的高程控制点。

2.3.1　转点、测站和测段

在实际工作中，由于已知点到待测点距离过长或者高差较大，仅安置一次水准仪不可能直接测得它们之间的高差，必须在两点间设置一些临时的过渡点以传递高程。

如图2.20所示，设已知点A的高程为H_A，现要测定距离A点较远的B点的高程，则必须在A、B之间连续设置若干次仪器以及若干个临时性立尺点。这些临时立尺点1，2，…，$n-1$称为转点（turning point），常用TP表示，其作用是传递高程。转点一般用尺垫临时标定，用作转点的尺垫、间歇桩必须确保稳定，否则传递到水准点的高程就是错误的。因此，在观测过程中，尺垫、间歇桩不允许移动，同时在尺垫上立尺也要轻拿轻放。

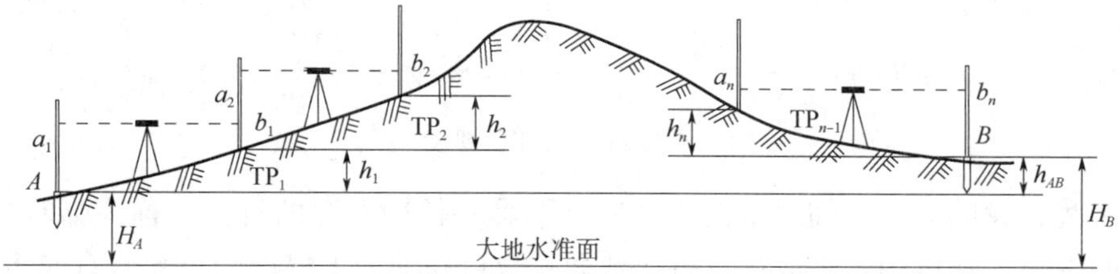

图2.20　水准测量施测

在观测过程中，安置仪器的位置就是测站，每安置一次仪器称为一个测站。

相邻两个水准点之间即为一个测段，一般一个测段包括若干个测站。一条水准路线可以由若干个测段组成，测段是构成水准路线的基本单元。

由图2.20可知，每测站的高差为

$$\left.\begin{aligned} h_1 &= a_1 - b_1 \\ h_2 &= a_2 - b_2 \\ &\vdots \\ h_n &= a_n - b_n \end{aligned}\right\}$$

因此A点至B点的高差

$$h_{AB} = h_1 + h_2 + \cdots + h_n = \sum h_i \tag{2.8}$$

即

$$h_{AB} = (a_1 - b_1) + (a_2 - b_2) + \cdots + (a_n - b_n) = \sum_{i=1}^{n} a_i - \sum_{i=1}^{n} b_i \qquad (2.9)$$

利用式（2.3）便可求出 B 点的高程。在实际作业时，可先将各测站算出的高差求和得出 A 点至 B 点的高差 h_{AB}，再用式（2.9）计算出的高差检核高差计算是否正确。

这种连续多次设站测定高差，最后取各测站高差代数和求得 A 点至 B 点高差的方法称为复合水准测量或者连续水准测量。

2.3.2 水准点与水准路线

2.3.2.1 水准点

依据某等级水准测量方法和技术要求测得的高程点即为该等级的水准点，一般用 BM 表示。水准点的位置应选在土质坚实、便于长期保存和使用方便的地方。

水准点按其性质分为永久性水准点和临时性水准点两大类。便于长期保存的水准点称为永久性水准点，通常采用标石。地面水准点按一定规格埋设，在标石顶部设置有不易腐蚀的材料制成的半球状标志，如图 2.21（a）所示；墙上水准点应按规格要求设置在永久性建筑物的墙脚上，如图 2.21（b）所示。

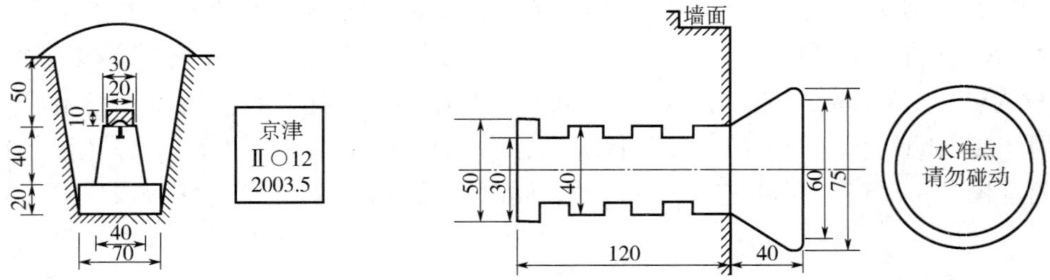

（a）混凝土普通水准标石（单位：cm）　　（b）墙角水准标石埋设（单位：cm）

图 2.21　水准点埋设

为了工程建设的需要而临时增设的水准点不具有长期保存的价值，称为临时性水准点，常采用临时性标志，可用木桩或道钉打入地面，也可在地面上突出的坚硬岩石或房屋四周水泥面、台阶等处用油漆做出标志。

国家水准点按其精度不同分为四个等级，即一、二、三、四等水准点，分别按国家规范要求埋设永久性标石。

标石埋设后，为了便于后期寻找水准点位置，需要制作能够长期保存的点之记。点之记是记载控制点位置和标石结构情况的资料，包括点名、等级、点位略图、交通图、与方位物之间关系和点位说明等内容，如图 2.22 所示。

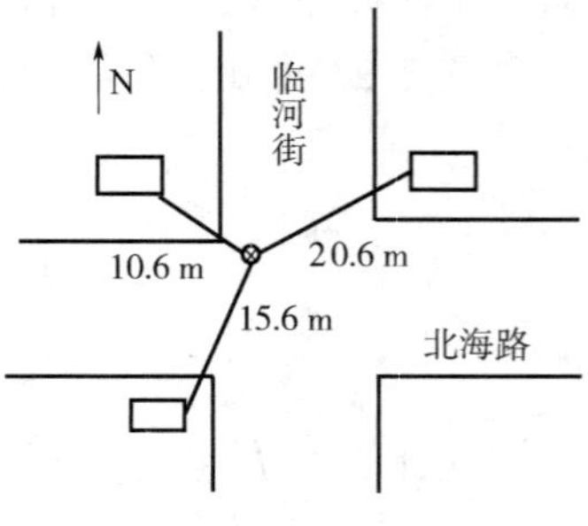

图 2.22　点之记

2.3.2.2 水准路线

水准路线是指将若干个水准点按施测前进方向连接起来构成的线路。一般来说，对精度要求高的水准路线应该沿公路、大路布设，对精度要求较低的水准路线也应尽可能沿各类道路布设。线路通过的地面要坚实，使仪器和标尺都能稳定。为了不增多测站数，并保证足够的精度，还应使路线的坡度最小，水准点的位置应在拟订水准路线时加以考虑。

水准路线的布设形式分为单一水准路线和水准网。

1. 单一水准路线

单一水准路线有附合水准路线、闭合水准路线和支水准路线三种布设形式。

(1) 附合水准路线。如图 2. 23 所示，从一个高等级的已知水准点BM_1出发，沿各待测高程的水准点（1，2，…，n）进行水准测量，最后附合到另一个高等级的已知水准点BM_2上，由这些水准点所构成的路线称为附合水准路线。根据几何关系可得

$$\sum h_{理} = H_{终点} - H_{始点} \tag{2.10}$$

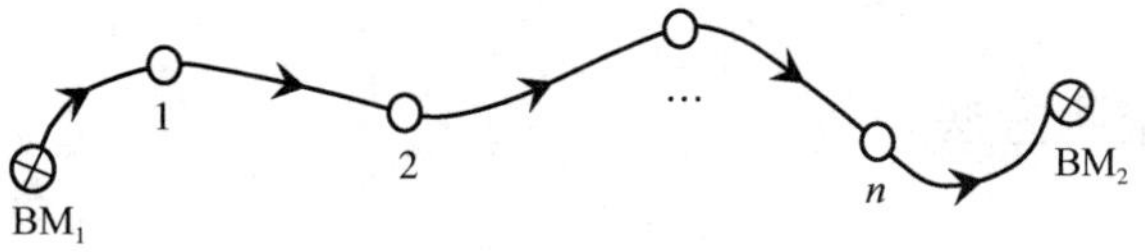

图 2. 23 附合水准路线

式（2. 10）即为附合水准路线的高差闭合差检核条件。

(2) 闭合水准路线。如图 2. 24 所示，从一个高等级的已知水准点 BM_1 出发，沿各待测高程的水准点（1，2，…，n）进行水准测量，最后又回到了原已知的水准点 BM_1 上，由这些水准点所构成的环形路线称为闭合水准路线。根据几何关系可得：

$$\sum h_{理} = 0 \tag{2.11}$$

式（2. 11）即为闭合水准路线的高差闭合差检核条件，但因闭合水准路线只有一个已知高程数据，所以根据式（2. 11）并不能发现已知点高程抄录错误的情况。

(3) 支水准路线。从一个高等级的已知水准点BM_1出发，沿各待测高程的水准点（不超过两个）进行水准测量，测量最后既不回到原来的已知水准点上，也不附合到另一个已知水准点上的路线，称为支水准路线，如图 2. 25 所示。支水准路线没有检核条件，为了提高观测精度和增加检核条件，支水准路线必须进行往返测量，以检核观测数据的正确性。因此，根据几何关系可知，支水准路线往返测理论高差的代数和等于 0，即

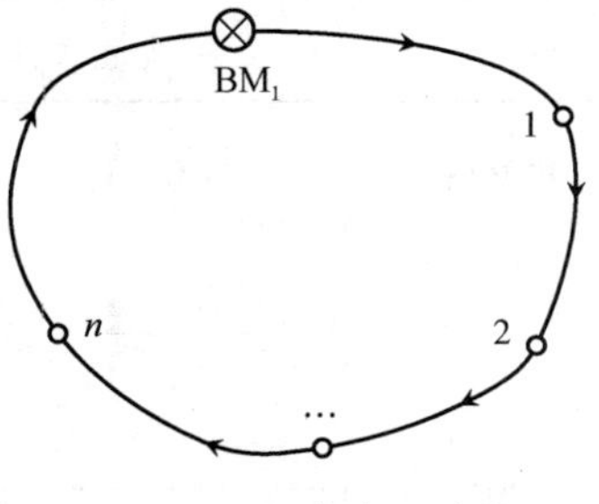

图 2. 24 闭合水准路线

图 2. 25 支水准路线

$$\sum h_{往} + \sum h_{返} = 0 \tag{2.12}$$

2. 水准网

由若干条单一水准路线互相连接构成结点或网状形式称为水准网。只有一个高程水准点的水准网称为独立水准网，如图 2. 26（a）所示；有两个以上已知高程水准点的水准网称为结点附合水准网，如图 2. 26（b）所示。

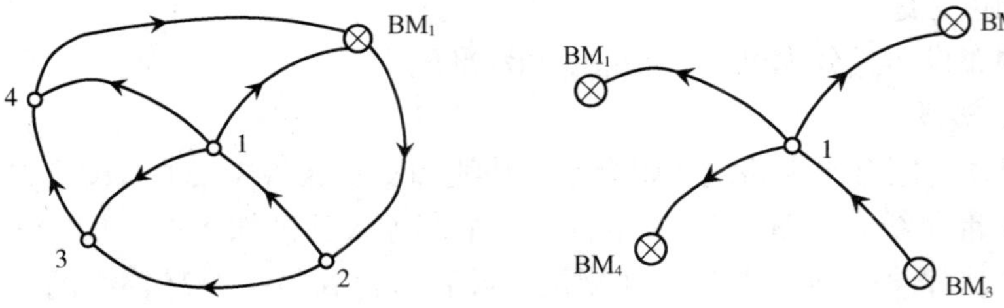

（a）独立水准网　　（b）结点附合水准网

图 2.26　水准网

2.3.3　水准测量的施测方法

2.3.3.1　高差法

1. 观测程序

（1）如图 2.20 所示，将水准尺 1 立于已知高程的水准点 A 上作为后视尺。

（2）将水准仪安置于水准路线的适当位置，在路线前进方向上的适当位置放置尺垫（即转点），在尺垫上竖立水准尺 2 作为前视尺。保证仪器到两水准尺的距离满足相应等级规范要求。

（3）将仪器整平，照准标尺，消除视差，读取后尺 1 中丝读数 a_1，并记录在手簿（表 2.1）上。

（4）转动望远镜，照准前尺，消除视差，读取前尺 2 中丝读数 b_1，并记录在手簿上，同时根据式（2.1）计算两点之间的高差 h_1。

（5）将仪器迁至第二站，此时，第一站的前尺 2 不动，变为第二站的后尺，第一站的后尺 1 移至前面适当位置作为第二站的前尺，按照第一站相同的观测程序进行测量。

（6）沿水准路线前进方向观测完毕。

表 2.1　普通水准测量记录手簿（1）

项目名称：　　仪器型号：　　日期：

天气：　　观测者：　　记录者：

测站	测点	水准尺读数/m		高差/m	高程/m	备注
		后视读数	前视读数			
1	A	a_1		h_1		
	TP_1		b_1			
2	TP_1	a_2		h_2		
	TP_2		b_2			
⋮	⋮	⋮		⋮		
	⋮		⋮			
n	TP_{n-1}	a_n		h_n		
	B		b_n			
检核计算	Σ	Σa	Σb	Σh		

2. 应用举例

某工程项目场地需新建一个水准点 BM_2，要求测出其高程，规划部门提供了一个已知水准点 BM_1，其高程为 1 175.234 m，但该已知点距离施工场地较远，安置一次仪器无法获取两点之间的高差，因此要获得 BM_1 至 BM_2 的高差，需要在两点之间多次架设仪器进行连续测量，如图 2.27 所示进行了普通水准测量，并将观测数据记录于表 2.2 中。

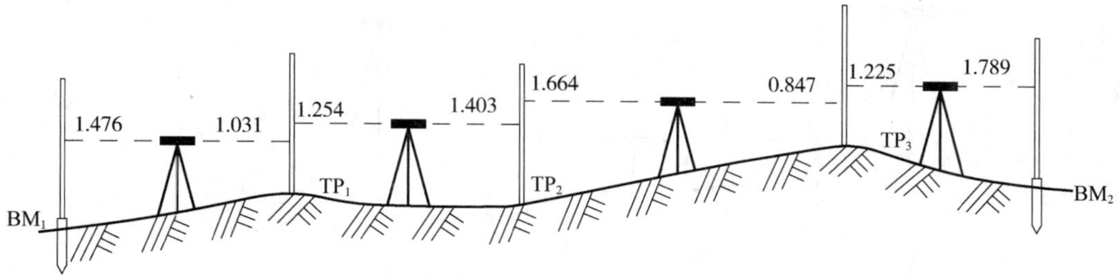

图 2.27 普通水准测量施测方法

表 2.2 普通水准测量记录手簿（2）

项目名称：××工程　　仪器型号：DSZ3　　日期：2018 年 12 月 25 日

天气：多云　　观测者：张三　　记录者：李四

测站	测点	水准尺读数/m		高差/m	高程/m	备注
		后视读数	前视读数			
1	BM_1	1.476		+0.445	1175.234	
	TP_1		1.031			
2	TP_1	1.254		−0.149		
	TP_2		1.403			
3	TP_2	1.664		+0.817		
	TP_3		0.847			
4	TP_3	1.225		−0.564		
	BM_2		1.789		1 175.783	
检核计算	$\sum$	5.619	5.070	+0.549	$H_{BM_2} - H_{BM_1} = +0.549$	
	$\sum a_i - \sum b_i = +0.549$ m			$\sum h_i = +0.549$		

根据记录表数据可得两点之间的高差为 +0.549 m，利用式（2.3）可得 BM_2 点的高程为

$$H_{BM_2} = H_{BM_1} + h_{12} = (1\ 175.234 + 0.549)\text{m} = 1\ 175.783\ \text{m}$$

2.3.3.2 视线高法

在水利工程施工测量中，经常要在一个测站同时测出若干个点的高程，这时可用视线高法进行施测。

如图 2.28 所示，视线高法是在一个测站上除了有一个后视读数外，可以有多个前视读数，即有多个前视点。在这些前视点中，不作为传递高程的点称为间视点，对应水准尺上的读数称为间视读数；传递高程的点则作为前视点；在计算过程中视线高法要利用式（2.4）先计算该测站上的视线高，再利用式（2.6）计算间视点和前视点的高程。

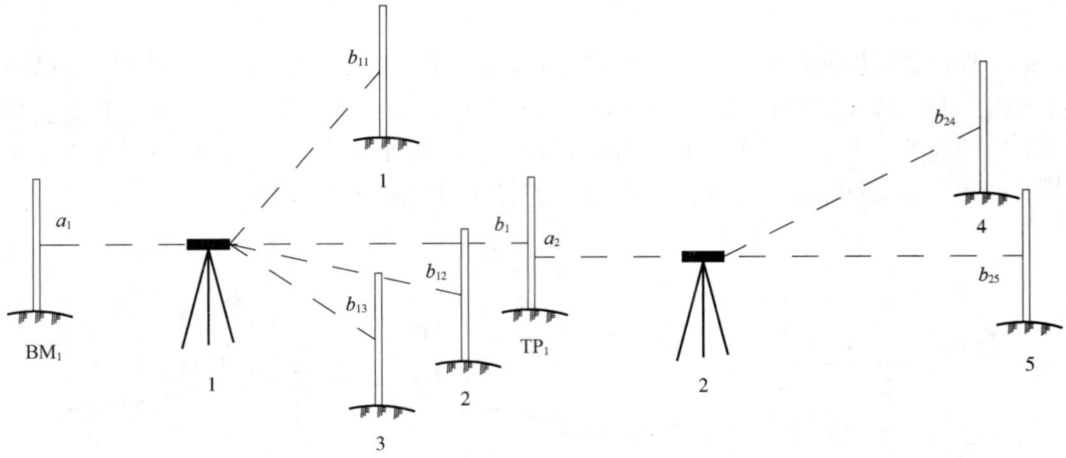

图 2.28　视线高法水准测量的施测

1. 观测程序

(1) 将水准尺竖立于已知水准点 BM_1 上，并将该水准尺作为后视尺。

(2) 在合适位置安置仪器，并照准后视尺，得后视读数 a_1，记录在表 2.3 中，计算此时的视线高，视线高 H_{11} = 后视点高程 + a_1。

(3) 将后视尺移至各待测点（间视点）上，依次获取间视读数 b_{11}、b_{12}、b_{13}，记录于表 2.3中，计算各间视点高程，间视点高程 = 视线高 − 间视读数。

(4) 选定合适的点 TP_1 作为前视点，立尺读数，得前视读数 b_1，并计算该点的高程，H = 视线高 − 前视读数 b_1。

(5) 将仪器迁至合适的位置照准 TP_1 点上的水准尺，并将该水准尺作为后视尺，进行下一站观测，观测方法同 (2)、(3)、(4) 步骤。

表 2.3　水准测量记录手簿

项目名称：　　　　仪器型号：　　　　日期：

天气：　　　　观测者：　　　　记录者：

测站	测点	后视读数/m	视线高/m	间视读数/m	前视读数/m	高程/m	备注
1	BM_1	a_1	$H_{11}=H_{BM_1}+a_1$			H_{BM_1}	已知点
	1			b_{11}		$H_1=H_{11}-b_{11}$	
	2			b_{12}		$H_2=H_{11}-b_{12}$	
	3			b_{13}		$H_3=H_{11}-b_{13}$	
2	TP_1	a_2	$H_{22}=H_{TP_1}+a_2$		b_1	$H_{TP_1}=H_{11}-b_1$	
	4			b_{24}		$H_4=H_{22}-b_{24}$	
	5			b_{25}		$H_5=H_{22}-b_{25}$	

2. 应用实例

如图 2.29 所示，已知 BM_1 为已知水准点，利用视线高法进行水准测量，将观测数据记录于水准测量记录手簿（表 2.4）中，并完成相应的计算。

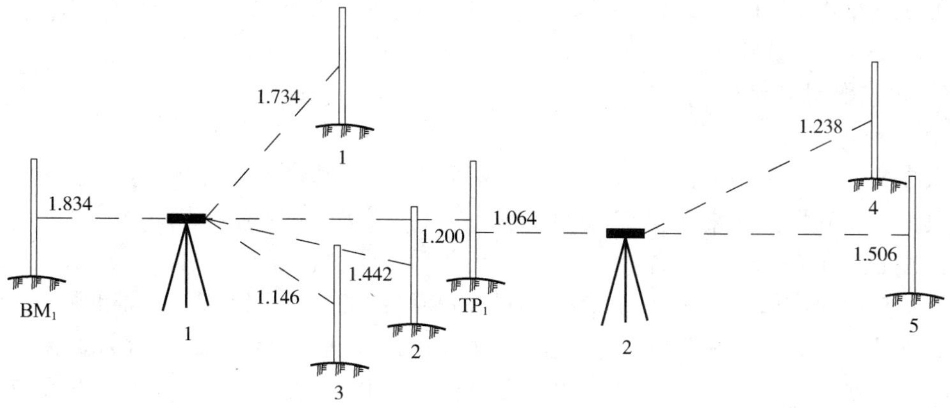

图 2.29 视线高法水准测量

表 2.4 视线高法水准测量记录手簿

项目名称：××项目　　仪器型号：DSZ3　　日期：2018 年 12 月 12 日

天气：晴　　观测者：张三　　记录者：李四

测站	测点	后视读数/m	视线高/m	间视读数/m	前视读数/m	高程/m	备注
1	BM$_1$	1. 834	1 177. 302			1 175. 468	已知点
	1			1. 734		1 175. 568	
	2			1. 442		1 175. 860	
	3			1. 146		1 176. 156	
2	TP$_1$	1. 064	1 177. 166		1. 200	1 176. 102	
	4			1. 238		1 175. 928	
	5			1. 506		1 175. 660	

2. 3. 3. 3　水准测量外业施测注意事项

（1）在水准点（已知点或待测点）上立尺时，不得放尺垫，尺垫只能立于转点上。

（2）上一站和下一站之间转点上的尺垫在观测过程中不允许移动。若发生移动，需退回本测段的起始位置重新观测。

（3）水准尺应立直，不能倾斜。

（4）外业观测记录必须在编号、装订成册的手簿上进行。已编号的各页不得任意撕去，记录中间不得留下空页、空行或空格。

（5）记录时要求字体端正清晰，数位对齐，数字齐整。字体的大小一般占格宽的 1/2 ~ 1/3，字脚靠近底线；表示精度或占位的“0”（例如水准尺读数 1. 120 或 0. 654）均不可省略。

（6）观测数据的前几位若出错时，应用细横线划掉错误的数字，并在原数字上方写出正确的数字；注意不得使用橡皮涂擦已记录的数据；禁止连环涂改数字，例如水准测量中的黑、红面读数不能同时更改，否则重测。

（7）一切外业原始观测值和记事项目必须在现场用铅笔直接记录在手簿中，记录的文字和数字应端正、整洁、清晰，杜绝字迹潦草模糊。

（8）每站观测结束后，必须在现场完成规定的计算和检核，确认无误后方可迁站。

（9）数据计算应根据所取位数，按“4 舍 6 入、5 看奇偶、奇进偶舍”的原则进行取舍。例如 1.322 4 m、1.322 5 m、1.322 6 m、1.323 5 m，若取至毫米位，则分别为1.322 m、1.322 m、1323 m、1.324 m。

2.3.3.4 水准测量的检核

1. 测站检核

在水准测量的每一站上，任何一个观测数据出现错误都将导致所测高差不正确。为了保证观测数据的正确性，通常采用变动仪器高法或双面尺法进行测站检核。

（1）变换仪器高法。在测站上测出两点高差后，改变仪器高度再测一次高差。若两次高差之差不超过允许值，则取其平均值作为最后结果；若超过允许值，则需重测。

（2）双面尺法。在同一测站上，仪器高度不变，分别测出两点的黑面尺高差和红面尺高差。若同一水准尺红面读数与黑面读数之差，以及红面高差与黑面高差均在允许值范围内，则取平均值作为最后结果，否则应重测。

2. 成果检核

测站检核能检查每测站的观测数据是否存在错误。但有些错误，例如，在转站时转点的位置被移动，测站检核是无法检查出来的。此外，每一测站的高差误差如果出现符号一致性，随着测站数的增多，误差积累起来，就有可能使高差总和的误差积累过大。因此，还必须对水准测量进行成果检核。

在水准测量中，由于测量误差的影响，沿水准路线测得的起终点的高差值与起终点实际应有的理论高差不吻合，其两者的差值称为高差闭合差，用f_h表示。根据实际观测数据计算f_h的大小，来评判水准测量成果是否合格。

（1）附合水准路线高差闭合差计算。附合水准路线中各测站实测高差的代数和应等于两已知水准点间的高差。由于实测高差存在误差，使两者并不完全相等，两者的差值即为附合水准路线高差闭合差f_h，即

$$f_h = \sum h_{测} - (H_{终} - H_{始}) \tag{2.13}$$

式中，$h_{测}$为测段实测高差；$H_{终}$为附合水准路线终点高程；$H_{始}$为附合水准路线始点高程。

（2）闭合水准路线高差闭合差计算。闭合水准路线中各测段高差的代数和应为零。但实测高差总和不一定为零，从而产生闭合水准路线高差闭合差f_h，即

$$f_h = \sum h_{测} \tag{2.14}$$

（3）支水准路线高差闭合差计算。支水准路线要进行往返测量，往测高差总和与返侧高差总和应大小相等、符号相反。但实际观测过程中由于观测误差的存在，使两者之间在大小上存在差值，产生高差闭合差f_h，即

$$f_h = \sum h_{往} + \sum h_{返} \tag{2.15}$$

高差闭合差f_h是由于各种因素引起的测量误差，故闭合差的数值应在允许值范围内，否则应检查原因，并返工重测。

相关规范规定，图根水准测量高差闭合差的允许值为

$$\left.\begin{aligned} 平地：f_{h容} &= \pm 40\sqrt{L}\ (\text{mm}) \\ 山地：f_{h容} &= \pm 12\sqrt{N}\ (\text{mm}) \end{aligned}\right\} \tag{2.16}$$

国家三、四等水准测量规范规定，四等水准测量高差闭合差的允许值为

$$\left.\begin{aligned}\text{平地：} f_{h容} &= \pm 20\sqrt{L}\ (\text{mm})\\ \text{山地：} f_{h容} &= \pm 6\sqrt{N}\ (\text{mm})\end{aligned}\right\} \tag{2.17}$$

式中，L 为水准路线总长，km；N 为水准路线总测站数。

2.4　水准测量的内业成果计算

水准测量的外业测量数据经检核后，只有闭合差在相关规范的限差范围内，才能进行内业成果计算。如果闭合差超过规范要求，则需重新进行观测，直至闭合差在限差范围内。在测量中，将高差闭合差按误差理论合理分配到各个测段的高差中，最后求出未知点的高程，这个计算过程称为水准测量内业成果计算。

2.4.1　水准测量的内业成果计算方法

1. 高差闭合差的调整

当根据观测值计算出的高差闭合差在规范的限差范围以内，即 $|f_h| \leq |f_{h容}|$ 时，可对高差闭合差进行调整。根据误差的相关知识可知，水准路线高差闭合差分配的原则是将闭合差按各测段的测段长度（平原地区）或测站数（山区）成正比反号分配到相应测段的观测高差上，其中各测段高差依据上述原则计算出的值称为改正数，通常用 ν 表示。高差改正数计算公式为

$$\nu_i = -\frac{f_h}{\sum L_i} L_i \tag{2.18}$$

或

$$\nu_i = -\frac{f_h}{\sum N_i} N_i \tag{2.19}$$

式中，L_i 为第 i 测段路线长度，m 或 km；N_i 为第 i 测段路线测站数。

各测段高差改正数计算完毕以后，需要计算改正数之和，判断该数值是否和高差闭合差 f_h 大小相等，符号相反。若 $\sum \nu_i \neq -f_h$，则重新计算改正数或对部分改正数进行微小的调整，直至 $\sum \nu_i = -f_h$ 为止。

2. 计算改正后的高差

每测段实测高差加相应的高差改正数便得改正后的高差 $\hat{h}_i$，计算公式为

$$\hat{h}_i = h_i + \nu_i \tag{2.20}$$

式中，h_i 为第 i 测段实测高差；ν_i 为第 i 测段实测高差的改正数；$\hat{h}_i$ 为第 i 测段实测高差改正后的值。

各测段改正后的高差计算完毕后，需要进一步检核计算是否正确。若闭合水准路线或者支水准路线改正后的高差之和满足式（2.21），附合水准路线改正后的高差之和满足式（2.22），则证明计算正确，否则重新计算。

$$\sum \hat{h}_i = 0 \tag{2.21}$$

$$\sum \hat{h}_i = H_{终} - H_{始} \tag{2.22}$$

3. 计算未知点高程

根据改正后的高差，由起点高程逐一推算未知点的高程，计算式为

$$H_i = H_{i-1} + \hat{h}_i \tag{2.23}$$

对于附合水准路线，需要计算至终点的高程，并检验该值与已知值是否一致；对于闭合水准路线，需要计算至起点的高程，并检验该值与已知数据是否一致。若通过计算发现最终结果和已知数据不一致，则进行检核，并重新计算各水准点的高程，直至与已知数据一致为止。

2.4.2 应用举例

1. 附合水准路线

图2.30所示为一图根附合水准测量，BM_1、BM_2为两个已知高程的水准点，H_{BM_1} = 1 175.268 m，H_{BM_2} =1 171.848 m，各测段的高差分别为h_1、h_2、h_3、h_4，各测段测站数为N_1、N_2、N_3、N_4，观测数据见表2.5，A、B、C三点为未知点，完成附合水准测量内业计算。

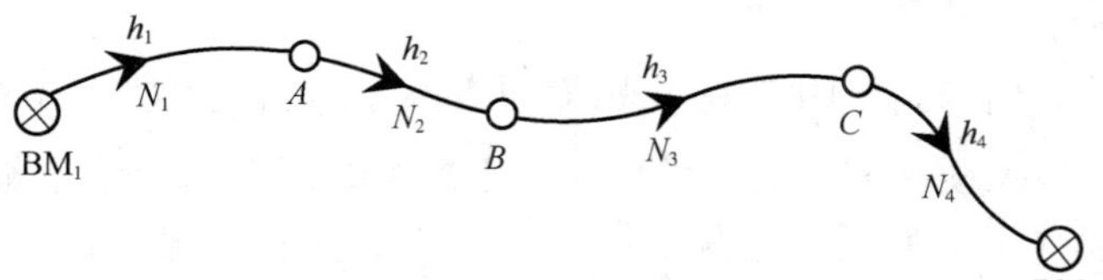

图2.30 附合水准测量

表2.5 附合水准观测数据

测段	观测高差/m	测站数/个	备注
1	+1.023	6	H_{BM_1} =1 175.268 m H_{BM_2} =1 171.848 m
2	−0.864	8	
3	−1.245	4	
4	−2.366	10	

（1）填写各水准点的点号于表2.6中①所在的列，将各测段的测站数和实测高差分别填于②、③所在的列，填写时注意各测段所对应的点号。

（2）根据式（2.13）计算高差闭合差，并根据规范要求，计算允许值，均填写在检核计算栏内。

$$f_h = \sum h_{测} - (H_{终} - H_{始}) = -3.452\ \text{m} - (1\ 171.848 - 1\ 175.268)\ \text{m} = -0.032\ \text{m}$$

根据相关规范可知图根水准测量高差闭合差的允许值为

$$f_{h容} = \pm 12\sqrt{N} = \pm 12\sqrt{28}\ \text{mm} = \pm 63\ \text{mm}$$

因 $|f_h| < |f_{h容}|$，说明观测成果精度符合要求。

（3）高差闭合差调整。根据式（2.19）计算改正数，并填于表2.6中④所在的位置。

$$\nu_1 = -\frac{f_h}{\sum N_i}N_1 = -\frac{-0.032}{28} \times 6\ \text{m} = +0.007\ \text{m}$$

$$\nu_2 = -\frac{f_h}{\sum N_i}N_2 = -\frac{-0.032}{28} \times 8\ \text{m} = +0.009\ \text{m}$$

$$\nu_3 = -\frac{f_h}{\sum N_i} N_3 = -\frac{-0.032}{28} \times 4 \text{ m} = +0.005 \text{ m}$$

$$\nu_4 = -\frac{f_h}{\sum N_i} N_4 = -\frac{-0.032}{28} \times 10 \text{ m} = +0.011 \text{ m}$$

计算检核

$$\sum \nu_i = (0.007 + 0.009 + 0.005 + 0.011) \text{ m} = +0.032 \text{ m} = -f_h$$

（4）计算改正后的高差，根据式（2.20）计算，填于表2.6中⑤所在的列。

$$\hat{h}_1 = h_1 + \nu_1 = (+1.023 + 0.007) \text{ m} = +1.030 \text{ m}$$

$$\hat{h}_2 = h_2 + \nu_2 = (-0.864 + 0.009) \text{ m} = -0.855 \text{ m}$$

$$\hat{h}_3 = h_3 + \nu_3 = (-1.245 + 0.005) \text{ m} = -1.240 \text{ m}$$

$$\hat{h}_4 = h_4 + \nu_4 = (-2.366 + 0.011) \text{ m} = -2.355 \text{ m}$$

计算检核

$$\sum \hat{h}_i = (1.030 - 0.855 - 1.240 - 2.355) \text{ m} = H_{BM_1} - H_{BM_2} = -3.420 \text{ m}$$

（5）利用式（2.21）计算各点的高程，并将计算结果填于表2.6中⑥所在的列。注意起点的高程为已知数据，其他高程均为推算出来的，终点推算完毕后要与已知数据进行对比。

$$H_A = H_{BM_1} + \hat{h}_1 = (1\,175.268 + 1.030) \text{ m} = 1\,176.298 \text{ m}$$

$$H_B = H_A + \hat{h}_2 = (1\,176.298 - 0.855) \text{ m} = 1\,175.443 \text{ m}$$

$$H_C = H_B + \hat{h}_3 = (1\,175.443 - 1.240) \text{ m} = 1\,174.203 \text{ m}$$

计算检核

$$H_{BM_2} = H_C + \hat{h}_4 = (1\,174.203 - 2.355) \text{ m} = 1\,171.848 \text{ m}$$

附合水准测量计算结果见表2.6。

表2.6　附合水准测量内业计算表

点号	测站数	实测高差/m	高差改正数/m	改正后高差/m	高程/m	备注
①	②	③	④	⑤	⑥	
BM_1					1 175.268	已知点
	6	+1.023	+0.007	+1.030		
A					1 176.298	
	8	−0.864	+0.009	−0.855		
B					1 175.443	
	4	−1.245	+0.005	−1.240		
C					1 174.203	
	10	−2.366	+0.011	−2.355		
BM_2					1 171.848	已知点
$\sum$	28	−3.452	+0.032	−3.420		

续表

点号	测站数	实测高差/m	高差改正数/m	改正后高差/m	高程/m	备注
检核计算	f_h = −3.452 m −（1 171.848 −1 175.268）m = −0.032 m $f_{h容} = \pm 12\sqrt{N} = \pm 12 \times \sqrt{28}$ mm = ±63 mm					合限

2. 闭合水准路线

图 2.31 所示为一图根闭合水准测量，BM_1 的高程为 1 175.268 m，A、B、C 三点为未知点，各测段的高差分别为 h_1、h_2、h_3、h_4，各测段长度为 L_1、L_2、L_3、L_4，根据表 2.7 中的观测数据完成闭合水准测量内业计算。

闭合水准测量内业计算步骤与附合水准路线类似，可参阅上述附合水准路线内业计算示例进行数据处理，但要注意，闭合水准路线中高差闭合差根据式（2.14）进行计算，内业计算结果见表 2.8。

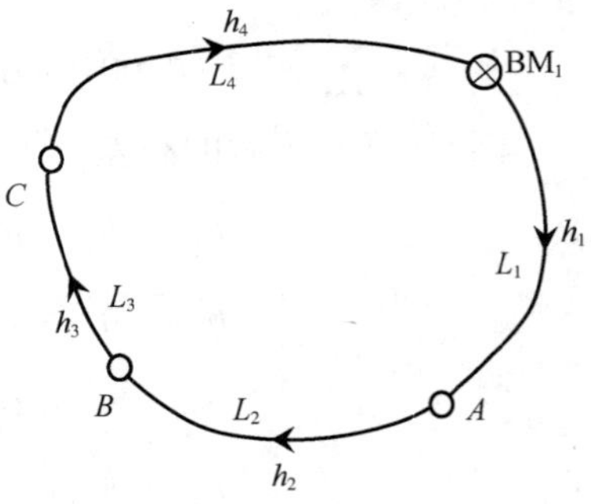

图 2.31　闭合水准测量

表 2.7　闭合水准观测数据

测段	观测高差/m	测段长度/km	备注
1	+1.625	1.6	
2	+3.452	2.1	
3	−4.359	1.7	
4	−0.676	2.0	

表 2.8　闭合水准测量内业计算表

点号	测站长度/km	实测高差/m	高差改正数/m	改正后高差/m	高程/m	备注
BM_1					1 175.268	已知点
	1.6	+1.625	−0.009	+1.616		
A					1 176.884	
	2.1	+3.452	−0.012	+3.440		
B					1 180.324	
	1.7	−4.359	−0.010	−4.369		
C					1 175.995	
	2.0	−0.676	−0.011	−0.687		
BM_1					1 175.268	
$\sum$	7.4	+0.042	−0.042	0		
检核计算	f_h = +0.042 m $f_{h容} = \pm 40\sqrt{L} = \pm 40 \times \sqrt{7.4}$ mm = ±108 mm					合限

3. 支水准路线

图 2.32 所示为一支水准路线图根水准测量示意图，BM_1 为已知高程的水准点，其高程

H_{BM_1} = 1 175. 268 m，A、B 点为未知点高程的水准点，利用水准仪进行了往返测量，其观测数据见表 2. 9，根据表中观测数据完成支水准内业计算。

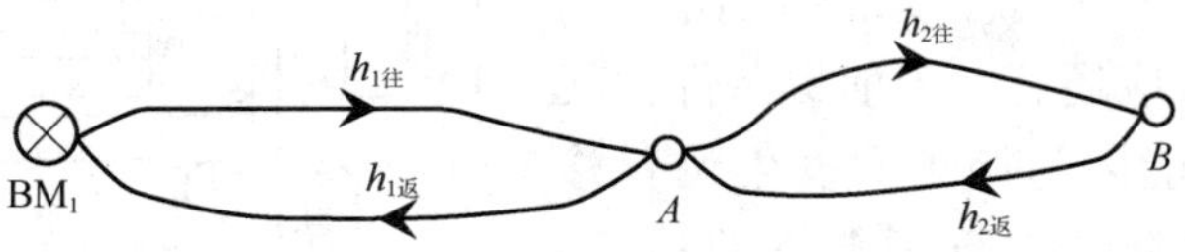

图 2. 32　支水准测量

表 2. 9　支水准观测数据

往测			返测		
测段	观测高差/m	测站数/个	测段	观测高差/m	测站数/个
BM_1—A	+1. 345	6	A—BM_1	−1. 348	6
A—B	−0. 568	4	B—A	+0. 570	4

支水准路线的内业计算步骤如下：

（1）将观测数据填于表 2. 10 中，并根据式（2. 15）计算各个测段的高差闭合差。

（2）根据测站数利用计算闭合差的允许值，计算高差中数并计算待测点高程。

表 2. 10　支水准测量内业计算表

点名	观测高差/m		测站数/个	允许值/m	高差闭合差/m	高差中数/m	高程/m	备注
	往测	返测						
BM_1							1 175. 268	已知点
	+1. 345	−1. 348	6	0. 029	−0. 003	+1. 346		
A							1 176. 614	
	−0. 568	+0. 570	4	0. 024	+0. 002	−0. 569		
B							1 176. 045	

2. 5　水准仪的检验与校正

2. 5. 1　水准仪的几何轴线及其应满足的几何条件

如图 2. 33 所示，水准仪主要的几何轴线有视准轴 CC 、水准管轴 LL 、仪器的竖轴 VV 、圆水准器轴 $L'L'$。根据水准测量的原理，水准仪只有提供一条水平的视线，才能正确地测出两点间的高差。为此，水准仪在结构上，其几何轴线应满足以下几何条件：

（1）圆水准器轴 $L'L'$ 应平行于仪器的竖轴 VV。

（2）十字丝的中丝应垂直于仪器的竖轴 VV。

（3）水准管轴 LL 应平行于视准轴 CC。

对于第（3）项，应还有一个前提条件，就是望远镜的视准轴不能因为调焦而发生位置移动。水准仪在出厂时都已进行了严格的检验，各轴线保证满足上述三个几何条件。但由于水准仪在搬迁运输过程中受到的振动和长期的使用，原各轴线之间的几何关系可能发生了变化。因此，在使用水准仪进行水准测量之前，应对水准仪进行认真的检验。如果出现问题，只要不是因为仪器的质量问题或部件损坏造成的，就可通过校正使轴线达到应满足的几何条件。

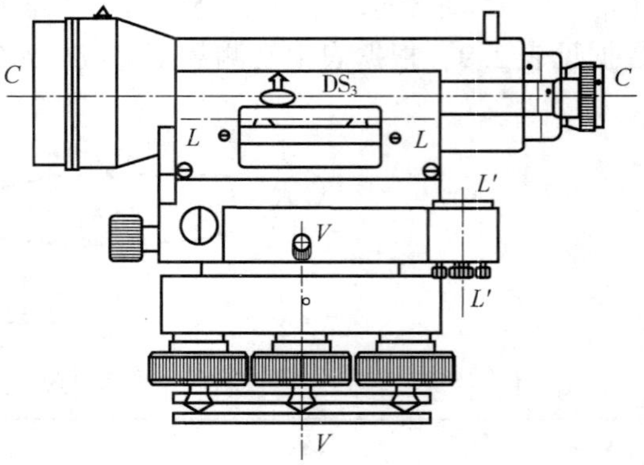

图 2.33　水准仪轴线几何关系

2.5.2　水准仪的检验与校正方法

2.5.2.1　圆水准器的检验与校正

圆水准器是用来粗略整平水准仪的。如果圆水准器轴 $L'L'$ 不平行于仪器的竖轴 VV，则当圆水准器气泡居中时，仪器的竖轴没有处于铅垂位置，并且若竖轴倾斜过大，则可能导致转动微倾螺旋到了极限位置也不能使水准管气泡居中。

1. 检验方法

安置好水准仪，旋转脚螺旋使圆水准器气泡居中，然后将望远镜绕仪器的竖轴旋转 180°，如果气泡仍居中，如图 2.34（a）所示，则表明该项几何条件得到满足；如果气泡偏离中央位置而在圆水准器中心分划圆圈之外，如图 2.34（b）所示，则表明该项几何条件没有满足，需要进行校正。如果气泡虽然偏离中央位置，但仍在圆水准器中心分划圆圈之内，如图 2.34（d）所示，也可不用进行校正。

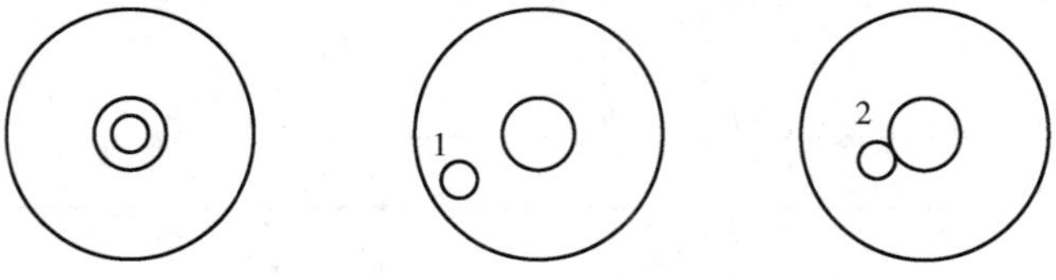

（a）气泡居中　（b）气泡偏离在1位置　（c）气泡调整到2位置　（d）气泡偏离但在中心分划圆圈内

图 2.34　圆水准器校正

2. 校正方法

如图 2.34（b）所示，气泡偏离圆水准器中心而在 1 位置，校正时，首先调整脚螺旋，使气泡从 1 的位置向圆水准器中心方向移动偏离量的一半，到图 2.34（c）中 2 所示的位置，此时竖轴基本处于铅垂位置。其次，按图 2.35 所示，稍旋松圆水准器底部的中央固定螺钉，用校正针拨动三个校正螺钉，使气

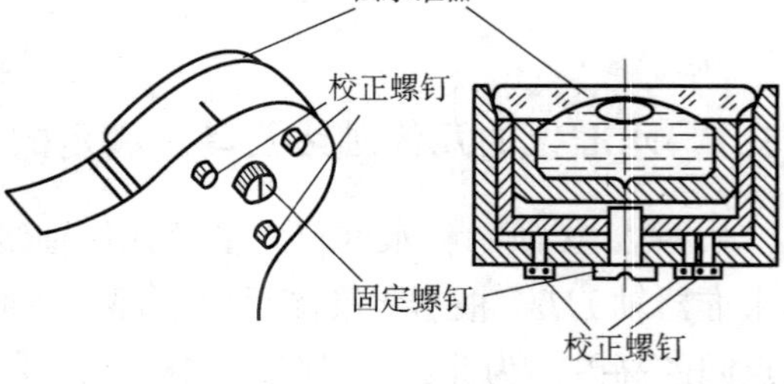

图 2.35　圆水准器校正螺钉

泡居中。然后，将望远镜绕仪器的竖轴旋转180°，检查圆水准器的气泡是否居中。如果气泡居中，这时圆水准器轴平行于仪器的竖轴且处于铅垂位置，校正工作完毕。如果气泡仍然没有居中，继续重复上述的校正方法，使气泡居中。

一般此项检验与校正的过程需反复数次，直至无论望远镜旋转至何位置时，圆水准器的气泡始终处于圆水准器的中央位置，此时，圆水准器轴平行于仪器的竖轴且处于铅垂位置。在用校正针拨动三个校正螺钉时，应做到一松一紧，即先松1颗或2颗，再紧2颗或1颗，校正完毕后一定要记住把固定螺钉紧固。

2.5.2.2 水准管轴的检验与校正

由水准测量的原理可知，水准测量是利用水准仪所提供的水平视线来测定地面上两点之间的高差的，而只有当望远镜的视准轴与水准管轴平行时，水准仪才能提供一条水平视线。如果望远镜的视准轴与水准管轴不平行，则它们在包含视准轴所在的竖直面上的投影为相交直线，其之间的夹角称为 i 角，因而常称水准管轴平行于视准轴的检验为 i 角检验，它是水准仪检验的重要内容。

i 角检验的检验方法有多种，但其基本原理都是一致的。即在不同的地点安置水准仪，对地面上固定的两点进行两次高差测定。如果两次所测的高差相等，则 i 角为零，表明该项几何条件得到满足；如果两次所测的高差不相等，则 i 角不等于零，需要计算 i 角的大小；若 i 角超限，就需要进行校正。以下介绍比较简单的检验和校正方法。

1. 检验方法

如图2.36所示，在较平坦的地面上选择相距约80～100m的地方打下两根木桩或放置两个尺垫作为固定点 A 和 B，在固定点 A 和 B 上竖立水准尺，在 A、B 两点之间的中点 C 处安置水准仪，使前后视距相等。

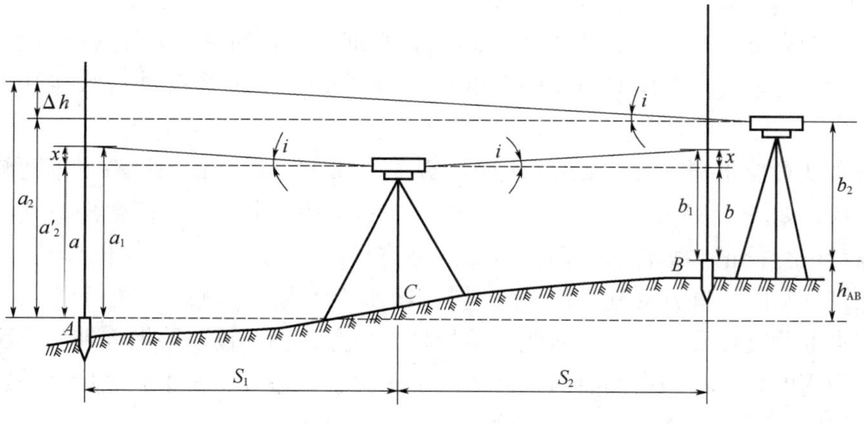

图2.36 i 角误差检验

(1) 在 C 点处安置水准仪，当长水准管气泡居中时，分别读取点上水准尺的读数 a_1 和 b_1。如果水准管轴与视准轴不平行而有一 i 角，视线为倾斜线，但由于仪器到前、后水准尺的距离相等，所造成的读数误差也相等，都等于 x，这样 A 点到 B 点的高差

$$h_{AB} = a_1 - b_1 = (a + x) - (b + x) = a - b \tag{2.24}$$

从式(2.24)可以得出，无论水准管轴是否平行于视准轴，只要将仪器安置于两个待测高程点连线的中线上，其所测的高差仍然是正确的。也就是说，在水准测量中将水准仪安

置于距前、后水准尺等距的中间位置，即可消除 i 角误差的影响。

(2) 将水准仪搬迁至离 B 点（也可以在 A 点）2~3m 处安置，如图 2.36 所示。仪器精平后读得近尺 B 点水准尺上的读数为b_2，因水准仪离 B 点很近，i 角对 B 点读数的影响很小，即视准轴与水准管轴不平行引起的读数误差对 b_2 影响很小，可忽略不计，这样可以认为 B 点水准尺上的读数 b_2 为正确读数。根据 b_2 和正确的高差 h_{AB} 可计算 A 点水准尺的正确读数为

$$a'_2 = h_{AB} + b_2$$

然后，照准 A 点水准尺，读出中丝的读数 a_2。如果 $a'_2 = a_2$，说明视准轴与水准管轴平行；否则存在 i 角，其 i 角值用式（2.25）进行计算

$$i = \frac{a'_2 - a_2}{D_{AB}}\rho \tag{2.25}$$

式中，D_{AB} 为两点间的水平距离，m；i 为视准轴与水准管轴的夹角，(″)；ρ 为代表1弧度的秒值，值为 206 265″。

对于 DS3 水准仪来说，规定 i 角值不得大于20″，如果超限，则需要校正。

2. 校正方法

转动微倾螺旋，使十字丝的中丝切于 A 点水准尺上的正确读数 a'_2，此时视准轴已处于水平位置，但水准管气泡必然不居中，用校正针先拨松水准管一端左、右两颗校正螺钉，再拨动上、下两颗校正螺钉，如图 2.37 所示，使偏离的气泡重新居中，这时视准轴与水准管轴平行。最后要将校正螺钉旋紧。此项校正工作需反复进行，直至达到要求为止。为了检查校正是否完善，必须在 B 点附近重新安置水准仪，再对 A、B 两点的高差进行观测。若所测得的高差与在中点处所测高差的差值在 3mm 之内，表明视准轴与水准管轴平行项已校正好。

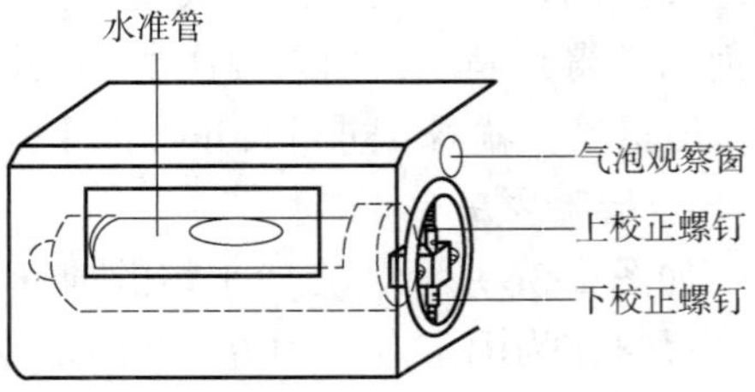

图 2.37 i 角校正

在转动水准管校正螺钉时，要注意操作方法。一般水准管校正螺钉有上下两颗、左右两颗，共有 4 颗，如图 2.37 所示。校正时，先将左右两颗中的任一颗稍微松一点，然后转动上下两颗螺钉进行校正。螺钉的转动仍然要遵循先松后紧的原则。具体操作是：松上紧下，则在校正螺钉一端的水准管支柱升高，气泡向望远镜的目镜一方移动；松下紧上，则在校正螺钉一端的水准管支柱降低，气泡向望远镜的物镜一方移动。校正要做到细心、耐心，用力不能过猛，所用的校正针的粗细要与仪器的校正孔大小相适应。校正完之后，一定要检查螺钉是否都已拧紧，使各校正螺钉与水准管支柱处于紧密状态。

2.5.2.3 十字丝的检验与校正

在水准测量中，十字丝是用来读数的，经第一项检验后，仪器的竖轴虽然处于铅垂位置，但如果十字丝横丝不水平，这时用横丝的左侧或右侧来读数都会产生误差。

1. 检验方法

安置水准仪，使圆水准器的气泡严格居中后，先用十字丝交点照准远处某一明显的点状目标 M，如图 2.38（a）所示，然后旋紧制动螺旋，转动微动螺旋，使望远镜左右转动。如果目标点 M 始终在中丝上移动，如图 2.38（b）所示，则表明该项几何条件得到满足，中

丝垂直于仪器的竖轴；如果目标点 M 离开中丝，如图 2.38（c）所示，则表明该项几何条件没有满足，需要校正。

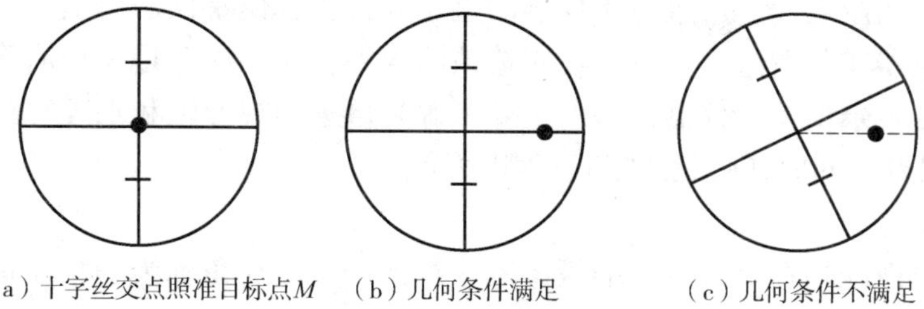

图 2.38　十字丝的中丝垂直于仪器的竖轴检验

另外，也可以采用挂垂球的方法进行检验。方法是：在远处用一细线将垂球挂在与仪器差不多高的地方，水准仪整平后，用十字丝的交点对准垂球线，观察十字丝的竖丝是否与垂球线重合，如不重合，则需要校正。

2. *校正方法*

十字丝分划板校正部件有两种形式。一种形式如图 2.39（a）所示，在目镜镜筒上有三颗固定十字丝分划板座的埋头螺钉，校正时松开其中任意两颗埋头螺钉，轻轻转动分划板座，使横丝水平，再进行检验，直至目标点 M 始终在中丝上移动，再将埋头螺钉拧紧。另一种形式如图 2.39（b）所示，该图为拧开靠目镜处的十字丝环外罩之后的情况，校正时松开十字丝分划板座的固定螺钉，轻轻转动十字丝分划板座，使横丝水平，满足条件后，将下十字丝分划板的固定螺钉拧紧。此项校正也需反复进行，直至目标点 M 始终在中丝上移动。

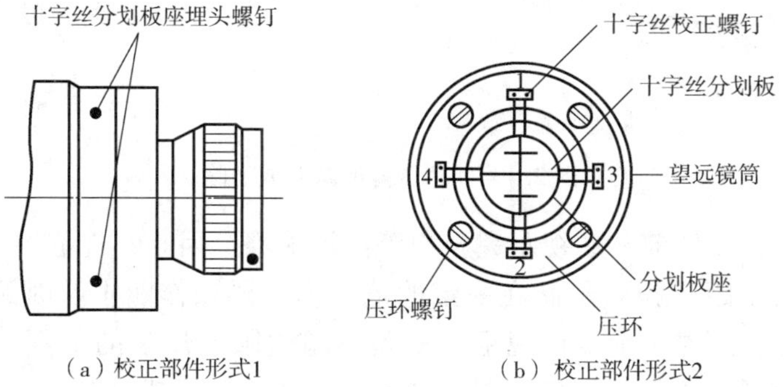

图 2.39　十字丝分划板校正部件

2.6　水准测量的误差分析

水准测量的误差来源主要有仪器误差、观测误差及外界环境的影响而产生的误差。为了提高水准测量的精度，必须分析和研究这几方面的误差，找出减弱或者消除误差影响的方法。

2.6.1 仪器误差

在进行水准测量之前，虽进行了仪器的检验和校正，但是仪器仍然存在误差：一方面是制造误差，即仪器在制造过程中就存在制造缺陷误差，这项误差是无法消除的；另一方面是检验和校正后的残余误差。仪器误差的主要来源是望远镜视准轴和水准管轴不平行而产生的误差，即 i 角误差，同时还包括水准尺的相关误差。

2.6.1.1 *i* 角误差

水准管轴与视准轴在垂直面上的投影不平行而产生的交角称为 i 角。i 角是呈现函数规律性的系统误差，测量中必须消减。在《工程测量规范》（GB 50026—2007）中对水准仪视准轴与水准管轴的夹角 i 角有明确要求。

要减弱或消除 i 角引起的高差误差，除了在作业前、作业中定期检校 i 角，以减小 i 角误差外，在实际作业中，还要尽可能做到每个测站前、后视距基本相等。这样由于 i 角产生的读数误差可在计算过程中加以抵消，如图 2.40 所示。

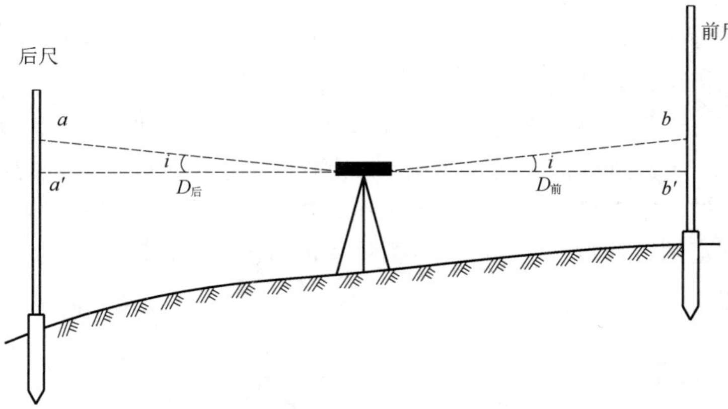

图 2.40　i 角误差的减弱或消除

在实际测量中，要使前、后视距完全相等比较困难。因此，规范中将各测站的前、后视距差以及前、后视距累积差限制在一定的范围内，要在作业中及时调整前、后视视线长度，保证前、后视距差和前、后视距累积差不超过限差规定的范围。如《工程测量规范》规定，对于四等水准测量，每一测站的前、后视距差不超过 5 m，各测站前、后视距累积差不超过 10 m。

2.6.1.2 调焦引起的误差

当调焦时，调焦透镜光心移动的轨迹和望远镜光轴不重合，从而改变了视准轴与水准管轴的关系，如果在测量中保持前、后视距离相等，就可在前视和后视读数过程中不改变调焦，避免因调焦而引起的误差。

2.6.1.3 水准尺零点差

由于磨损等原因，水准尺的底面与其分划零点不完全一致，其差值称为水准尺零点差。水准尺零点差的影响：对于测站数为偶数的测段，水准尺的零点差可以自行抵消；若为奇数站，该误差则无法消除。所以，水准测量中，每测段的测站数应为偶数，以便消除水准标尺零点差对高差的影响。

2.6.2　观测误差

2.6.2.1　整平误差

在水准测量时，水平视线是通过气泡居中来实现的。实际观测时，要求注意观测气泡居中的情况，及时加以调整。如水准管轴有微小倾角，会引起视准轴倾斜而产生的误差。同时注意避免强烈太阳光直射仪器，必要时给仪器遮阳，这样就可以有效地减弱气泡居中误差对读数的影响。

2.6.2.2　读数误差

普通水准测量中，所读取的毫米值是在水准尺上估读得到的。估读误差与人眼的分辨率、望远镜的放大倍数以及视线长度有关。因此，为减弱估读误差的影响，在各级水准测量中，要求望远镜具有一定的放大率，并规定视线长度不超过一定限值，以保证估读的精度。

2.6.2.3　视差的影响误差

当视差存在时，由于十字丝面与水准尺影像不重合，若眼睛的位置不同，便会读出不同的读数，从而产生读数误差。因此，读数前要反复仔细地对物镜和目镜进行调焦，严格消除视差。

2.6.2.4　水准尺倾斜误差

水准尺若没有竖直立放，不论是前后倾斜，还是左右倾斜，都会使水准尺上的实际读数比水准尺竖直立放时的读数偏大，从而产生误差。如图 2.41 所示，当水准尺倾斜角为 θ 时，在水准尺上的读数为 b'，于是可以推算出水准尺竖直立放时的正确读数

$$b = b'\cos\theta \tag{2.26}$$

则水准尺倾斜时所产生的误差

$$\Delta b = b' - b = b'(1 - \cos\theta) \tag{2.27}$$

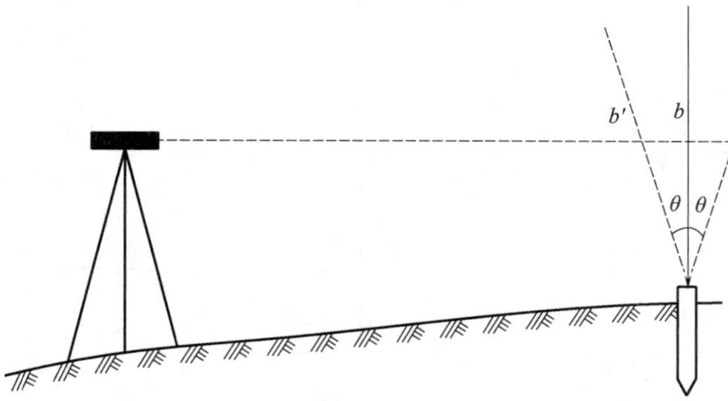

图 2.41　水准尺倾斜误差

所以，在进行水准测量时，立尺员应将水准尺扶直。有的水准尺上装有水准器，在立尺时应使水准器气泡居中。精度较低的水准测量，有时用“摇尺法”读取最小读数进行水准测量。

2.6.3　外界条件的影响

影响水准测量的外界因素包括仪器升降、尺垫下沉、地球曲率和大气折光、温度等方面。

2.6.3.1　仪器升降误差的影响

在水准测量过程中，由于仪器、脚架本身的质量及仪器安置位置土壤的弹性、地面松软等因素，导致观测时的水平视线高度下降或者升高，从而引起高差的观测误差。在地面土质不稳定地区进行水准测量，采用双面尺进行观测，采用“后前前后”的观测程序，然后取两次高差观测值的平均值作为最后的观测值。这种方法可以有效地减弱或者消除水准仪升降误差的影响。

2.6.3.2　尺垫下沉误差的影响

由于水准标尺和尺垫本身的质量，尺垫压入地面后一般要产生下沉现象，其下沉速度将随时间而递减。尺垫下沉对观测高差的影响主要产生于迁站过程中；迁站后，原来的前视标尺转为后视标尺，尺垫在迁站过程中下沉了，它总是使后视标尺的读数比实际值大，致使各测站所测高差都比实际值大。如果采用往、返测观测，由于往、返测高差的符号相反，因此，尺垫下沉误差在往返测高差中数中会得到一定程度的抵消和减弱。

为了防止仪器和尺垫下沉，测站和转点应选在土质坚硬处，并踩实三脚架和尺垫，使其稳定。

2.6.3.3　地球曲率和大气折光的影响

如图 2.42 所示，取地面上两点，大地水准面是一个曲面。如果水准仪的视线 $a'b'$ 平行于大地水准面，则两点的正确高差

$$h_{AB} = a' - b' \tag{2.28}$$

在水准测量中，受地球曲率对读数的影响，水平视线在水准尺上的读数 a'' 与 b'' 分别含有地球曲率误差。即 a' 与 a'' 之差和 b' 与 b'' 之差则为水平视线代替水准面在水准尺上的读数所产生的误差，用 Δh 表示，由 1.4 节的内容知

$$\Delta h = \frac{D^2}{2R} \tag{2.29}$$

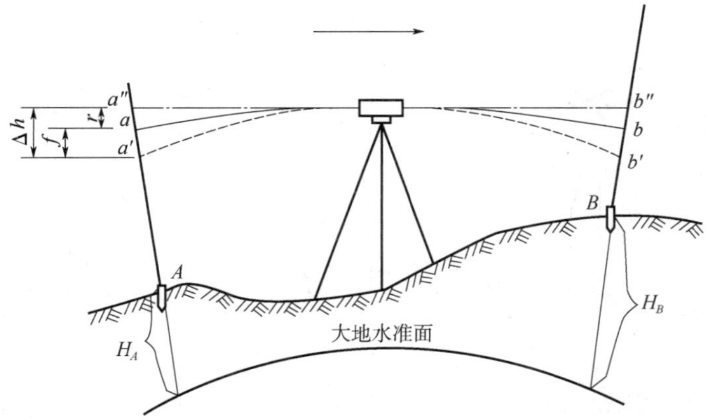

图 2.42　地球曲率及大气折光的影响

由于受大气折光的影响，水准仪所提供的水平视线往往不是一条理想的水平线，而是一条曲线。一般情况下，大气层的空气密度是上疏下密，视线通过大气层时成向下弯折的曲线，且离地面越近，弯曲的程度越大，使水准尺上读数减小。如图 2.42 所示，水平视线通过大气层时的曲线视线在水准尺上的读数分别为 A、B 与 a' 与 a'' 之差和 b' 与 b'' 之差，就是大气折光对读数的影响，这个差值称为折光差，用 r 表示。在晴天，靠近地面的温度较高，

致使下面的空气密度比上面小，这时视线成为一条向上弯折的曲线。视线离地面越近，折射也就越大，因此一般规定视线必须高出地面0.3 m，就是为了减少这种影响。在稳定的气象条件下，r 约为 Δh 的1/7，即

$$r = \frac{1}{7}\Delta h = 0.07\frac{D^2}{R} \tag{2.30}$$

地球曲率和大气折光的共同影响为

$$f = \Delta h - r = 0.465\frac{D^2}{R} \tag{2.31}$$

式中，D 为视线长度；R 为地球的半径。

由式（2.31）可知，如果水准仪至前、后水准尺的距离相等，其地球曲率和大气折光的共同影响值 f 相等。因此，采用使前、后视距离相等的方法可消除或减弱地球曲率和大气折光对水准测量的影响。

2.6.3.4　温度的影响

温度的变化不仅会引起大气折光的变化，而且当烈日照射水准管时，会使水准管内液体温度升高，气泡向着温度高的方向移动，从而影响了水准管轴的水平，产生了气泡居中误差。所以，测量中应随时注意为仪器遮阳。

2.7　电子水准仪

2.7.1　电子水准仪概述

电子水准仪又称数字水准仪，它是在自动安平水准仪的基础上发展起来的，是集电子光学、图像处理、计算机技术为一体的水准测量仪器，将原有的由人眼观测读数变为由光电设备自行探测视线水平时的水准尺读数。1990年3月徕卡（Leica）公司推出世界上第一台数字水准仪NA 2000，在NA 2000上首次采用数字图像技术处理标尺影像，并以CCD行阵传感器取代观测员的肉眼获得成功。这种传感器可以识别水准标尺上的条码分划，并采用相关技术处理信号模型，自动显示与记录标尺读数和视距，从而在水准测量中实现观测自动化。经过20多年的发展，电子水准仪已经发展到了第二代、第三代产品，仪器的测量精度也达到了一、二等水准测量的要求。图2.43所示为南方DL07电子水准仪的基本结构。

电子水准仪和传统水准仪相比，其相同点是：电子水准仪具有与传统水准仪基本相同的光学、机械和补偿器结构；光学系统也是沿用光学水准仪的；水准标尺一面具有用于电子读数的条码，另一面具有传统水准标尺的E形分划；既可用于电子水准测量，也可用于传统水准测量。其不同点是：传统水准仪用人眼观测，电子水准仪用光电传感器（CCD行阵）代替人眼；电子水准仪需要与其相应条码水准标尺配用，仪器内装有图像识别器，采用数字图像处理技术，这些都是传统水准仪所没有的；同一根编码标尺上的条码宽度不同，各型电子水准仪的条码尺有自己的编码规律，但均含有黑、白两种条块，这与传统水准标尺不同。

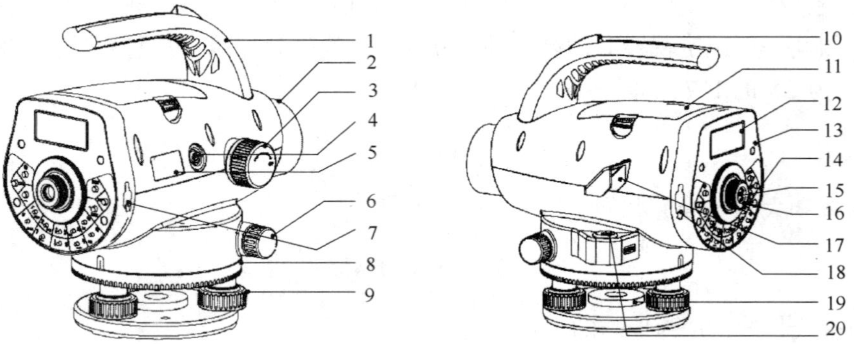

图 2.43　南方 DL07 电子水准仪的基本结构

1—提柄；2—物镜；3—调焦手轮；4—电源开关/测量键；5—型号标贴；
6—水平微动手轮；7—数据输出插口；8—水平度盘；9—脚螺旋；10—粗瞄器；11—电池；
12—液晶显示屏；13—面板；14—按键；15—目镜；16—目镜护盖；
17—圆水准器反射镜；18—SD 卡；19—基座；20—圆水准器

电子水准仪是在自动安平水准仪的基础上研发出来的，不同厂家的电子水准仪的主要结构基本上是相同的，基本结构主要由光学机械部分、自动安平补偿装置和电子设备组成。但是由于电子水准仪采用条码标尺，各厂家标尺的编码方式和电子读数求值过程因专利权的原因而完全不相同，因而不能互换使用。目前，采用电子水准仪进行水准测量时，照准标尺和调焦仍需人工目视进行。人工完成照准和调焦之后，标尺条码一方面被成像在望远镜分划板上，供目视观测；另一方面通过望远镜的分光镜，标尺条码又被成像在光电传感器（又称探测器）上，供电子读数。也就是说，当使用传统水准尺通过目视观测时，可以将电子水准仪当作普通自动安平水准仪使用。如果电子水准仪没有光学测微装置，而被当作普通自动安平水准仪使用，测量的精度会低于电子水准仪测量的精度。

电子水准仪的主要优点是如下：

（1）操作简捷，自动观测和记录，并立即用数字显示测量结果。

（2）整个观测过程在几秒钟内即可完成，从而大大减少观测错误和误差。

（3）仪器还附有数据处理器及与之配套的软件，从而可将观测结果输入计算机进行处理，实现测量工作自动化和流水线作业，大大提高功效。

2.7.2　条码水准尺

与电子水准仪配套使用的水准尺为条码水准尺，通常由玻璃纤维或铟钢制成，如图 2.44 所示。在电子水准仪中装有光电传感器，它可识别水准标尺上的条形编码。电子水准仪摄入条形编码后，经处理器转变为相应的数字，再通过信号转换和数据化后，在显示屏上直接显示中丝读数和视距。

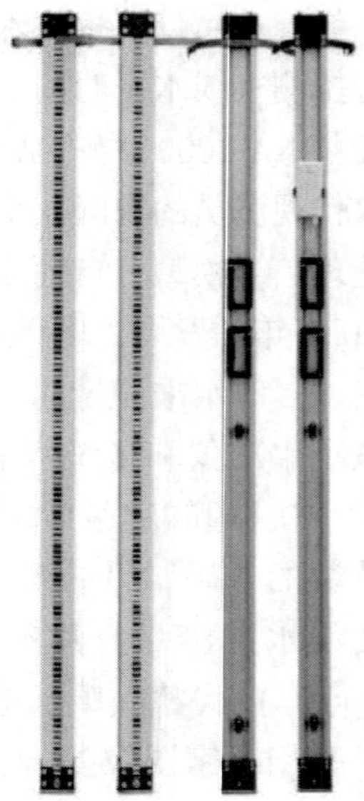

图 2.44　条码水准尺

2.7.3　电子水准仪的使用

一般电子水准仪是通过键盘的键和测量键来操作的，常有两行 LCD 显示器显示给使用者，并显示测量结果和系统的状态。电子水准仪的使用方法与一般水准仪的使用方法大体相似，也包括以下几步。

1. 安置仪器

伸缩三脚架三条腿到合适的长度，并拧紧腿部中间部分固定螺母；张开三脚架，使腿的间距约 1 m 或脚架张角能保证三脚架稳定；将仪器安装到三脚架头上，将三脚架中心螺旋对准仪器底座上的中心，然后旋紧脚架上的中心螺旋，直到将仪器固定在三脚架头上。

2. 粗略整平

用脚螺旋将圆水准器的气泡调整居中。先将圆水准器放在适当位置，然后用双手同时向内或向外（即以相反方向），使一个升高，另一个降低。当气泡未居中而处于 a 处时，同时向内旋转①、②两个脚螺旋，使气泡由 a 移动到 b 处，如图 2.45（a）所示；再转动脚螺旋③，如图 2.45（b）所示，使气泡居中。这项工作要反复进行，直至仪器旋转到任何方向，气泡都居中为止。在整平的过程中，需记住左手拇指规则：“左手拇指旋转脚螺旋的运动方向，就是气泡移动的方向”。不可盲目地转动脚螺旋。

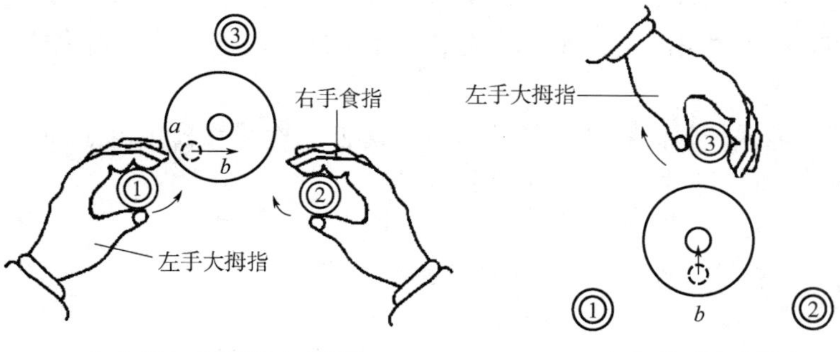

（a）旋1、2使气泡由a移到b　　（b）旋3使气泡居中

图 2.45　粗略整平

3. 调焦和照准

通过准星将望远镜对准标尺，然后慢慢旋转目镜调焦螺旋，使十字丝影像最为清晰；旋转调焦手轮直至标尺的影像最为清晰，转动水平微动螺旋，使标尺的像在十字竖丝的中心，如图 2.46所示；通过望远镜进行观察，将眼睛在目镜后上下左右稍做移动，若发现十字丝与标尺影像无相对运动，则调焦工作完成，否则从步骤 1 重新进行。

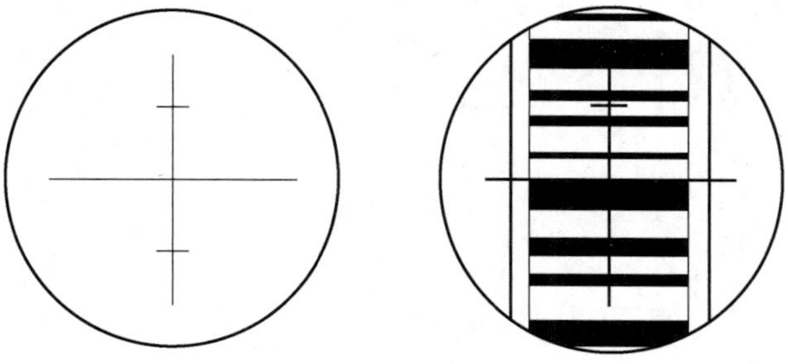

图 2.46　照准

4. 观测

照准目标后，只需按一下测量键后 3 ~4 s，便可从电子水准仪的显示屏上看到读数，其测量结果可储存在电子水准仪内或通过电缆连接存入机内记录器中。

另外，观测中如果水准标尺条形编码被局部遮挡不超过30%，仍可进行观测。

目前，电子水准仪一般都带有随机水准测量软件，利用软件可进行点位和高程管理、平差计算、报表输出、导入观测文件与高程、手工输入观测数据、水准数据检验、上载数据以供放样、数据传输等。

2.7.4 观测注意事项

要充分发挥仪器的功能，请注意下列几点：

(1) 在足够亮度的地方架设标尺，在条件许可的情况下应使用全把标尺，不要只用半把标尺，使用塔式条码尺时应将标尺拉出至卡口位置，使塔尺接口之间的间距符合要求；若使用照明，则应尽可能照明整个标尺，否则可能会影响到测量精度。

(2) 标尺被遮挡不会影响测量功能，但若树枝或树叶遮挡标尺条码，可能会显示错误并影响测量。

(3) 当因为标尺处比目镜处暗而发生错误时，用手遮挡一下目镜可能会解决这一问题。

(4) 标尺的歪斜和俯仰会影响测量的精度。测量时要保持标尺和分划板竖丝平行且对中，标尺应完全拉开并适当固定，测量时应尽可能保证标尺连接处的精确性，并避免通过玻璃窗测量。

(5) 在使用之前，长时间存放和长途运输后请首先检验和校正电子和光学的视线误差，然后校准圆水准器，同时保持光学部件的清洁。

思考题

1. 简述水准测量的原理。
2. 什么是视差？如果观测时存在误差应如何消除？
3. 简述自动安平水准仪的操作步骤。
4. 什么是转点、测站和测段？
5. 单一水准路线分为哪几种？请画图说明。
6. 水准仪的结构应满足哪些几何条件？
7. 如何检验水准仪的 i 角？若存在 i 角误差，应如何校正？
8. 水准测量误差的来源有哪些？简述如何减弱这些误差对观测值的影响。

第3章 角度测量

教学要点

本章的内容主要有角度测量的原理及角度测量仪器、水平角和竖直角的观测、仪器的检验与校正、角度测量的误差及注意事项。重点是全站仪的使用和角度测量；难点是全站仪的使用。

3.1 角度测量的原理

角度测量是测量三项基本工作之一，分为水平角测量和竖直角测量。水平角测量用于确定地面点的平面位置；竖直角测量用于确定地面两点间的高差和将两点间的倾斜距离（简称斜距）换算成水平距离（平距）。角度测量所用的仪器主要是经纬仪和全站仪。

3.1.1 水平角测量

3.1.1.1 水平角的概念

如图3.1所示，A、B、C是空间任意高度的三点，其高度可以不同，a、b、c是这三个点在同一水平面P上的垂直投影，ab、ac分别是地面斜线AB、AC在水平面P上的投影线。地面上AB和AC两条方向线相交，其夹角投影到水平面上就是投影线ab和ac的夹角$\angle bac$。从数学角度来讲，$\angle bac$就是通过AB和AC的两个铅垂面所形成的二面角，在测量中称为水平角。即水平角是指任意空间两方向的相交直线在同一水平面上投影所构成的夹角，常用β表示。水平角的取值范围是0°～360°。

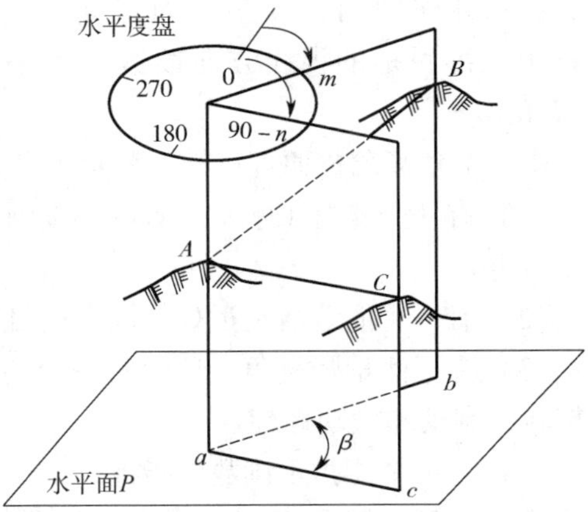

图3.1 水平角测量原理

3.1.1.2 水平角测量的原理

如图3.1所示，为了测出地面线AB和AC之间的水平角β，设想在两铅垂面交线Aa上的任意一点放置一个带有顺时针刻划的圆盘（从0°到360°按顺时针注记刻划，称为水平度盘），并使其中心正好位于铅垂线Aa上，并处于水平状态，通过AB和AC两铅垂面在圆盘上截取的读数分别为m和n，则水平角β等于$n-m$，用公式表示为

$$\beta = \text{右侧目标读数}\, n - \text{左侧目标读数}\, m \tag{3.1}$$

当 $m > n$ 时

$$\beta = \text{右侧目标读数}\, n - \text{左侧目标读数}\, m + 360° \tag{3.2}$$

3.1.2　竖直角测量

3.1.2.1　竖直角的概念

竖直角是指在同一竖直面内倾斜视线与水平视线之间的夹角，通常用 α 表示。如图 3.2 所示，视线 AB 与水平视线 AB' 的夹角 α 为直线 AB 方向线的竖直角，取值范围为 $-90°\sim+90°$。当视线位于水平线的上方时，称为仰角，其值为正，取值范围为 $0°\sim90°$；当视线位于水平视线以下时，称为俯角，其值为负，取值范围为 $-90°\sim0°$。

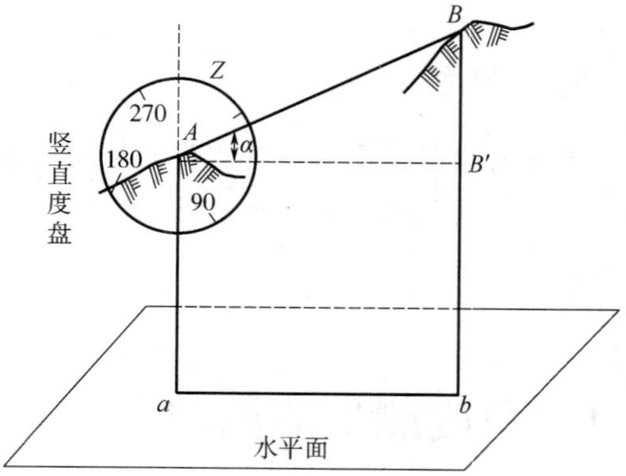

图 3.2　竖直角测量原理

另外还有一种角度，视线与测站点天顶方向之间的夹角，称为天顶距，通常用 Z 表示，如图 3.2 所示，其取值范围为 $0°\sim180°$。

显然，同一目标方向的竖直角 α 和天顶距 Z 之间的关系是

$$\alpha = 90° - Z \tag{3.3}$$

3.1.2.2　竖直角测量原理

为了测定竖直角的大小，在望远镜横轴的一端竖直方向设置一个带有刻度的竖直圆盘（称为竖直度盘），竖直度盘中心与望远镜横轴中心重合，度盘平面与横轴轴线垂直，视线水平时指标线为一固定读数。当望远镜照准目标时，竖直度盘随着转动，则望远镜照准目标的视线方向读数与水平方向在竖直度盘上的固定读数之差即为所求的竖直角 α。

由以上角度测量原理可知，测量水平角和竖直角的仪器必须具备以下几个条件：

（1）有一个能置于水平位置的刻度圆盘（水平度盘），且圆盘的中心能安置在角顶点的铅垂线上。

（2）有一个能看清楚远处不同高度目标，并且能在水平和竖直面内旋转的望远镜。

（3）为了测量竖直角，还应有一个与望远镜固连的竖直度盘，此外，还要具有控制仪器旋转的制动和微动螺旋。

（4）有一个能指示读数的指标。

目前满足上述角度测量要求的仪器有经纬仪和全站仪。经纬仪的种类很多，按读数系统的不同，可分为游标经纬仪、光学经纬仪和电子经纬仪等。游标经纬仪现已淘汰；光学经纬仪利用几何光学的放大、反射、折射等原理进行度盘读数，目前在公路工程测量中仍有应用；电子经纬仪是利用光学、电子学和光电转换等原理，显示屏显示度盘读数，是近代电子技术高度发展的产物，目前应用较广泛。全站仪是一个集测角、测距等功能于一体的电子设备，进行导线测量时，常用全站仪同时进行角度和距离的测量。

3.2　角度测量的仪器

目前，用于角度测量的工具主要有光学经纬仪、电子经纬仪和全站仪，如图3.3所示。

（a）光学经纬仪　（b）电子经纬仪　（c）全站仪

图3.3　角度测量工具

我国把经纬仪按精度不同分为DJ07、DJ1、DJ2、DJ6、DJ10等几种类型。D和J分别代表“大地测量”和“经纬仪”汉语拼音的首字母，数字07、1、2、6和10等表示该类仪器的精度。根据测角系统的不同，经纬仪分为光学经纬仪和电子经纬仪两种。

近年来，随着电子技术和计算机技术的发展，一个具有角度测量、距离测量等功能的全站仪应运而生，根据测角、测距精度的不同，全站仪也分为多种类型。

本节将对光学经纬仪、电子经纬仪和全站仪的结构及其使用方法进行介绍。

3.2.1　光学经纬仪的结构和使用

DJ6光学经纬仪是工程测量中较为常用的一种测角仪器。本节将以DJ6光学经纬仪为例，对该仪器结构和使用方法进行介绍。

3.2.1.1　光学经纬仪的结构

DJ6经纬仪主要由照准部、水平度盘和基座三部分组成，如图3.4所示。

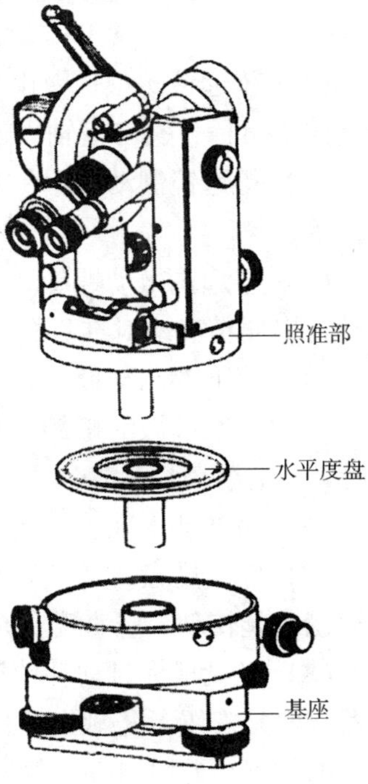

图3.4　光学经纬仪的基本结构

望远镜与竖直度盘组合在一起，安装在仪器的支架上，这部分通常称为照准部，是仪器上部转动部分的总称。望远镜连同竖盘可绕横轴在竖直面内转动，望远镜的视准轴应与横轴垂直，且横轴通过竖盘的刻划中心。

照准部的竖轴（仪器的旋转轴）插入仪器基座的轴套内，因而照准部可以绕竖轴做水平旋转。

照准部有一水准管，水准管与竖轴垂直，且与横轴平行。当水准管气泡居中时，仪器的竖轴处于铅垂线方向，此时仪器的水平度盘处于水平状态。

水平度盘安置在水平度盘套的外围，且不与仪器的中心旋转轴接触，该部分属于仪器的中间部分。理论上，水平度盘平面应垂直仪器的竖轴，竖轴应通过水平度盘的刻划中心。

基座为仪器的下半部分，是支撑仪器的底座，并与三脚架连接，以便安置和操作仪器。

1. 照准部

图 3.5 所示为 DJ6 光学经纬仪。照准部的主要部件及其作用如下：

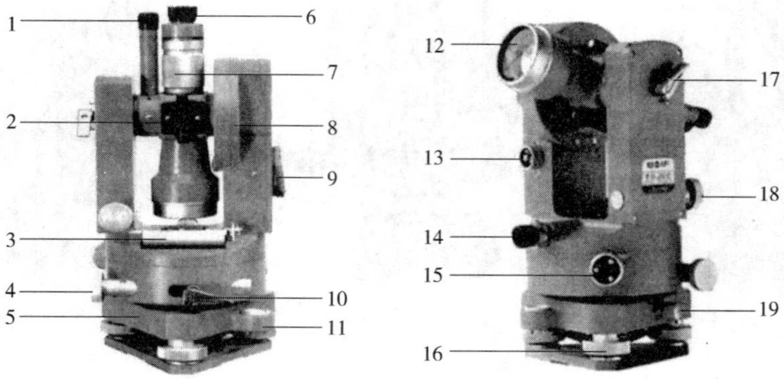

图 3.5　DJ6 光学经纬仪

1—度盘读数显微镜；2—光学瞄准器；3—照准部水准管；4—照准部微动螺旋；5—基座；6—目镜；7—物镜对光螺旋；8—竖直度盘；9—度盘照明反光镜；10—照准部制动扳手；11—圆水准器；12—物镜；13—竖盘补偿器开关；14—光学对中器；15—水平度盘位置拨盘手轮；16—脚螺旋；17—望远镜制动扳手；18—望远镜微动螺旋；19—轴套固定螺旋

（1）望远镜。望远镜由物镜、目镜、十字丝分划板、调焦透镜组成。望远镜的主要作用是照准目标，它与横轴固连在一起，由制动扳手和微动螺旋控制其做上下转动。

（2）望远镜制动扳手。其作用是控制望远镜在竖直方向的上下转动，所以又称竖直制动扳手。

（3）望远镜微动螺旋。其作用是在望远镜制动之后，利用它可使望远镜做上下微小的转动，以便精确地对准目标。

（4）照准部制动扳手。可控制照准部在水平方向的转动。

（5）照准部微动螺旋。用于控制照准部在水平方向做微小的转动，以便精确地对准目标。

（6）照准部水准管。用于精确整平仪器。

（7）竖直度盘。竖直度盘是用玻璃制成的带刻划的圆盘，它固定在横轴的一端，可随望远镜一起转动。竖直度盘是为了测竖直角而设置的。

（8）竖盘指标自动补偿器装置和开关。该仪器没有设置竖直度盘和竖直度盘指标管水准器，而是安置了竖盘指标自动补偿器装置。当需要测竖直角时，将竖盘指标自动补偿器置于开的位置，此时自动补偿器使读数指标处于正确位置。

（9）读数显微镜。通过一系列光学棱镜将水平度盘和竖直度盘及测微器的分划都显示在读数显微镜内，用它可读取水平度盘读数和竖直度盘读数。

（10）反光镜。其作用是给光路提供光线，使光线反射到仪器内部，照亮读数显微镜。

（11）光学对中器。因通过光学对中器可以观察到地面上测站点的位置，所以可用于进行仪器的对中操作，使仪器的水平度盘中心安置在过测站点的铅垂线上。

2. 水平度盘

水平度盘主要由水平圆盘、复测机构或拨盘机构、轴套等组成。水平圆盘是一个光学玻璃圆环，圆环上按顺时针刻划注记0°～360°分划线，在整度分划线上标有注记，其度盘最小分划值为1°或30′。当仪器整平后，水平度盘即构成水平投影面。水平度盘常用于水平角的观测。

水平度盘与照准部是分离的，当照准部转动时，水平度盘并不随之转动。在观测水平角时，经常需要将某个起始方向的读数配置为预先指定的数值，称为水平度盘的置盘。水平度盘的置盘机构有复测机构和拨盘机构两种类型，利用水平度盘位置拨盘手轮（也称为水平度盘变换手轮）进行水平度盘的置盘。水平度盘置盘时，压住度盘变换手轮上的保险手柄，将度盘变换手轮向里推进后放开保险手柄。此时照准部不动，转动水平度盘变换手轮时，水平度盘随之转动，水平度盘读数发生变化，可将水平度盘读数置于某一需要的读数位置上。如果转动照准部，所设置的水平度盘读数不会发生变化。轻压一下度盘变换手轮上的保险手柄，度盘变换手轮向外退出，此时转动度盘变换手轮，水平度盘的读数不会发生变化，而转动照准部时，则水平度盘的读数发生变化。

3. 基座

基座主要由圆水准器、脚螺旋和连接板组成，是支承仪器的底座。基座上有一轴套，照准部连同水平度盘一起插入轴套内，用轴套固定螺旋固定。圆水准器用于粗略整平仪器，三个脚螺旋用于整平仪器，从而使竖轴竖直，水平度盘水平。仪器通过连接板固定于三脚架上。

3.2.1.2 光学经纬仪的使用

光学经纬仪最基本的功能是测量水平角和竖直角。在进行角度测量时，必须首先将仪器安置在测站上，以进行观测。光学经纬仪的使用步骤主要分为对中、整平、照准和读数。

1. 对中

对中的目的是使仪器的水平度盘中心与测站点的标志中心处于同一铅垂线上。对于光学经纬仪的对中方法通常有垂球对中法和光学对中器对中法两种。

（1）垂球对中法。张开三脚架，调整到合适的高度，将其安置在测站点上，把垂球挂在连接螺旋下方的挂钩上，移动三脚架使垂球尖对准测站点，将三脚架的脚尖在地面上踩实使之稳固，此时，注意架头大致水平；然后装上仪器，用中心螺旋连接并拧紧。若垂球尖与测站点间有较小的偏差，可略松中心连接螺旋，两手扶住基座，在三脚架头的圆孔上移动仪器，使垂球尖精确对准测站点，再将中心连接螺旋拧紧。由于仪器在三脚架头的圆孔上移动的范围是有限的，因此如果仪器在三脚架头的圆孔上移动不能使垂球对准测站点，则需略松中心连接螺旋，先把仪器基座中心大致放回三脚架头圆孔的中心位置，再拧紧中心连接螺旋，重新移动脚架使垂球尖对准测站点。

用垂球对准的误差一般应小于3 mm。在对中时三脚架头应大致水平，以免导致在整平时发生困难。在松软土质地面，三脚架一定要牢固地插入土中，否则仪器会处于不稳定的状态。在观测过程中，对中和整平都可能会随时发生变化。

(2) 光学对中器对中法。光学对中器设在照准部或基座上，当水平度盘水平时，对中器的视线经仪器中的棱镜折射后呈铅垂方向，且与竖轴中心重合。若测站点标志中心与光学对中器分划板中心（对中器目镜中圆圈的中心）重合，则说明水平度盘中心与测站点的标志中心处在同一条铅垂线上。由此可知，用它对中，仪器的竖轴必须竖直。因此，采用光学对中器对中法进行对中，对中和整平是同时完成的，方法是：在测站点上张开三脚架，调整到合适的高度，架头大致水平，将仪器安置在架头上，用中心螺旋连接并拧紧；转动光学对中器目镜调焦螺旋，使光学对中器内圆圈清晰；调节光学对中器物镜调焦螺旋，使测站点成像清晰，固定三脚架的一个架腿于适当的位置作为支点，两手分别提起另外两个架腿稍稍离开地面慢慢移动，在移动的过程中，眼睛始终从光学对中器的目镜中进行观察，直至测站点的标志中心处于对中器圆圈的中心附近，然后放置三脚架的架腿于地面，并踩实固定这两个架腿。旋转脚螺旋，使测站点的标志中心精确处于对中器圆圈的中心。光学对中器对中误差一般不大于 2 mm。

2. 整平

整平的目的是使经纬仪的水平度盘处于水平位置，仪器的竖轴处于铅垂位置。整平的步骤是先粗略整平，再精确整平。

(1) 粗略整平。粗略整平是通过伸缩脚架或旋转脚螺旋使圆水准器气泡居中，圆水准器气泡的移动方向与用左手大拇指旋转螺旋的方向一致。在实际的操作中，光学对中器对中法常用伸缩脚架的任意两个架腿，使圆水准器气泡居中；垂球对中法采用旋转脚螺旋的方法使圆水准器气泡居中。

(2) 精确整平。精确整平是利用基座上的三个脚螺旋，使管水准器在相互垂直的两个方向上气泡都居中。具体做法是：转动仪器照准部，使管水准器平行于任意两个脚螺旋的连线方向，如图 3.6（a）所示，两手同时向内或向外旋转 1、2 两个脚螺旋，使气泡居中，然后将照准部旋转 90°，调节第三个脚螺旋，使气泡居中，如图 3.6（b）所示。调节过程中，气泡的移动方向始终和左手大拇指旋转螺旋的方向一致。如此反复进行，直至照准部水准管在任意位置上气泡均居中。

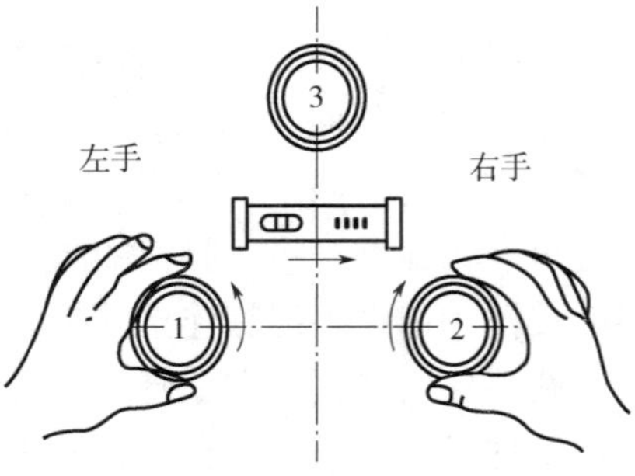

（a）旋转1、2使气泡居中

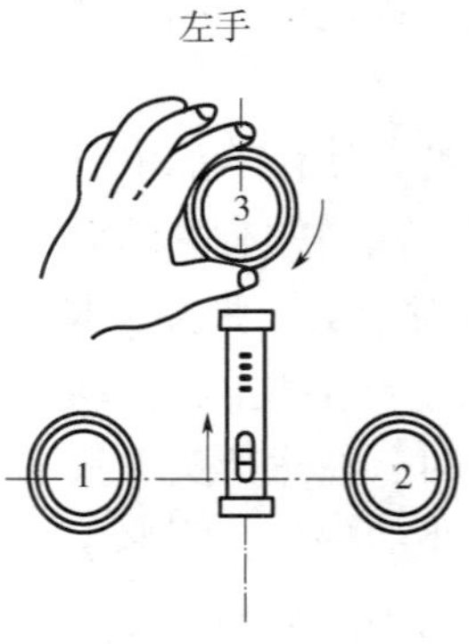

（b）旋转3使气泡居中

图 3.6　经纬仪整平方法

整平完成后，还要检查对中情况，即测站点的标志中心是否位于光学对中器的圆圈中心（或者垂球尖是否对准测站点）。若相差很小，可轻轻平移基座，使其精确对中（注意不可让仪器在基座面上旋转）。如平移仪器后管水准器气泡不居中，则返回精平操作。如此反复操作，直到管水准器在任何方向气泡都居中，并且测站点的标志中心处于对中状态。

3. 照准

照准目标就是使目标点在望远镜中的影像与十字丝的交点重合。在进行角度测量时，目标点上应安置照准标志，如图 3.7 所示。照准标志一般为竖立在测点上的标杆、测钎、棱镜以及悬吊垂球的线等。

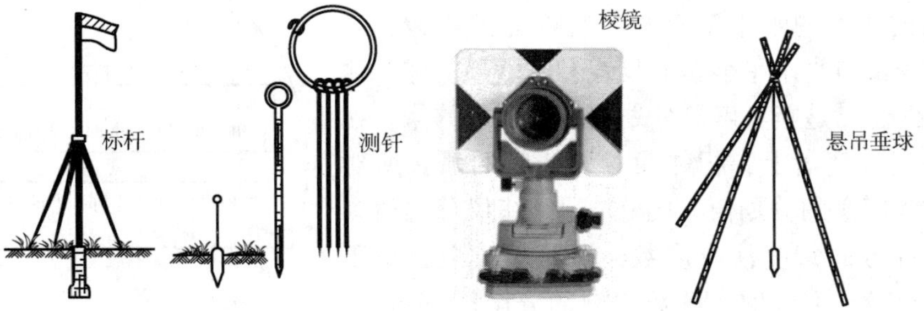

图 3.7　照准标志

（1）调焦。调焦包括物镜调焦和目镜调焦。物镜调焦是为了使照准目标物镜所成的像落在十字丝分划板上。光学经纬仪十字丝分划板常见的类型如图 3.8 所示。目镜调焦螺旋的目的是使十字丝清晰。调整目镜调焦螺旋和物镜调焦螺旋可以使十字丝和目标成像清晰，并消除视差，以利于精确照准目标。

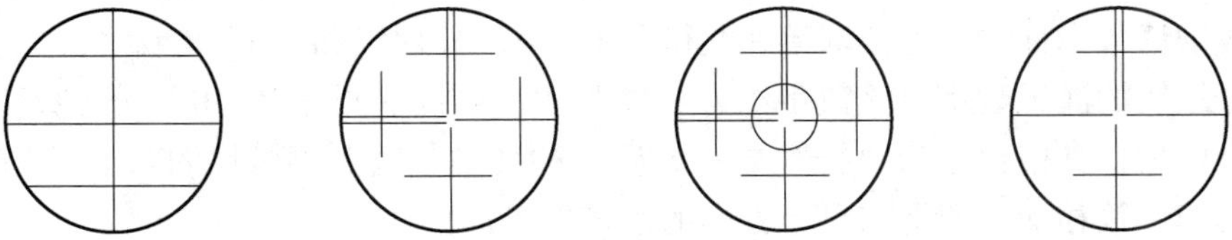

图 3.8　十字丝分划板

（2）照准。不同的角度测量模式所用的十字丝是不同的。在水平角测量中，应用十字丝的竖丝照准目标。根据目标的大小和距离的远近，可以选择用单丝或者双丝照准目标。当所照准的目标较细时，常用竖着的单丝平分目标；若照准的目标较粗，则常用双丝夹住目标，如图 3.9（a）所示。当目标倾斜时，应照准目标底部，以减弱照准误差的影响。进行竖直角测量时，应用十字丝的横丝切准目标的顶部或者特殊部位，在记录时一定要记住照准位置，如图 3.9（b）所示。

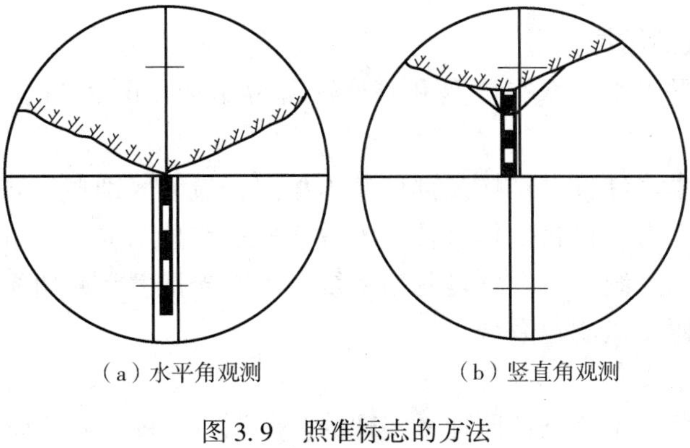

（a）水平角观测　　（b）竖直角观测

图 3.9　照准标志的方法

4. 读数

DJ6 光学经纬仪的读数装置分为分微尺测微器和单平板玻璃测微器两种。下面介绍分微尺测微器的读数方法。

目前，国产的 DJ6 光学经纬仪主要采用分微尺测微器读数装置，如图 3.10 所示。在读数显微镜内，可以同时看到被放大的水平度盘和竖直度盘的影像，注有“H”字样窗口是水平度盘分划线和测微尺的像，注有“V”字样窗口是竖直度盘分划线和测微尺的像。在水平度盘和竖直度盘上，相邻两分划线间的弧长所对的圆心角称为度盘的分划值。DJ6 光学经纬仪分划值为1°，按顺时针方向每度注有度数，可直接读取，小于1°的读数在分微尺上读取。读数窗内的分微尺有 60 个小格，其长度等于度盘上间隔为 1°的两根分划线在读数窗中的影像长度。因此，测微尺上一小格的分划值为 1′，可估读到 0.1′，每 10 小格注有数字，表示 10′的倍数，如数字 2 代表的是 20′。

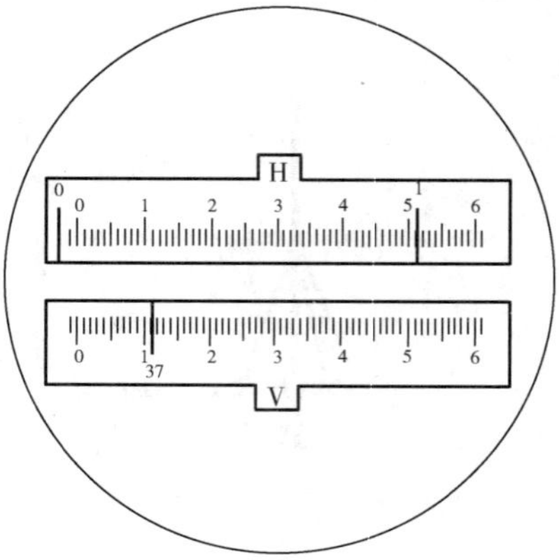

图 3.10　分微尺读数窗

读数方法：读数前将反光镜掀开，调整好反光镜的角度，使读数显微镜内光线适中，然后转动、调节读数窗口的目镜调焦螺旋，使分划线清晰，并消除视差。读数时，以分微尺上的零分划线为读数指标线，先读取落在测微尺上“0”分划线和“6”（或“60”）分划线之间的度盘分划线的注记数字，该数字作为“度”数；再读取测微尺“0”分划线到度盘分划线之间的小格数，其格数作为“分”数；最后“秒”数估读到测微尺的 0.1′，并转化成秒。将以上所读的读数相加，即得该目标方向的水平度盘读数。

采用分微尺读数方法简单、直观。如图 3.10 所示，水平盘读数为 1°51′06″，竖直度盘读数为 37°11′06″。

3.2.2　电子经纬仪的结构和使用

如图 3.3（b）所示，电子经纬仪在结构及外观上和光学经纬仪类似，根本区别在于读数系统，它用微机控制的电子测角系统代替了光学读数系统，采用光电扫描和电子元件进行自动读数和液晶显示。下面将以南方 DT 系列电子经纬仪为例，对它的结构和使用方法进行简单介绍。

3.2.2.1　电子经纬仪的结构

电子经纬仪也由照准部、水平度盘和基座三部分组成。图 3.11 所示为南方 DT 系列电子经纬仪的结构。

电子经纬仪和光学经纬仪的结构及部件基本相同，最大区别在于测角系统。电子经纬仪通过从度盘上获取电信号，再将电信号转化为数字显示在显示屏上。电子经纬仪的测角系统一般分为光栅度盘测角系统、编码度盘测角系统、动态光栅度盘测角系统三类。下面介绍光栅度盘测角系统和编码度盘测角系统。

1. 光栅度盘测角系统

光栅度盘是利用莫尔干涉条纹原理来实现的。所谓光栅就是在光学玻璃上均匀地刻划出

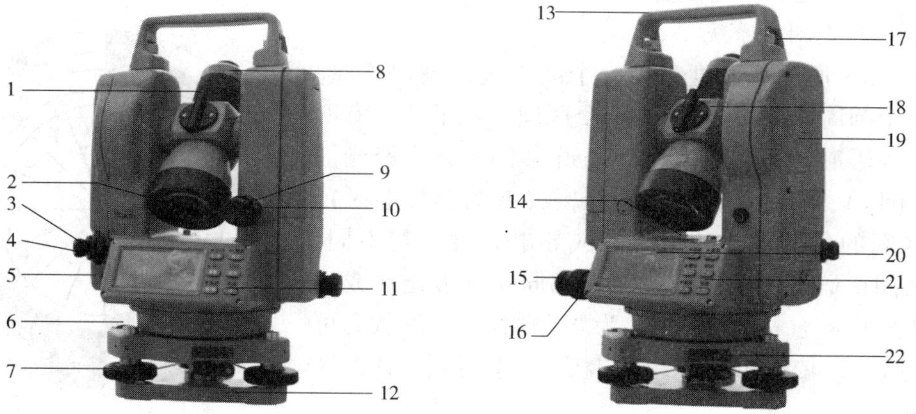

图 3. 11 南方 DT 系列电子经纬仪的结构

1—望远镜调焦旋钮；2—物镜；3—对中器目镜调焦螺旋；4—对中器目镜；5—电子手簿接口；6—圆水准器；7—基座脚螺旋；8—目镜；9—竖直制动旋钮；10—竖直微动旋钮；11—电源开关；12—基座底板；13—提把；14—管水准器；15—水平微动旋钮；16—水平制动旋钮；17—提把固定螺钉；18—准星；19—仪器中心标志；20—液晶显示屏；21—操作键盘；22—基座

许多线条。当两块密度相同的光栅相重叠，并使两者相互倾斜一个很小的角度时，就会产生如图 3. 12（a）所示的明暗相间的条纹，该条纹称为莫尔条纹。

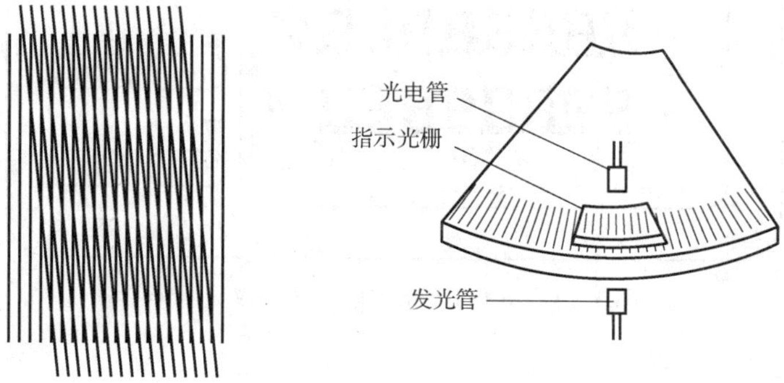

（a）莫尔条纹 （b）读数原理

图 3. 12 光栅度盘测角原理

只要两光栅之间的夹角较小，很小的光栅移动量就会产生较大的条纹移动量。

图 3. 12（b）所示为由光栅度盘取得一个方向读数的原理。光栅度盘下面是一个发光管，上面是一个与光栅度盘形成莫尔条纹的指示光栅，指示光栅上面为光电管。若发光管、指示光栅和光电管的位置固定，当度盘随仪器照准部转动时，由发光管发出的光信号通过莫尔条纹落到光电管上。度盘每转动一条光栅，莫尔条纹就移动一周期，通过莫尔条纹的光信号强度也变化一周期，所以光电管输出的电流就变化一周期。当望远镜照准零方向后，使仪器中的计数器处于“0”状态，那么在度盘随着照准部转动到第二个目标时，流过光电管光信号的周期数就是两方向之间的光栅数，可由输出电流的周期来表示。由于光栅之间的夹角是已知的，所以经过处理显示就可得到两方向之间的夹角。

光栅度盘测角系统是电子经纬仪和全站仪比较常用的一种测角系统。南方 DT 系列电子经纬仪采用的就是光栅度盘测角系统。

2. 编码度盘测角系统

如图 3.13 所示，该度盘为一个纯二进制编码度盘。度盘的整个圆周被均匀地分为 16 个区间，从里到外有四道环，称为码道。每个区间中的码道黑色部分为透光区（或为导电区），白色部分为不透光区（或为非导电区）。因为各区间的各个码道的透光（或导电）性能均不同，所以各区间由码道组成的状态也不相同。设透光（或导电）为 1，不透光（或不导电）为 0，则各区间的状态可列出相应表格。依据两区间的不同状态，便可测出该两区间的夹角。

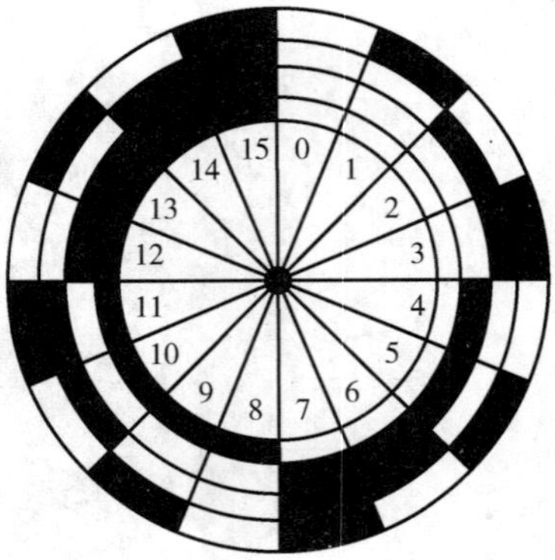

图 3.13　纯二进制编码度盘

3.2.2.2　电子经纬仪的使用

使用电子经纬仪进行角度测量的步骤与光学经纬仪基本相同，也分为对中、整平、照准和读数四个步骤。图 3.14 所示为南方 DT 系列电子经纬仪显示屏。

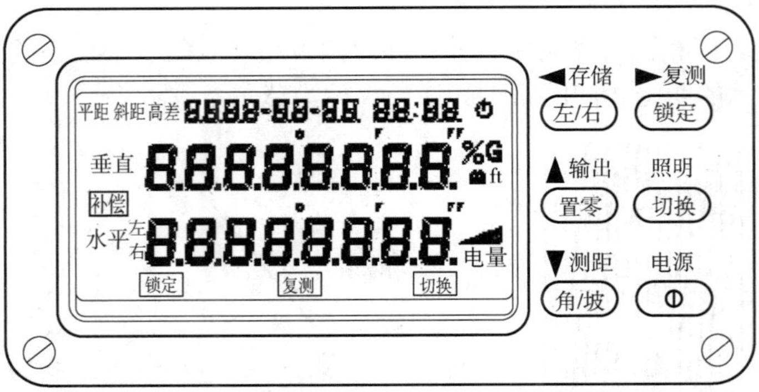

图 3.14　南方 DT 系列电子经纬仪显示屏

1. 对中

根据仪器结构的不同，电子经纬仪的对中方法分为光学对中和激光对中两种。仪器上有光学对中器的方能进行光学对中，对中方法与光学经纬仪的方法一样。

仪器上有激光对中器的则可利用激光对中器发出的激光进行对中，步骤如下：

（1）张开三脚架，调整到合适的高度，将仪器安置在三脚架上并开机，然后调整仪器三个脚螺旋，使圆水准器气泡居中。

（2）按住左/右键 3s 以上，激光对中器点亮。

（3）松开三脚架中心螺钉（松至仪器能移动即可），通过观察激光光斑点与地面标志，小心地平移仪器（勿旋转），直到激光光斑的中心与地面标志中心重合。

（4）再调整脚螺旋，使圆水准器的气泡居中。

（5）再观察地面标志中心是否与激光光斑中心重合，否则重复（3）和（4）操作，直至重合为止。

（6）确认仪器对中后，将中心螺钉旋紧固定好仪器。

（7）按住左/右键 3s 以上，激光对中器熄灭。

2. 整平

整平方法与光学经纬仪的方法一样。

3. 调焦和照准

调焦照准方法与光学经纬仪的方法一样。

4. 读数

照准目标后进行置盘设置，然后查看显示器上水平角读数。

3.2.3　全站仪的结构和使用

3.2.3.1　全站仪的结构

与电子经纬仪、光学经纬仪相比，全站仪增加了许多特殊部件。图 3.15 所示为南方 NTS360 全站仪的结构。

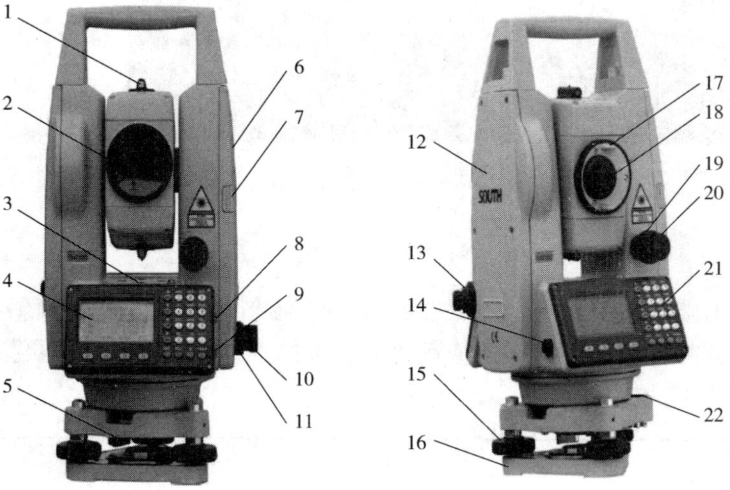

图 3.15　南方 NTS360 全站仪的结构

1—准星；2—物镜；3—管水准器；4—显示屏；5—基座锁定旋钮；6—电池；7—电池锁紧杆；8—SD 卡接口；9—USB 接口；10—水平微动旋钮；11—水平制动旋钮；12—仪器中心标志；13—光学对中器；14—数据通信接口；15—基座脚螺旋；16—底板；17—望远镜把手；18—目镜；19—竖直制动旋钮；20—竖直微动旋钮；21—操作键盘；22—圆水准器

全站仪是由测角部分、测距部分、补偿部分、数据处理部分、电源、通信接口以及显示屏、键盘等组成的智能型光电测量仪器。

测角部分为电子经纬仪，用来测水平角、竖直角和设置方位角；测距部分为光电测距仪，用来测距；补偿部分用来实现对竖轴倾斜系统引起的水平角、竖直角误差的补偿修正；数据处理部分的微型机用来接收输入/输出指令、控制作业方式、进行数据处理等；电源为各部分供电，可充电；输入/输出包括键盘（通过键盘可以输入操作指令、数据和设置参数）、显示屏和通信接口。

3.2.3.2　全站仪的使用

本书以南方 NTS360 型全站仪为例进行介绍。利用该仪器进行角度测量的步骤和经纬仪基本一样，也分为对中、整平、照准和读数四个步骤。

1. 对中

与经纬仪的对中方法基本相同。

2. 整平

（1）对中完成后，按电源键开机。图 3.16 所示为南方 NTS360 型全站仪显示屏和键盘。

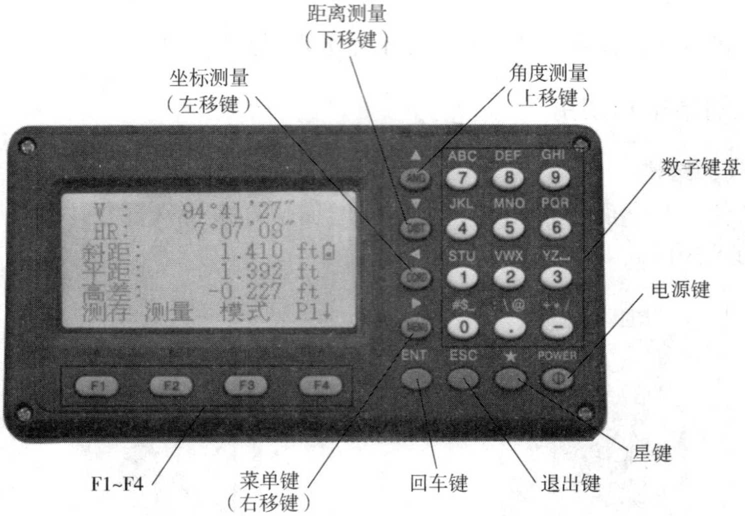

图 3.16 NTS360 型全站仪显示屏和键盘

（2）打开补偿器，进行整平。全站仪结构中有倾斜传感器和竖轴倾斜补偿器，在进行测角时，通常需要将补偿器打开。按★键进入，如图 3.17（a）所示；再按 F2 功能键进入补偿设置，如图 3.17（b）所示。

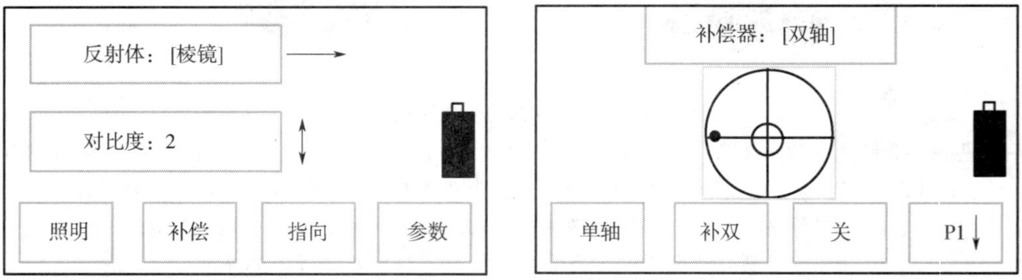

（a）打开补偿器 （b）进入补偿设置

图 3.17 全站仪整平

为了确保角度测量的精度，倾斜传感器必须选用（单轴/双轴），其显示可以用来更好地整平仪器。若出现“补偿超限”，则表明仪器超出自动补偿的范围，证明仪器没有处于水平状态，必须人工整平。

（3）调焦和照准。全站仪具有同时测角和测距的功能，因此在使用全站仪测量时，通常在被测目标上安置带有棱镜装置的觇标。图 3.18 所示为南方系列的反射棱镜（棱镜组）。

全站仪的调焦方法与经纬仪调焦方法一致，照准时需要用全站仪望远镜内的十字丝对准目标，其照准方法如图 3.19 所示。

图 3.18　棱镜组

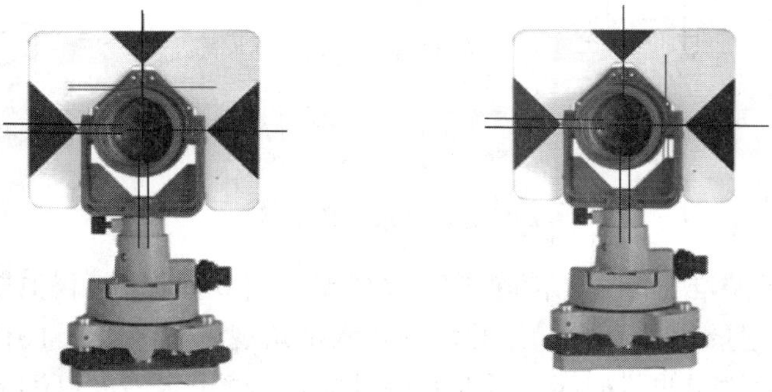

（a）水平角测量　　　（b）竖直角测量

图 3.19　照准

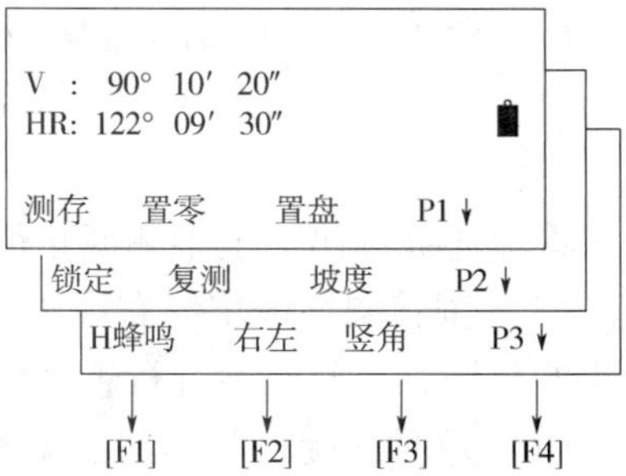

图 3.20　角度测量

（4）读数。图 3.16 所示为南方 NTS360 型全站仪显示屏。

1）按 ANG 进入角度测量模式，弹出图 3.20 界面，V 代表竖盘读数，H 代表水平度盘读数，R 代表右角，L 代表左角，水平角观测通常使用右角观测。

2）检查目标是否照准，照准后在第一页进行水平角观测中的置盘设置，并读取读数。

3.3　水平角观测

水平角观测常用的方法有测回法和方向观测法。在进行水平角观测时，为了消除部分误差，要进行“盘左”和“盘右”观测。

所谓“盘左”就是当望远镜照准目标时，竖盘在望远镜的左侧，又称为“正镜”；当望远镜照准目标，竖盘位于望远镜的右侧时，称为“盘右”，又称为“倒镜”。

3.3.1　测回法

测回法适用于观测两个方向之间的单角，是水平角观测的一种方法。

3.3.1.1　观测方法

如图3.21所示，以O点为测站，对中、整平仪器后即可用测回法进行观测。其观测方法如下：

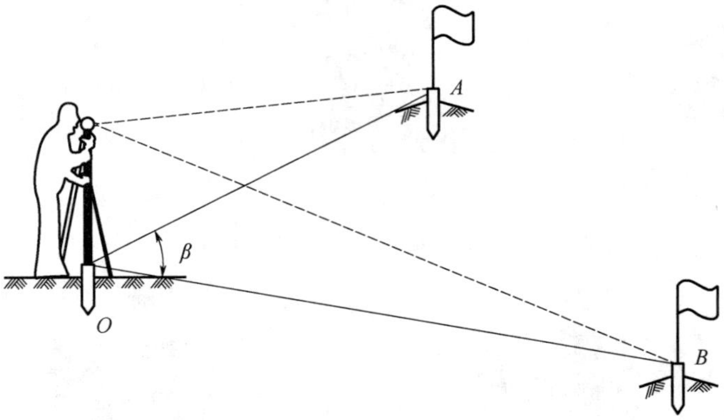

图3.21　水平角测量

（1）用盘左精确照准目标A（消除十字丝视差，用双丝夹住目标或者单丝平分目标底部），并进行置盘，记录此时读数$a_{左}$，并填写在水平角观测记录表3.1中①处。

（2）顺时针转动仪器的照准部，照准右侧目标B，读出水平度盘读数$b_{左}$，并填写在水平角观测记录表3.1中②处。

以上两个步骤用盘左观测称为上半测回，此时计算出的角值$\beta_{左}$称为上半测回角值，大小为

$$\beta_{左} = b_{左} - a_{左} \tag{3.4}$$

将上述计算出的上半测回角值填写在水平角观测记录表3.1中③处。

（3）倒转望远镜用盘右观测，照准右侧目标B，读取水平度盘读数$b_{右}$，填于记录表3.1中④处。注意，此时不进行置盘操作。

（4）逆时针旋转照准部，观测目标A，读取此时水平度盘读数$a_{右}$，填于记录表3.1中⑤处。

第（3）、（4）步骤用盘右观测称为下半测回，其角值称为下半测回角值，大小为

$$\beta_{右} = b_{右} - a_{右} \tag{3.5}$$

将下半测回角值填写于记录表3.1中⑥，并判断上、下半测回角值是否满足规范要求，若不满足，则需重新观测上、下半测回，重复（1）、（2）、（3）、（4）步骤，直至满足要求。

上、下半测回合称一测回，其角值大小为上下两个半测回角值的平均值，即

$$\beta = \frac{\beta_{左} + \beta_{右}}{2} \tag{3.6}$$

将计算结果填于记录表3.1中⑦处。

注意：在计算半测回角值的过程中，如果右侧目标读数b小于左侧目标读数a，应将右

侧目标读数加 360°。

表 3.1　测回法水平角观测记录表

仪器型号：　　　　　　　　　　天气：　　　　　　　　　　日期：
地点：　　　　　　　　　　　　观测者：　　　　　　　　　记录者：

测站	测回	竖盘位置	目标	水平度盘读数 /(° ′ ″)	半测回角值 /(° ′ ″)	一测回角值 /(° ′ ″)	各测回平均角值 /(° ′ ″)	备注
O	1	左	*A*	①	③	⑦		
			B	②				
		右	*A*	⑤	⑥			
			B	④				

为了提高观测精度，常进行多个测回观测；为了减弱度盘分划不均匀造成的误差，各测回应均匀分配在度盘的不同位置进行观测。若要观测 n 测回，则每测回盘左起始方向读数应递增，递增值的计算式为

$$\Delta = \frac{180°}{n} \tag{3.7}$$

例如：当某一水平角需要进行三个测回观测时，则每测回递增的值为 180°/3 = 60°，即第一测回盘左观测起始方向进行配置度盘应在 0°00′附近，第二测回盘左观测起始方向时应将度盘配置在 60°00′附近，第三测回盘左观测起始方向应配置在 120°00′附近。

当观测多个测回时，可计算出多个测回的角值，最终将多个测回角值取平均值作为本站水平角观测的成果，并填于水平角观测记录表各测回平均角值对应的列中。

3.3.1.2　应用举例

如图 3.22 所示，在测站 *O* 上照准 *A*（左）、*B*（右）两目标，观测两测回，根据图中观测数据，填写测回法水平角观测记录表。

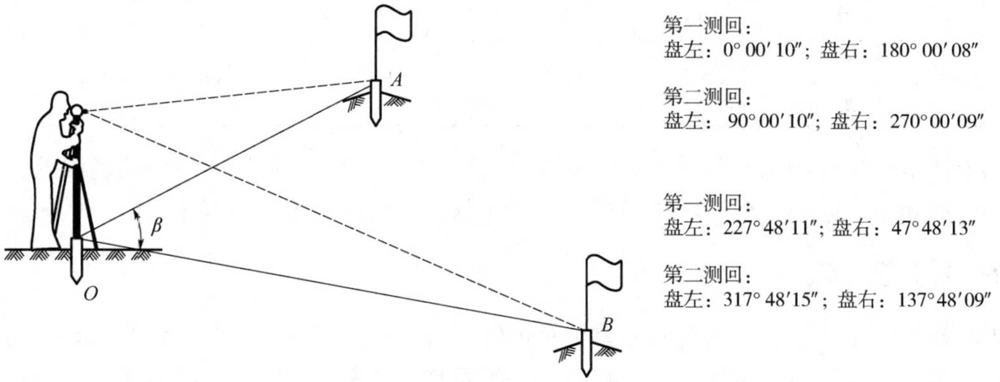

图 3.22　测回法水平角测量

（1）将图中的观测数据分别填写在记录表 3.2 中。

（2）根据式（3.4）、式（3.5）和式（3.6）分别计算各测回中上、下半测回角值和一测回角值。

第一测回：

$$\beta_{左} = 227°48'11'' - 0°00'10'' = 227°48'01''$$
$$\beta_{右} = 47°48'13'' - 180°00'08'' + 360° = 227°48'05''$$
$$|\beta_{左} - \beta_{右}| = 4'' < 24''$$
$$\beta_1 = \frac{\beta_{左} + \beta_{右}}{2} = \frac{227°48'01'' + 227°48'05''}{2} = 227°48'03''$$

第二测回：

$$\beta_{左} = 317°48'15'' - 90°00'10'' = 227°48'05''$$
$$\beta_{右} = 137°48'09'' - 270°00'09'' + 360° = 227°48'00''$$
$$|\beta_{左} - \beta_{右}| = 5'' < 24''$$
$$\beta_2 = \frac{\beta_{左} + \beta_{右}}{2} = \frac{227° 48'05'' + 227°48'00''}{2} = 227°48'02''$$
$$|\beta_1 - \beta_2| = 1'' < 24''$$

（3）根据（2）中计算出的各测回角值，计算两测回的平均角值

$$\beta = \frac{\beta_1 + \beta_2}{2} = \frac{227°48'03'' + 227°48'02''}{2} = 227°48'02''$$

表 3.2　测回法水平角观测记录表

仪器型号：DJ6 经纬仪　　天气：多云　　日期：2018 年 10 月 13 日

地点：小王庄　　观测者：张三　　记录者：李四

测站	测回	竖盘位置	目标	水平度盘读数 /(° ′ ″)	半测回角值 /(° ′ ″)	一测回角值 /(° ′ ″)	各测回平均角值 /(° ′ ″)	备注
O	1	左	*A*	0 00 10	227 48 01	227 48 03	227 48 02	
			B	227 48 11				
		右	*A*	180 00 08	227 48 05			
			B	47 48 13				
O	2	左	*A*	90 00 10	227 48 05	227 48 02		
			B	317 48 15				
		右	*A*	270 00 09	227 48 00			
			B	137 48 09				

用上述测回法观测水平角时，有两个限差规定：一是两个半测回水平角值的限差；二是不同测回间角值的限差。对于规格不同的仪器，这两个限差有不同的规定。

3.3.2　方向观测法

当测站上有多个目标，需要观测多个角度时，若采用测回法进行观测较为麻烦，通常采用方向观测法。所谓方向观测法，是指以任一目标作为起始方向（又称零方向），依次观测其余多个方向相对于起始方向的方向值。任意两个方向值的差值即为该两方向线之间的水平角。

当观测的方向大于三个时，根据规范要求，需要在每个半测回末尾再观测一次零方向（称归零）。由于重新照准了零方向，照准部已经旋转了360°，因此，这种观测方法又称为全圆观测法。

3.3.2.1　2～3个目标的方向观测法

如图3.22所示，测站为O点，观测方向有A、B两个，采用方向观测法进行观测$\angle AOB$大小的方法、步骤和计算方法如下。

1. 观测方法

（1）在O点安置仪器（经纬仪或者全站仪），进行对中和整平。

（2）确定OA为起始方向。首先以盘左位置精确照准A目标，并进行置角，将水平度盘读数置于比0°稍大一点，再检查是否精确照准目标，精确照准后读取OA方向的水平度盘读数；然后顺时针方向旋转照准部，照准B目标并读数，并将读数分别记录在表3.3第1测回第4栏中。

上述观测称为上半测回。

（3）倒转望远镜，置为盘右观测，与测回法相同，先照准B目标，并读取水平度盘读数；然后逆时针旋转照准部，照准A目标，读取水平度盘读数；将读数分别记录在表3.3中第1测回第5栏中。

这一步骤称为下半测回。上、下半测回合称为一个测回。若需进行多个测回观测，各测回间起始方向盘左读数设置方法与测回法一样。

表3.3　方向观测法水平角观测记录表

仪器型号：DJ2经纬仪　　天气：多云　　日期：2018年10月15日

地点：小王庄　　观测者：张三　　记录者：李四

测站	测回	目标	水平度盘读数 /（°　′　″）		2C /（″）	平均读数 /（°　′　″）	一测回角值 /（°　′　″）	各测回平均角值 /（°　′　″）	备注
			盘左	盘右					
1	2	3	4	5	6	7	8	9	10
O	1	A	0 00 30	180 00 24	+6	0 00 27	45 20 21	45 20 20	
		B	45 20 54	225 20 42	+12	45 20 48			
	2	A	90 00 42	270 00 36	+6	90 00 39	45 20 18		
		B	135 21 00	315 20 54	+6	135 20 57			

2. 计算方法

（1）计算$2C$值（2倍照准误差），并将计算结果填写在表3.3中第6栏内。

$$2C = L - (R \pm 180°) \tag{3.8}$$

式中，L为盘左读数；R为盘右读数，当$R \geqslant 180°$时，取“－”，当$R < 180°$时，取“＋”。

例如表3.3中的第1测回中A目标的$2C = 0°00'30'' - (180°00'24'' - 180°) = +6''$。

$2C$值也是观测成果中一个限差规定项目，它不是以该值的绝对值大小衡量是否超限，而是以同一测回内各个方向的$2C$变化值是否超限作为检查标准的。根据相关规范规定，当使用的仪器精度优于2″时，需要对一测回内$2C$值的互差进行限差要求。

（2）计算平均读数，并将结果填写在表3.3中第7栏内。

$$平均读数 = (盘左读数\ L + 盘右读数\ R \pm 180°)/2 \tag{3.9}$$

当$R \geqslant 180°$时，取“-”；当$R < 180°$时，取“+”。

(3) 计算一测回角值和各测回角值的平均值的方法与测回法相同，计算结果分别填写在表3.3中第8栏和第9栏内。

3.3.2.2　全圆观测法

根据规范规定，当观测的目标数大于3个时，必须进行起始方向归零观测，即每半个测回需要观测360°，因此这种方向观测法又被称为全圆观测法。

如图3.23所示，测站为O点，观测方向有A、B、C、D四个，采用全圆观测法进行观测的方法、计算及相关规定如下。

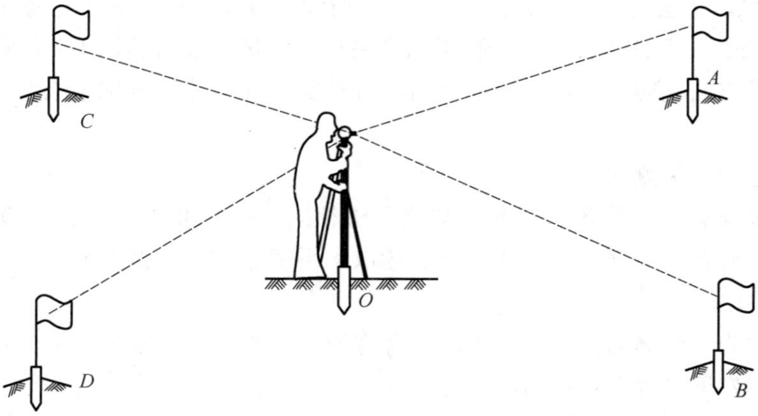

图3.23　全圆观测法

1. 观测方法

(1) 安置仪器。

(2) 确定起始方向（也称零方向）。起始方向的选择可根据实地情况而定，一般选择目标清晰、背景明亮、距离适中、易于照准、较为特殊而容易记住的方向作为起始方向。这里选择OA方向为起始方向。以盘左位置精确照准起始方向，与测回法一样，将水平度盘读数置于比0°稍大一点处，再检查是否仍精确照准目标，读取A方向水平度盘读数；然后以顺时针方向转动照准部，依次照准B、C、D三点并读数；最后再次照准零方向A点并读数，称为归零，其目的是检查水平度盘在观测过程中有无带动现象。将以A点为零方向的各方向观测读数，按观测顺序自上而下记入表3.4中第1测回第4栏内。

(3) 完成上半测回观测后，倒转望远镜，进行盘右观测。首先照准零方向A点，读取水平度盘的读数，逆时针方向转动照准部，依次照准D、C、B三点，并读数；最后仍然照准A点，并读取水平度盘读数。将各方向盘右观测读数按观测顺序自下而上记入表3.4中第1测回第5栏内。

同样，若需要观测多个测回，各测回间起始方向读数按照测回法改变水平度盘的起始方向读数的方法进行设置。

2. 计算方法

(1) 半测回归零差。每个测回中的半测回中零方向都有两次观测，这两次读数之差称为半测回归零差。若半测回归零差超过规范中规定的限差要求，则需检查或者重新观测，相关限差规定可查阅相关规范。

例如表3.4中第1测回中：

$$上半测回归零差=0°01'12''-0°01'06''=+06''$$

$$下半测回归零差=180°01'00''-180°00'50''=+10''$$

根据规范要求，上述结果未超限，将结果填写在表3.4中相应位置。

（2）2*C*值和平均读数。计算方法与两个目标的计算方法一样。

（3）计算起始方向值。当目标小于四个时，可不进行归零，因此不单独计算起始方向值。当目标超过三个时，需要进行起始方向值的计算。由于每一个测回中起始方向有两个平均读数，因此，将每个测回中的两次起始方向平均读数取平均值作为该测回起始方向的方向值，并填于表3.4中第7栏内，并用小括号括起来。

例如在表3.4第1测回中：

$$目标A的方向值=(0°01'06''+0°00'58'')/2=0°01'02''$$

（4）计算归零方向值。即以0°00′00″为起始方向值，计算其余各方向的方向值。计算时先将起始方向归零方向值归零（将起始方向值归为0°00′00″），然后其余三个方向的平均读数减去*OA*方向的起始方向值，得到各方向的归零方向值，并填入表3.4中第8栏内。

例如在表3.4第1测回中：

$$OB方向的归零方向值=41°18'09''-0°01'02''=41°17'07''$$

$$OC方向的归零方向值=124°27'33''-0°01'02''=124°26'31''$$

$$OD方向的归零方向值=160°25'09''-0°01'02''=160°24'07''$$

在实际工程项目中，各测回同一方向值的较差不能超过相应规范中允许的限差规定。若不满足限差要求，则需检查或者重新观测。

（5）计算各测回平均归零方向值。当各测回归零方向值满足规范要求时，可进行各测回平均归零方向值的计算。该值等于同一方向各测回的归零方向值的平均值。将计算结果填写在表3.4中第9栏内。

例如表3.4中两个测回中：

$$OB方向各测回平均归零方向值=(41°17'07''+41°16'57'')/2=41°17'02''$$

表3.4 全圆观测法记录表

仪器型号：DJ2经纬仪　　天气：多云　　日期：2018年10月15日

地点：小王庄　　观测者：张三　　记录者：李四

测站	测回	目标	水平度盘读数 /（° ′ ″）		2C /（″）	平均读数 /（° ′ ″）	归零方向值 /（° ′ ″）	各测回归零方向平均值 /（° ′ ″）	备注
			盘左	盘右					
1	2	3	4	5	6	7	8	9	10
O	1	*A*	0 01 12	180 01 00	+12	(0 01 02) 0 01 06	0 00 00	0 00 00	
		B	41 18 18	221 18 00	+18	41 18 09	41 17 07	41 17 02	
		C	124 27 36	304 27 30	+6	124 27 33	124 26 31	124 26 35	
		D	160 25 18	340 25 00	+18	160 25 09	160 24 07	160 24 06	
		A	0 01 06 Δ = +6″	180 00 50 Δ = +10″	+16	0 00 58			

续表

测站	测回	目标	水平度盘读数 /(° ′ ″)		2C /(″)	平均读数 /(° ′ ″)	归零方向值 /(° ′ ″)	各测回归零方向平均值 /(° ′ ″)	备注
			盘左	盘右					
1	2	3	4	5	6	7	8	9	10
O	2	*A*	90 03 18	270 03 12	+6	(90 03 09) 90 03 15	0 00 00		
		B	131 20 12	311 20 00	+12	131 20 06	41 16 57		
		C	214 29 54	34 29 42	+12	214 29 48	124 26 39		
		D	250 27 24	70 27 06	+18	250 27 15	160 24 06		
		A	90 03 06 $\Delta=+12''$	270 03 00 $\Delta=+12''$	+6	90 03 03			

3.3.2.3 方向观测法限差规定

方向观测法观测水平角主要有三项限差，分别是半测回归零差、一测回 $2C$ 值较差和各测回同一方向值较差。其规定要求见表 3.5。

表 3.5 方向观测法的限差

仪器类型	半测回归零差	一测回 $2C$ 值较差	各测回同一方向值较差
1″	6″	9″	6″
2″	8″	13″	9″
6″	18″	—	24″

3.3.3 水平角观测注意事项

（1）对中要认真、仔细。特别是对于短边观测水平角时，对中要求应更严格。

（2）观测目标要竖直，尽可能用十字丝中心部位照准目标（花杆或旗杆）底部，并注意消除视差。

（3）有阳光照射时，要打伞遮光观测。同一测回观测过程中，不得再调整照准部管水准器气泡。当气泡偏离中心超过 1 格时，应重新整平仪器，重新观测。在成像不清晰的情况下，要停止观测。

（4）在一个测站上，只有当观测结果全部计算、检查合格后方可迁站。

3.4 竖直角观测

3.4.1 竖直度盘的构造

图 3.24 所示为光学经纬仪的竖盘构造。竖直度盘固定安装在望远镜旋转轴（横轴）的

一端，其刻划中心与横轴的旋转中心重合。当望远镜在竖直面内旋转时，度盘也随之在竖直面内转动。竖盘常用于竖直角的观测。

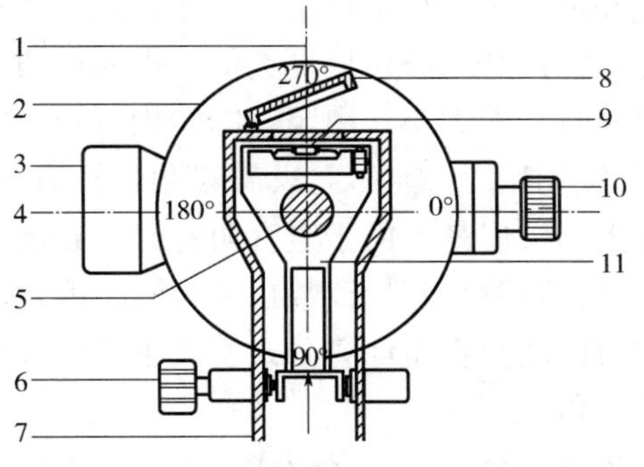

图 3. 24　光学经纬仪的竖盘构造

1—铅垂线；2—竖盘；3—望远镜物镜；4—视准轴；5—横轴；6—竖盘指标水准管微倾螺旋；7—支架外壳；8—竖盘指标水准管观察镜；9—竖盘指标水准管；10—望远镜目镜；11—竖盘指标水准管支架

竖直度盘的刻划有全圆顺时针和全圆逆时针两种注记，如图 3. 25 所示盘左位置。图 3. 25（a）所示为全圆顺时针方向注记，图 3. 25（b）所示为全圆逆时针方向注记。当视线水平（即视准轴水平）、竖盘指标水准管气泡居中时，读数指标所指的竖直度盘读数应是一定数，一般为 90°或 90°的整倍数，图 3. 24 和图 3. 25 在盘左时始读数均为 90°，在盘右时始读数均为 270°，此读数是视线水平时的读数，称为始读数。对于竖盘读数指标的要求是，始终能够读出与竖盘刻划中心在同一铅垂线上的竖盘读数。为了满足这一要求，早期的光学经纬仪多采用水准管竖盘结构，这种结构将竖盘读数指标与竖盘指标水准管连接在一起，被固定在竖盘指标水准管支架上，转动竖盘水准管微倾螺旋可使指标水准管做微小的转动，从而使水准管气泡居中，水准管轴水平。此时，读数指标处于铅垂位置，即读数指标处于正确位置，利用读数指标可读取竖盘的读数。

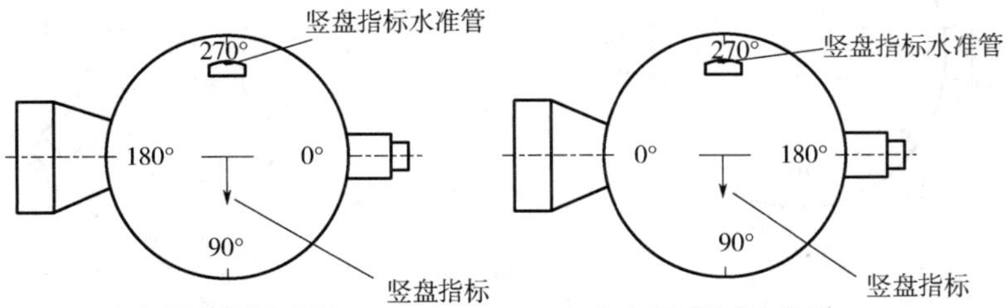

（a）顺时针方向注记　　（b）逆时针方向注记

图 3. 25　竖直度盘注记形式（盘左位置）

目前国内大多经纬仪都采用了竖盘指标自动补偿结构，这种结构的仪器没有竖盘指标水准管，是借助一组棱镜的折射原理，自动使读数指标处于正确位置。当仪器有微小的倾斜时，通过自动补偿装置对光路进行自动调整，使读数相当于水准管气泡居中时的读数。它的工作原理与自动安平水准仪相似。装有竖盘指标自动补偿装置的经纬仪只要水准管气泡居中，照准目标后即可读数，因此操作简便，可以有效地提高竖直角的观测速度，从而提高了测量的工效。电子经纬仪和全站仪均有该装置。

3.4.2 竖直角的计算方法

通过3.1节的讲解已经知道，竖直角是指某一目标方向与其在同一铅垂面内的水平线所夹的角度。显然竖直角的计算仍然和水平角计算类似，需要用两个方向的度盘读数，通过求两个方向的读数差而计算出竖直角的大小。由竖盘的结构可知，竖直角的角值就是目标方向与视线水平时的始读数的差值。因此，实际上只需观测目标方向的竖盘读数，再根据始读数，就能够计算出竖直角的大小。但是，由于竖直角有仰角和俯角之分，并且度盘的刻划注记有不同形式，用不同盘位进行观测，其始读数也不相同。因此，竖直角计算应根据不同度盘的刻划注记形式，确定相对应的竖直角计算公式，以正确计算出竖直角，并根据角值的正负，确定竖直角是仰角还是俯角。

下面以竖直度盘的刻划按顺时针方向注字形式为例，说明竖直角的计算方法及如何确定计算式。

读数指标线相对于转动的竖盘是固定不动的，视线水平时的始读数也是定值。根据竖直角的测量原理，竖直角是目标视线读数与水平视线读数之差。由于水平视线的读数是固定数值，所以当竖盘转动在不同位置时，用读数指标读取目标视线读数，就可以计算出竖直角的大小。

如图3.26所示，仪器竖盘位于盘左位置，当视线水平且竖盘指标水准管气泡居中时，竖盘始读数为90°。当望远镜向上抬高一个角度α照准目标，竖盘指标水准管气泡居中时，视线向上倾斜，指标处读数减小。设读数为L，根据竖直角的定义，仰角为正，则盘左时竖直角计算式为

$$\alpha_{左} = 90° - L \tag{3.10}$$

式中，L为盘左观测竖盘读数。如果$L>90°$，竖直角为负值，表示是俯角。

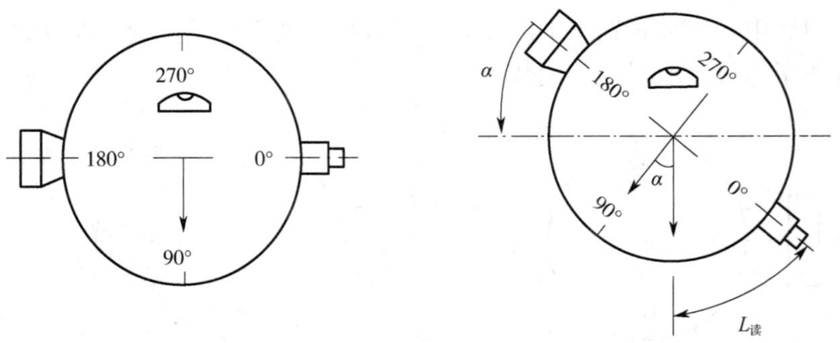

（a）$L_{始}$=90°　　（b）$\alpha_{左}$=90° $-L_{读}$

图3.26　竖直角计算（盘左位置）

如图3.27所示，仪器竖盘位于盘右位置，当视线水平且竖盘指标水准管气泡居中时，竖盘始读数为270°。当望远镜向上抬高一个角度α照准目标，竖盘指标水准管气泡居中时，视线为向上倾斜，指标处读数增大，设读数为R，根据竖直角定义，仰角为正，则盘右时竖直角计算式为

$$\alpha_{右} = R - 270° \tag{3.11}$$

式中，R为竖直度盘读数。如果$R<270°$，竖直角为负值，表示是俯角。

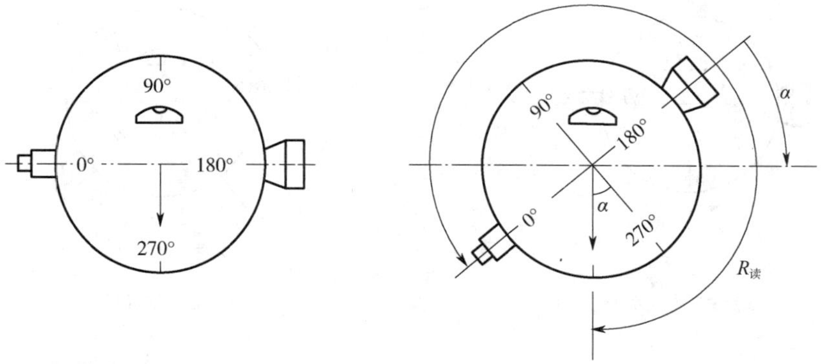

（a）$R_始=270°$　　（b）$α_右=270°-R_读$

图 3. 27　竖直角计算（盘右位置）

为了提高竖直角的精度，通常通过盘左盘右取平均值作为最终竖直角的值。因此，通过盘左盘右观测得到的竖直角

$$\alpha = \frac{\alpha_{左} + \alpha_{右}}{2} \tag{3.12}$$

当仪器的竖直度盘刻划为逆时针注记时，盘左和盘右观测后竖直角的计算式分别为

$$\alpha_{左} = L - 90° \tag{3.13}$$

$$\alpha_{右} = 270° - R \tag{3.14}$$

综上所述，进行竖直角的观测，通过观察视线水平时的始读数和物镜上仰时竖盘读数是增大或减小，可确定竖直角的计算公式，即

（1）当物镜上仰时，竖盘读数增大，则竖直角

$α$ = 照准目标时的竖盘读数 - 视线水平时的竖盘读数

（2）当物镜上仰时，竖盘读数减小，则竖直角

$α$ = 视线水平时的竖盘读数 - 照准目标时的竖盘读数

上述竖直角的计算方法，不论竖盘的始读数是 90°、270°还是 0°、180°，竖盘注记是顺时针还是逆时针，都适用。由上式所计算出的竖直角为“+”时，$α$ 为仰角；计算出的竖直角为“-”时，$α$ 为俯角。

3.4.3　竖盘指标差

上述竖直角的计算是假定竖盘指标处于正确位置上，即当望远镜的视线水平，竖盘指标水准管气泡居中时，竖盘始读数应是 90°或 90°的倍数，这时称竖盘指标水准管和竖盘读数指标关系正确。但是通常在进行观测时，很难保证这种正确的关系，即当望远镜的视线水平，竖盘指标水准管气泡居中时，指标偏离正确位置，竖盘读数不是应有的始读数，而产生一个微小的误差 x，如图 3. 28 所示，称 x 为竖盘指标差。由于竖盘指标差的存在影响到竖直角计算的正确性，因此需消除仪器竖盘指标差，或求出指标差后对观测值进行改正。

如图 3. 28 所示，盘左视线水平时的读数为 $90° + x$，以盘左照准目标时竖直度盘的读数为 L。则正确的竖直角应为

$$\alpha = 90° + x - L = \alpha_{左} + x \tag{3.15}$$

同理，盘右时正确的竖直角为

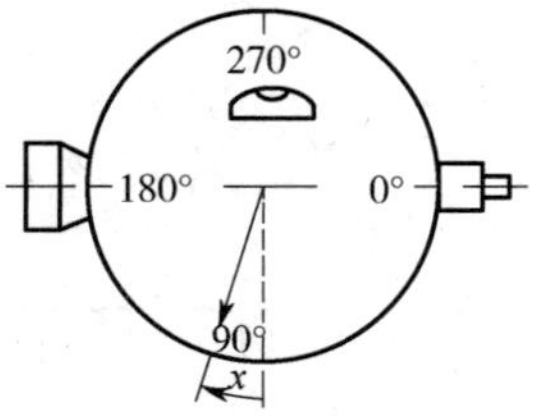

（a）盘左视线水平

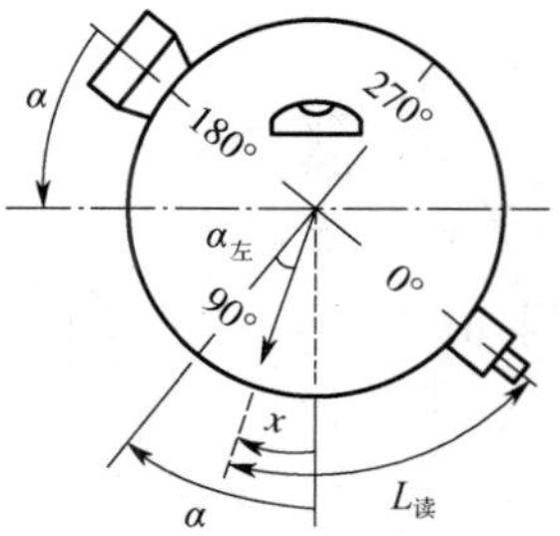

（b）盘左照准目标

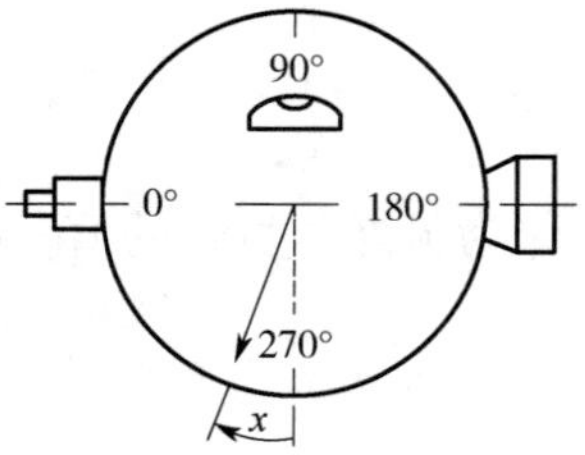

（c）盘右视线水平

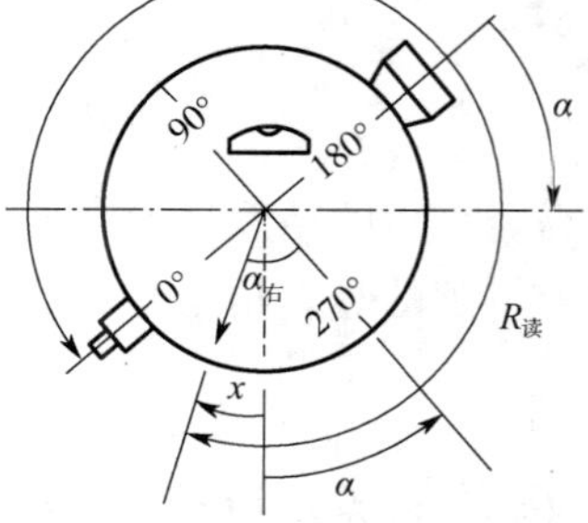

（d）盘右照准目标

图 3.28　竖盘指标差

$$\alpha = R - (270° + x) = \alpha_{右} - x \tag{3.16}$$

将上述两式相加除以 2，则得出正确的竖直角计算式为

$$\alpha = \frac{\alpha_{左} + \alpha_{右}}{2} \tag{3.17}$$

从式（3.17）可知，在进行竖直角观测时，采用盘左盘右观测取其平均值可以消除竖盘指标差的影响，提高观测成果质量。

将式（3.15）和式（3.16）相减可得指标差的计算式

$$x = \frac{1}{2}(\alpha_{右} - \alpha_{左}) = \frac{1}{2}(R + L - 360°) \tag{3.18}$$

竖盘指标差属于仪器误差。一般情况下，竖盘指标差的变化很小。如果在观测中计算出的指标差变化较大，说明观测误差较大。也就是说，指标差 x 可用来检查观测成果质量，指标差的互差不应超过规定的限值。指标差互差的限值为：2″型仪器不得超过 ±15″，6″型仪器不得超过 ±25″。另外，在精度要求不高或不便旋转望远镜时，可先通过盘左和盘右的观测，计算出竖盘指标差 x 的值，以后只做盘左观测，然后按式（3.15）计算出正确的竖直角。

3.4.4　竖直角的观测

3.4.4.1　观测步骤

（1）如图 3.29 所示，安置仪器于测站点 O，对中、整平。观测竖直角前，使望远镜视准轴大致水平，判读视线水平时竖盘读数为多少，再将物镜逐渐向上抬起，观察读数的增减变化，以确定竖直角的计算公式。

（2）用盘左位置照准目标 A 点，用十字丝横丝照准或切于目标点，读取竖直度盘的读

数 L，记录在表 3.6 中①的位置，根据式（3.4）计算半测回角值，填写在表中②处，完成上半测回竖直角观测。

（3）倒转望远镜，换为盘右观测，照准 A 目标，用十字丝横丝照准或切于目标点，读取竖直度盘的读数 R，记录在表 3.6 中③的位置，根据式（3.5）计算半测回角值，填写在表 3.6 中④处，完成下半测回竖直角观测。

上、下半测回合称一个测回，根据工程项目需要，依据规范要求可进行多个测回的观测。

（4）根据式（3.18）计算指标差 x，填写在记录表 3.6 中⑤的位置。当指标差 x 的互差在规定的限差内时，取上、下半测回平均值作为一测回的角值，填写在表 3.6 中⑥的位置。如果进行了多个测回，则取多个测回的平均值作为最后的竖直角观测值。

表 3.6　竖直角观测记录表

测站	测点	竖盘位置	竖盘读数	半测回角值	指标差	一测回角值	备注
O	A	左	①	②	⑤	⑥	
		右	③	④			

3.4.4.2　应用举例

如图 3.29 所示，O 为测站点，A 为观测目标，观测仪器的竖直度盘为顺时针注记，根据图中的观测数据，分别计算 OA、OB 两方向的竖直角，并填于表 3.7 中。

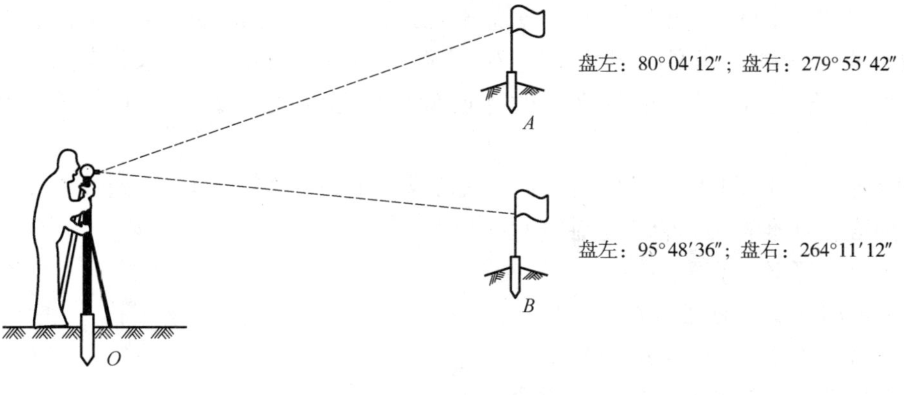

图 3.29　竖直角观测

表 3.7　竖直角观测记录表

仪器型号：　　　　　　　　　天气：晴　　　　　　　　日期：2018 年 10 月 9 日
地点：小王庄　　　　　　　　观测者：张三　　　　　　记录者：李四

测站	测点	竖盘位置	竖盘读数	半测回角值	指标差	一测回角值	备注
O	A	左	80°04′12″	+9°55′48″	−3″	+9°55′45″	
		右	279°55′42″	+9°55′42″			
O	B	左	95°48′36″	−5°48′36″	−6″	−5°48′42″	
		右	264°11′12″	−5°48′48″			

3.5 仪器的检验与校正

3.5.1 仪器的主要轴线及其应满足的几何条件

经纬仪和全站仪是进行角度测量的主要仪器，其轴线结构类似，下面以经纬仪的轴系为例进行介绍。经纬仪是根据水平角和竖直角的测角原理制造的，为使测角达到一定精度，要求经纬仪的主要轴线之间应满足角度观测的条件。如图3.30所示，经纬仪的主要轴线有：视准轴，即望远镜视准轴，以 *CC* 表示；水准管轴，即照准部水准管轴，以 *LL* 表示；竖轴，即仪器的旋转轴，以 *VV* 表示；横轴，即望远镜的旋转轴，以 *HH* 表示。

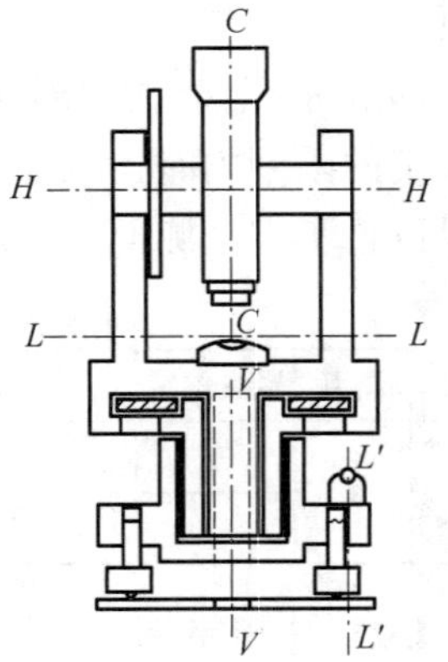

图3.30 仪器主要轴系关系

由于仪器在出厂时已严格保证水平度盘与竖轴的垂直，故当竖轴处于铅垂位置时，水平度盘即处于水平状态。竖轴 *VV* 的铅垂位置是利用照准部水准管气泡居中，即水准管轴水平来实现的。测水平角要求望远镜绕横轴 *HH* 旋转得到竖直的视准平面，就必须保证视准轴垂直于横轴。另外，要保证竖轴竖直时横轴水平，则要求横轴垂直于竖轴；照准目标使用竖丝，因只有横轴水平时才能确保竖丝竖直，故要求十字丝竖丝垂直于横轴。

综上所述，测量水平角时，仪器的各轴线应满足下列条件：

（1）照准部水准管轴垂直于竖轴（$LL \perp VV$）。

（2）十字丝竖丝垂直于横轴。

（3）视准轴垂直于横轴（$CC \perp HH$）。

（4）横轴垂直于竖轴（$HH \perp VV$）。

（5）对中器视准轴与竖轴中心线重合。

测量竖直角时，竖盘水准管轴应垂直于竖盘指标线，即竖盘指标差应等于零。

上述这些条件在仪器出厂时一般都能满足，但由于长期使用或搬动中受到震动，以上关系会发生改变。为了使仪器在进行角度测量时能获得可靠的数据，在测量前必须对所使用的仪器进行检验和校正或按规定送检；在使用中发现需要检校的仪器，要及时检校；新购置的仪器经检校合格后方可使用。通过检校仪器各轴线间的关系，来满足测角的要求。下面介绍DJ6经纬仪和全站仪的检验与校正方法。

3.5.2 光学经纬仪的检验与校正

3.5.2.1 照准部水准管轴应垂直于竖轴的检验和校正

仪器安置完毕后，为了保证竖轴与铅垂线方向一致，即使水平度盘处于水平位置，需要对照准部水准管轴 *LL* 与竖轴 *VV* 之间的几何关系进行检验。

1. 检验方法

（1）将经纬仪按常规方法整平，然后使照准部水准管平行于一对脚螺旋的连线，调节这两个脚螺旋，使水准管气泡严格居中。

（2）将经纬仪照准部旋转 180°，观察气泡位置，如果仍然居中，说明满足该项条件，无须校正；否则需要进行校正。

水准管轴不垂直于竖轴，是水准管两端支架不等高而引起的。当两端不等高而气泡居中时，水准管轴虽然水平，但水平度盘并不水平，水准管轴与度盘相交成 α 角，如图 3.31（a）所示。当照准部旋转 180°，水准管气泡发生偏移时，竖轴方向不变，仍偏离 α 角，如图 3.31（b）所示，但水准管两端支架却换了位置，水准管轴与度盘仍偏离 α 角，但水准管轴与水平线间却偏离了 2α 角。2α 角的大小，表现为照准部旋转 180°后气泡偏离水准管正中位置的格数。

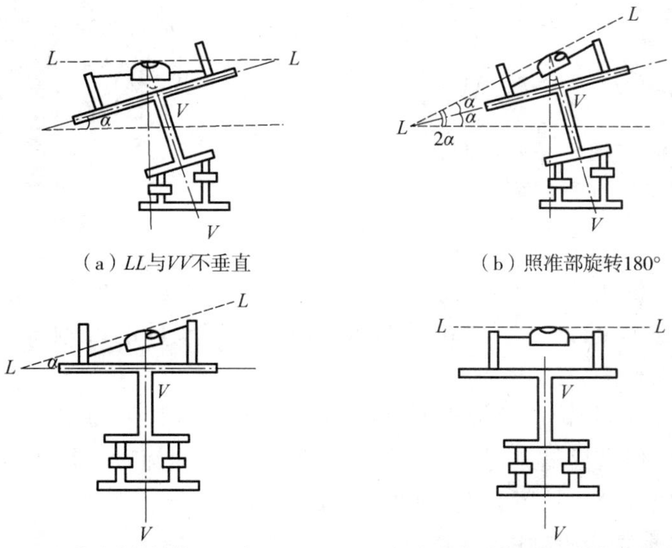

（a）LL与VV不垂直　（b）照准部旋转180°

（c）转动脚螺旋使VV竖直　（d）拨动校正螺钉使气泡居中

图 3.31　水准管的检验与校正

2. 校正方法

（1）在检验的基础上转动脚螺旋，使气泡向中心移动偏移量的一半。此时竖轴已竖直，水平度盘已呈水平状态，但水准管轴仍偏离 α 角，它还未与竖轴垂直，如图 3.31（c）所示。

（2）用校正针拨动水准管一端的校正螺钉，使气泡居中，如图 3.31（d）所示。

（3）将照准部旋转 180°，观察气泡是否居中。如果气泡居中，则表示该项校正已完成。如果气泡仍然不居中，则采用上述同样的校正方法使气泡居中。再次将照准部旋转 180°，继续重复前面的操作方法，直到照准部不论旋转到任何一个位置，水准管气泡都居中，此时水准管两端支架等高，从而满足了要求。

这项校正比较精细，实际作业中每次调整气泡的移动量往往难以控制，所以此项检验校正需反复进行，直至满足要求。一般要求气泡偏离中心不大于一格的一半即可。另外，经纬仪上若有圆水准器，也应对其进行检校。当管水准器校正完善并对仪器精确整平后，圆水准器的气泡也应居中。如果不居中，应拨动其校正螺钉使其居中，方法与水准仪圆水准器轴平行于仪器竖轴的校正方法相同。

3.5.2.2 十字丝竖丝应垂直于横轴的检验和校正

十字丝竖丝垂直于横轴，从而保证十字丝的竖丝与照准面一致。

1. 检验方法

(1) 精确整平仪器，用十字丝竖丝最上端精确对准远处一明显目标点，固定水平制动螺旋和望远镜制动螺旋。

(2) 慢慢转动望远镜微动螺旋，若目标点始终不离开竖丝，说明此条件满足，如图3.32 (a) 所示；否则需要进行校正，如图3.32 (b) 所示。

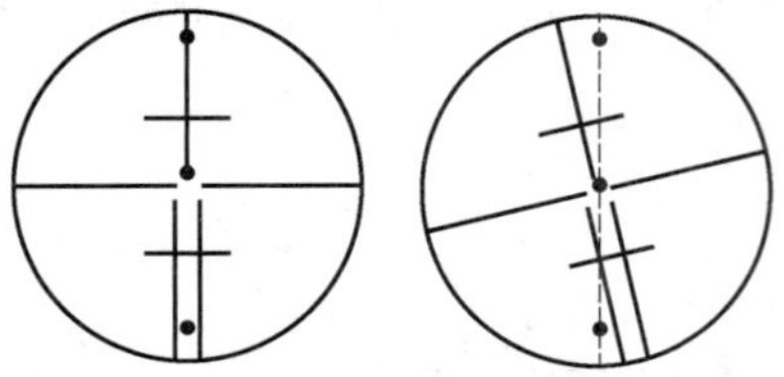
(a) 十字丝竖丝垂直于横轴　(b) 十字丝竖丝不垂直于横轴

图3.32　十字丝检验

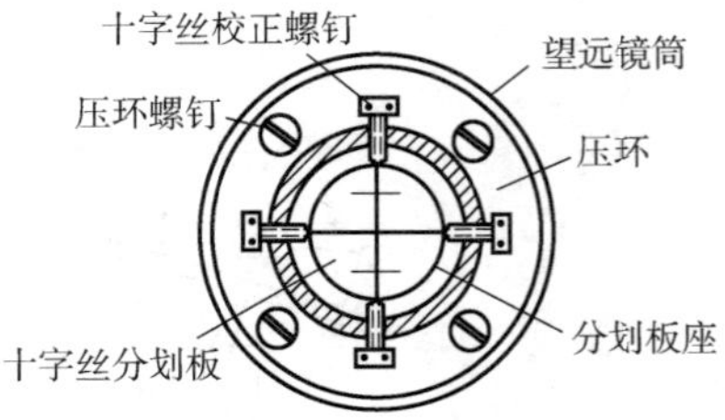

图3.33　十字丝分划板

2. 校正方法

该项校正与水准仪横丝垂直于竖轴的校正方法类似，不过此处是校正竖丝的位置。

(1) 拧下目镜前面的十字丝分划板护罩，松开十字丝环的四颗压环螺钉，如图3.33所示。

(2) 缓慢转动十字丝环，使偏离的目标点向竖丝移动偏离量的一半即可。

此项检验校正工作需反复进行，直至转动望远镜微动螺旋时，目标点始终不离开竖丝；然后将松开的四颗压环螺钉拧紧，盖上十字丝分划板护罩。

3.5.2.3 视准轴应垂直于横轴的检验和校正

为了使视准轴呈一铅垂面，需要确保仪器的视准轴 CC 垂直于横轴 HH。

若视准轴不垂直于横轴，其偏离垂直位置的角值 c 称为视准轴误差或照准差。具有视准轴误差的望远镜绕水平横轴旋转时，视准轴将扫过一个圆锥面。如果 c 值不超过规定要求，则认为视准轴垂直于横轴的条件满足；否则应进行校正。视准轴误差的检验与校正方法通常有标尺法和度盘读数法（或盘左盘右读数法）两种。

1. 标尺法

(1) 检验方法。在一块较平坦的场地，选择相距约为100 m的 A、B 两点，安置仪器与两点连线的中点 O 上，如图3.34所示。在 A 点处设置一个与仪器高度相等的标志，在 B 点与仪器同高处横放一根水准尺或刻有毫米分划的直尺，使其垂直于 OB 视线。

1) 用盘左位置照准 A 点，制动照准部，倒转望远镜成盘右位置，照准 B 点水准尺并读取水准尺上的读数 B_1，如图3.34 (a) 所示。

2) 用盘右位置照准 A 点，制动照准部，倒转望远镜成盘左位置，照准 B 点水准尺并读取水准尺上的读数 B_2。若 $B_1=B_2$，则说明该项条件满足，无须校正，否则需要计算出 C 值，以确定是否需要进行校正。

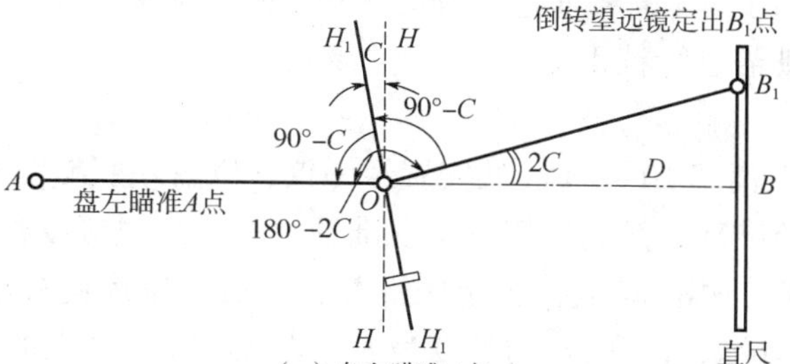

（a）盘左瞄准A点

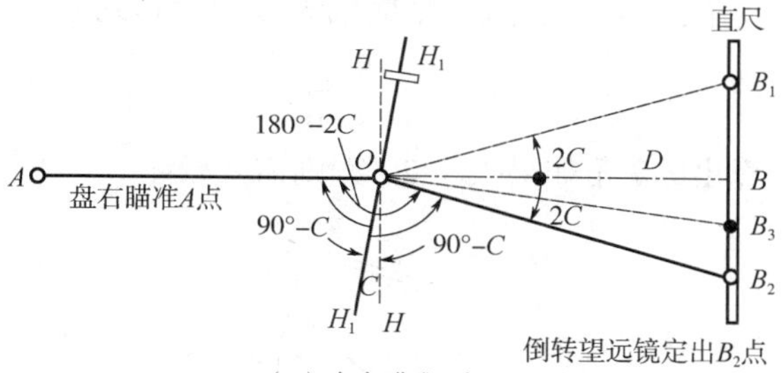

（b）盘右瞄准A点

图 3. 34　视准轴检验

由图 3. 34 可知，盘左时 B_1B 的长度为 $2C$ 的反映，盘右时 B_2B 的长度为 $2C$ 的反映，即 B_1B_2的长度为 $4C$ 的反映，即 $\angle B_1OB_2 = 4C$，由此算得

$$C = \frac{1}{4} \cdot \frac{B_1B_2}{D}\rho \tag{3.19}$$

式中，D 为 O 点到 B 点的水平距离，m；B_1B_2 为 B_1 与 B_2 的读数差值，m；ρ 为 1 弧度秒值，206 265″。

对于 DJ6 经纬仪，如果 $C>60''$，则需要校正。

（2）校正方法。如图 3. 34（b）所示，B_1、B_2两个读数之差所对的角度为 $4C$，所以校正时只要校正一个 C 角。由 B_2点向 B_1点量取 1/4，得内分点 B_3。此时 OB_3的方向与横轴垂直。打开望远镜目镜端护盖，如图 3. 33 所示，用校正针先松上、下两个十字丝校正螺钉，再拨动左、右两个十字丝校正螺钉，一松一紧，左右移动十字丝分划板，直至十字丝交点与 B_3点重合。完成校正后，应重复上述检验操作。此项检验与校正需反复进行，直到符合要求。

2. *度盘读数法*

（1）检验方法。选择一水平目标 A，分别用盘左、盘右观测，并分别读取盘左、盘右读数 L、R，则它们的读数差即为两倍的 C 值，则有

$$2C = L - R \pm 180°$$

当 $2C$ 值大于 $2'$时，需要校正。

（2）校正方法。首先计算盘左或者盘右的正确读数，然后配置水平度盘（盘右）。此时视准轴若没有对准 A 目标，则打开十字丝护盖，如图 3. 33 所示，用拨针调节十字丝环的左右两个校正螺钉，一松一紧，移动十字丝环，使十字丝交点对准 A 目标即可。

3. 5. 2. 4　横轴应垂直于竖轴的检验和校正

横轴应垂直于竖轴的目的是在仪器安置完毕后，保证横轴能处于水平位置。

横轴不垂直于竖轴时，其偏离垂直位置的角值 i 称为横轴误差。对于 DJ6 光学经纬仪 i 角值不超过 ±20″，否则需进行校正。

1. 检验方法

如图 3.35 所示，在离墙 10 ~ 20 m 处安置经纬仪，以盘左照准墙面高处的一点 M（其仰角宜大于 30°），固定照准部，然后使望远镜视准轴水平（通过竖度盘读数），在墙面上以十字丝的交点定出 M_1。盘右照准 M 点，固定照准部，然后使望远镜视准轴水平，在墙面上以十字丝的交点定出 M_2。量取 M_1 到 M_2 的长度为 S，量取测站至 M 点的距离为 D，用经纬仪对 M 点观测一个测回的竖直角，其角值为 α。则横轴误差的计算式为

$$i = \frac{S}{2D\tan\alpha}\rho \tag{3.20}$$

根据式（3.20）计算出的 i 角如果大于 20″，则需要校正。

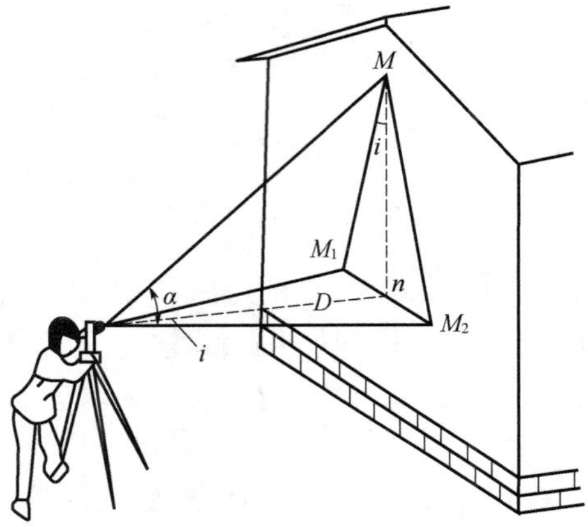

图 3.35　横轴检验

2. 校正方法

横轴不垂直于竖轴的主要原因是横轴两端的支架不等高。校正时，打开仪器的支架护盖，调整偏心轴承环，抬高或降低横轴的一端，使 $i = 0°$。此项校正需要在无尘的室内环境中使用专用的平行光管进行，因光学经纬仪的横轴大都是密封的，因此如果使用仪器人员不具备这种校正条件，而又需对此项条件进行检验，则应在专门检验校正仪器的场所由专业人员对仪器进行校正。

3.5.2.5　竖盘指标差的检验和校正

目的：使竖盘指标处于正确位置，即尽量使指标差接近于零。

1. 检验方法

仪器整平后，以盘左、盘右位置中丝切准某一视线近于水平的明显目标，读取竖盘读数 L 和 R（注意每次读数前一定要使竖盘指标水准管气泡居中，或打开竖盘指标自动归零补偿器进行补偿）。用式（3.18）计算竖盘指标差 x，如果 x 超过规定的限差要求，则应进行校正。对于 DJ6 光学经纬仪，竖盘指标差 x 的变化范围不得超过 ±25″。

2. 校正方法

先计算出盘右位置时竖盘的正确读数，应为 $R - x$，原盘右位置照准目标不动；然后转动竖盘指标水准管微动螺旋，使竖盘读数为 $R - x$，此时，竖盘指标水准管气泡不再居中；用校

正针拨动竖盘指标水准管一端的校正螺钉，使气泡居中。此项检校需反复进行，直至指标差小于规定的限值。

由于目前的经纬仪大多都具有自动归零补偿器，因此此项校正最好应由仪器检修专业人员进行。

3.5.2.6　光学对中器的检验和校正

目的：使光学对中器的视准轴与仪器的竖轴中心线重合。

1. 检验方法

(1) 在脚架的中央地面上放置一张白纸，在白纸上画"+"字形标志 a_1。

(2) 严格整平仪器，移动白纸，以 a_1 点为对中标志，即使对中器视场中的小圆圈对准 a_1 点标志，如图3.36 (a) 所示。

(3) 将照准部在水平方向转动180°，如果小圆圈中心仍对准标志，说明光学对中器的视准轴与仪器的竖轴中心线重合，不需校正。如果小圆圈中心偏离标志，而得到另一点 a_2，则说明光学对中器的视准轴与仪器的竖轴中心线不重合，需要进行校正。

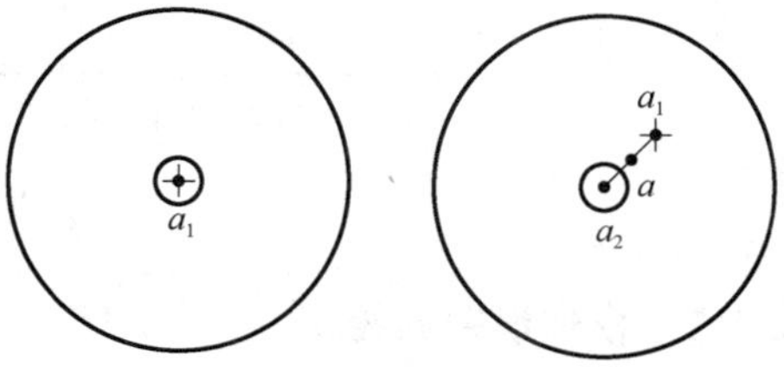

(a)小圆圈对准a_1　　(b)照准部转动180°，小圆圈对准a

图3.36　光学对中器检验

2. 校正方法

用尺子在白纸上定出 a_1、a_2 两点的中点 a，如图3.36 (b) 所示，用校正针拨动对中器的校正螺钉，使小圆圈中心对准 a 点。此项检验与校正需反复进行，直到符合要求。

必须注意：这六项检验与校正的顺序不能颠倒，而且水准管轴应垂直于竖轴是其他几项检验与校正的基础。这一条件若不满足，其他几项的检校就不能进行。竖轴倾斜而引起的测角误差不能用盘左、盘右观测加以消除，所以这项检验校正必须认真进行。

3.5.3　全站仪的检验与校正

全站仪的轴系结构与经纬仪的基本相同，上述经纬仪的检验方法同样适用于全站仪；但全站仪的校正分为光学校正和电子校正，其中光学校正方法与上述经纬仪的校正方法一样。下面将针对部分项目的电子校正进行介绍。

3.5.3.1　视准轴应垂直于横轴的电子校正

通过度盘读数法判断视准轴是否垂直于横轴，若超过20″，则需进行校正，方法如下：

(1) 整平仪器，并按电源键开机，然后按 [MENU] 键以及 [F4]，进入2/2菜单界面，如图3.37 (a) 所示。

(2) 按数字键 [1] (校正)，再按数字键 [2] (视准差校正)，如图3.37 (b) 所示。

(3) 在盘左位置精确照准目标，按 [F4] 确认键，如图3.37 (c) 所示。

(4) 倒转望远镜，用盘右位置精确照准同一目标，按 [F4] 确认键，完成视准轴校正工作，如图3.37 (d) 所示。

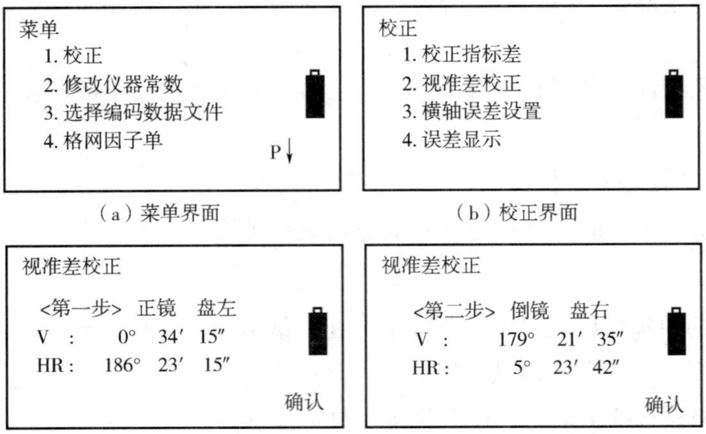

（a）菜单界面　（b）校正界面

（c）正镜盘左校正视准差　（d）倒镜盘右校正视准差

图 3.37　全站仪视准差电子校正

3.5.3.2　横轴误差的校正

由于横轴误差只影响视线的角度，只能通过观测明显低于或高于仪器高度的目标来确定，校正方法如下：

（1）整平仪器，并按电源键开机，然后按［MENU］键以及［F4］，进入 2/2 菜单界面，如图 3.37（a）所示。

（2）按数字键［1］（校正），再按数字键［3］（横轴误差设置），如图 3.37（b）所示。

（3）在盘左位置精确照准目标，按［F4］确认键 10 次（倾角在 ±10° ~ ±45°），如图 3.38（a）所示。

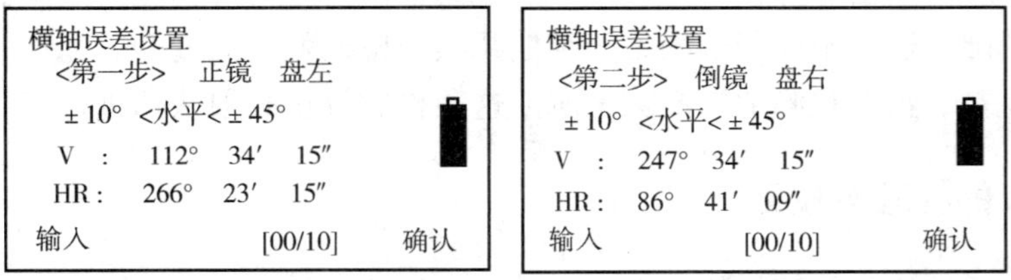

（a）正镜盘左校正横轴误差　（b）倒镜盘右校正横轴误差

图 3.38　全站仪横轴电子校正

（4）倒转望远镜，用盘右位置精确照准同一目标，按［F4］确认键 10 次，完成校正工作，如图 3.38（b）所示。

3.5.3.3　竖盘指标差的校正

对仪器进行指标差检验，若指标差 $x>20''$，则需进行校正，方法如下：

（1）整平仪器，并按电源键开机，然后按［MENU］键以及［F4］，进入 2/2 菜单界面，如图 3.37（a）所示。

（2）按数字键［1］（校正），再按数字键［1］（校正指标差），如图 3.37（b）所示。

（3）在盘左位置精确照准目标，按［F4］确认键，如图 3.39（a）所示。

（4）倒转望远镜，用盘右位置精确照准同一目标，按［F4］确认键，完成竖盘指标差校正工作，如图 3.39（b）所示。

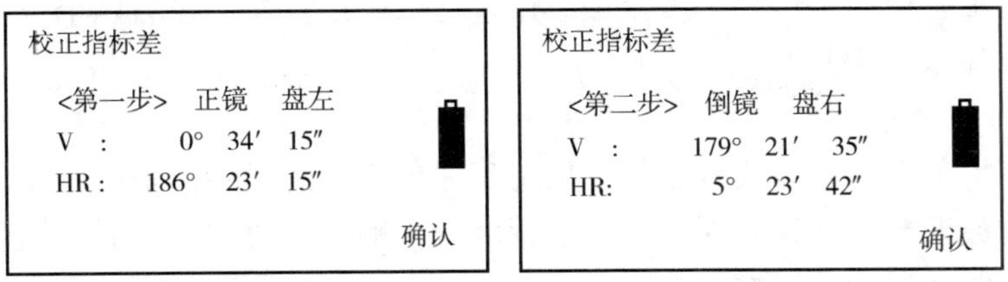

（a）正镜盘左校正指标差　　（b）倒镜盘右校正指标差

图 3.39　全站仪指标差电子校正

3.6　角度测量的误差及注意事项

在角度测量中，仪器误差和各作业环节中产生的误差会对角度观测的精度产生影响。为了获得符合要求的角度测量成果，必须分析这些误差的影响，采取相应的措施，将其消除或控制在容许范围之内。

3.6.1　角度测量的误差

在进行角度测量时，误差的主要来源有仪器误差、观测误差和外界环境影响产生的误差三方面。

3.6.1.1　仪器误差

仪器误差的来源主要有两个方面：一是仪器制造、加工不完善的误差；二是仪器检校不完善的残余误差。具体有以下几种误差。

1. 视准轴误差

视准轴误差是由于视准轴与横轴不垂直而引起的水平方向读数误差。

2. 横轴误差

横轴误差是由于横轴与竖轴不垂直而引起的水平方向读数误差。

3. 竖轴误差

竖轴误差是由于照准部水准管与竖轴不垂直，或水准管整平不完善导致不水平引起的误差。

视准轴误差、横轴误差和竖轴误差是经纬仪（全站仪）的三个主轴误差，通常称为三轴误差。三轴误差中的视准轴误差和横轴误差可以采用盘左、盘右两个位置进行观测，取其平均数的方法来消除；而竖轴误差不能通过盘左、盘右两个位置观测取平均数的方法来消除其对水平角观测方向的影响，只能通过校正尽量减少残存误差。另外，由于观测目标越高或越低，使照准目标的仰俯角变得越大，其误差的影响也越大，因此在山地测量时更应严格整平仪器。

4. 度盘偏心误差

度盘偏心误差属于仪器零部件加工、安装不完善引起的误差。经纬仪的照准部旋转中心与水平度盘分划中心理论上说应该完全重合，但由于仪器误差，使照准部的旋转中心与水平度盘分划中心不重合而产生误差。度盘偏心误差可以采用盘左、盘右两个位置进行观测，取其平均数的方法加以消除。

5. 度盘刻划不均匀误差

度盘刻划不均匀误差属于仪器零部件加工不完善引起的误差，是由于仪器度盘刻划不均匀引起的方向读数误差。该误差可以采用配置度盘各测回始读数的方法，使读数均匀分布在度盘各区间而减弱其误差的影响。

6. 竖盘指标差

由于仪器竖盘指标没有处在正确的位置，而产生竖盘读数误差称为竖盘指标差。这种误差同样可采用盘左、盘右两个位置观测取平均数的方法加以消除。

3.6.1.2 观测误差

观测误差是指观测者在观测操作过程中产生的误差，主要有对中误差、整平误差、目标偏向误差、照准误差和读数误差等。

1. 对中误差

在进行角度观测时，经纬仪应安置在测站上。由于仪器安置时没有严格对中，使仪器中心与测站中心不在同一铅垂线上引起的角度误差称为对中误差，也称测站偏心误差。如图3.40所示。仪器中心 O' 在安置仪器时偏离测站点中心 O 的距离为 e，则实测水平角 β' 与正确的水平角 β 之间的关系为

$$\beta = \beta' + \varepsilon_1 + \varepsilon_2 \tag{3.21}$$

设仪器对中误差对水平角的影响为 $\Delta\beta = \varepsilon_1 + \varepsilon_2$，从图3.40可见，对中误差与距离、角度的大小有关，观测方向与偏心方向越接近于90°，距离越短，偏心距 e 越大，对水平角的影响越大。由于对中误差不能通过观测方法予以消除，因此为了减小此项误差的影响，在测角时应特别注意严格对中。

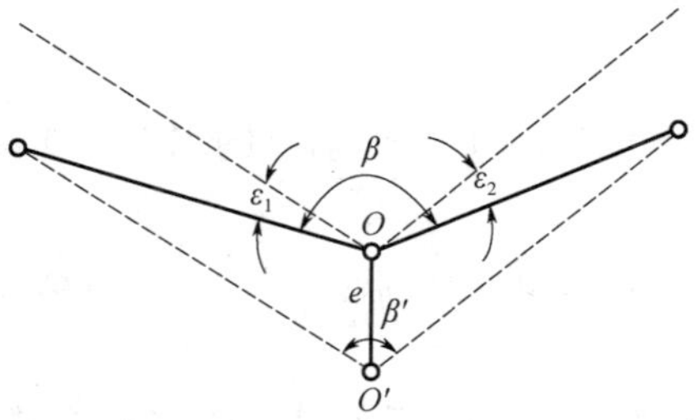

图3.40 仪器的对中误差

2. 整平误差

整平误差是因安置仪器时未精平而产生的误差。整平误差导致水平度盘不能严格水平，竖盘及视准面不能严格竖直。它对测角的影响与观测目标的高度有关，随着目标点与测站点高差的增大而增大。因此，在山地测量时必须严格整平仪器。

3. 目标偏心误差

目标偏心误差又称为标杆倾斜误差。它是指在观测中，实际照准的目标位置偏离地面标志点而产生的误差。如图3.41所示，O 为测站点，A 为目标点（地面标志点），边长为 d，在目标点 A 处竖立标杆作为照准标志。若标杆倾斜，测角时未能照准标杆底部 A 而照准了 B

点，设 B 点至标杆底端 A 的长度为 l，则照准点偏离目标而引起目标偏心差

$$\Delta = l \cdot \sin\theta \tag{3.22}$$

偏心差对观测方向的影响为

$$\sin x = \frac{\Delta}{d} = \frac{l \cdot \sin\theta}{d} \tag{3.23}$$

由式（3.23）可知，x 与 l 成正比，与边长 d 成反比。因此，为了减小该项误差对水平角观测的影响，应尽量照准标杆的根部，标杆应尽量竖直。边长较短时，宜采用垂球对点，照准时以垂球线替代标杆或者直接采用带有对中装置的仪器设备。

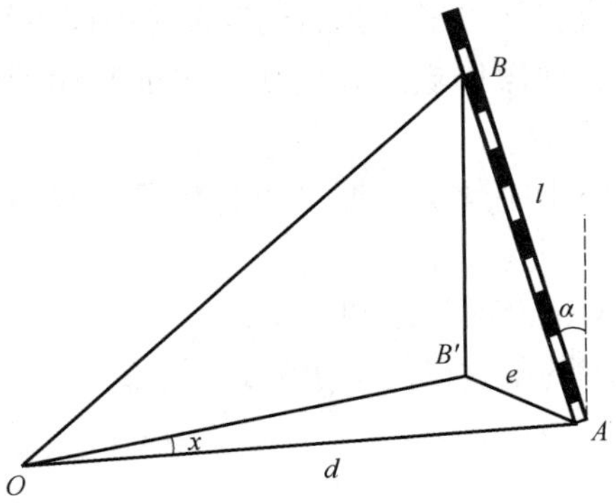

图 3.41　标杆倾斜误差

标杆倾斜误差对竖直角观测的影响与标杆倾斜的角度、方向、距离以及竖直角大小等因素有关。由于竖直角观测时通常均照准标杆顶部，当标杆倾斜角大时，其影响不忽略，故在观测竖直角时应特别注意竖直标杆。

4. 照准和读数误差

在角度观测中，照准误差与望远镜放大倍率、物镜孔径等仪器参数、人眼判断能力、目标形状与大小、衬托背景、目标影像的亮度和清晰度、通视情况、对光时是否消除视差等因素有关。一般认为望远镜放大倍率和人眼的判断能力是影响照准精度的主要因素。测量时选择观测的目标要清晰，目标亮度要适宜，操作应仔细并消除视差。

读数误差主要取决于仪器的读数设备。读数时必须仔细调节读数显微镜，使度盘与测微尺分划影像清晰；也要仔细调整反光镜，使影像亮度适中；然后仔细读数。

3.6.1.3　外界条件的影响误差

外界条件影响主要指各种外界条件的变化对角度观测精度的影响。外界条件的影响因素很多，也很复杂，如大风影响仪器的稳定；大气透明度影响照准精度；空气温度变化，特别是高温天气，会引起水准管气泡的移动和视准轴的变化，并且太阳照射地面产生热辐射引起大气层密度变化，使目标影像变得模糊甚至飘移；视线贴近地面或通过建筑物旁、冒烟的烟囱上方、接近水面的空间等还会产生不规则的折光。要完全避免这些影响是不可能的，但这些影响大多数与观测时间有关。因此，在进行角度观测时，应尽量选择有利的观测时间和地点。操作要轻、稳，尽量缩短一测回的观测时间。晴天在室外观测一定要给仪器遮阳。只有尽可能避开不利的观测外界条件，才可将外界条件的变化对角度观测的影响降到最低程度。

3.6.2 角度测量注意事项

为了保证测角的精度，满足测量要求，通过对角度测量误差的分析，得出观测时必须注意以下事项：

（1）观测前应先检验仪器，若发现仪器有误差，应立即进行校正，并在观测中采用盘左、盘右取平均值和用十字丝照准等方法，消除或减小仪器误差对观测结果的影响。

（2）安置仪器要稳定，脚架应踏牢，对中、整平应仔细，短边时应特别注意对中，在地形起伏较大的地区观测时，应严格整平。

（3）目标处的标杆应竖直，并根据目标的远近选择不同粗细的标杆。

（4）观测时应严格遵守各项操作规定。例如：照准时应消除视差；水平角观测时，切勿转动度盘。

（5）水平角观测时，应以十字丝交点照准目标根部；竖直角观测时，应以十字丝交点照准目标顶部。

（6）读数应准确，观测时应及时记录和计算。

（7）各项误差值应在规定的限差以内，超限必须重测。

思考题

1. 什么是水平角？若某测站点与两个不同高度的目标点位于同一铅垂面内，那么在水平度盘上的读数是否相同？为什么？
2. 光学经纬仪主要由哪三部分构成？
3. 经纬仪和全站仪上有几对制动、微动螺旋？它们各有什么作用？
4. 观测水平角时，为什么要进行对中、整平？简述如何采用光学对中器对中。
5. 观测水平角时，如果要观测两个以上测回，为什么各测回间要变换起始方向水平度盘读数？假如测四个测回，那么各测回盘左起始方向水平度盘读数应分别设置为多少？
6. 测回法适用于什么情况的水平角观测？简述测回法的观测步骤。
7. 如何进行全站仪的视准轴、横轴和竖盘指标差的电子校正？

第4章 距离测量与直线定向

教学要点

本章内容主要有钢尺量距、视距测量和电磁波测距的基本原理；钢尺量距、视距测量和电磁波测距的方法；三个标准方向及其对应的三种方位角；坐标方位角的推算方法；坐标正算、坐标反算的计算方法。重点是坐标方位角的推算及坐标正反算；难点是方位角及象限角的理解以及它们的相互关系。

所谓距离是指地面上两点之间的直线长度。距离测量是确定地面点位的三大基本测量工作之一。距离分为水平距离（简称平距）和倾斜距离（简称斜距），在测量工作中坐标的计算及施工放样等所说的距离通常是指平距。所以，如果在测量工作中测量的是斜距，需要将其转换为平距。

根据使用的仪器和工具的不同，距离测量可分为钢尺量距、视距测量和电磁波测距。其中，钢尺量距和电磁波测距称为直接测量，视距测量称为间接测量。钢尺量距是传统的量距方法，工具简单，成本低廉，但工作量大，易受地形条件限制，目前仅用于平坦地区的近距离测量，如建筑工地的细部施工放样等；视距测量工作轻便、灵活，但精度较低，一般适用于精度要求较低的近距离测量，如水准测量中测定前、后视距离；电磁波测距中被广泛采用的是光电测距，这种测量方法仪器先进，测程远，精度高，操作方便，目前已成为各种距离测量的主要方法。

4.1 钢尺量距

4.1.1 钢尺量距的工具

钢尺量距的工具主要有钢尺和皮尺，但经常使用的是钢尺，另外还有标杆、测钎和垂球等辅助工具。

4.1.1.1 钢尺和皮尺

钢尺是钢制的带尺，又称钢卷尺。常用钢尺宽 10 ~ 15 mm、厚 0.2 ~ 0.4 mm，长度有 20 m、30 m 及 50 m 等几种，可以卷放在圆形盒内或金属尺架上，如图 4.1 所示。

图 4.1 钢尺

钢尺的基本分划为厘米，在每米及每

分米处有数字注记。一般钢尺在起点处一分米内刻有毫米分划，有的钢尺整个尺长内都刻有毫米分划。根据零点位置的不同，钢尺有端点尺和刻线尺两种。端点尺是指钢尺的零点从拉环的外沿开始，如图 4.2（a）所示；刻线尺是指在钢尺的前端有一条刻画线作为钢尺的零分划值，如图 4.2（b）所示。由于端点尺拉环外沿易受磨损，所以量距精度较刻线尺略低。

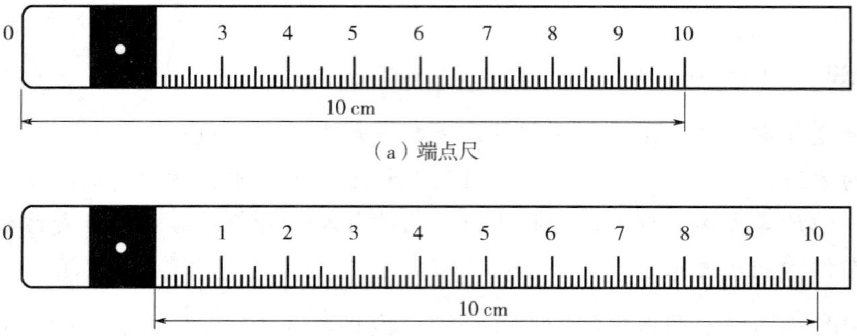

（a）端点尺

（b）刻线尺

图 4.2　端点尺与刻线尺

钢尺使用非常广泛。其优点是抗拉强度高，不易拉伸，量距精度较高，工程测量中常用钢尺量距；缺点是钢尺性脆，易折断，易生锈，使用时要避免扭折，防止受潮。

皮尺的外形与轻便钢卷尺差不多，整个尺子收卷在一个盒子中，不过它是由麻或纱线与金属丝编织成的布带，有 20 m、30 m、50 m 等，属于端点尺。布带受拉力影响较大，所以皮尺常在量距精度要求不高时使用。

4.1.1.2　其他辅助工具

钢尺量距的其他辅助工具有测钎、标杆、垂球等，如图 4.3 所示。精密量距还需要用到弹簧秤和温度计。

测钎用钢筋制成，直径为 3 ~ 6 mm，长度为 30 ~ 40 cm，上部弯成小圆环，便于串在一起携带；下部磨尖，便于插入土中准确定位。测钎既可作为定线的标志，又是指示尺段点位置和查记测段数的工具。

标杆用铝合金（或木杆、竹竿）制成，直径为 3 cm，有 2 m、2.5 m 及 3 m 等规格。杆上每隔 20 cm 用油漆涂上红、白相间的色段，下端装有尖头铁脚。标杆用于目测定线和在倾斜尺段上进行水平距离测量时标定尺段点位。

垂球用金属制成，上大下尖呈圆锥形，上端中心系一细绳，悬吊后，垂球尖与细绳在同一垂线上。垂球用于确定铅垂方向，垂球线对准尺上分划，再标出垂球尖端所对的地面点位，即为该分划线的水平投影位置。

弹簧秤用于对钢尺施加规定的拉力。温度计用于测定钢尺量距时的温度，以便对钢尺丈量的距离进行温度改正。尺夹安装在钢尺末端，以方便持尺员稳定钢尺。弹簧秤和温度计是在精密量距时使用。

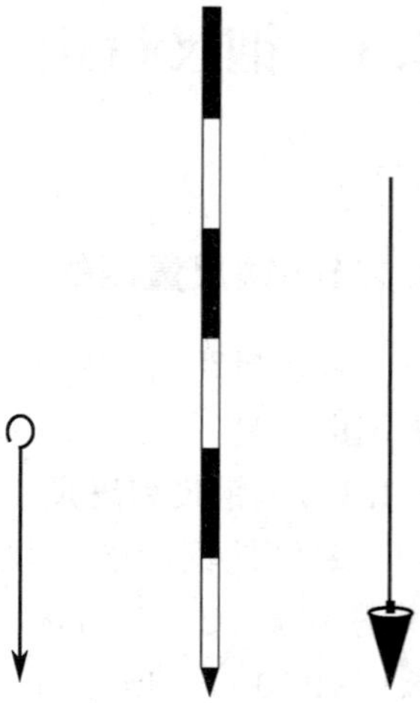

图 4.3　测钎、标杆和垂球

4.1.2　直线定线

用钢尺进行距离丈量，当两个地面点之间的距离较长，钢尺的一个整尺段不能完成距离丈量，或地势起伏较大时，为保证丈量的精度及量距工作方便，需将一条直线分成多个尺段进行丈量。要使一条直线上多个尺段的丈量能沿已知直线方向进行，则需在直线上标定若干分段点。将分段点标定在一条直线上的工作称为直线定线。直线定线的方法有目估法定线和经纬仪定线。

4.1.2.1　目估法定线

当距离丈量精度要求不高时，可采用目估法定线。如图4.4所示，设A、B为直线的两端点，现需在A、B之间标定1、2等点。首先在待测直线的两端点A、B上各竖立一根标杆，测量员甲站在A点标杆后1～2 m处，从A点标杆瞄向B点标杆，使人眼、A、B三点位于一条直线上，用手势指挥测量员乙手持标杆在AB直线方向上适当的位置左右移动，直到标杆位于AB直线上，即A、1、B三根标杆位于同一条直线上，然后插下标杆（或测钎），定出1点。用同样的方法定出2点及其余各点。目估定线时，标杆应竖直，测量员乙持标杆的方法为：用食指和拇指夹住标杆的上部，稍稍提起，利用标杆的重心在手指下使标杆自然竖直。

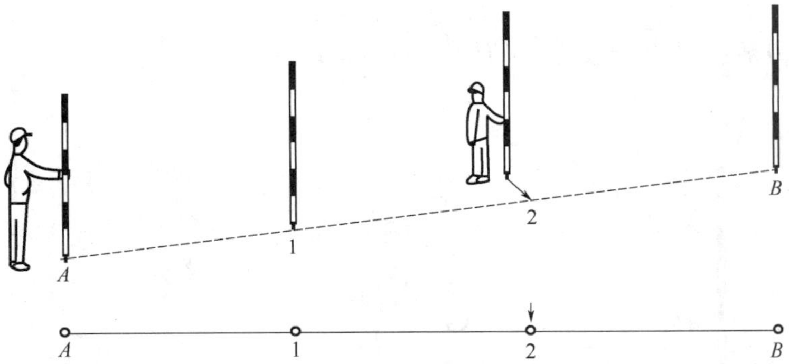

图4.4　目估法定线

4.1.2.2　经纬仪定线

当距离丈量的精度要求较高时，必须用经纬仪进行直线定线。如图4.5所示，设A、B为直线的两端点，现需在A、B之间标定1、2等点。测量员乙在B点处竖立标杆，测量员甲在A点安置经纬仪，对中、整平后，用望远镜照准B点竖立的标杆（尽量照准标杆底部的B点），固定经纬仪的照准部。乙携带标杆，从B点走向A点，甲根据望远镜的视线，指挥乙在距B点约一整尺段（略小于一整尺段）距离的1点处左右移动，直至标杆正好位于望远镜视准轴上，标定出1点的位置。用同样的方法定出2点及其余各点。

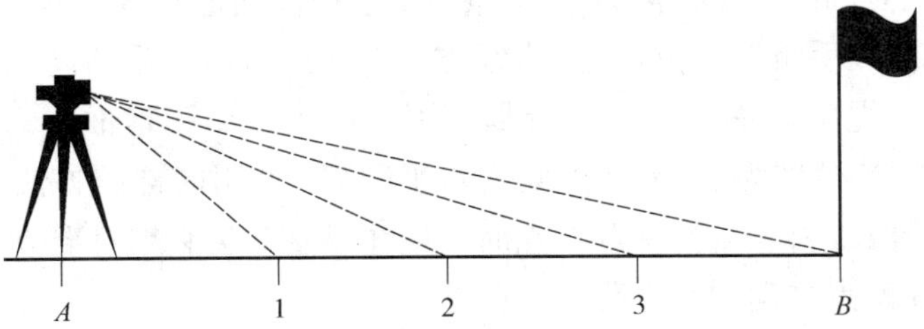

图4.5　经纬仪定线

4.1.3 钢尺量距的方法

钢尺量距的基本要求是“定直线、尺身平、对点正、读数准”。测量较长的距离一般需要三人，分别担任前尺手、后尺手和记录的工作。

4.1.3.1 平坦地面距离测量

平坦地面一般可沿地面用整尺法直接丈量水平距离，当测距精度要求较高时采用串尺法测距。

如图 4.6 所示，丈量时后尺手持钢尺的零端位于 A 点，前尺手持尺的末端并携带一束测钎，沿 AB 方向前进，至一尺段长处停下，将尺拉平。后尺手以尺的零点对准 A 点，两人同时将钢尺拉紧、拉平、拉稳后，前尺手喊“预备”，后尺手将钢尺零点准确对准 A 点，并喊“好”，前尺手随即将测钎对准钢尺末端刻画处竖直插入地面（在坚硬地面可用铅笔在地面画线做标记），得 1 点，这样便完成了第一尺段的测量工作。接着后尺手与前尺手共同举尺前进，后尺手走到 1 点时，即喊“停”。用同样的方法测量第二尺段，然后后尺手拔起 1 点上的测钎。如此继续测量下去，直至最后量出不足一整尺的余长 q。则 A、B 两点间的水平距离为

$$D_{AB} = nl + q \tag{4.1}$$

式中，n 为整尺段数；l 为整尺长度；q 为不足一整尺段的余长。

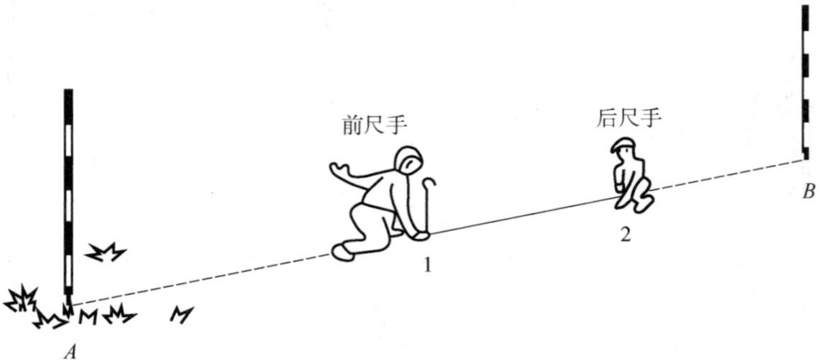

图 4.6 平坦地面距离丈量

4.1.3.2 倾斜地面距离测量

在实际测量工作中，不是每个地方都是平坦地面，而是有一定坡度或者高低起伏的地面，这种情况下，不能采用平坦地面测距的方法，可使用平量法或斜量法。

1. 平量法

如果地面起伏不大，可将待测距离分段，然后将钢尺拉平测量每一段距离。如图 4.7 所示，欲测量 A、B 两点间的水平距离 D_{AB}，测量时一般由高向低测量。后尺手以尺的零点对准地面 A 点，并指挥前尺手将钢尺拉在 AB 直线方向上，同时前尺手抬高尺子的一端，并目估使尺子水平，将垂球绳紧靠钢尺上某一分划，用垂球尖投影于地面上，再插上测钎，得 1 点，此时钢尺上分划读数即为 A、1 两点间的水平距离 l_1。用同样的方法继续测量其余各段水平距离，分别可得 l_2、l_3。当测量至 B 点时，应注意垂球尖必须对准 B 点。各测段测量结果的总和就是 A、B 两点之间的水平距离，即

$$D_{AB} = l_1 + l_2 + l_3 \tag{4.2}$$

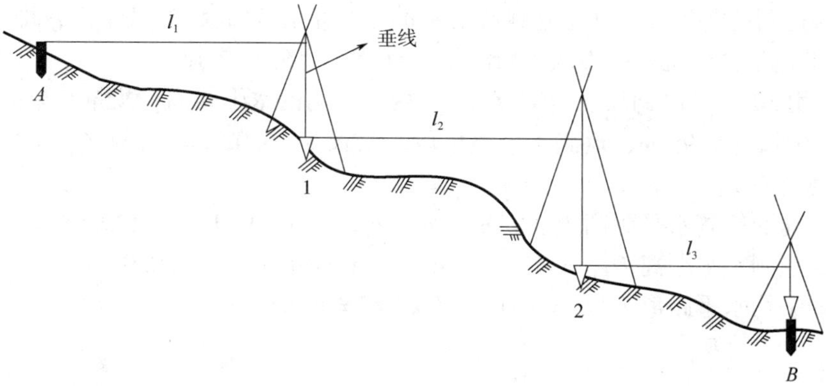

图 4.7　平量法测距

2. 斜量法

当倾斜地面的坡度均匀，大致呈一倾斜面时，可采用斜量法测距。如图 4.8 所示，欲测量倾斜地面上 A、B 两点之间的水平距离 D_{AB}，可以沿倾斜地面丈量出 A、B 两点之间的斜距 L，用经纬仪测出直线 AB 的竖直角 α，或测量出 A、B 两点的高差 h，然后计算 AB 的水平距离 D_{AB}，即

$$D_{AB} = \sqrt{L^2 - h^2} \tag{4.3}$$

或

$$D_{AB} = L\cos\alpha \tag{4.4}$$

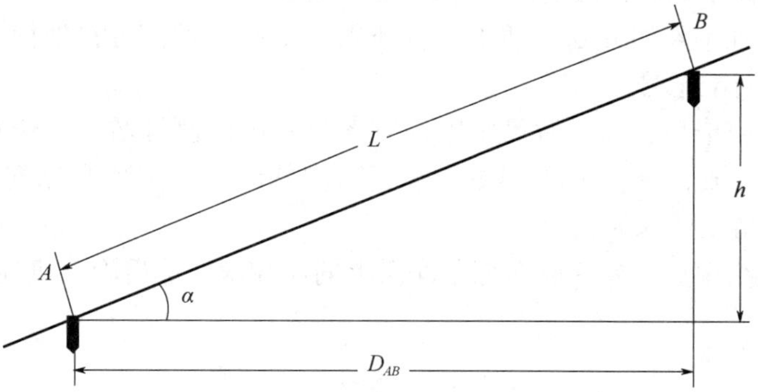

图 4.8　斜量法测距

4.1.3.3　精度要求

为了校核、防止测量错误和提高精度，距离测量时应进行往、返观测，且返测时应重新进行定线。

钢尺量距的成果精度一般用相对误差来衡量。往返测量结果之差的绝对值与往返测量结果的平均值之比，称为直线测量的相对误差，常用 K 表示。相对误差应化成分子为 1 的分数形式，即

$$K = \frac{|D_{往} - D_{返}|}{D_{平均}} = \frac{1}{\dfrac{D_{平均}}{|D_{往} - D_{返}|}} \tag{4.5}$$

相对误差分母越大，则 K 值越小，精度越高；反之，精度越低。在平坦地区，钢尺量距方法的相对误差一般不应大于 1/3 000；在量距较困难的山区，相对误差也不应大于1/1 000。

如果测量结果达到精度要求，取往返测量结果的平均值作为最后测量结果，即 $D = (D_{往} + D_{返})/2$；如果超限，应检查原因或重新测量，直至符合精度要求。

例 4.1 用 30 m 长的钢尺往返丈量 A、B 两点之间的水平距离，丈量结果分别为：往测 4 个整尺段，余长为 9.98 m；返测 4 个整尺段，余长为 10.02 m。计算 A、B 两点间的相对误差及水平距离 D_{AB}。

解：两点间的往测水平距离 $D_{AB} = nl + q = 4 \times 30\ \text{m} + 9.98\ \text{m} = 129.98\ \text{m}$。

两点间的返测水平距离 $D_{BA} = nl + q = 4 \times 30\ \text{m} + 10.02\ \text{m} = 130.02\ \text{m}$。

两点间的平均水平距离 $D_{平均} = (D_{往} + D_{返})/2 = 130.00\ \text{m}$。

相对误差 $K = \dfrac{|D_{往} - D_{返}|}{D_{平均}} = \dfrac{1}{3\,250}$。

因 $K = \dfrac{1}{3\,250} < \dfrac{1}{3\,000}$，故 $D_{AB} = 130.00\ \text{m}$。

4.1.4 钢尺量距的注意事项

（1）打开钢尺时要小心慢拉，钢尺不可扭曲、打结。若发现有扭曲、打结情况，应细心解开，不能用力抖动，否则容易造成折断。

（2）测量前，应辨认清楚钢尺是端点尺还是刻线尺。测量时，钢尺应逐渐用力拉平、拉直、拉紧，不能突然猛拉。测量过程中，钢尺的拉力应始终保持检定时的拉力。

（3）转移尺段时，前、后尺手应将钢尺提高，不应在地面上拖行，以免磨损尺面分划。钢尺打开后，不能让车辆从钢尺上通过，否则极易损坏钢尺。

（4）测钎应对准钢尺的分划并插直。若插入土中有困难，可在地面上标记一个明显的记号，并把测钎尖对准记号。

（5）单程测量完毕后，前、后尺手应检查各自手中的测钎数目，避免加错或算错整尺段数。一测回测量完成，应立即检查限差是否符合要求。当不符合要求时，应检查原因或重新测量，直至符合精度要求为止。

（6）测量工作结束后，要用软布擦干净尺上的泥和水，然后涂上机油，以防生锈。

4.2 视距测量

视距测量是一种光学间接测距方法。它利用仪器望远镜内的视距丝配合视距尺，根据几何光学和三角测量的原理，同时测定距离和高差。这种方法操作方便，速度快，一般不受地形限制。但测距精度较低，相对误差一般为 1/300～1/200，远远低于钢尺测距的精度。只能用于精度要求不高的距离测量，例如等级水准测量中前视、后视的距离测定和地形图的碎步测量。

碎步测量常用的仪器及工具主要有经纬仪、水准仪和视距尺等，也可以用水准尺代替视距尺。

4.2.1 视距测量的基本原理

进行视距测量需要用视距丝。如图 4.9 所示，视距丝即在经纬仪或水准仪等仪器的望远镜内十字丝分划板上的上下两条短丝，它们与横丝平行且等间距。进行视距测量时，由于望远镜视线可能是水平的，也可能是倾斜的，因此视距测量需分两种情况进行讨论。

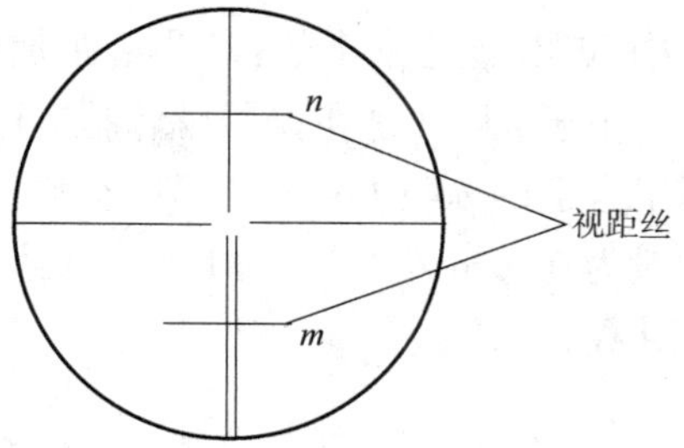

图 4.9　视距丝

4.2.1.1　视线水平时的视距测量

在平坦地区或地面起伏不大的地区进行视距测量时，往往使望远镜的视线处于水平状态。如图 4.10 所示，欲测 A、B 两点之间的水平距离 D 及高差 h，可在 A 点安置经纬仪，在 B 点竖立视距尺。用望远镜照准视距尺，当望远镜视线水平时，视线与尺子垂直。如果视距尺上 M、N 点按几何光学原理成像在十字丝分划板上的两条视距丝 m、n 处，那么视距尺上 MN 的长度可由上、下视距丝读数之差求得，上、下视距丝读数之差称为视距间隔或尺间隔，用 l 表示，即 $l = |MN|$。设十字丝分划板上丝 n 与下丝 m 的尺间隔为 p，即 $p = |mn|$。在图 4.10 中，F 为物镜焦点，f 为物镜焦距，δ 为物镜中心到仪器中心的距离，d 为视距尺到物镜焦点 F 的距离。

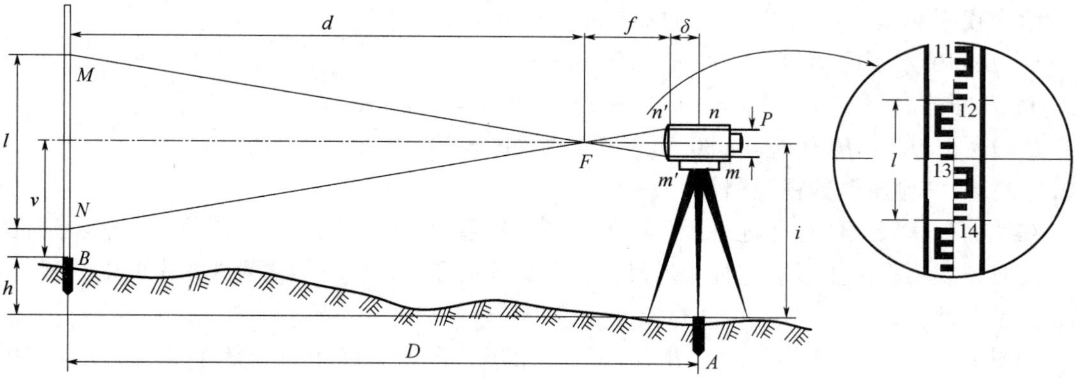

图 4.10　视线水平时的视距测量

由图 4.10 可知

$$D = d + f + \delta$$

又由

$$\triangle m'Fn' \backsim \triangle MFN$$

则

$$\frac{d}{l} = \frac{f}{p}$$

$$d = \frac{f}{p}l$$

因而

$$D = \frac{f}{p}l + f + \delta$$

令 $\frac{f}{p} = K, f + \delta = C$，可得视线水平时的视距计算式为

$$D = Kl + C$$

式中，K 为视距乘常数；C 为视距加常数。

由于 p 与 f 是在仪器设计制造过程中就已经确定了的，为了计算方便，设计制造时就选择了合适的 p 与 f 大小及其他参数，其中视距乘常数 $K = 100$；而 C 值在外调焦望远镜中，一般为0.3 m左右，在内调焦望远镜中 $C = 0$，故用内调焦望远镜的测量仪器进行视距测量的计算式为

$$D = Kl = 100l \tag{4.6}$$

同时，由图4.10可得，A、B 两点之间的高差

$$h = i - v \tag{4.7}$$

式中，i 为仪器高，m；v 为十字丝中丝在视距尺上的读数，即中丝读数，m。

若已知测站点 A 的高程为 H_A，则立尺点 B 的高程

$$H_B = H_A + h = H_A + i - v \tag{4.8}$$

例4.2 如图4.10所示，设测站点的高程 $H_A = 80.31$ m，仪器高 $i = 1.48$ m，中丝读数 $v = 1.288$ m，A、B 间的水平距离和高程是多少？

解： 视距间隔 $l = (1.387 - 1.188)$ m $= 0.199$ m。

A、B 间的水平距离 $D = 100 \times 0.199$ m $= 19.9$ m。

A、B 间的高差 $h = i - v = (1.48 - 1.288)$ m $= +0.192$ m。

B 的高程 $H_B = H_A + h = (80.31 + 0.192)$ m $= 80.502$ m。

4.2.1.2 视线倾斜时的视距测量

在地面起伏较大的地区进行视距测量，必须使望远镜的视线处于倾斜位置才能看到视距尺，此时视线不垂直于竖立的视距尺尺面，在这种情况下，就不能用视线水平时的公式进行视距测量的计算。

如图4.11所示，视距尺竖立在 B 点时视距尺的尺间隔为 $MN(l)$，E 点为十字丝横丝与视距尺的交点。现假设视距尺绕点 E 旋转，虚拟成一根与望远镜视线垂直的标尺 $M'N'$，其尺间隔为 $M'N'(l')$。如果把竖立在 B 点上视距尺的尺间隔 MN 换算成与视线相垂直的尺间隔 $M'N'$，就可以用公式 $D = Kl = 100l$ 计算出倾斜距离 D'。然后根据 D' 和竖直角 α，算出水平距离 D 和高差 h。因此，只需找出 MN 与 $M'N'$ 之间的关系，则可确定望远镜视线倾斜时的视距计算公式。

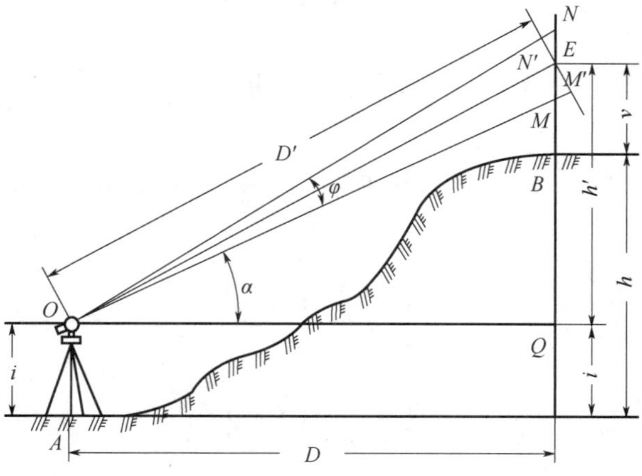

图4.11 视线倾斜时的视距测量

由图 4.11 可知

$$D' = Kl'$$
$$D = D'\cos\alpha$$
$$M'N' = l'$$
$$MN = l$$
$$\angle MEM' = \angle NEN' = \alpha\text{（}\alpha\text{为视线倾斜时的竖直角）}$$
$$\angle MM'E = 90° - \varphi/2$$
$$\angle NN'E = 90° + \varphi/2$$

由于 $\varphi/2$ 的角度值很小（约 17′），所以可以把 $\angle MM'E$ 和 $\angle NN'E$ 近似地认为是直角，这样在直角 $\triangle M'EM$ 和直角 $\triangle N'EN$ 中有

$$M'E = ME\cos\alpha$$
$$N'E = NE\cos\alpha$$
$$M'N' = M'E + EN' = (ME + EN)\cos\alpha = MN\cos\alpha$$

即
$$l' = l\cos\alpha$$

则
$$D' = Kl' = Kl\cos\alpha$$

故 A、B 两点间的水平距离

$$D = D'\cos\alpha = Kl\cos^2\alpha \tag{4.9}$$

式（4.9）就是视距测量中，当视线不水平时的水平距离视距计算公式。

由图 4.11 还可以得出 A、B 两点间的高差

$$h = h' + i - v \tag{4.10}$$

式中，h 为 A、B 两点间的高差，m；h' 为高差主值（也称初高差），m；i 为仪器高，m；v 为十字丝中丝在视距尺上的读数，即中丝读数，m。

在直角 $\triangle EOQ$ 中，由于 $h' = D'\sin\alpha$，于是

$$h' = D'\sin\alpha = Kl\cos\alpha\sin\alpha = \frac{1}{2}Kl\sin 2\alpha = D\tan\alpha$$

故 A、B 两点之间的高差 h 的视距计算公式为

$$h = \frac{1}{2}Kl\sin 2\alpha + i - v = D\tan\alpha + i - v \tag{4.11}$$

应用式（4.11）时，不需要进行高差正与负之分。

例 4.3　设测站点的高程 $H_A = 96.68$ m，仪器高 $i = 1.46$ m，观测竖直角时以中丝切准尺面使 $v = 1.38$ m，此时下丝读数 $m = 1.668$ m，上丝读数 $n = 1.012$ m，竖直度盘盘左读数 $L = 86°45'12''$。计算 A 到 B 之间的水平距离 D_{AB} 及 B 点的高程 H_B。

解： $\alpha = 90° - L = 90° - 86°45'12'' = 3°14'48''$。

$D = Kl\cos^2\alpha = 100 \times (1.668 - 1.012)\text{m} \times \cos^2 3°14'48'' = 65.38$ m。

$h_{AB} = D\tan\alpha + i - v = 65.38\text{ m} \times \tan 3°14'48'' + 1.46\text{ m} - 1.38\text{ m} = 3.79$ m。

$H_B = H_A + h_{AB} = (96.68 + 3.79)\text{m} = 100.47$ m。

4.2.2　视距测量的观测与计算

4.2.2.1　视距测量的观测

现以经纬仪为例，说明视距测量的方法与步骤。

（1）将经纬仪安置在测站点 A 上（图 4.11），并进行对中和整平。

（2）量取仪器高 i，精确至厘米，并记入表 4.1 中。

（3）将视距尺立于欲测的 B 点上，注意保持竖直。观测者转动望远镜照准视距尺，并使中丝截视距尺上某一整数 S 或仪器高 i，分别读出上、下视距丝和中丝读数，并读取竖直度盘读数，一并记入表 4.1。

（4）计算仪器至立尺点间的平距和高差、立尺点的高程。

表 4.1　视距测量记录表

测站 A　　测站高程 25.17 m　　仪器高 i 1.45 m　　仪器 DJ6　　竖盘指标差 x +36″

点号	下丝读数 上丝读数 /m	视距间隔 l/m	中丝读数 v/m	竖盘读数 /（° ′ ″）	竖直角 /（° ′ ″）	水平距离 D/m	初算高差 h'/m	高差 h/m	高程 H/m
1	2.237 0.663	1.574	1.450	87 41 12	+2 19 24	157.14	+6.38	+6.38	31.55
2	1.835 0.796	1.039	1.316	93 22 48	−3 22 12	103.54	−6.10	−5.97	19.20

4.2.2.2　视距测量的计算

视距测量以前多采用“视距计算表”的方法进行计算，现在这种方法很少使用。目前广泛使用多功能计算器或有编程功能的计算器进行计算。

4.2.3　视距测量的注意事项

（1）观测时应抬高视线，使视线距离地面 1 m 以上，以减小大气折光的影响。

（2）为减少视距尺倾斜误差的影响，在立尺时应将视距尺竖直，尽量采用带有水准器的视距尺。

（3）如用水准尺代替视距尺时一般应选择整尺，若用塔尺，应注意检查各节的接头处是否完好。

（4）竖直角观测时，应注意将竖盘水准管气泡居中或将竖盘自动补偿开关打开。在观测前，应对竖盘指标差进行检验与校正，确保竖盘指标差满足要求。

（5）观测应选择风力较小，成像较稳定的时间进行。

（6）尽可能避开大面积水域。

4.3　电磁波测距

前面两节已经讨论过钢尺量距和光学视距法测距。用钢尺量距，外业工作繁重，工作效率低，在复杂的地形条件下甚至无法工作。用光学视距法测距，虽然操作比较简单，可以克服某些地形条件的限制（如测线通过高低起伏的地区、跨国河流、池塘等障碍物），但测程较近，测距精度不高。随着光电技术的不断发展，人们又创造了一种新的测距方法——电磁波测距。电磁波测距具有测程长、精度高、操作简便、自动化程度高等特点，目前已是距离测量最常用的方法。

4.3.1　电磁波测距的原理

电磁波测距是通过测量电磁波在待测距离上往返一次所经历的时间，来确定两点之间的距离。本节主要以光电测距为例来说明电磁波测距的原理。

如图4.12所示，在A点安置测距仪，在B点安置反射棱镜，测距仪发射的调制光波到达反射棱镜后又返回到测距仪。设光速c为已知，如果调制光波在待测距离D上的往返传播时间为t，则距离

$$D = \frac{1}{2}ct \tag{4.12}$$

式中，$c = c_0/n$，其中c_0为真空中的光速，其值为299 792 458 m/s。n为大气折射率，它与光波波长λ、测线上的气温T、气压p和湿度e有关。因此，测距时还需测定气象元素，对距离进行气象改正。

由式（4.12）可知，测定距离的精度主要取决于时间t的测定精度，即$\mathrm{d}D = \frac{1}{2}c\mathrm{d}t$。当要求测距误差$\mathrm{d}D$小于1 cm时，时间测定精度$\mathrm{d}t$要求准确至$6.7\times10^{-11}$s，这是难以做到的。因此，时间的测定一般采用间接的方式来实现。间接测定时间的方法有脉冲法和相位法两种。

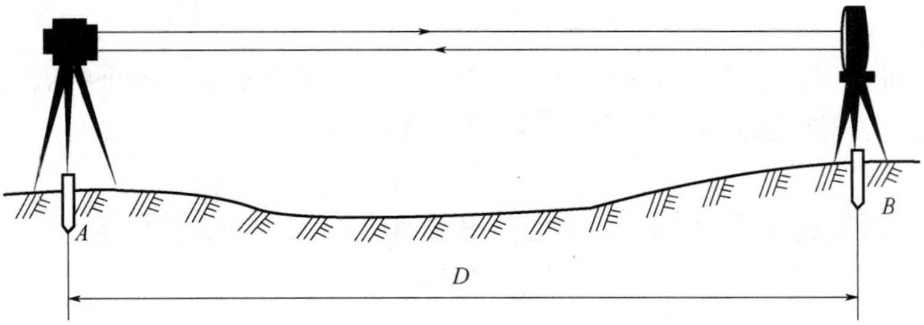

图4.12　光电测距

4.3.1.1　脉冲法测距

由测距仪发出的光脉冲经反射棱镜反射后，又回到测距仪而被接收系统接收，测出这一光脉冲往返所需时间间隔t的总脉冲的个数，进而求得距离D。

脉冲式光电测距仪一般采用固体激光器作为光源，能发出高功率的单脉冲激光。因此这类仪器一般可以不用合作目标（如反射镜），直接利用被测目标对脉冲激光产生的漫反射进行测距，作业较为方便、迅速。但这类仪器受脉冲宽度和电子计数器时间分辨率的限制，测距精度较低，只能达到0.5～1 m。故此法常用于激光雷达等远程测距及工程测量中精度要求不高的项目。

4.3.1.2　相位法测距

相位法测距是通过测量连续的调制光波在待测距离上往返传播所产生的相位变化来间接测定传播时间，从而求得被测距离。红外光电测距仪就是典型的相位式测距仪。

红外光电测距仪的红外光源是由砷化镓（GaAs）发光二极管产生的。如果在发光二

极管上注入一个恒定电流，它发出的红外光光强则恒定不变。若在其上注入频率为f的高变电流（高变电压），则发出的光强随着注入的高变电流呈正弦变化，这种光称为调制光。

测距仪在A点发射的调制光在待测距离上传播，被B点的反射棱镜反射后又回到A点而被接收机接收，然后由相位计将发射信号与接收信号进行相位比较，得到调制光在待测距离上往返传播所引起的相位移φ，其相应的往返传播时间为t。如果将调制波的往程和返程展开，则有如图 4.13 所示的波形。

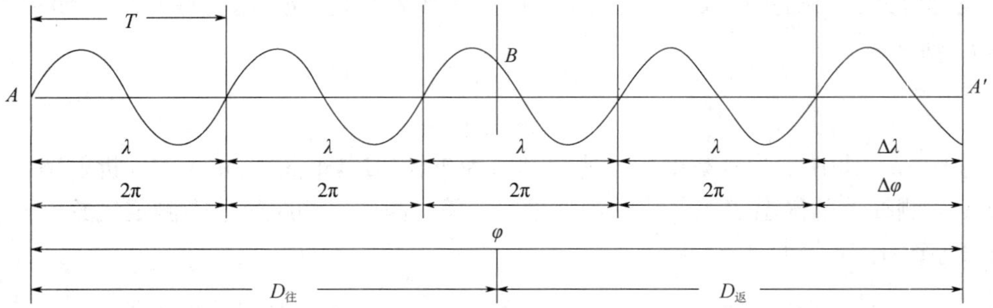

图 4.13　相位式测距原理

设调制光的频率为f（每秒振荡次数），其周期$T = 1/f$（每振荡一次的时间，s），则调制光的波长

$$\lambda = cT = \frac{c}{f}$$

从图 4.13 可以看出，在调制光往返的时间t内，其相位变化了N个整周（2π）及不足一周的余数$\Delta\varphi$，而对应$\Delta\varphi$的时间为Δt，距离为$\Delta\lambda$，则

$$t = NT + \Delta t$$

由于变化一周的相位差为2π，则不足一周的相位差$\Delta\varphi$与时间Δt的对应关系为

$$\Delta t = \frac{\Delta\varphi}{2\pi}T$$

于是得到相位测距的基本公式为

$$D = \frac{1}{2}ct = \frac{1}{2}c\left(NT + \frac{\Delta\varphi}{2\pi}T\right) = \frac{1}{2}cT\left(N + \frac{\Delta\varphi}{2\pi}\right) = \frac{\lambda}{2}(N + \Delta N) \tag{4.13}$$

式中，$\Delta N = \frac{\Delta\varphi}{2\pi}$为不足一整周的小数。

在式（4.13）中，常将$\lambda/2$看作是一把“光尺”的尺长，测距仪就是用这把“光尺”丈量距离。N则为整尺段数，ΔN为不足一整尺段的余数。两点之间的距离D就等于整尺段总长$\frac{\lambda}{2}N$和余尺段长度$\frac{\lambda}{2}\Delta N$之和。

测距仪的测相装置（相位计）只能测出不足整周（2π）的尾数$\Delta\varphi$，而不能测定整周数N，因此使式（4.13）产生多值解，只有当所测距离小于光尺长度时，才能有确定的数值。例如，“光尺”为 10 m，只能测出小于 10 m 的距离；“光尺”为 1 000 m，则可测出小于 1 000 m 的距离。又由于仪器测相装置的测相精度一般为 1/1 000，故测尺越长，测距误差越大，其关系可参见表 4.2。为了解决扩大测程与提高精度的矛盾，目前的测距仪一般采用两个调制频率，即两把“光尺”相互配合进行测距。用长测尺（称为粗尺）测定距离的大数，以满足测程的需要；用短测尺（称为精度尺）测定距离的尾数，以保证测距的精度。将两者结果衔接组合起来，就是最后的距离值，并自动显示出来。

表 4.2　测尺长度与测距精度

测尺长度$\left(\frac{\lambda}{2}\right)$	10 m	100 m	1 km	2 km	10 km
测尺频率（f）	15 MHz	1.5 MHz	150 kHz	75 kHz	15 kHz
测距精度	1 cm	10 cm	1 m	2 m	10 m

若想进一步扩大测距仪器的测程，可以多设几个测尺。

4.3.2　电磁波测距仪的分类

目前电磁波测距仪已经发展为一种常规的测量仪器，其型号、工作方式、测程、精度等级也多种多样，对于电磁波测距仪的分类通常有以下几种。

4.3.2.1　按载波分类

（1）采用微波段的无线电波作为载波的微波测距仪。

（2）采用光波作为载波的光电测距仪。光电测距仪又可分为用激光作为载波的激光测距仪和用红外线作为载波的红外测距仪。

微波测距仪和激光测距仪多用于远程测距，测程可达数十千米，一般用于大地测量；红外测距仪用于中、短程测距，一般用于小面积控制测量、地形测量和工程测量。

4.3.2.2　按测定时间方式的不同分类

（1）脉冲式测距仪。通过直接测定光脉冲在测线上往返传播的时间来求得距离。

（2）相位式测距仪。将测量时间变成测量光在测线中传播的载波相位差，间接测得时间，从而求出距离，测距精度高。

脉冲式测距仪测程远，但由于是直接测定传播时间，测时精度较低，所以距离测量误差较大，现多采用相位式测距仪，测距精度高。

4.3.2.3　按测程分类

（1）短程：测程 <3 km，用于普通工程测量和城市测量。

（2）中程：测程为 3 ~ 15 km，常用于国家三角网和特级导线。

（3）远程：测程 >15 km，用于等级控制测量。

4.3.2.4　按测量精度分类

电磁波测距仪的精度由其机械结构和工作原理决定，常用如下公式表示：

$$m_D = a + bD \tag{4.14}$$

式中：a 为不随测距长度变化的固定误差，mm；b 为随测距长度变化的误差比例系数，mm/km，常记为 ppm，parts per million；D 为测距边长度，km。

在式（4.14）中，设 $D = 1$ km 时，可划分为以下三级：

Ⅰ级：每千米测距中误差 <5 mm。

Ⅱ级：每千米测距中误差为 5 ~ 10 mm。

Ⅲ级：每千米测距中误差为 10 ~ 20 mm。

4.3.3 电磁波测距的注意事项

（1）应定期对仪器进行固定误差和比例误差的检定，使测量的精度达到预定要求。

（2）气象条件对光电测距影响较大，宜选择微风的阴天，且在通视比较良好的条件下进行观测。

（3）观测时切勿将物镜正对太阳，否则将会烧坏发光管和接收管。阳光下作业应撑伞保护仪器，否则仪器受热，降低发光管效率，从而影响测距。

（4）主机应避开高压线、变压器等强电干扰，视线应避开反光物体及有信号干扰的地方，尽量不要逆光观测。若观测时视线临时被阻，该次观测应舍弃并重新观测。

（5）视线应高出地面或离开障碍物 1.3 m 以上，且应避免通过吸热、散热不同的地区。

（6）应认真做好仪器和棱镜的对中、整平工作，并使棱镜对准测距仪，否则将产生对中误差及棱镜的偏歪和倾斜误差。

（7）应保持仪器和棱镜的清洁和干燥，注意防振防潮。

4.4 直线定向

在测量工作中常常需要确定两点间平面位置的相对关系，在确定这种关系时，仅测定两点之间的距离是不够的，还需要测定这两点所在直线的方向。在测量工作中，确定一条直线与标准方向之间的角度关系称为直线定向。要确定一条直线的方向，首先要选定一个标准方向作为直线定向的依据，然后测定出该直线与标准方向间的水平角，则该直线的方向也就确定了。

4.4.1 标准方向的种类

标准方向也称为基准方向或起始方向。在我国的测量中，目前通常采用的标准方向有真子午线方向、磁子午线方向和坐标纵线方向。

4.4.1.1 真子午线方向

通过地球表面某点的真子午线的切线方向称为该点的真子午线方向。真子午线北端所指的方向即为真北方向。地面上某点的真子午线方向可用天文测量方法和陀螺经纬仪进行测定。

4.4.1.2 磁子午线方向

在地球磁场的作用下，磁针自由静止时所指的方向称为磁子午线方向。磁子午线方向都指向磁地轴，通过地面某点磁子午线的切线方向称为该点的磁子午线方向。磁子午线的北端所指的方向即为磁北方向。地面上某点的磁子午线方向可用罗盘仪进行测定。

4.4.1.3 坐标纵线方向

我国采用高斯平面直角坐标系，其每一投影带中央子午线的投影为坐标纵轴方向，即 x 轴方向，平行于高斯投影平面直角坐标系坐标纵轴 x 的方向称为坐标纵线。坐标纵线北端所指的方向即为坐标北方向。

上述三个北方向通常称为“三北”方向。在一般情况下，三北方向所指的方向通常不一致，如图4.14所示。

由于地球磁场的南、北极与地球的南、北极并不重合，因此过地面上某点的磁子午线方向与真子午线方向通常是不重合的，两者之间的夹角称为磁偏角，常用δ表示。磁偏角δ有东偏和西偏之分，磁子午线北端偏于真子午线以东称为东偏，其磁偏角δ为正；磁子午线北端偏于真子午线以西称为西偏，其磁偏角δ为负，如图4.15（a）所示。磁偏角δ的大小随着地点的不同而变化，就是在同一地点因受外界条件的影响也会有所变化。我国各地磁偏角δ的变化范围大约为$-10°\sim6°$。所以采用磁子午线方向作为标准方向精度比较低，仅适用于低精度的测量。

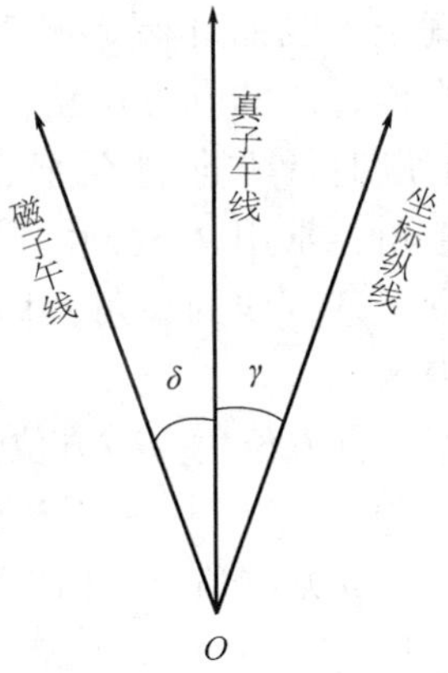

图4.14　三北方向

除了赤道上各点的真子午线方向相互平行外，地球表面上其他各点的真子午线都收敛于地球的两极，其真子午线相互之间是不平行的。地面上点的真子午线北方向与中央子午线（坐标纵线）北方向之间的夹角，称为子午线收敛角，一般用γ表示。子午线收敛角γ有正负，坐标纵线偏向真子午线以东为东偏，其子午线收敛角γ为正；坐标纵线偏向真子午线以西为西偏，其子午线收敛角γ为负，如图4.15（b）所示。子午线收敛角γ有严密的计算公式，在普通测量中可按如下近似公式计算

$$\gamma = \Delta L \sin B \tag{4.15}$$

式中，ΔL为某点与中央子午线的精度差；B为地面某点的纬度。

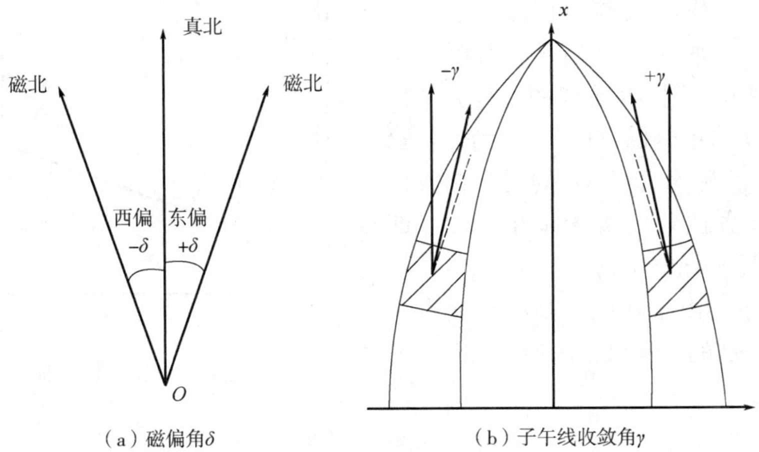

（a）磁偏角δ　　（b）子午线收敛角γ

图4.15　三北方向之间的关系

4.4.2　直线方向的表示方法

在测量工作中，常用方位角或象限角表示直线的方向。

4.4.2.1　方位角

由标准方向的北端顺时针方向量到某直线的夹角，称为该直线的方位角。方位角的角值范围为$0°\sim360°$。

由于所选择的标准方向不同，方位角又分为真方位角、磁方位角和坐标方位角三种，如图4.16所示。从真子午线的北端起顺时针方向量至某直线的夹角，称为该直线的真方位角，常用A表示；从磁子午线的北端起顺时针方向量至某直线的夹角，称为该直线的磁方位角，常用A_m表示；从坐标纵线的北端起顺时针方向量至某直线的夹角，称为该直线的坐标方位角，常用α表示。

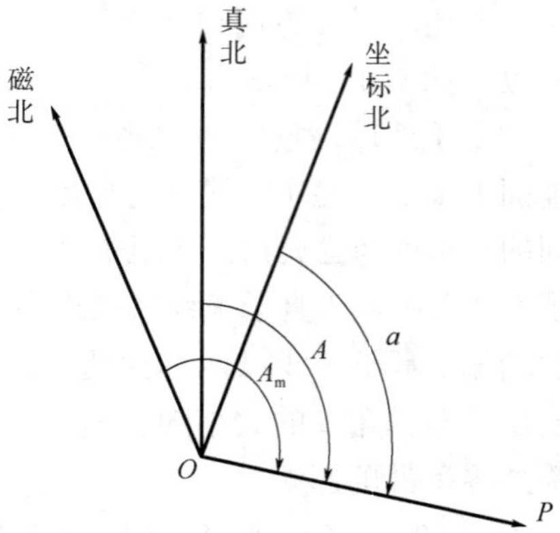

图4.16 方角位

真方位角与磁方位角之间的关系为

$$A = A_m + \delta \tag{4.16}$$

真方位角与坐标方位角之间的关系为

$$A = \alpha + \gamma \tag{4.17}$$

坐标方位角与磁方位角之间的关系为

$$\alpha = A_m + \delta - \gamma \tag{4.18}$$

式中，δ、γ东偏时取正号，西偏时取负号。

由于在介绍的标准方向中，只有高斯平面直角坐标系的坐标纵轴方向是直线方向，因此，一般在测量中都采用高斯平面直角坐标纵轴方向作为标准方向，所讲的方位角一般是指坐标方位角。

在测量工作中，直线被认为是具有一定方向性的，即一条直线的起始点不同，存在正、反两个方向，直线的两端可以按正、反方位角进行定向。如图4.17所示，若由A至B为直线前进方向，则AB直线的坐标方位角α_{AB}称为直线AB的正坐标方位角，而直线BA的坐标方位角α_{BA}称为直线AB的反坐标方位角。正、反坐标方位角的概念是相对的，即α_{AB}与α_{BA}互为反坐标方位角。

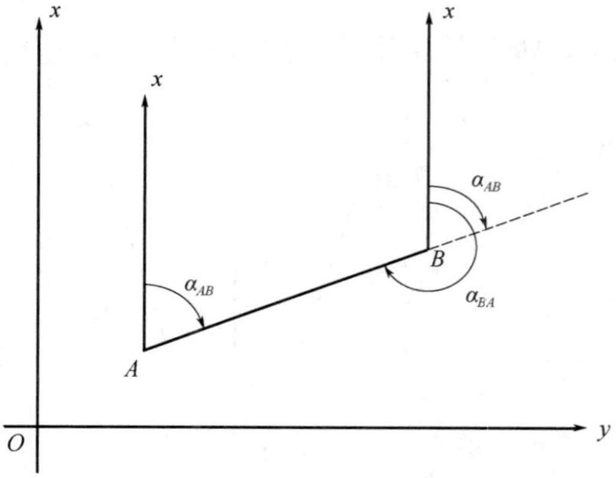

图4.17 正、反坐标方位角

在图4.17中，由于在同一高斯平面直角坐标系内各点处的坐标北方向均相互平行，则

$$\alpha_{AB} = \alpha_{BA} - 180°$$
$$\alpha_{BA} = \alpha_{AB} + 180°$$

于是可得出，同一条直线的正、反坐标方位角相差180°，即

$$\alpha_{正} = \alpha_{反} \pm 180° \tag{4.19}$$

式中，当反坐标方位角$\alpha_{反} > 180°$时，取"−"号；当反坐标方位角$\alpha_{反} < 180°$时，取"+"号。

例4.4 已知AB直线的坐标方位角$\alpha_{AB} = 196°35'$，AB直线的反坐标方位角α_{BA}是多少？

解： 因为$\alpha_{反} = \alpha_{正} \pm 180°$，且$\alpha_{AB} = 196°35' > 180°$，所以$\alpha_{BA} = 196°35' - 180° = 16°35'$。

4.4.2.2　象限角

为了计算方便，测量上有时用象限角来确定直线的方向。所谓象限角，就是标准方向的北端或南端与某直线所夹的锐角，常用 R 表示，角值范围为 0°～90°。由于象限角为锐角，是从标准方向的南端或北端开始量算；同一个角值的象限角可以出现在四个象限中，因此，用象限角表示直线方向时，不仅需要表示出象限角的大小，还需要注明这条直线所在的象限名称。为了确定不同象限中相同 R 角值的直线方向，常在直线的 R 角值前分别加上北东（NE）、南东（SE）、南西（SW）和北西（NW）来表示Ⅰ、Ⅱ、Ⅲ、Ⅳ四个象限。如图4.18中，R_{O1} = NE35°、R_{O2} = SE45°、R_{O3} = SW45°、R_{O4} = NW75°。

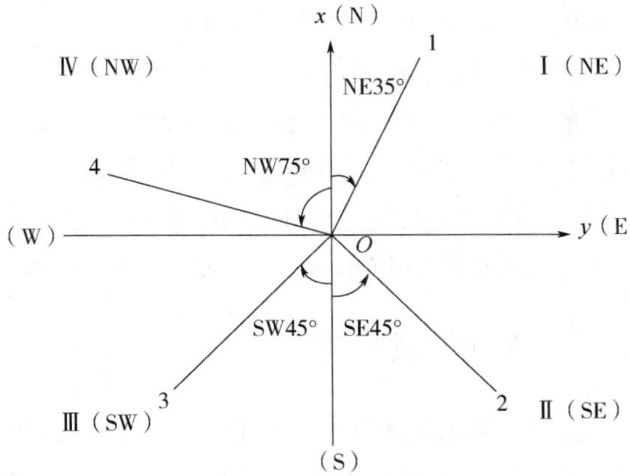

图4.18　象限角

象限角也分真象限角、磁象限角和坐标象限角三种。由于象限角常用于坐标的计算，因而一般所说的象限角均是指坐标象限角。

4.4.2.3　坐标方位角与象限角的换算关系

坐标方位角与象限角均可表示直线方向，它们之间既有区别又有联系。在实际测量中，经常会进行坐标方位角和象限角之间的互换。

如图4.19所示，直线 $O1$、$O2$、$O3$ 和 $O4$ 的象限角分别为北东 R_1、南东 R_2、南西 R_3 和北西 R_4。象限角 R 与坐标方位角 α 的关系见表4.3。

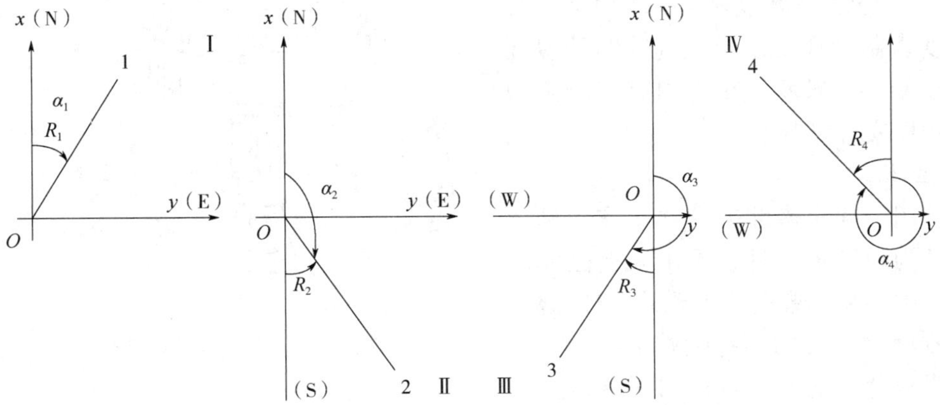

图4.19　坐标方位角与象限角的关系

表4.3　坐标方位角 α 与象限角 R 的关系

象限及名称	已知坐标方位角 α 求象限角 R	已知象限角 R 求坐标方位角 α
第Ⅰ象限	$R = \alpha$	$\alpha = R$
第Ⅱ象限	$R = 180° - \alpha$	$\alpha = 180° - R$
第Ⅲ象限	$R = \alpha - 180°$	$\alpha = 180° + R$
第Ⅳ象限	$R = 360° - \alpha$	$\alpha = 360° - R$

例 4.5　已知 AB 直线的方位角 $\alpha_{AB}=186°39'$，AB 直线的象限角是多少？

解：AB 直线的方位角 $\alpha_{AB}=186°39'$，直线 AB 位于第Ⅲ象限。

则直线 AB 的象限角 $R_{AB}=186°39'-180°=$ 南西 $6°39'$。

例 4.6　已知直线 CD 的象限角为 $R_{CD}=$ 南东 $16°30'$，CD 直线的方位角是多少？

解：直线 CD 的象限角 $R_{CD}=$ 南东 $16°30'$，直线 CD 位于第Ⅱ象限。

则直线 CD 的方位角 $\alpha_{CD}=180°-R=163°30'$。

4.4.3 罗盘仪及其使用

罗盘仪是利用磁针测定直线磁方位角的仪器。其特点是构造简单，使用方便，但精度不高，广泛应用于各种勘测和精度要求不高的测量工作中。当测区内没有国家控制点可用，在小区域建立独立的平面控制网时，可用罗盘仪测定直线的磁方位角，作为该控制网起始边的坐标方位角，将过起始点的磁子午线当作坐标纵线。

4.4.3.1 罗盘仪的构造

如图 4.20 所示，罗盘仪的主要部件有望远镜、磁针、刻度盘和基座。

1. 望远镜

罗盘仪的望远镜用于照准目标，它与经纬仪的望远镜结构基本相似，由物镜、十字丝分划板和目镜组成，是一种小倍率的外对光望远镜。此外，罗盘仪还附有圆形或管形水准器以及球臼装置，用以整平仪器。为了控制刻度盘和望远镜的转动，附有刻度盘制动螺旋以及望远镜制动螺旋和微动螺旋。一般罗盘仪都附有三脚架和垂球，用以安置仪器。

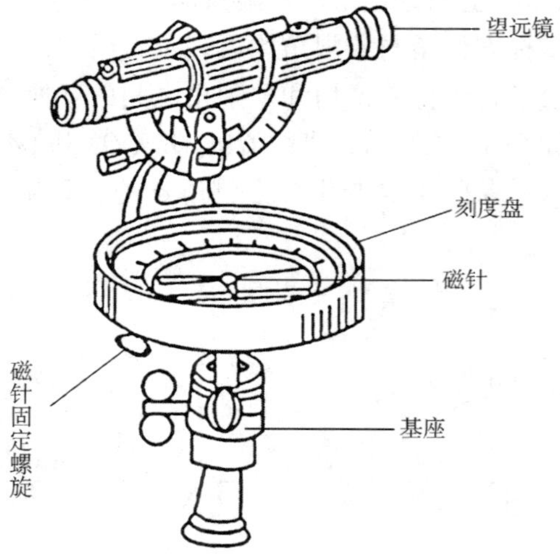

图 4.20　罗盘仪的构造

2. 磁针

磁针用于确定南北方向并用作指标读数。磁针为长条形磁铁，是用人造磁铁制成的，其中心装有镶嵌着玛瑙的圆形球窝，支撑于刻度盘中心的顶针尖端上，可灵活转动。当磁针静止时，磁针的两端恒指向地球的南、北极，即磁子午线方向。由于我国处于地球北半球，地磁北极对磁针的南端吸引力较大，而磁针是一根精细均匀的磁铁，顶针顶于磁针的中部，地磁北极的引力就会使磁针南端向下倾斜，此时，磁针与水平线有一夹角，此夹角称为磁倾角。因此，在我国范围内使用罗盘仪时，为了消除磁倾角，在磁针北端加一铜圈，以使磁针保持平衡。铜圈还有一个作用是区分磁针的南北极，不带铜圈的一端为磁针南极，它指向地磁的北极，读方位角时应该读取磁针指北端（磁针南极）所指的读数。为了减少顶针的磨损，不用时用磁针制动螺旋将磁针顶起，固定在玻璃盖上。

3. 刻度盘

刻度盘为钢或铝制成的圆环，最小分划为1°或30′，每10°有一注记，按逆时针方向从0°注记到360°。望远镜物镜端与目镜端分别在0°与180°刻度线正上方。在刻度盘内还装有两个相互垂直的水准管或一个圆水准器，用于罗盘仪整平。罗盘仪定向时，刻度盘与望远镜一起转动指向目标。当磁针静止后，刻度盘上按逆时针方向由0°至磁针北端所指的读数即为所测直线的磁方位角。

4. 基座

罗盘仪的基座采用球臼结构，安装在三脚架上，松开球臼接头螺旋，可摆动刻度盘使水准管气泡居中，此时刻度盘已处于水平位置，然后旋紧接头螺旋。

4.4.3.2　用罗盘仪测定直线的磁方位角

用罗盘仪测定地面上已知直线的磁方位角的方法如下：

（1）在待测直线的一端安放仪器，另一端插上标杆。

（2）安置仪器。

①对中。将罗盘仪安装在三脚架上，并挂上垂球后，移动三脚架，使垂球尖对准测站点。对中的目的是使仪器中心与地面点处于同一条铅垂线上。

②整平。松开罗盘仪基座上球臼接头螺旋，上、下、左、右调整刻度盘位置，使刻度盘上的两个水准管气泡同时居中，旋紧螺旋，固定刻度盘。整平的目的是使罗盘仪刻度盘处于水平位置。

（3）照准读数。

①转动目镜调焦螺旋，使十字丝清晰。

②转动罗盘仪，使望远镜对准待测直线另一端的目标，转动对光螺旋，使目标成像清晰稳定，再转动望远镜，使十字丝对准立于测点上的标杆的最底端。

③松开磁针制动螺旋，等磁针静止后，从正上方向下读取磁针指北端（磁针南极）所指的读数，即为待测直线的磁方位角。

④读数完毕后，旋紧磁针制动螺旋，将磁针顶起，以防磁针磨损。

4.4.3.3　使用罗盘仪的注意事项

（1）在磁铁矿区或离高压线、无线电天线、电视转播台等较近的地方不宜使用罗盘仪，因为有电磁干扰现象。

（2）观测时一切铁器物体，如斧头、钢尺、测钎等不要接近罗盘仪。

（3）罗盘仪必须置平，磁针应能自由转动。必须等磁针静止不动时才能读数。

（4）读数时，眼睛的视线方向与磁针应在同一竖直面内，以减小读数误差。

（5）观测完毕后搬动仪器应拧紧磁针制动螺旋，固定好磁针，以防损坏磁针，保护磁针的灵活性。若磁针长时间摆动还不能静止，则说明罗盘仪使用的时间过长，磁针的磁性不强，需对磁针进行充磁。

4.5　坐标方位角的推算方法

在实际测量工作中，并不需要测定每条直线的坐标方位角，而是通过观测直线间的水平角并与已知坐标方位角的直线联测后，利用同一高斯平面直角坐标系内各点处坐标北方向均相互平行，推算出各直线的坐标方位角。

如图 4.21 所示，已知 AB 边的坐标方位角为 α_{AB}，通过观测各相邻边所夹的水平角，来推算出各边的坐标方位角。这些角称为转折角，常用 β 表示。转折角常按其对应的点号进行编号，如 β_B 为 B 点处的转折角，β_C 为 C 点处的转折角。在进行坐标方位角的推算时，转折角 β 有左角和右角之分。一般规定观测的水平夹角在推算线路前进方向左侧的角为左角；在推算线路前进方向右侧的角为右角。

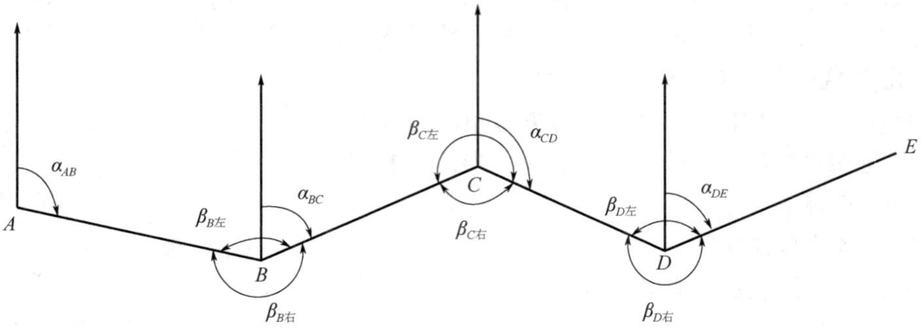

图 4.21　坐标方位角的推算

4.5.1　用左角推算各边坐标方位角

设 α_{AB} 为已知起始方位角，各转折角均为左角，现依次推算出 BC、CD、DE 等边的方位角。由图 4.21 可知

$$\alpha_{BC} = \alpha_{AB} + \beta_{B左} - 180° = \alpha_{AB} + (\beta_{B左}) - 1 \times 180°$$

$$\alpha_{CD} = \alpha_{BC} + \beta_{C左} - 180° = \alpha_{AB} + (\beta_{B左} + \beta_{C左}) - 2 \times 180°$$

$$\alpha_{DE} = \alpha_{CD} + \beta_{D左} - 180° = \alpha_{AB} + (\beta_{B左} + \beta_{C左} + \beta_{D左}) - 3 \times 180°$$

由此可知，按线路前进方向，由后一边的已知坐标方位角和左角推算线路前一边坐标方位角的计算公式为

$$\alpha_{前} = \alpha_{后} + \beta_{左} - 180° \tag{4.20}$$

按线路前进方向，由起始边的已知坐标方位角和左角推算线路上任意一边坐标方位角的计算公式为

$$\alpha_{终} = \alpha_{起} + \sum \beta_{左} - n \times 180° \tag{4.21}$$

注意：坐标方位角的角值范围是 0° ~ 360°，没有小于 0° 的值，也没有大于 360° 的值。如果按公式计算的角值小于 0°，应加上 360°，直至角值在 0° ~ 360° 范围才是其坐标方位角；如果按公式计算的角值大于 360°，应减去 360°，直至角值在 0° ~ 360° 范围才是其坐标方位角。

例 4.7　在图 4.21 中，已知 $\alpha_{AB} = 86°$，$\beta_{B左} = 160°$，$\beta_{C左} = 210°$，$\beta_{D左} = 150°$，则 BC、CD、DE 边的坐标方位角各是多少？

解：各边坐标方位角的推算过程如下：

$$\alpha_{BC} = \alpha_{AB} + \beta_{B左} - 180° = 86° + 160° - 180° = 66°$$

$$\alpha_{CD} = \alpha_{BC} + \beta_{C左} - 180° = 66° + 210° - 180° = 96°$$

$$\alpha_{DE} = \alpha_{CD} + \beta_{D左} - 180° = 96° + 150° - 180° = 66°$$

4.5.2　用右角推算各边坐标方位角

设 α_{AB} 为已知起始方位角，各转折角均为右角，现依次推算出 BC 、CD 、DE 等边的方位角。由图 4.21 可知

$$\alpha_{BC} = \alpha_{AB} - \beta_{B右} + 180° = \alpha_{AB} - (\beta_{B右}) + 1 \times 180°$$
$$\alpha_{CD} = \alpha_{BC} - \beta_{C右} + 180° = \alpha_{AB} - (\beta_{B右} + \beta_{C右}) + 2 \times 180°$$
$$\alpha_{DE} = \alpha_{CD} - \beta_{D右} + 180° = \alpha_{AB} - (\beta_{B右} + \beta_{C右} + \beta_{D右}) + 3 \times 180°$$

由此可知，按线路前进方向，由后一边的已知坐标方位角和右角推算线路前一边的坐标方位角计算公式为

$$\alpha_{前} = \alpha_{后} - \beta_{右} + 180° \tag{4.22}$$

按线路前进方向，由起始边的已知坐标方位角和右角推算线路上任意一边坐标方位角计算公式为

$$\alpha_{终} = \alpha_{起} - \sum \beta_{右} + n \times 180° \tag{4.23}$$

例 4.8　在图 4.21 中，已知 $\alpha_{AB} = 86°$，$\beta_{B右} = 200°$，$\beta_{C右} = 150°$，$\beta_{D右} = 210°$，则 BC、CD、DE 边的坐标方位角各是多少？

解：各边坐标方位角推算过程如下：

$$\alpha_{BC} = \alpha_{AB} - \beta_{B右} + 180° = 86° - 200° + 180° = 66°$$
$$\alpha_{CD} = \alpha_{BC} - \beta_{C右} + 180° = 66° - 150° + 180° = 96°$$
$$\alpha_{DE} = \alpha_{CD} - \beta_{D右} + 180° = 96° - 210° + 180° = 66°$$

总结用左角和右角推算各边坐标方位角公式可得：

（1）按线路前进方向，由后一边的已知坐标方位角和转折角推算线路前一边坐标方位角的计算公式为

$$\alpha_{前} = \alpha_{后} \pm \beta_{右}^{左} \mp 180° \tag{4.24}$$

（2）按线路前进方向，由起始边的已知坐标方位角和转折角推算线路上任意一边坐标方位角的计算公式为

$$\alpha_{终} = \alpha_{起} \pm \sum \beta_{右}^{左} \mp n \times 180° \tag{4.25}$$

在使用以上两公式时应注意：

（1）转折角 β 前“ ± ”号的取法。当 β 为左角时，取“ + ”号；当 β 为右角时，取“ - ”号。

（2）在实际计算过程中，$n \times 180°$ 前的“ ∓ ”号可以任意取，这时会出现推算出的坐标方位角大于 360° 或负值两种情况。由于方位角的取值范围是 0° ~ 360°，因此需将所计算出来的角值通过减去（或加上）360°，使其角值在 0° ~ 360° 范围内，即为所求的坐标方位角。

（3）$\sum \beta_{右}^{左}$ 是从起始边终点的转折角开始，依次相加至所要推算的边（终边）起点的转折角。

例 4.9　如图 4.22 所示，已知 $\alpha_{AB} = 55°20'$，$\beta_{B} = 126°24'$，$\beta_{C} = 134°06'$，求其余各边的坐标方位角。

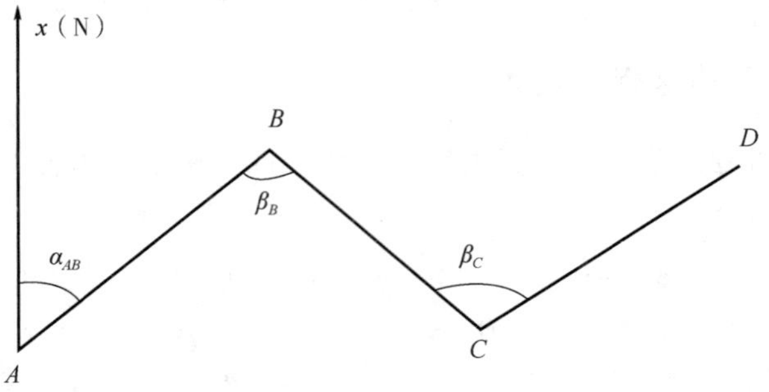

图 4.22　坐标方位角计算示意图

解：由 $\alpha_{终} = \alpha_{起} \pm \sum \beta^{左}_{右} \mp n \times 180°$ 可得

$$\alpha_{BC} = \alpha_{AB} - \beta_B + 1 \times 180° = 55°20' - 126°24' + 1 \times 180° = 108°56'$$

$$\alpha_{CD} = \alpha_{AB} - \beta_B + \beta_C + 1 \times 180° - 1 \times 180° = 55°20' - 126°24' + 134°06' = 63°02'$$

4.6　坐标计算

在第 1 章中已经知道，地面点的平面位置可以用平面直角坐标系表示。而在平面直角坐标系中，两个地面点之间的位置关系与两点之间的水平距离和坐标方位角都有着密切的联系，可以用这种联系来求解地面点的坐标。

4.6.1　坐标增量

在平面内，两个点的纵、横坐标的差值称为坐标增量，一般用 Δx 表示纵坐标增量，用 Δy 表示横坐标增量。

如图 4.23 所示，A、B 两点的坐标分别为 $A(x_A, y_A)$、$B(x_B, y_B)$，则 B 点相对于 A 点的坐标增量为

$$\Delta x_{AB} = x_B - x_A, \Delta y_{AB} = y_B - y_A$$

而 A 点相对于 B 点的坐标增量应为

$$\Delta x_{BA} = x_A - x_B, \Delta y_{BA} = y_A - y_B$$

由此可见，坐标增量具有方向性。

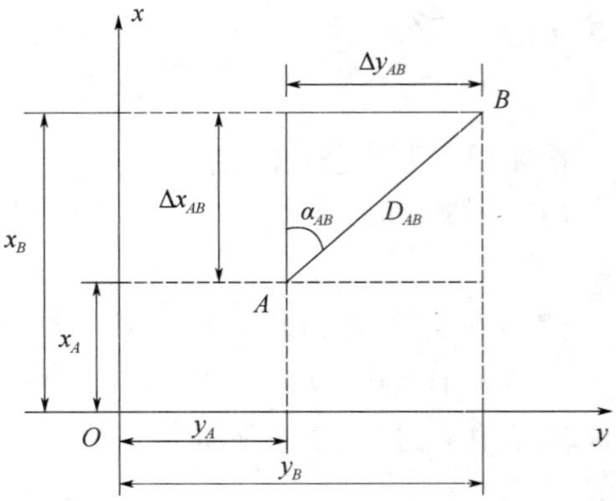

图 4.23　坐标计算

4.6.2　坐标正算

根据直线起点的坐标、直线的水平距离及其坐标方位角计算直线终点的坐标，称为坐标正算。

如图 4.23 所示，已知直线 AB 的起点为 A，终点为 B，A 点的坐标为（x_A，y_A），A、B 两点之间的水平距离为 D_{AB}，直线 AB 的坐标方位角为 α_{AB}，计算直线终点 B 的坐标。

由图 4.23 可知

$$\begin{cases} x_B = x_A + \Delta x_{AB} \\ y_B = y_A + \Delta y_{AB} \end{cases} \tag{4.26}$$

而

$$\begin{cases} \Delta x_{AB} = D_{AB}\cos\alpha_{AB} \\ \Delta y_{AB} = D_{AB}\sin\alpha_{AB} \end{cases} \tag{4.27}$$

则 B 点的坐标计算公式为

$$\begin{cases} x_B = x_A + \Delta x_{AB} = x_A + D_{AB}\cos\alpha_{AB} \\ y_B = y_A + \Delta y_{AB} = y_A + D_{AB}\sin\alpha_{AB} \end{cases} \tag{4.28}$$

例 4.10　已知 A 点的坐标为（500.21，680.30），AB 边的边长为 100.12 m，AB 边的坐标方位角 α_{AB} 为 135°30′12″，试求 B 点的坐标（x_B，y_B）。

解：

$$x_B = x_A + \Delta x_{AB} = x_A + D_{AB}\cos\alpha_{AB} = 500.21\ \text{m} + 100.12\ \text{m} \times \cos 135°30'12'' = 428.795\ \text{m}$$

$$y_B = y_A + \Delta y_{AB} = y_A + D_{AB}\sin\alpha_{AB} = 680.30\ \text{m} + 100.12\ \text{m} \times \sin 135°30'12'' = 750.471\ \text{m}$$

则 B 点的坐标 为(428.795，750.471)。

4.6.3　坐标反算

根据直线起点和终点的坐标计算直线的水平距离和该直线的坐标方位角称为坐标反算。

如图 4.23 所示，已知直线 A、B 两点的坐标分别为（x_A，y_A）和（x_B，y_B），利用平面上两点之间距离的计算公式及三角函数知识，可求出 A、B 两点的水平距离 D_{AB}。

$$D_{AB} = \sqrt{(x_B - x_A)^2 + (y_B - y_A)^2} = \sqrt{\Delta x_{AB}^2 + \Delta y_{AB}^2} \tag{4.29}$$

或

$$D_{AB} = \frac{\Delta y_{AB}}{\sin\alpha_{AB}} = \frac{\Delta x_{AB}}{\cos\alpha_{AB}} \tag{4.30}$$

直线 AB 的象限角

$$R_{AB} = \arctan\left|\frac{y_B - y_A}{x_B - x_A}\right| = \arctan\left|\frac{\Delta y_{AB}}{\Delta x_{AB}}\right| \tag{4.31}$$

通过式（4.31）计算出的象限角角值范围是 −90° ~ 90°，而坐标方位角的角值范围是 0° ~ 360°，两者不一致。故应根据坐标增量 Δx、Δy 的符号来判定直线所在的象限，再把象限角转换成相应的坐标方位角，具体判断方法如下：

（1）当 $\Delta x_{AB} > 0$，$\Delta y_{AB} > 0$ 时，直线 AB 位于第Ⅰ象限内，范围为 0° ~ 90°，坐标方位角与象限角相同，即 $\alpha_{AB} = R_{AB}$，计算的象限角值即为坐标方位角角值。

（2）当 $\Delta x_{AB} < 0$，$\Delta y_{AB} > 0$ 时，直线 AB 位于第Ⅱ象限内，范围为 90° ~ 180°，坐标方位角与象限角互补，按式 $\alpha_{AB} = 180° - R_{AB}$ 计算该直线的坐标方位角。

（3）当 $\Delta x_{AB} < 0$，$\Delta y_{AB} < 0$ 时，直线 AB 位于第Ⅲ象限内，范围为 180° ~ 270°，坐标方位角与象限角相差 180°，按式 $\alpha_{AB} = 180° + R_{AB}$ 计算该直线的坐标方位角。

（4）当 $\Delta x_{AB} > 0$，$\Delta y_{AB} < 0$ 时，直线 AB 位于第Ⅳ象限内，范围为 270° ~ 360°，坐标方位角与象限角之和为 360°，按式 $\alpha_{AB} = 360° - R_{AB}$ 计算该直线的坐标方位角。

例 4.11 已知 A、B 两点的坐标分别为（500.00,500.00）和（356.25,256.88），试计算 AB 的边长及 AB 边的坐标方位角。

解：

$$D_{AB}=\sqrt{(x_B-x_A)^2+(y_B-y_A)^2}=\sqrt{(356.25-500.00)^2+(256.88-500.00)^2}\ \text{m}=282.438\ \text{m}$$

$$R_{AB}=\arctan\left|\frac{y_B-y_A}{x_B-x_A}\right|=\arctan\left|\frac{256.88-500.00}{356.25-500.00}\right|=59°24'19''$$

由于 $\Delta x_{AB}<0$，$\Delta y_{AB}<0$，所以直线 AB 位于第Ⅲ象限内，根据坐标方位角与象限角的转换关系有

$$\alpha_{AB}=180°+59°24'19''=239°24'19''$$

现在的科学计算器都有极坐标转换直角坐标及其逆运算的功能。可以用极坐标转换直角坐标的功能进行坐标正算计算未知点的坐标；用直角坐标转换极坐标的功能进行坐标反算计算边长和方位角。

4.7 全站仪坐标测量

地表形态和建筑物形状是由许多特征点构成的，在进行地形测量和工程测量时，需要测定许多特征点（也称碎部点）的平面位置和高程。特别是在地形测量、地籍测量中，使用全站仪的三维坐标测量和内存功能与绘图软件结合可实现地形图、地籍图的数字化。

4.7.1 平面坐标测量

4.7.1.1 坐标测量的原理

坐标测量（也称坐标正算）是根据已知点的坐标、已知边的坐标方位角，计算未知点的坐标的一种方法，如图 4.24 所示。全站仪坐标测量原理是用极坐标法直接测定待测点坐标，其实质是在已知测站点同时采集角度和距离，经过计算机程序进行实时数据处理，由显示器输入处理结果。施测时，可测记空气压强 p 和温度 T，输入仪器气象参数，由仪器进行自动改正。数据处理的数学模型为

$$\begin{cases}x_P=x_A+D\cos(\alpha_{AB}+\beta)\\ y_P=y_A+D\sin(\alpha_{AB}+\beta)\end{cases}\tag{4.32}$$

式中，D 为所测平距，$D=S\cos\alpha$，其中 α 为方向 AP 的垂直角，S 为方向 AP 的斜距；x_P、y_P为待测点坐标；x_A、y_A为已知点坐标；α_{AB}为起始边 AB 的坐标方位角；β 为所测方向 AP 与起始方向 AB 之间的夹角（左角）。

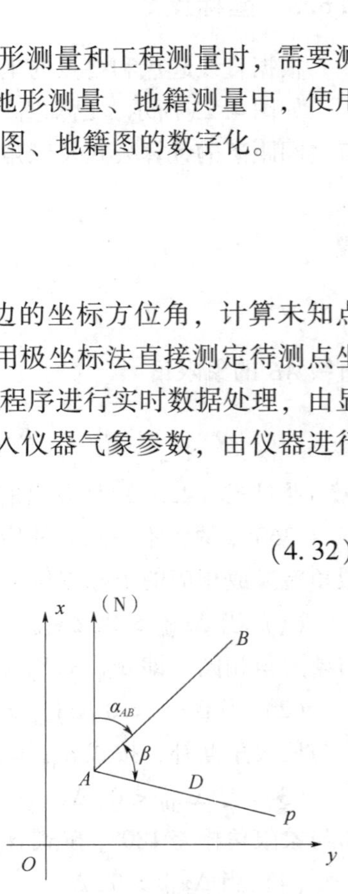

图 4.24 坐标测量

4.7.1.2 精度分析

如不考虑起始点的坐标误差，对式（4.32）微分并转化为中误差形式，则

$$\begin{cases} m_{xP}^2 = \cos^2(\alpha_{AB} + \beta)\, m_D^2 + D^2 \sin^2(\alpha_{AB} + \beta)\, m_\beta^2 / \rho^2 \\ m_{yP}^2 = \sin^2(\alpha_{AB} + \beta)\, m_D^2 + D^2 \cos^2(\alpha_{AB} + \beta)\, m_\beta^2 / \rho^2 \end{cases} \tag{4.33}$$

式中，m_D 为测距中误差；m_β 为测角中误差；$\rho = 206\,265''$。

待测点 P 的点位误差

$$m_P^2 = m_{xP}^2 + m_{yP}^2 = m_D^2 + D^2 m_\beta^2 / \rho^2$$

由式（4.33）可以看出，待测点的点位误差与仪器的测距精度、测角精度和待测点至测站点的距离成正比。当测角、测距精度一定时，距离越大，待测点的点位误差也越大。要提高点位测量的精度，必须提高水平角的测角精度，缩短待测点至测站点的距离。考虑到全站仪对中误差 m_{e1} 和棱镜对中误差 m_{e2} 对点位精度的影响，则有

$$m_P^2 = m_D^2 + \frac{D^2 m_\beta^2}{\rho^2} + m_{e1}^2 + m_{e2}^2 \tag{4.34}$$

4.7.2　高程测量

4.7.2.1　高程测量原理

全站仪高程测量的原理与三角高程测量的原理相同。计算待测点的高程数学模型为

$$H_P = H_A + S\sin\alpha + i - v \tag{4.35}$$

式中，H_P 为待测点高程；H_A 为已知点高程；S 为仪器到棱镜的斜距；i 为仪器高；v 为棱镜高。

4.7.2.2　精度分析

如不考虑起始点的坐标误差，对式（4.35）微分并转化为中误差形式，则

$$m_{HP}^2 = (S\cos\alpha m_\alpha / \rho)^2 + (\sin\alpha m_S)^2 + m_i^2 + m_v^2 \tag{4.36}$$

式中，m_S 为测距中误差；m_α 为垂直角观测中误差；m_i 为仪器高测量中误差；m_v 为棱镜高测量中误差。

由式（4.36）可以看出，待测点的高程中误差与仪器的测距中误差、垂直角观测中误差和待测点至测站点的距离成正比。当测角、测距精度一定时，距离越大，待测点的高程中误差也越大。要提高高程测量的精度，必须提高垂直角的测角精度，缩短待测点至测站点的距离。

4.7.3　观测步骤

全站仪坐标测量观测步骤如下：

（1）选择测站点、后视点，安置仪器（对中、整平）。

（2）输入测站点的已知坐标值、仪器高和棱镜高，设置测站。

（3）输入后视点的已知坐标值或后视点的方位值，设置后视。

（4）精确照准后视点，确认，检查后视定向是否正确。

（5）精确照准目标点后，选择测量功能。

（6）屏幕前视目标点的坐标和高程，记录或存储。

（7）重复（4）～（6）三步，采集其余各点坐标。

思考题

1. 距离测量的方法主要有哪几种？

2. 什么叫直线定线？距离测量时为何要进行直线定线？直线定线的方法有哪些？
3. 用钢尺测量倾斜地面的水平距离有哪些方法？每种方法适用于哪种情况？
4. 简述电磁波测距的基本原理。
5. 什么叫直线定向？
6. 直线定向的标准方向有哪些？它们之间有什么关系？
7. 什么叫方位角？方位角有哪几种？

第5章 控制测量

教学要点

本章内容主要有控制测量的基础知识、平面控制网的建立方法、导线的测量与计算、交会法加密控制点、高程控制测量的方法。重点是导线测量与计算、高程控制测量；难点是导线的内业计算，交会定点的内业计算，三、四等水准测量的内业计算。

在测区内，按测量任务所要求的精度，测定一系列控制点的平面位置和高程，建立起测量控制网，作为各种测量的起算基础，这种测量工作称为控制测量。控制测量具有控制全局、限制测量误差累积的作用，是各项测量工作的依据。对于地形图测绘，等级控制网是扩展图根控制测量和测图的基础，以保证所测地形图能互相拼接成为一个整体；对于建筑工程测量，常需要布设专用的控制网，作为工程勘测测图、施工放样和变形监测的依据。

5.1 控制测量概述

在测量过程中，不可避免地会产生测量误差，为尽可能消除或减弱这些误差的影响，防止误差的累积，使测量成果（点位）满足精度要求，测量工作必须遵循“从高级到低级，从整体到局部，先控制后细部”的基本原则来组织实施测量工作。按照测量工作的基本原则，在测量作业时，首先需要在测区内选择少部分具有控制意义的点，并在点上建立固定的测量标志，这些点被称为控制点。然后用相对精密的测量仪器和观测方法测定这些控制点的坐标和高程。为测定控制点位置而进行的测量工作称为控制测量。由控制点组成的网状图形称为控制网。控制点（网）是测区后续测量工作的基础和依据，为后续测量工作提供起算数据。这样既可以减小误差的累积，保证各项测量工作的精度，又便于分组作业，提高工作效率。

控制测量按照作业内容可分为平面控制测量和高程控制测量。平面控制测量的目的是测定控制点的平面坐标，建立平面控制网；高程控制测量的目的是测定控制点的高程，建立高程控制网。平面控制网和高程控制网的控制点可以独立布设，也可以共用一个点，即一个点既可以是平面控制点，同时也可以是高程控制点。

5.1.1 平面控制测量

在测区内选择一系列控制点，测定其平面位置的测量工作即为平面控制测量。平面控制测量的方法主要有导线测量、三角形网测量和 GNSS 测量。

如图 5.1 所示，将一系列的控制点按照相邻次序连成折线图形，测量各折线边长和相邻两边的夹角，再根据起始数据通过计算推算各控制点的平面位置所进行的控制测量工作称为导线测量。这种构成折线的图形称为导线，其控制点称为导线点，相邻导线点之间的直线称为导线边，相邻导线边之间的夹角称为转折角，以此建立的控制网称为导线网。

如图5.2所示，将控制点连起来组成相互邻接的连续三角形，观测三角形的内角，至少测量其中一条边或几条边甚至全部边长和方位角，再根据起点的坐标推算各三角点的平面坐标所进行的控制测量工作称为三角形网测量。这种构成三角形的控制点称为三角点，以此建立的控制网称为三角形网。

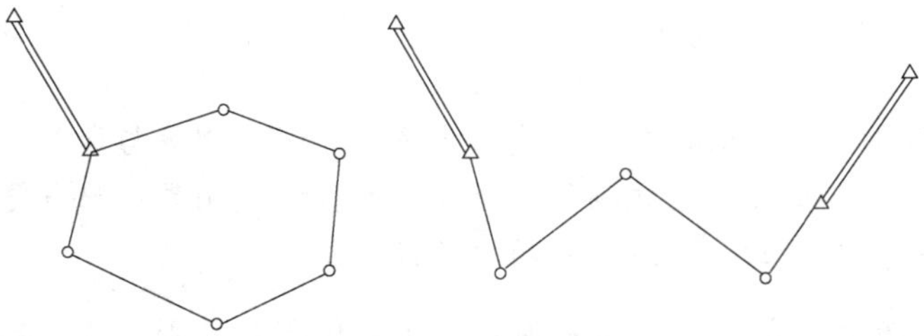

图5.1 导线网

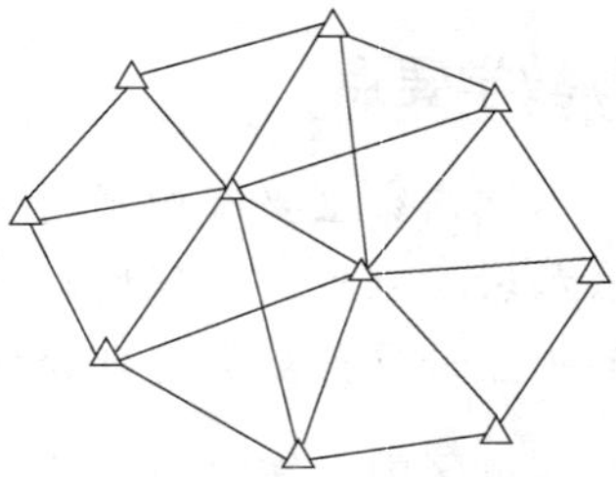

图5.2 三角形网

通常将应用全球导航卫星定位系统（GNSS）建立的控制网称为GNSS控制网。GNSS控制测量相对于导线测量和三角形网测量具有以下优点：

（1）不要求测点间相互通视，选点和观测方便。

（2）相对定位精度高。

（3）不受气候条件限制，可以全天时、全天候进行观测。

（4）观测、记录、计算高度自动化，可以较快获得测量成果。

因此GNSS测量是现代控制测量中较为常用的一种方法。

5.1.1.1 国家基本平面控制网

在全国范围内布设的平面控制网称为国家基本平面控制网。它提供了全国性的、统一的空间定位基准，是全国各种工程建设的基本控制。国家平面控制网的作用是满足国家国防、科研和经济建设等各种不同的需求。

建立国家平面控制网的常规方法是三角测量和导线测量。国家平面控制网采用分级布网、逐级控制的原则，按其精度分成一、二、三、四等。如图5.3所示，一等三角网一般称为一等三角锁，它是在全国范围内，沿经纬线方向布设的，是国家平面控制网的骨干，除用作扩展低等级平面控制网的基础外，还为测量学科研究地球的形状和大小提供精确数据；二等三角网布设于一等三角锁环内，对一等网进行加密，是国家平面控制网的全面基础；三、四等三角网是二等三角网的进一步加密，主要为测绘地形图和各种工程建设提供起算数据。三角网测量的主要技术指标见表5.1。

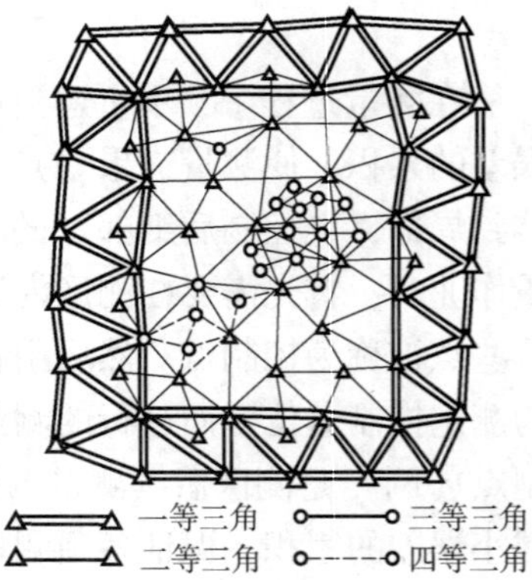

图5.3 三角网的布设

表5.1 国家平面控制各等级三角网主要技术指标

等级	平均边长/km	测角中误差/（″）	三角形最大闭合差/（″）	起始边相对中误差
一等	20～25	±0.7	±2.5	1/350 000
二等	13	±1.0	±3.5	1/250 000
三等	8	±1.8	±7.0	1/150 000
四等	2～6	±2.5	±9.0	1/100 000

在某些局部地区，当采用三角网测量有困难时，也可用同等级的导线测量代替。在通视困难地区，采用精密导线测量来代替相应等级的三角形网测量是非常方便的，特别是目前高精度测距仪器的出现，为精密导线测量的实施创造了良好的条件。精密导线测量也分为一、二、三、四等，各等级导线测量主要技术指标见表5.2。

表5.2　各等级导线测量主要技术指标

等级	平均边长/km	测角中误差/（″）	导线边数	边长测定相对中误差
一等	10～30	±0.7	<7	1/250 000
二等	10～30	±1.0	<7	1/200 000
三等	7～20	±1.8	<20	1/150 000
四等	4～15	±2.5	<20	1/100 000

随着全球导航卫星定位系统（GNSS）技术的应用和普及，我国从20世纪80年代开始，在利用原有大地控制网的基础上，逐步用GNSS网代替了国家等级的平面控制网。其构网形式基本上为三角形网或多边形网（闭合环或附合线路）。

我国国家级的GNSS大地控制网按控制范围和精度可分为A、B、C、D、E 5个等级。在全国范围内，已建立由20多个点组成的国家A级GNSS网，在其控制下，又有由800多个点组成的国家B级GNSS网。

5.1.1.2　城市及工程平面控制网

1. 城市平面控制网

在城市地区建立的平面控制网称为城市平面控制网。城市平面控制网为区域控制网，一般可在国家平面控制网的基础上，根据测区大小、城市规划和城市工程建设的需要，布设不同等级的城市平面控制网，为城市大比例尺测图、城市规划、城市地籍管理、市政工程建设以及城市管理等提供基本控制点。城市平面控制网建立的方法主要有三角形网测量、导线测量、GNSS测量。其中，导线测量和GNSS测量是城市平面控制网建立的主要方法。导线网的精度等级为三、四等和一、二、三级；GNSS网的精度等级为二、三、四等和一、二级。城市各等级平面控制网的技术要求见表5.3、表5.4。

表5.3　导线测量主要技术要求

等级	导线长度/km	平均边长/km	测角中误差/（″）	测距中误差/mm	测距相对中误差	测回数			方位角闭合差/（″）	导线全长相对闭合差
						1″级仪器	2″级仪器	6″级仪器		
三等	14	3	1.8	20	1/150 000	6	10	—	$3.6\sqrt{n}$	≤1/55 000
四等	9	1.5	2.5	18	1/80 000	4	6	—	$5\sqrt{n}$	≤1/35 000
一级	4	0.5	5	15	1/30 000	—	2	4	$10\sqrt{n}$	≤1/15 000
二级	2.4	0.25	8	15	1/14 000	—	1	3	$16\sqrt{n}$	≤1/10 000
三级	1.2	0.1	12	15	1/7 000	—	1	2	$24\sqrt{n}$	≤1/5 000

注：1. 表中n为测站数。

2. 当测区测图的最大比例尺为1:1 000时，一、二、三级导线的导线长度、平均边长可适当放长，但不应大于表中规定长度的2倍。

表 5.4　GNSS 测量控制网的主要技术要求

等级	平均边长/km	固定误差 A/mm	比例误差系数 B/(mm/km)	约束点间的边长相对中误差	约束平差后最弱边相对中误差
二等	9	≤10	≤2	≤250 000	≤120 000
三等	4.5	≤10	≤5	≤150 000	≤70 000
四等	2	≤10	≤10	≤100 000	≤40 000
一级	1	≤10	≤20	≤40 000	≤20 000
二级	0.5	≤10	≤40	≤20 000	≤10 000

2. 工程平面控制网

为满足工程建设的需要而建立的平面控制网称为工程平面控制网。用于工程的平面控制测量所采用的方法、等级及主要技术要求与城市平面控制测量基本相同。工程平面控制网根据工程建设的需要可分为不同种类，包括因工程设计、规划的用图需要而布设的测图平面控制网，在工程建设中为工程建筑物（构筑物）施工测量而布设的施工平面控制网，工程竣工阶段及运营期间为工程建筑物进行变形监测而布设的变形监测网等。

3. 图根控制测量

国家控制点精度高，但密度比较小，在测图中仅用这些控制点来进行测图，其控制点的数量是不能满足测图要求的。因此，需要在基本控制点的基础上进行控制点的加密，即在测区内增加足够数量的、精度虽低但能满足测图要求的控制点，由这些控制点可为测图建立控制网。为此，称用于测图而建立的控制网为图根控制网，组成图根控制网的控制点称为图根点，测定图根点位置的工作称为图根控制测量。建立图根平面控制网的方法有三角形网测量、导线测量、交会定点和 GNSS 定位等，现在最常用的方法是导线测量和 GNSS 定位测量方法。局部地区如果图根点的数量不够或测图不方便而需要加密图根点时，可采用全站仪极坐标法、交会定点和 GNSS-RTK 的方法来进行图根点加密。《工程测量规范》（GB 50026—2007）中规定的图根控制点的数量要求见表 5.5。

表 5.5　一般地区图根点数量

测图比例尺	图幅(长度/cm)×(宽度/cm)	图根点数量（个）		
		全站仪测图	GNSS-RTK	平板测图
1:500	50×50	2	1	8
1:1 000	50×50	3	1~2	12
1:2 000	50×50	4	2	15
1:5 000	40×40	6	3	30

5.1.2　高程控制测量

5.1.2.1　国家高程控制网

在第 1 章中已经讲过，我国的高程系统是以 1956 年由青岛验潮站测出的“黄海平均海水面”作为起算高程的基准面，并在青岛市内观象山设置了水准原点，该点的高程为 72.289 m。20 世纪 80 年代初又重新测定水准原点的高程为 72.260 m。全国性高程控制测量是从青岛原点出发，用精密的水准测量方法测定了数以万计的水准点，组成国家高程控制网。

国家高程控制网的建立，也是按照“由高级到低级、由整体到局部”的原则进行的。按照精度不同也分为一、二、三、四等四个等级。图5.4所示为部分国家高程控制网，每一条线路都是由许多水准点联系起来组成的。

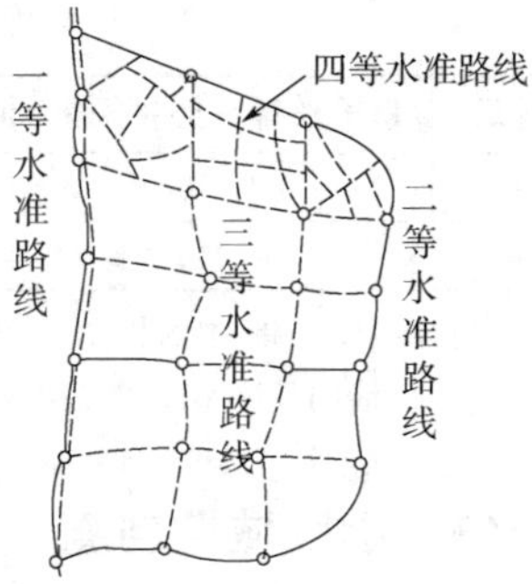

图5.4 国家高程控制网

一、二等水准路线，是国家高程控制网的骨干，同时也是研究地壳和地面垂直运动及有关科学问题的主要依据。因此，它沿地质构造稳定、交通不太繁忙、路线平缓的交通路线布设成网状。

三、四等水准路线是直接提供地形测图和各种工程建设所必需的高程控制点。三、四等水准路线一般可根据需要在一、二等水准网内加密，布设成附合路线，并尽可能相互交叉构成闭合环。

一、二、三、四等水准路线的基本精度指标见表5.6。

表5.6 各级水准路线的基本精度指标 单位：mm

等级	每千米高差中数的偶然中误差限值	每千米高差中数的全中误差限值
一等	±0.45	±1.0
二等	±1.0	±2.0
三等	±3.0	±6.0
四等	±5.0	±10.0

5.1.2.2 城市和工程建设高程控制网

城市和工程建设高程控制测量按照精度的不同可分为二、三、四、五等四个等级，各等级高程控制宜采用水准测量。根据测区的大小，各级水准测量均可由首级控制。首级高程控制网的等级，应根据工程规模、控制网的用途和精度要求合理选择。首级网应布设成环形网，加密网宜布设成附合路线或结点网。各等级水准测量的精度和国家水准测量相应等级的精度应保持一致。对于四等及以下的高程控制测量，可采用电磁波测距三角高程测量进行测量，五等也可采用GNSS拟合高程测量。《工程测量规范》（GB 50026—2007）中规定的高程控制测量的技术要求见表5.7、表5.8。

表5.7 水准测量的主要技术要求 单位：mm

等级	每千米高差全中误差	路线长度	水准仪型号	水准尺	观测次数		往返较差、附合或环线闭合差	
					与已知点联测	附合或环线	平地	山地
二等	2	—	DS1	因瓦	往返各一次	往返各一次	$4\sqrt{L}$	—
三等	6	≤50	DS3	双面	往返各一次	往返各一次	$12\sqrt{L}$	$4\sqrt{n}$
四等	10	≤16	DS3	双面	往返各一次	往一次	$20\sqrt{L}$	$6\sqrt{n}$
五等	15	—	DS3	单面	往返各一次	往一次	$30\sqrt{L}$	—

注：1. 结点之间或结点与高级点之间，其线路的长度不应大于表中规定的70%。

2. L为往返测段、附合或环线的水准路线长度km；n为测站数。

3. 数字水准仪测量的技术要求和同等级光学水准仪相同。

表 5.8 电磁波测距三角高程测量的主要技术要求

等级	每千米高差全中误差/mm	边长/km	观测方式	对向观测高差较差	附合或环线闭合差
四等	10	≤1	对象观测	$40\sqrt{D}$	$20\sqrt{\sum D}$
五等	15	≤1	对象观测	$60\sqrt{D}$	$30\sqrt{\sum D}$

注：1. D 为测距边的长度。

2. 线路长度不能超过相应等级水准路线长度的限制。

5.1.3 小区域控制测量

在面积为 15 km^2 以下的范围内，为大比例尺测图和工程建设而建立的控制网称为小区域控制网。在小区域内进行控制测量工作称为小区域控制测量。在这个区域内，水准面可视为水平面，采用平面直角坐标系，不需将测量成果归算到参考椭球面上。但小区域控制网的建立最好能与国家控制网或城市控制网联测，这样可将国家或城市高级控制点的坐标作为小区域控制网的起算和检校数据。如果测区内或测区附近没有国家高等级控制点，或联测较为困难，也可建立小区域内的独立平面控制网。

小区域控制测量同样也分为平面控制测量和高程控制测量。平面控制测量常用的方法有导线测量、三角形网测量、GNSS 定位测量等；高程控制测量的方法有水准测量、电磁波测距三角高程测量和 GNSS 拟合高程测量等。在本章中，主要介绍用导线测量方法建立小区域平面控制网，以及用水准测量的方法建立小区域高程控制网。对于 GNSS 测量将在第 6 章中介绍。

5.2 导线测量

5.2.1 导线测量概述

导线测量是建立小地区平面控制网常用的一种方法。其特点是布设灵活，要求通视方向少，边长可直接测定，精度均匀，适宜布设在地物分布较复杂的建筑区、视线障碍较多的隐蔽测区和带状地区，如厂区、地下工程、矿山建筑区、森林、铁路、公路、隧道、渠道及地物分布较为复杂的城市地区等。导线测量是测定导线边的长度和转折角，根据起算数据，推算各边的坐标方位角，从而求出各导线点的坐标。

5.2.1.1 导线的布设形式

根据测区的不同情况和要求，导线的布设有附合导线、闭合导线和支导线三种形式。

1. 附合导线

从一个已知高级控制点出发，经过若干个未知导线点以后，附合到另一个已知高级控制点上，这样的导线称为附合导线。如图 5.5 所示，导线线路 $A-B-1-2-3-C-D$ 两端联测 AB 和 CD 已知边，其已知方位角 α_{AB} 和 α_{CD} 均可用于导线的定向。附合导线是在带状地区做首级控制和高级控制点下进行控制点加密的最常用的形式，广泛用于公路、铁路和水利工程。

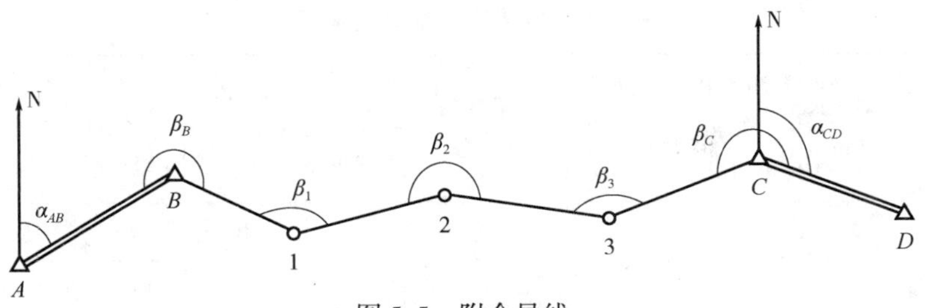

图5.5　附合导线

2. 闭合导线

从一个已知控制点出发，经过若干个未知导线点以后，又回到出发的已知控制点上，这样的导线称为闭合导线。如图5.6所示，导线以已知高级控制点 A、B 中的 B 点为起点，以已知 AB 边方位角为起始方位角，经过1、2、3等未知导线点后，最后又回到起点 B，形成一个闭合的多边形导线，即闭合导线。因导线闭合，本身具有严密的几何条件，可以对观测成果进行一定的检核。因此，闭合导线不但适用于平面控制网的加密，也适用于面积较宽阔的独立测区的首级平面控制。

3. 支导线

从一个已知控制点出发，经过1～2个未知导线点后，既不闭合到起始的控制点上，也不附合到另一个已知控制点上，这样的导线称为支导线。如图5.7所示，导线以已知高级控制点 A、B 中的 B 点为起点，以已知 AB 边方位角为起始方位角，经过 P_1、P_2 未知导线点后，终止在 P_3 点处，点 P_3 既不是起点，也不是另一高级控制点，所以该导线为支导线。由于支导线缺乏检核条件，如果测量发生粗差，这种导线无法进行检核，因此在地面应用较少。在特殊情况下非用不可时，一般不得超过三条边，并需要进行往返测量。但在井下由于受条件限制，多在巷道中布设支导线，并用往返测量来检查其正确性，或采用陀螺定向边以检查测角的正确性和控制方向的误差累积。

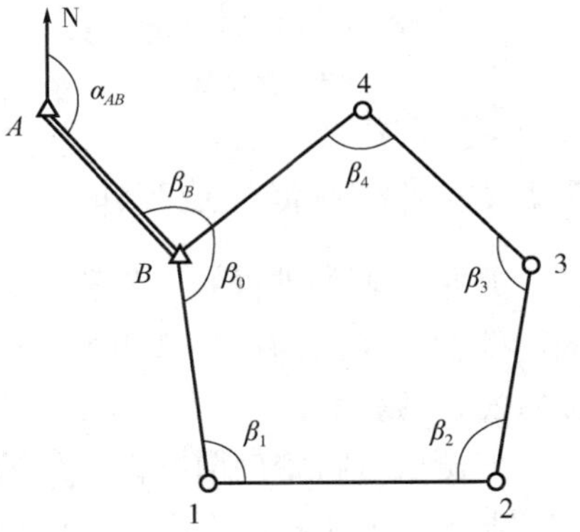

图5.6　闭合导线

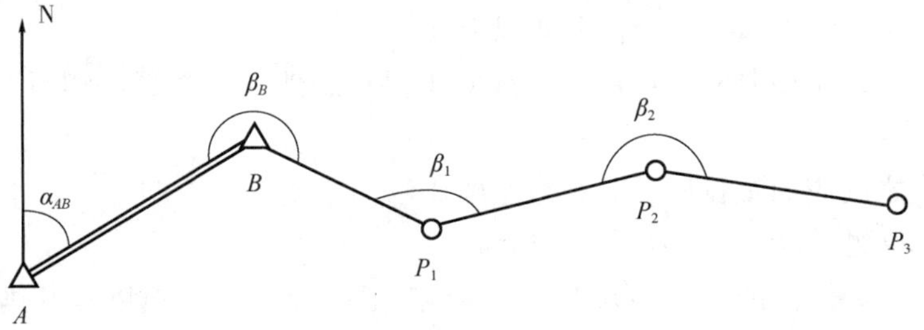

图5.7　支导线

5.2.1.2　导线测量的等级与技术要求

根据《工程测量规范》（GB 50026—2007）的规定，小区域平面控制网采用电磁波测距。导线测量的主要技术要求见表5.9。

表 5.9　导线测量主要技术要求

等级	导线长度 /km	平均边长 /km	测角中误差 /(″)	测距中误差 /mm	测距相对中误差	测回数			方位角闭合差 /(″)	导线全长相对闭合差
						1″级仪器	2″级仪器	6″级仪器		
三等	14	3	1.8	±20	1/150 000	6	10	—	$3.6\sqrt{n}$	1/55 000
四等	9	1.5	2.5	±18	1/80 000	4	6	—	$5\sqrt{n}$	1/35 000
一级	4	0.5	5	±15	1/30 000	—	2	4	$10\sqrt{n}$	1/15 000
二级	2.4	0.25	8	±15	1/14 000	—	1	3	$16\sqrt{n}$	1/10 000
三级	1.2	0.1	12	±15	1/7 000	—	1	2	$24\sqrt{n}$	1/5 000
图根	$a \times M$	—	首级 20	±15	1/4 000	—	1	1	$40\sqrt{n}$	$1/(2\,000 \times a)$
			一般 30						$60\sqrt{n}$	

注：1. 表中 n 为测站点数；M 为比例尺分母；a 为比例系数，取值宜为 1，当采用 1∶500/1∶1 000 比例尺测图时，其值在1～2之间选用。

2. 当测区测图的最大比例尺为 1∶1 000 时，一、二、三级导线的导线长度、平均边长可适当放长，但不应大于表中规定长度的 2 倍。

5.2.2　导线测量外业工作

凡是在野外进行的工作称为外业工作。导线测量的外业工作包括踏勘、选点、建标埋石、测角、距离测量和联测等。

5.2.2.1　踏勘

对测区进行踏勘前要做好足够的准备工作。首先要搜集与测区相关的测量资料，包括国家控制点、城市控制点等各类已知点的成果资料、已有地形图等。其次是利用已有资料研究测区情况，如已有控制点标识是否完好、能否通视、交通是否便利以及人文风俗等情况，以此来确定测区踏勘的重点。

5.2.2.2　选点

在测区现场依据室内设计和地形条件，经过比较与选择确定控制点的具体位置，这一项工作叫选点。导线点位的选择应符合下列规定：

(1) 点位应选在土质坚实、稳固可靠、便于保存的地方，视野应相对开阔，便于加密、扩展和寻找。

(2) 相邻点之间应通视良好，其视线距障碍物的距离，三、四等不宜小于 1.5 m；四等以下宜保证便于观测，以不受旁折光影响为原则。

(3) 当采用电磁波测距时，相邻点之间视线应避免烟囱、散热塔等发热体及强电磁场。

(4) 相邻两点之间的视线倾角不宜过大。

(5) 充分利用原有控制点。

5.2.2.3　建标埋石

导线点位选定后，要在地面上确定测量标志，图根控制测量中一般是打入木桩并在桩面上钉一个小铁钉作为中心标志，必要时可在木桩周围灌上混凝土。对于那些需要长期保存的导线点，应埋设标石（石桩或混凝土桩），标石面中央应有明确的标志（桩面刻凿十字或嵌入一个锯有十字的钢筋），标石中心十字代表点位，如图5.8所示。埋桩后应统一进行编号。为了今后便于查找，应量出导线点至附近明显地物的距离，绘出草图，注明尺寸，称为点之记，如图5.9所示。

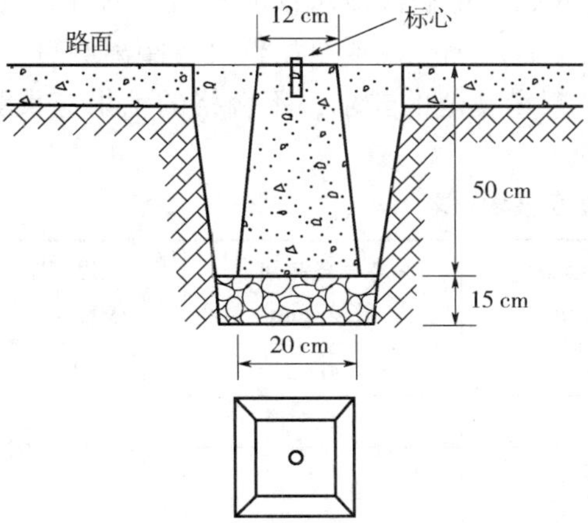

图5.8　导线点标志

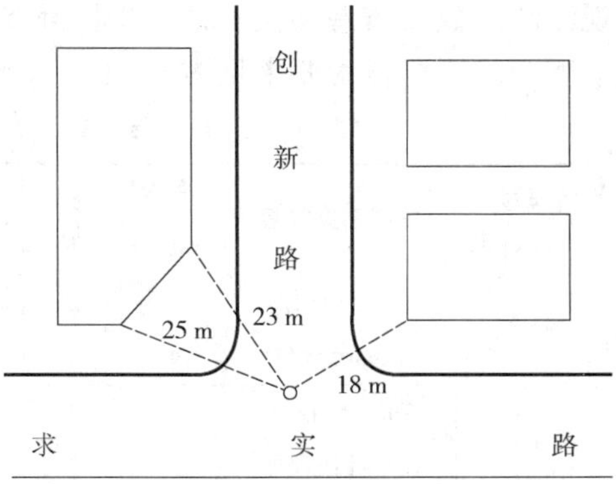

图5.9　点之记

5.2.2.4　测角

平面控制测量中的角度测量通常采用全站仪进行观测。水平角观测宜采用方向观测法，多方向水平角观测应注意选择好零方向，应严格按方向观测法操作程序进行观测，方向观测法技术要求见表5.10。

表5.10　水平角方向观测法技术要求

等级	仪器精度等级	光学测微器两次重合读数之差/（″）	半测回归零差/（″）	一测回2C互差/（″）	同一方向值各测回较差/（″）
四等及以上	1″级仪器	1	6	9	6
	2″级仪器	3	8	13	9
一级及以下	2″级仪器	—	12	18	12
	6″级仪器	—	18	—	24

注：1. 全站仪、电子经纬仪水平角观测时不受光学测微器两次重合读数之差指标的限制。
2. 当观测方向的垂直角超过 ±3°的范围时，该方向2C互差可按相邻测回同方向进行比较，其值应满足表中一测回内2C互差限值。6″级仪器不比较2C互差。

导线的转折角有左角和右角之分，以导线为界，以导线的推算方向为前进方向，在前进方向左侧的角称为左角，在前进方向右侧的角称为右角。在闭合导线中，一般均测其内角，闭合导线若按逆时针方向推算，其内角均为左角，反之均为右角。在附合导线中，可测其左角，也可测其右角，但整条导线要做统一规定。

测角由已知点开始，沿导线前进方向逐点观测，将仪器依次安置在各导线点上，进行对中和整平（对中误差应不大于3 mm），并照准相邻两导线点上的标杆底部或插在导线点木桩上的测钎下端。当遇短边时，更应仔细对中，并尽可能直接照准导线点木桩上的小钉，以减小测角误差。每站观测工作结束前，需要当场进行检查计算，若发现观测结果超限或有错误时，应立即重新观测，直至符合要求方可迁站。

当测角精度要求较高，而导线边长比较短时，为了减少对中误差和目标偏心误差，各级导线观测宜采用“三联脚架法”。三联脚架法能大大减少仪器对中误差和目标偏心误差对水平角的影响。

5.2.2.5 距离测量

导线测量中要对导线边进行距离测量，导线边长常用电磁波测距仪或全站仪测量。根据控制网的等级不同，其主要技术要求也不同。采用电磁波测距仪或全站仪进行距离测量，距离观测的次数、较差和仪器精度指标都要满足有关测量规范的要求，不合格的结果应重测。光电测距的主要技术要求见表5.11。

表5.11 光电测距的主要技术要求

平面控制网等级	仪器精度等级	每边测回数		一测回读数较差/mm	单程各测回较差/mm	往返测距较差/mm
		往	返			
三等	5 mm 级仪器	3	3	≤5	≤7	$\leqslant 2(a+bD)$
	10 mm 级仪器	4	4	≤10	≤15	
四等	5 mm 级仪器	2	2	≤5	≤7	
	10 mm 级仪器	3	3	≤10	≤15	
一级	10 mm 级仪器	2	—	≤10	≤15	—
二、三级	10 mm 级仪器	1	—	≤10	≤15	

注：1. 测回是指照准目标一次，读数2～4次的过程。

2. 根据具体情况，边长测距可采取不同时间段测量代替往返观测。

3. 计算测距往返较差的限差时，a、b 分别为相应等级所使用仪器标称的固定误差和比例误差。

5.2.2.6 联测

导线联测是指新布设的导线与周围已有的高级控制点的联系测量，以取得新布设导线的起算数据，即起始点的坐标和起始方位角。为此，必须观测连接角、连接边，作为传递坐标方位角和坐标之用。连接边的测量与导线边的测量方法相同。连接角的测量同支导线转折角的测量，其测站的圆周角闭合差不超过±40″。如果附近无高级控制点，则应用罗盘仪施测导线起始边的磁方位角，并将起始点的坐标作为起算数据。

5.2.3 导线的内业计算

凡在室内进行的作业称为内业工作。导线测量外业工作结束以后，即可进行内业计算。在导线内业计算之前，一定要对外业观测数据做一次全面的检查和整理，查看有无遗漏、记错或算错的地方，各项限差是否满足要求。如有超限的情况，应立即进行重新测量或补测。计算之前应绘制导线略图，整理已知数据。

5.2.3.1 闭合导线内业计算

1. 角度闭合差的计算

闭合导线是一个多边形，而多边形的内角和理论值为

$$\sum \beta_{理} = (n-2) \times 180° \tag{5.1}$$

从理论上讲，如果测量过程中不存在任何误差，测量的闭合导线内角和应该和理论值 $(n-2)\times 180°$ 相等。而在实际角度观测过程中，由于不可避免地存在测量误差，导致实测

的多边形内角和并不等于上述理论值，两者之间存在一个差值，这个差值称为闭合导线的角度闭合差。角度闭合差一般用f_β表示，即

$$f_\beta = \sum\beta_{测} - \sum\beta_{理} = \sum\beta_{测} - (n-2)\times180° \quad (5.2)$$

2. 计算闭合差允许值

角度闭合差的大小反映了水平角观测的质量。各级导线角度闭合差的允许值$f_{\beta允}$见表5.9。其中，图根导线角度闭合差允许值的计算公式为

$$f_{\beta允} = \pm40''\sqrt{n} \quad (5.3)$$

如果$|f_\beta| > |f_{\beta允}|$，说明角度闭合差超限，不满足精度要求，应检查原因或重新观测，直至满足精度要求。

如果$|f_\beta| \leq |f_{\beta允}|$，说明所测角度满足精度要求，在此情况下，可进行角度闭合差的调整。

3. 计算角度改正数

如果角度闭合差不超过允许值，则需将角度闭合差进行分配。角度闭合差分配的原则是：角度闭合差的相反数平均分配到每个观测角，则观测角的改正数v_β的计算式为

$$v_\beta = -\frac{f_\beta}{n} \quad (5.4)$$

改正数v_β取值到有效数字位，若角度闭合差f_β不能被内角个数n整除而有余数，一般情况下，将余数分配给短边的邻角。

计算检核：角度改正数之和应与角度闭合差大小相等且符号相反，即

$$\sum v_\beta = -f_\beta \quad (5.5)$$

4. 计算改正后的角值

改正后的水平角$\beta_{i改}$等于角度观测值加上角度改正数，即

$$\beta_{i改} = \beta_i + v_\beta \quad (5.6)$$

计算检核：改正后的闭合导线内角之和应与多边形内角和理论值$(n-2)\times180°$相等，即

$$\sum\beta_{i改} = (n-2)\times180° \quad (5.7)$$

5. 推算各边的坐标方位角

根据起始边的已知坐标方位角、所测的连接角及调整后的各角值，依次推算出各导线边的坐标方位角。从第4章中可得，坐标方位角推算公式为

$$\alpha_{前} = \alpha_{后} \pm \beta \mp 180° \quad (5.8)$$

在具体推算过程中要注意以下几点：

（1）式（5.8）中的转折角β前“±”号的取法。当β为左角时，取“+”号；当β为右角时，取“-”号。

（2）式（5.8）中的180°前“∓”号的取法。当$\alpha_{后}\pm\beta < 180°$时，则取+180°；当$\alpha_{后}\pm\beta > 180°$时，则取-180°。当∓180°后，可能会出现推算出的坐标方位角大于360°或小于0°两种情况。由于方位角的取值范围是0°～360°，因此需将所计算出来的角值通过减去（或加上）360°，使其角值在0°～360°范围内，即为所求的坐标方位角。

计算检核：最后推算出起始边的坐标方位角，应与原有的起始边已知坐标方位角相等；

否则应重新检查计算。

6. 计算坐标增量

根据已推算出的导线各边的坐标方位角和相应的边长计算各边的坐标增量，坐标增量常用 Δx 和 Δy 表示。坐标增量计算式为

$$\begin{cases}\Delta x_{AB} = x_B - x_A = D_{AB}\cos\alpha_{AB} \\ \Delta y_{AB} = y_B - y_A = D_{AB}\sin\alpha_{AB}\end{cases} \tag{5.9}$$

7. 计算坐标增量闭合差

理论上，各边的纵、横坐标增量代数和的理论值应等于终、始两已知点间的纵、横坐标之差，即

$$\begin{cases}\sum \Delta x_{理} = x_{终} - x_{始} \\ \sum \Delta y_{理} = y_{终} - y_{始}\end{cases} \tag{5.10}$$

由于闭合导线的终点就是起始点，由数学知识可知，闭合导线各边坐标增量的代数和理论上应等于零，即

$$\begin{cases}\sum \Delta x_{理} = 0 \\ \sum \Delta y_{理} = 0\end{cases} \tag{5.11}$$

但是，实际上坐标增量由边长 D 和坐标方位角 α 计算而得，然而由于角度闭合差的调整与实际情况并不一定相符，加之边长测量还存在误差，从而导致坐标增量带有误差，使通过实测值计算出的坐标增量之和 $\sum \Delta x_{测}$ 和 $\sum \Delta y_{测}$ 与理论值不相等，即其差值不等于零，此差值称为坐标增量闭合差，通常以 f_x 和 f_y 分别表示纵坐标增量闭合差和横坐标增量闭合差，如图 5.10 所示。对于闭合导线，有

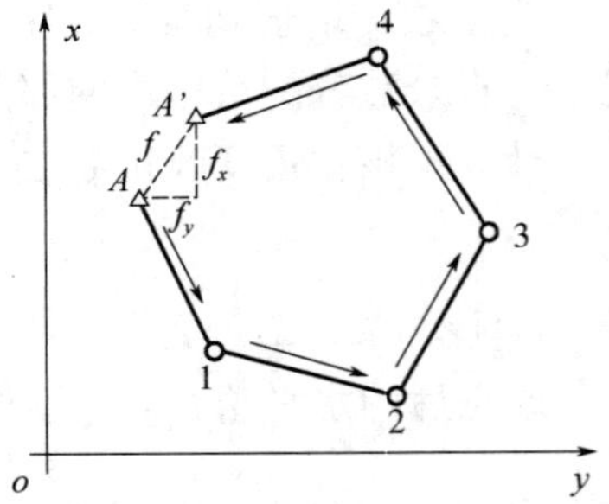

图 5.10　闭合导线坐标增量闭合差

$$\begin{cases}f_x = \sum \Delta x_{测} - \sum \Delta x_{理} = \sum \Delta x_{测} \\ f_y = \sum \Delta y_{测} - \sum \Delta y_{理} = \sum \Delta y_{测}\end{cases} \tag{5.12}$$

8. 计算导线全长闭合差和导线全长相对闭合差

由于坐标增量闭合差的存在，根据计算结果绘制出来的闭合导线图形不能闭合。因不闭合而产生的缺口大小，称为导线全长闭合差，通常用 f 表示。利用数学几何学知识，用坐标增量闭合差可求得导线全长闭合差

$$f = \sqrt{f_x^2 + f_y^2} \tag{5.13}$$

导线全长闭合差 f 是随着导线长度的增大而增大的，不能说明导线测量的精度。衡量导线的精度还应该考虑到导线的总长，通常用导线全长相对闭合差 K 来衡量导线测量的精度。导线全长闭合差 f 与导线全长 $\sum D$ 的比值称为导线全长相对闭合差，简称导线全长闭合差。导线全长相对闭合差 K 通常用分子为 1 的分数形式表示，即

$$K = \frac{f}{\sum D} = \frac{1}{\sum D/f} \tag{5.14}$$

用导线全长相对闭合差 K 来衡量导线测量的精度，K 的分母越大，说明导线测量的精度越高。不同等级的导线，其全长相对闭合差允许值 $K_{允}$ 见表 5.9。图根导线的全长相对闭合差允许值 $K_{允}$ 为 1/2 000。

如果 $K > K_{允}$，说明导线测量成果不合格，此时应对导线的内业计算和外业工作进行检查，必要时需重测。

如果 $K \leqslant K_{允}$，说明导线测量成果满足精度要求，可以对纵、横坐标增量闭合差进行调整。

9. 求纵、横坐标增量改正数

若导线全长相对闭合差 K 小于坐标增量闭合差允许值 $K_{允}$，表明观测结果满足精度要求，可将纵、横坐标增量闭合差分配到坐标增量中。纵、横坐标增量闭合差分配的原则是：与边长成正比反号分配，则各纵、横坐标增量的改正数可按下式计算，即

$$\begin{cases} v_{xi} = -\dfrac{f_x}{\sum D} D_i \\ v_{yi} = -\dfrac{f_y}{\sum D} D_i \end{cases} \tag{5.15}$$

式中，v_{xi}、v_{yi} 为第 i 边的纵、横坐标增量的改正数；D_i 为第 i 边的边长。

计算检核：纵、横坐标增量改正数之和应分别与纵、横坐标增量闭合差大小相等，符号相反，即

$$\begin{cases} \sum v_x = -f_x \\ \sum v_y = -f_y \end{cases} \tag{5.16}$$

10. 计算改正后的坐标增量

各边的坐标增量加上相应的坐标增量改正数，即得改正后的坐标增量，即

$$\begin{cases} \Delta x_{i改} = \Delta x_i + v_{xi} \\ \Delta y_{i改} = \Delta y_i + v_{yi} \end{cases} \tag{5.17}$$

计算检核：改正后的纵、横坐标增量的代数和应分别为零，即

$$\begin{cases} \sum \Delta x_{i改} = 0 \\ \sum \Delta y_{i改} = 0 \end{cases} \tag{5.18}$$

11. 导线点坐标计算

改正后的坐标增量计算出来后，可根据起始点的已知坐标和改正后的坐标增量，计算各导线点的坐标。导线点的坐标计算式为

$$\begin{cases} x_{i+1} = x_i + \Delta x_{i改} \\ y_{i+1} = y_i + \Delta y_{i改} \end{cases} \tag{5.19}$$

式中，x_{i+1}、y_{i+1} 为第 $i+1$ 点的纵、横坐标；x_i、y_i 为第 i 点的纵、横坐标；$\Delta x_{i改}$、$\Delta y_{i改}$ 为第 $i \sim i+1$ 边改正后的纵、横坐标增量。

同样用式（5.19）可以推导出起始点的坐标，推算出的起始点坐标值应与其已知值相等，以此可检查整个计算过程是否有误。

例 5.1 图 5.11 所示为图根闭合导线，已知 12 边的坐标方位角 $\alpha_{12} = 335°24'00''$，1 点的坐标及外业观测边长和转折角的数据如图 5.11 所示，计算闭合导线各点的坐标。

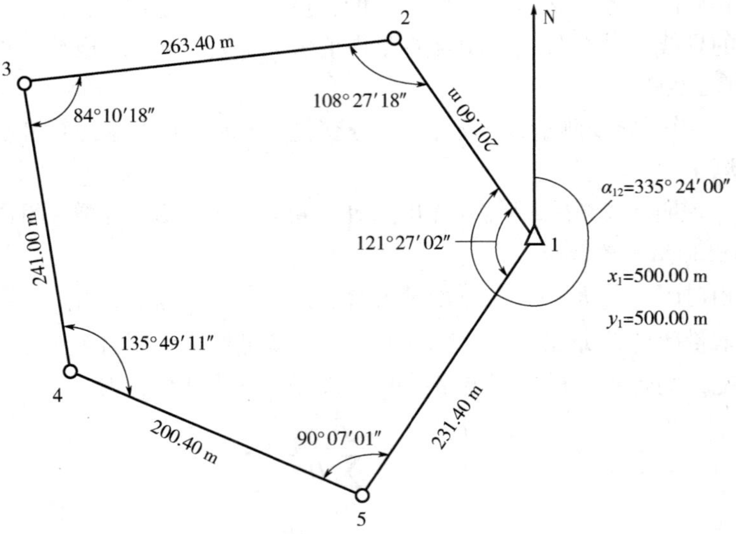

图 5.11　图根闭合导线略图

解：该闭合导线的转折角为内角，并按逆时针方向推算，则转折角为左角。

（1）依据式（5.2）计算角度闭合差，填在表 5.12 的辅助计算栏中。

$$f_\beta = \sum \beta_{测} - (n-2) \times 180° = 540°00'50'' - 540°00'00'' = +50''$$

（2）计算角度闭合差允许值，填在表 5.12 的辅助计算栏中。

$$f_{\beta允} = \pm 40'' \sqrt{n} = \pm 40'' \sqrt{5} = \pm 89''$$

$|f_\beta| < |f_{\beta允}|$，满足要求。

（3）计算角度改正数。

$$v_\beta = -\frac{f_\beta}{n} = -\frac{+50''}{5} = -10''$$

计算检核：

$$\sum v_\beta = 5 \times (-10'') = -50'' = -f_\beta$$

（4）计算改正后的转折角。

$$\beta_{1改} = \beta_1 + v_\beta = 121°27'02'' + (-10'') = 121°26'52''$$
$$\beta_{2改} = \beta_2 + v_\beta = 108°27'18'' + (-10'') = 108°27'08''$$
$$\beta_{3改} = \beta_3 + v_\beta = 84°10'18'' + (-10'') = 84°10'08''$$
$$\beta_{4改} = \beta_4 + v_\beta = 135°49'11'' + (-10'') = 135°49'01''$$
$$\beta_{5改} = \beta_5 + v_\beta = 90°07'01'' + (-10'') = 90°06'51''$$

计算检核：

$$\sum \beta_{i改} = 540° = (n-2) \times 180°$$

（5）推算各边的坐标方位角。

已知 $\alpha_{12} = 335°24'00''$，则

$$\alpha_{23} = \alpha_{12} + \beta_{2改} - 180° = 263°51'08''$$
$$\alpha_{34} = \alpha_{23} + \beta_{3改} - 180° = 168°01'16''$$

$$\alpha_{45} = \alpha_{34} + \beta_{4改} - 180° = 123°50'17''$$
$$\alpha_{51} = \alpha_{45} + \beta_{5改} - 180° = 33°57'08''$$

计算检核：

$\alpha_{12} = \alpha_{51} + \beta_{1改} - 180° = 335°24'00''$ 与已知坐标方位角相等，计算无误。

（6）计算导线各边的坐标增量。

$$\begin{cases} \Delta x_{12} = 201.60\ \text{m} \times \cos 335°24'00'' = +183.30\ \text{m} \\ \Delta y_{12} = 201.60\ \text{m} \times \sin 335°24'00'' = -83.92\ \text{m} \end{cases}$$
$$\begin{cases} \Delta x_{23} = 263.40\ \text{m} \times \cos 263°51'08'' = -28.21\ \text{m} \\ \Delta y_{23} = 263.40\ \text{m} \times \sin 263°51'08'' = -261.89\ \text{m} \end{cases}$$
$$\begin{cases} \Delta x_{34} = 241.00\ \text{m} \times \cos 168°01'16'' = -235.75\ \text{m} \\ \Delta y_{34} = 241.00\ \text{m} \times \sin 168°01'16'' = +50.02\ \text{m} \end{cases}$$
$$\begin{cases} \Delta x_{45} = 200.40\ \text{m} \times \cos 123°50'17'' = -111.59\ \text{m} \\ \Delta y_{45} = 200.40\ \text{m} \times \sin 123°50'17'' = +166.46\ \text{m} \end{cases}$$
$$\begin{cases} \Delta x_{51} = 231.40\ \text{m} \times \cos 33°57'08'' = +191.95\ \text{m} \\ \Delta y_{51} = 231.40\ \text{m} \times \sin 33°57'08'' = +129.24\ \text{m} \end{cases}$$

（7）计算坐标增量闭合差。

$$\begin{cases} f_x = \sum \Delta x_{测} = -0.30\ \text{m} \\ f_y = \sum \Delta y_{测} = -0.09\ \text{m} \end{cases}$$

（8）计算导线全长闭合差和导线全长相对闭合差。

$$f = \sqrt{(-0.30)^2 + (-0.09)^2}\ \text{m} = 0.31\ \text{m}$$
$$K = \frac{0.31}{1\,137.80} \approx \frac{1}{3\,600} < K_{允} = \frac{1}{2\,000}$$

（9）计算坐标增量改正数。

$$\begin{cases} v_{x12} = -\dfrac{-0.30}{1\,137.80} \times 201.60\ \text{m} = +0.05\ \text{m} \\ v_{y12} = -\dfrac{-0.09}{1\,137.80} \times 201.60\ \text{m} = +0.02\ \text{m} \end{cases}$$
$$\begin{cases} v_{x23} = -\dfrac{-0.30}{1\,137.80} \times 263.40\ \text{m} = +0.07\ \text{m} \\ v_{y23} = -\dfrac{-0.09}{1\,137.80} \times 263.40\ \text{m} = +0.02\ \text{m} \end{cases}$$
$$\begin{cases} v_{x34} = -\dfrac{-0.30}{1\,137.80} \times 241.00\ \text{m} = +0.07\ \text{m} \\ v_{y34} = -\dfrac{-0.09}{1\,137.80} \times 241.00\ \text{m} = +0.02\ \text{m} \end{cases}$$
$$\begin{cases} v_{x45} = -\dfrac{-0.30}{1\,137.80} \times 200.40\ \text{m} = +0.05\ \text{m} \\ v_{y45} = -\dfrac{-0.09}{1\,137.80} \times 200.40\ \text{m} = +0.01\ \text{m} \end{cases}$$

$$\begin{cases} v_{x51} = -\dfrac{-0.30}{1\ 137.80} \times 231.40\ \text{m} = +0.06\ \text{m} \\ v_{y51} = -\dfrac{-0.09}{1\ 137.80} \times 231.40\ \text{m} = +0.02\ \text{m} \end{cases}$$

计算检核：

$$\begin{cases} \sum v_x = +0.3\ \text{m} = -f_x \\ \sum v_y = +0.09\ \text{m} = -f_y \end{cases}$$

（10）计算改正后的坐标增量。

$$\begin{cases} \Delta x_{12改} = +183.30\ \text{m} + (+0.05)\ \text{m} = +183.35\ \text{m} \\ \Delta y_{12改} = -83.92\ \text{m} + (+0.02)\ \text{m} = -83.90\ \text{m} \end{cases}$$

$$\begin{cases} \Delta x_{23改} = -28.21\ \text{m} + (+0.07)\ \text{m} = -28.14\ \text{m} \\ \Delta y_{23改} = -261.89\ \text{m} + (+0.02)\ \text{m} = -261.87\ \text{m} \end{cases}$$

$$\begin{cases} \Delta x_{34改} = -235.75\ \text{m} + (+0.07)\ \text{m} = -235.68\ \text{m} \\ \Delta y_{34改} = +50.02\ \text{m} + (+0.02)\ \text{m} = +50.04\ \text{m} \end{cases}$$

$$\begin{cases} \Delta x_{45改} = -111.59\ \text{m} + (+0.05)\ \text{m} = -111.54\ \text{m} \\ \Delta y_{45改} = +166.46\ \text{m} + (+0.01)\ \text{m} = +166.47\ \text{m} \end{cases}$$

$$\begin{cases} \Delta x_{51改} = +191.95\ \text{m} + (+0.06)\ \text{m} = +192.01\ \text{m} \\ \Delta y_{51改} = +129.24\ \text{m} + (+0.02)\ \text{m} = +129.26\ \text{m} \end{cases}$$

计算检核：

$$\begin{cases} \sum \Delta x_{改} = 0 \\ \sum \Delta y_{改} = 0 \end{cases}$$

（11）导线各点坐标计算。

$$\begin{cases} x_2 = 500.00\ \text{m} + (+183.35)\ \text{m} = 683.35\ \text{m} \\ y_2 = 500.00\ \text{m} + (-83.90)\ \text{m} = 416.10\ \text{m} \end{cases}$$

$$\begin{cases} x_3 = 683.35\ \text{m} + (-28.14)\ \text{m} = 655.21\ \text{m} \\ y_3 = 416.10\ \text{m} + (-261.87)\ \text{m} = 154.23\ \text{m} \end{cases}$$

$$\begin{cases} x_4 = 655.21\ \text{m} + (-235.68)\ \text{m} = 419.53\ \text{m} \\ y_4 = 154.23\ \text{m} + (+50.04)\ \text{m} = 204.27\ \text{m} \end{cases}$$

$$\begin{cases} x_5 = 419.53\ \text{m} + (-111.54)\ \text{m} = 307.99\ \text{m} \\ y_5 = 204.27\ \text{m} + (+166.47)\ \text{m} = 370.74\ \text{m} \end{cases}$$

计算检核：

$$\begin{cases} x_1 = 307.99\ \text{m} + (+192.01)\ \text{m} = 500.00\ \text{m} \\ y_1 = 370.74\ \text{m} + (+129.26)\ \text{m} = 500.00\ \text{m} \end{cases}$$

计算的 1 点坐标和 1 点已知坐标相等，说明计算无误。

闭合导线内业计算算例见表 5.12。

表 5.12 闭合导线坐标计算表

点号	观测角	改正数/(″)	改正后的角值	坐标方位角	边长 D/m	坐标增量 Δx/m		坐标增量 Δy/m		改正后的坐标增量/m		坐标/m	
						计算值	改正数	计算值	改正数	$\Delta x_{改}$	$\Delta y_{改}$	x	y
(1)	(2)	(3)	(4) = (2) + (3)	(5)	(6)	(7)	(8)	(9)	(10)	(11)	(12)	(13)	(14)
1												500.00	500.00
				335°24′00″	201.60	+183.30	+0.05	−83.92	+0.02	+183.35	−83.90		
2	108°27′18″	−10	108°27′08″									683.35	416.10
				263°51′08″	263.40	−28.21	+0.07	−261.89	+0.02	−28.14	−261.87		
3	84°10′18″	−10	84°10′08″									655.21	154.23
				168°01′16″	241.00	−235.75	+0.07	+50.02	+0.02	−235.68	+50.04		
4	135°49′11″	−10	135°49′01″									419.53	204.27
				123°50′17″	200.40	−111.59	+0.05	+166.46	+0.01	−111.54	+166.47		
5	90°07′01″	−10	90°06′51″									307.99	370.74
				33°57′08″	231.40	+191.95	+0.06	+129.24	+0.02	+192.01	+129.26		
1	121°27′02″	−10	121°26′52″									500.00	500.00
				335°24′00″									
2													
Σ	540°00′50″	−50	540°00′00″		1137.80	−0.30	+0.30	−0.09	+0.09	0	0		

辅助计算：

角度闭合差 $f_\beta = \sum\beta_{测} - (n-2)\times 180° = 540°00'50'' - 540°00'00'' = +50''$。

角度闭合差允许值 $f_{\beta允} = \pm 40''\sqrt{n} = \pm 40''\sqrt{5} = \pm 89''$，$|f_\beta| < |f_{\beta允}|$，满足要求。

坐标增量闭合差 $f_x = \sum\Delta x_{测} = -0.30\ \text{m}$，$f_y = \sum\Delta y_{测} = -0.09\ \text{m}$。

导线全长闭合差 $f = \sqrt{(-0.30)^2 + (-0.09)^2}\ \text{m} = 0.31\ \text{m}$。

导线全长相对闭合差 $K = \dfrac{0.31}{1\,137.80} \approx \dfrac{1}{3\,600} < K_{允} = \dfrac{1}{2\,000}$。

5.2.3.2 附合导线内业计算

附合导线的计算过程和闭合导线的计算方法基本相同。不同的是两者的角度闭合差及坐标增量闭合差的计算方法不一样。下面主要介绍附合导线的角度闭合差及坐标增量闭合差的计算方法。

1. 角度闭合差的计算与调整

附合导线首尾各有一条已知坐标方位角的边，这里称为始边和终边。由于外业工作已测得导线各个转折角的大小，所以可以根据起始边的坐标方位角及测得的导线各转折角推算出终边的坐标方位角 $\alpha'_{终}$，由第4章中起始边方位角推算任意边方位角公式可知

$$\alpha'_{终} = \alpha_{始} \pm \sum\beta \mp n \times 180°$$

这样，就由起始边的坐标方位角及测得的导线各转折角推算得出终边的坐标方位角值，而导线终边的坐标方位角原本有一个已知值 $\alpha_{终}$。由于测角存在误差，使终边的两个坐标方位角值不相等，这两个坐标方位角之间的差值即为附合导线的角度闭合差 f_β，即

$$f_\beta = \alpha'_{终} - \alpha_{终} = \alpha_{始} - \alpha_{终} \pm \sum\beta \mp n \times 180° \tag{5.20}$$

在使用以上两公式时应注意：

（1）$\sum\beta$ 前“±”号的取法。当 β 为左角时，取“+”号；当 β 为右角时，取“-”号。

（2）在实际计算过程中，$n \times 180°$ 前的“∓”号可以任意取，这时会出现推算出的坐标方位角大于360°或小于0°两种情况。由于方位角的取值范围是0°～360°，因此需将所计算出来的角值通过减去（或加上）360°，使其角值在0°～360°范围内，即为所求的坐标方位角。

（3）$\sum\beta$ 是从起始边终点的转折角开始，依次相加至所要推算的边（终边）起点的转折角。

附合导线角度闭合差分配的原则是：若转折角为左角，则将角度闭合差反号平均分配到每个转折角；若转折角为右角，则将角度闭合差同号平均分配到每个转折角。角度改正数 v_β 的计算式为

$$\begin{cases} v_{\beta左} = -\dfrac{f_\beta}{n} \\ v_{\beta右} = \dfrac{f_\beta}{n} \end{cases} \tag{5.21}$$

改正数 v_β 取值到秒，若角度闭合差 f_β 不能被内角个数 n 整除而有余数，一般情况下，将余数分配给短边的邻角。

计算检核：若转折角为左角，则角度改正数之和应与角度闭合差大小相等，符号相反；若转折角为右角，则角度改正数之和应与角度闭合差大小相等，符号相同，即

$$\begin{cases} \sum v_{\beta左} = -f_\beta \\ \sum v_{\beta右} = f_\beta \end{cases} \tag{5.22}$$

2. 计算坐标增量闭合差

理论上，各边的纵、横坐标增量代数和的理论值应等于终、始两已知点间的纵、横坐标

之差，即

$$\begin{cases}\sum \Delta x_{理} = x_{终} - x_{始} \\ \sum \Delta y_{理} = y_{终} - y_{始}\end{cases}$$

但是，实际上坐标增量由边长 D 和坐标方位角 α 计算而得，由于角度闭合差的调整与实际情况并不一定相符，加之边长测量还存在误差，从而导致坐标增量带有误差，使通过实测值计算出的坐标增量之和 $\sum \Delta x_{测}$ 和 $\sum \Delta y_{测}$ 与坐标增量代数和的理论值一般不等，即其差值不等于零，此差值称为坐标增量闭合差，通常以 f_x 和 f_y 分别表示纵坐标增量闭合差和横坐标增量闭合差。对于闭合导线，有

$$\begin{cases}f_x = \sum \Delta x_{测} - \sum \Delta x_{理} = \sum \Delta x_{测} - (x_{终} - x_{始}) \\ f_y = \sum \Delta y_{测} - \sum \Delta y_{理} = \sum \Delta y_{测} - (y_{终} - y_{始})\end{cases} \tag{5.23}$$

计算附合导线全长相对闭合差的公式及分配 f_x、f_y 的方法，与闭合导线完全相同。

例 5.2　图 5.12 所示为图根附合导线。已知 AB、CD 边的坐标方位角分别为 $\alpha_{AB} = 236°44'28''$、$\alpha_{CD} = 60°38'01''$。$B$、$C$ 两点的坐标及外业观测边长和转折角的数据如图 5.12 所示，计算附合导线各点的坐标。

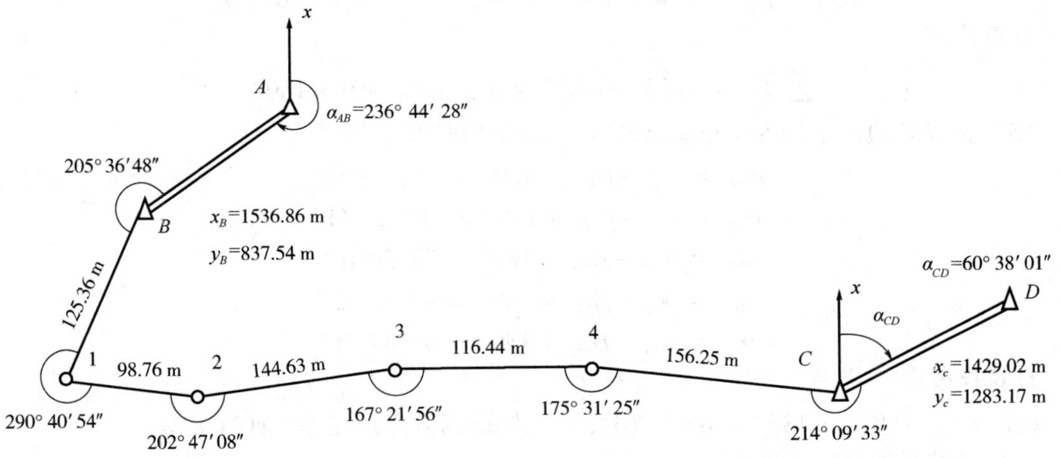

图 5.12　图根附合导线

解： 该附合导线是由 AB 方向为起始，依次经过 1、2、3、4 点推算至 CD 方向，此时观测的转折角为推算路线的右角。

（1）依据式（5.20）计算角度闭合差，填在表 5.13 的辅助计算栏中。

$$\alpha'_{CD} = \alpha_{AB} - \sum \beta + 6 \times 180° = 60°36'44''$$

$$f_\beta = \alpha'_{CD} - \alpha_{CD} = -77''$$

（2）计算角度闭合差允许值，填在表 5.13 的辅助计算栏中。

$$f_{\beta允} = \pm 40''\sqrt{n} = \pm 40''\sqrt{6} = \pm 98''$$

$|f_\beta| < |f_{\beta允}|$，满足要求。

（3）计算角度改正数。

$$v_\beta = \frac{f_\beta}{n} = \frac{-77''}{6} \approx -13''$$

为了凑整，且考虑到12边边长较短，得各角的角度改正数为

$$v_B = -13'', v_1 = -12''$$
$$v_2 = -13'', v_3 = -13''$$
$$v_4 = -13'', v_C = -13''$$

计算检核：

$$\sum v_\beta = 5 \times (-13'') + (-12'') = -77'' = f_\beta$$

（4）计算改正后的转折角。

$$\beta_{B改} = \beta_B + v_B = 205°36'48'' + (-13'') = 205°36'35''$$
$$\beta_{1改} = \beta_1 + v_1 = 290°40'54'' + (-12'') = 290°40'42''$$
$$\beta_{2改} = \beta_2 + v_2 = 202°47'08'' + (-13'') = 202°46'55''$$
$$\beta_{3改} = \beta_3 + v_3 = 167°21'56'' + (-13'') = 167°21'43''$$
$$\beta_{4改} = \beta_4 + v_4 = 175°31'25'' + (-13'') = 175°31'12''$$
$$\beta_{C改} = \beta_C + v_C = 214°09'33'' + (-13'') = 214°09'20''$$

计算检核：

$$\sum \beta_{i改} = 1256°06'27'' = \alpha_{AB} - \alpha_{CD} + 6 \times 180°$$

（5）推算各边的坐标方位角。已知 $\alpha_{AB} = 236°44'28''$，则

$$\alpha_{B1} = \alpha_{AB} - \beta_{B改} + 180° = 211°07'53''$$
$$\alpha_{12} = \alpha_{B1} - \beta_{1改} + 180° = 100°27'11''$$
$$\alpha_{23} = \alpha_{12} - \beta_{2改} + 180° = 77°40'16''$$
$$\alpha_{34} = \alpha_{23} - \beta_{3改} + 180° = 90°18'33''$$
$$\alpha_{4C} = \alpha_{34} - \beta_{4改} + 180° = 94°47'21''$$

计算检核：

$\alpha_{CD} = \alpha_{4C} - \beta_{C改} + 180° = 60°38'01''$，与已知坐标方位角相等，计算无误。

（6）计算导线各边的坐标增量。

$$\begin{cases}\Delta x_{B1} = 125.36\ \text{m} \times \cos 211°07'53'' = -107.31\ \text{m} \\ \Delta y_{B1} = 125.36\ \text{m} \times \sin 211°07'53'' = -64.81\ \text{m}\end{cases}$$

$$\begin{cases}\Delta x_{12} = 98.76\ \text{m} \times \cos 100°27'11'' = -17.92\ \text{m} \\ \Delta y_{12} = 98.76\ \text{m} \times \sin 100°27'11'' = +97.12\ \text{m}\end{cases}$$

$$\begin{cases}\Delta x_{23} = 144.63\ \text{m} \times \cos 77°40'16'' = +30.88\ \text{m} \\ \Delta y_{23} = 144.63\ \text{m} \times \sin 77°40'16'' = +141.29\ \text{m}\end{cases}$$

$$\begin{cases}\Delta x_{34} = 116.44\ \text{m} \times \cos 90°18'33'' = -0.63\ \text{m} \\ \Delta y_{34} = 116.44\ \text{m} \times \sin 90°18'33'' = +116.44\ \text{m}\end{cases}$$

$$\begin{cases}\Delta x_{4C} = 156.25\ \text{m} \times \cos 94°47'21'' = -13.05\ \text{m} \\ \Delta y_{4C} = 156.25\ \text{m} \times \sin 94°47'21'' = +155.70\ \text{m}\end{cases}$$

（7）计算坐标增量闭合差。

$$\begin{cases} f_x = \sum \Delta x_{测} - (x_{终} - x_{始}) = -0.19 \text{ m} \\ f_y = \sum \Delta y_{测} - (y_{终} - y_{始}) = +0.11 \text{ m} \end{cases}$$

（8）计算导线全长闭合差和导线全长相对闭合差。

$$f = \sqrt{(-0.19)^2 + (+0.11)^2} \text{ m} = 0.22 \text{ m}$$

$$K = \frac{0.22}{641.44} \approx \frac{1}{2\,900} < K_{允} = \frac{1}{2\,000}$$

（9）计算坐标增量改正数。

$$\begin{cases} v_{xB1} = -\dfrac{-0.19}{641.44} \times 125.36 \text{ m} = +0.04 \text{ m} \\ v_{yB1} = -\dfrac{+0.11}{641.44} \times 125.36 \text{ m} = -0.02 \text{ m} \end{cases}$$

$$\begin{cases} v_{x12} = -\dfrac{-0.19}{641.44} \times 98.76 \text{ m} = +0.03 \text{ m} \\ v_{y12} = -\dfrac{+0.11}{641.44} \times 98.76 \text{ m} = -0.02 \text{ m} \end{cases}$$

$$\begin{cases} v_{x23} = -\dfrac{-0.19}{641.44} \times 144.63 \text{ m} = +0.04 \text{ m} \\ v_{y23} = -\dfrac{+0.11}{641.44} \times 144.63 \text{ m} = -0.02 \text{ m} \end{cases}$$

$$\begin{cases} v_{x34} = -\dfrac{-0.19}{641.44} \times 116.44 \text{ m} = +0.03 \text{ m} \\ v_{y34} = -\dfrac{+0.11}{641.44} \times 116.44 \text{ m} = -0.02 \text{ m} \end{cases}$$

$$\begin{cases} v_{x4C} = -\dfrac{-0.19}{641.44} \times 156.25 \text{ m} = +0.05 \text{ m} \\ v_{y4C} = -\dfrac{+0.11}{641.44} \times 156.25 \text{ m} = -0.03 \text{ m} \end{cases}$$

计算检核：

$$\begin{cases} \sum v_x = +0.19 \text{ m} = -f_x \\ \sum v_y = -0.11 \text{ m} = -f_y \end{cases}$$

（10）计算改正后的坐标增量。

$$\begin{cases} \Delta x_{B1改} = -107.31 \text{ m} + (+0.04) \text{ m} = -107.27 \text{ m} \\ \Delta y_{B1改} = -64.81 \text{ m} + (-0.02) \text{ m} = -64.83 \text{ m} \end{cases}$$

$$\begin{cases} \Delta x_{12改} = -17.92 \text{ m} + (+0.03) \text{ m} = -17.89 \text{ m} \\ \Delta y_{12改} = +97.12 \text{ m} + (-0.02) \text{ m} = +97.10 \text{ m} \end{cases}$$

$$\begin{cases} \Delta x_{23改} = +30.88 \text{ m} + (+0.04) \text{ m} = +30.92 \text{ m} \\ \Delta y_{23改} = +141.29 \text{ m} + (-0.02) \text{ m} = +141.27 \text{ m} \end{cases}$$

$$\begin{cases}\Delta x_{34改} = -0.63\ \text{m} + (+0.03)\ \text{m} = -0.60\ \text{m}\\ \Delta y_{34改} = +116.44\ \text{m} + (-0.02)\ \text{m} = +116.42\ \text{m}\end{cases}$$

$$\begin{cases}\Delta x_{4C改} = -13.05\ \text{m} + (+0.05)\ \text{m} = -13.00\ \text{m}\\ \Delta y_{4C改} = +155.70\ \text{m} + (-0.03)\ \text{m} = +155.67\ \text{m}\end{cases}$$

计算检核：

$$\begin{cases}\sum \Delta x_{改} = -107.84\ \text{m} = x_C - x_B\\ \sum \Delta y_{改} = +445.63\ \text{m} = y_C - y_B\end{cases}$$

（11）导线各点坐标计算。

$$\begin{cases}x_1 = 1\,536.86\ \text{m} + (-107.27)\ \text{m} = 1\,429.59\ \text{m}\\ y_1 = 837.54\ \text{m} + (-64.83)\ \text{m} = 772.71\ \text{m}\end{cases}$$

$$\begin{cases}x_2 = 1\,429.59\ \text{m} + (-17.89)\ \text{m} = 1\,411.70\ \text{m}\\ y_2 = 772.71\ \text{m} + (+97.10)\ \text{m} = 869.81\ \text{m}\end{cases}$$

$$\begin{cases}x_3 = 1\,411.70\ \text{m} + (+30.92)\ \text{m} = 1\,442.62\ \text{m}\\ y_3 = 869.81\ \text{m} + (+141.27)\ \text{m} = 1\,011.08\ \text{m}\end{cases}$$

$$\begin{cases}x_4 = 1\,442.62\ \text{m} + (-0.60)\ \text{m} = 1\,442.02\ \text{m}\\ y_4 = 1\,011.08\ \text{m} + (+116.42)\ \text{m} = 1\,127.50\ \text{m}\end{cases}$$

计算检核：

$$\begin{cases}x_C = 1\,442.02\ \text{m} + (-13.00)\ \text{m} = 1\,429.02\ \text{m}\\ y_C = 1\,127.50\ \text{m} + (+155.67)\ \text{m} = 1\,283.17\ \text{m}\end{cases}$$

计算的 C 点坐标和 C 点已知坐标相等，说明计算无误。

附合导线内业计算算例见表 5.13。

5.2.3.3 支导线内业计算

支导线的计算较为简单，现以图 5.13 为例说明支导线的计算过程。

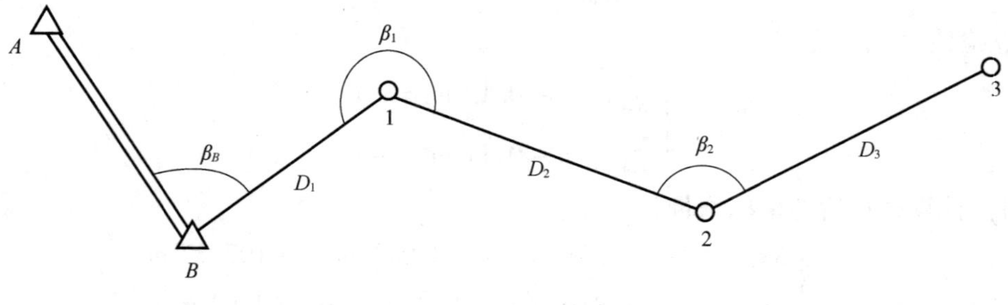

图 5.13 支导线略图

已知 AB 边的坐标方位角 $\alpha_{AB} = 148°27'36''$，$B$ 点坐标为（4 868.385，3 866.785），外业观测边长和转折角的数据如图 5.13 所示，计算支导线各点的坐标。支导线内业计算算例见表 5.14。

表 5.13　附合导线内业计算算例

点号	观测角	改正数 /(″)	改正后的角值	坐标方位角	边长 D/m	坐标增量 Δx/m 计算值	坐标增量 Δx/m 改正数	坐标增量 Δy/m 计算值	坐标增量 Δy/m 改正数	改正后的坐标增量/m $\Delta x_{改}$	改正后的坐标增量/m $\Delta y_{改}$	坐标/m x	坐标/m y
(1)	(2)	(3)	(4)=(2)+(3)	(5)	(6)	(7)	(8)	(9)	(10)	(11)	(12)	(13)	(14)
A													
				236°44′28″									
B	205°36′48″	-13	205°36′35″									1536.86	837.54
				211°07′53″	125.36	-107.31	+0.04	-64.81	-0.02	-107.27	-64.83		
1	290°40′54″	-12	290°40′42″									1429.59	772.71
				100°27′11″	98.76	-17.92	+0.03	+97.12	-0.02	-17.89	+97.10		
2	202°47′08″	-13	202°46′55″									1411.70	869.81
				77°40′16″	114.63	+30.88	+0.04	+141.29	-0.02	+30.92	+141.27		
3	167°21′56″	-13	167°21′43″									1442.62	1011.08
				90°18′33″	116.44	-0.63	+0.03	+116.44	-0.02	-0.60	+116.42		
4	175°31′25″	-13	175°31′12″									1442.02	1127.50
				94°47′21″	156.25	-13.05	+0.05	+155.70	-0.03	-13.00	+155.67		
C	214°09′33″	-13	214°09′20″									1429.02	1283.17
				60°38′01″									
D													
Σ	1256°07′44″	-77	1256°06′27″		641.44	-108.03	+0.19	+445.74	-0.11	-107.84	+445.63		

辅助计算

$\alpha'_{CD} = \alpha_{AB} - \sum\beta + 6 \times 180° = 60°36'44''$。

角度闭合差 $f_\beta = \alpha'_{CD} - \alpha_{CD} = -77''$。

角度闭合差允许值 $f_{\beta允} = \pm 40''\sqrt{n} = \pm 40''\sqrt{6} = \pm 98''$，$|f_\beta| < |f_{\beta允}|$，满足要求。

坐标增量闭合差 $f_x = \sum\Delta x_{测} - (x_{终} - x_{始}) = -0.19\ \text{m}$，$f_y = \sum\Delta y_{测} - (y_{终} - y_{始}) = +0.11\ \text{m}$。

导线全长闭合差 $f = \sqrt{(-0.19)^2 + (+0.11)^2}\ \text{m} = 0.22\ \text{m}$。

导线全长相对闭合差 $K = \frac{0.22}{641.44} \approx \frac{1}{2\,900} < K_{允} = \frac{1}{2\,000}$

表 5.14　支导线内业计算算例

点号	观测角	坐标方位角	边长 D/m	坐标增量		坐标	
				Δx/m	Δy/m	x/m	y/m
A							
		148°27′36″					
B	93°12′50″					4 868.385	3 866.785
		61°40′26″	53.829	+25.541	+47.384		
1	229°07′18″					4 893.926	3 914.169
		110°47′44″	58.427	−20.744	+54.621		
2	128°44′07″					4 873.182	3 968.790
		59°31′51″	52.893	+26.821	+45.589		
3						4 900.003	4 014.379

支导线的计算无检核条件，故其精度与可靠性较差，实际工作中应尽量避免使用。在特殊情况下非用不可时，一般不得超过三条边，并需要进行往返测量。但由于受井下条件限制，多在巷道中布设支导线，并用往返测量来检查其正确性，或采用陀螺定向边以检查测角的正确性和控制方向的误差累积。

5.3　交会测量

在地形测量及普通工程测量中，当测区内已有控制点的密度不能满足工程施工或测图要求，而且需要加密的控制点数量又不多时，可以用交会定点的方法进行加密。交会法测量图形结构简单，外业测量工作简易，所以在工程测量及地形图测绘中经常使用。

交会法测量可分为前方交会、侧方交会、后方交会和距离交会四种方法。

5.3.1　前方交会

5.3.1.1　前方交会的概念

现有两个已知点及一个待测点，在两个已知控制点上安置经纬仪或全站仪，分别观测已知边与邻边之间所夹水平角，以求得待定点的坐标，这种方法称为前方交会法。前方交会法通常用于待定点上无法安置仪器的情况，例如塔尖、避雷针、烟囱等。

前方交会法适用的场合：

（1）具有两个及以上已知控制点。

（2）已知点与已知点之间、已知点与待定点之间可以通视。

（3）已知点上可以架设仪器，但待定点上不方便架设仪器。

（4）交会角必须介于 30°～150°之间。

5.3.1.2　前方交会测量的实施步骤

如图 5.14 所示，A、B 为坐标已知的控制点，P 为待定点，A 点的坐标为（x_A, y_A），B 点的坐标为（x_B, y_B）。分别在 A、B 两点处安置仪器，测出水平角 α 和 β，根据 A、B 两点的已

知坐标和水平角 α 与 β，计算确定出待定点 P 的坐标，此法称为前方交会。其实施步骤如下：

（1）分别将经纬仪或全站仪架设于 A、B 两点上，对中、整平。

（2）用 A 点上的仪器测出 α 角；B 点上的仪器测出 β 角。

（3）计算 P 点的坐标。

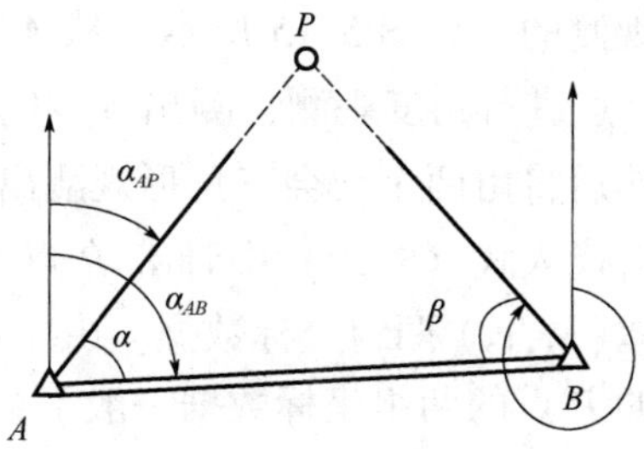

图 5.14　前方交会

5.3.1.3　前方交会的计算方法

1. 用导线计算方法计算 P 点的坐标

（1）用 A、B 两点的坐标计算已知边 AB 的边长 D_{AB} 及坐标方位角 α_{AB}。

$$\begin{cases} D_{AB} = \sqrt{(x_B - x_A)^2 + (y_B - y_A)^2} \\ \alpha_{AB} = \arctan \dfrac{y_B - y_A}{x_B - x_A} \end{cases} \tag{5.24}$$

（2）计算 AP、BP 两边的边长。由三角形正弦定理，可得

$$\begin{cases} D_{AP} = \dfrac{D_{AB}\sin\beta}{\sin\gamma} = \dfrac{D_{AB}\sin\beta}{\sin(\alpha+\beta)} \\ D_{BP} = \dfrac{D_{AB}\sin\alpha}{\sin\gamma} = \dfrac{D_{AB}\sin\alpha}{\sin(\alpha+\beta)} \end{cases} \tag{5.25}$$

式中，$\gamma = 180° - \alpha - \beta$。

（3）计算 AP、BP 两边的坐标方位角。

$$\begin{cases} \alpha_{AP} = \alpha_{AB} - \alpha \\ \alpha_{BP} = \alpha_{AB} - 180° + \beta \end{cases} \tag{5.26}$$

（4）计算待定点 P 点的坐标。

$$\begin{cases} x_P = x_A + \Delta x_{AP} = x_A + D_{AP}\cos\alpha_{AP} \\ y_P = y_A + \Delta y_{AP} = y_A + D_{AP}\sin\alpha_{AP} \end{cases} \tag{5.27}$$

或

$$\begin{cases} x_P = x_B + \Delta x_{BP} = x_B + D_{BP}\cos\alpha_{BP} \\ y_P = y_B + \Delta y_{BP} = y_B + D_{BP}\sin\alpha_{BP} \end{cases} \tag{5.28}$$

2. 用余切公式计算 P 点的坐标

$$\begin{cases} x_P = \dfrac{x_A\cot\beta + x_B\cot\alpha + (y_B - y_A)}{\cot\alpha + \cot\beta} \\ y_P = \dfrac{y_A\cot\beta + y_B\cot\alpha - (x_B - x_A)}{\cot\alpha + \cot\beta} \end{cases} \tag{5.29}$$

在应用式（5.29）时，要注意三角形的点号 A、B、P 必须按逆时针顺序排列，在 A 点的观测角编号为 α，在 B 点的观测角编号为 β。其中，A、B 为已知点，P 为待定点。

5.3.1.4　前方交会的观测检核

在实际工作中，为了校核和提高待定点 P 的精度，前方交会通常是在三个已知点上进行

观测的。如图 5.15 所示，从 A、B、C 三个已知点分别向 P 点进行角度观测，测出 α_1 和 β_1 、α_2 和 β_2 两组水平角。然后将由两个交会三角形观测出的角度和已知点的坐标各自代入式（5.29）中计算 P 点的坐标，得到 $P_1(x_1,y_1)$ 、$P_2(x_2,y_2)$ 两组坐标数据。由于测角误差的存在，计算出的 P 点的两组坐标数据一般不会完全相同，有

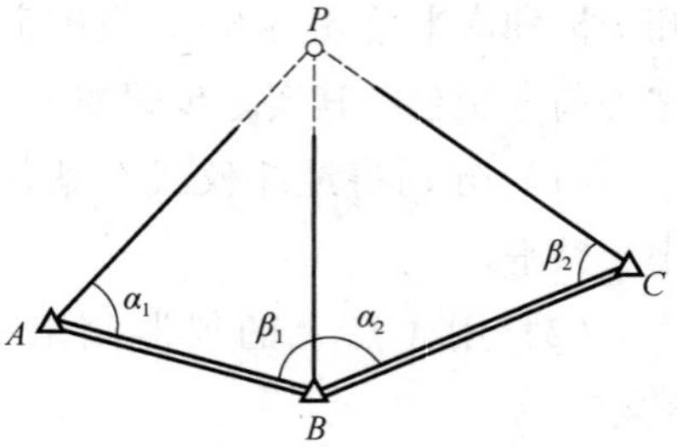

图 5.15　三点前方交会

$$\begin{cases}\delta_x = x_1 - x_2 \\ \delta_y = y_1 - y_2\end{cases} \tag{5.30}$$

由此可计算出 P 点的位移

$$e = \sqrt{\delta_x^{\ 2} + \delta_y^{\ 2}} \tag{5.31}$$

当 $e \leqslant 2 \times 0.1M$ (mm)（M 为测图比例尺的分母）时，取两组坐标的平均值作为 P 点的最后坐标，即

$$\begin{cases}x_P = \dfrac{x_1 + x_2}{2} \\ y_P = \dfrac{y_1 + y_2}{2}\end{cases} \tag{5.32}$$

在实际应用中具体采用哪一种交会法进行观测需要根据现场的实际情况而定。为了提高交会的精度，在选用交会法的同时，还要注意交会图形的好坏。一般情况下，应尽可能使交会角 γ 接近于 90°，并保证 $30° \leqslant \gamma \leqslant 150°$。

例 5.3　已知 A（116.942，683.295）、B（522.909，794.647）、C（781.305，435.018）三点为已知点，与待定点 P 所形成的夹角观测值分别为 $\alpha_1 = 59°10'42''$、$\beta_1 = 56°32'54''$、$\alpha_2 = 53°48'45''$、$\beta_2 = 57°33'33''$，测图比例尺为 1∶1 000。试求待定点 P 的坐标值。

解：根据已知条件作前方交会略图，并将数据列于表 5.15 中，计算结果也见表 5.15。

表 5.15　前方交会计算表

<table>
<tr><td rowspan="8">略图</td><td rowspan="8">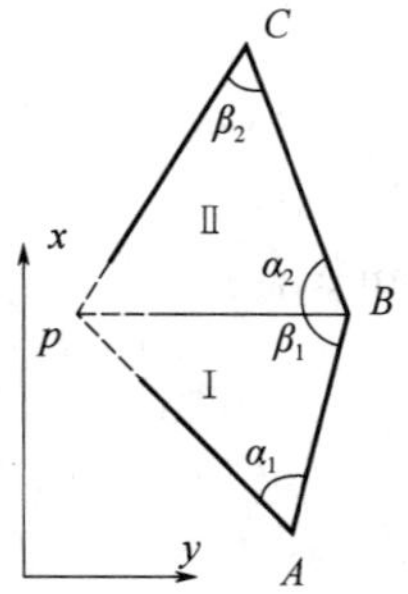
</td><td rowspan="4"></td><td>点号</td><td>x/m</td><td>y/m</td></tr>
<tr><td>A</td><td>116.942</td><td>683.295</td></tr>
<tr><td>B</td><td>522.909</td><td>794.647</td></tr>
<tr><td>C</td><td>781.305</td><td>435.018</td></tr>
<tr><td rowspan="4">观测数据</td><td>α_1</td><td colspan="2">59°10′42″</td></tr>
<tr><td>β_1</td><td colspan="2">56°32′54″</td></tr>
<tr><td>α_2</td><td colspan="2">53°48′45″</td></tr>
<tr><td>β_2</td><td colspan="2">57°33′33″</td></tr>
<tr><td>计算结果</td><td colspan="5">（1）由Ⅰ计算得：x_1 = 398.151 m，y_1 = 413.249 m
（2）由Ⅱ计算得：x_2 = 398.127 m，y_2 = 413.215 m
（3）P 点最后坐标为：x_P = 398.139 m，y_P = 413.232 m</td></tr>
<tr><td>检核计算</td><td colspan="5">$e = \sqrt{\delta_x^{\ 2} + \delta_y^{\ 2}} = 0.042\ \text{m} \leqslant e_{容} = 2 \times 0.1 \times 1\,000\ \text{mm} = 0.2\ \text{m}$
测图比例尺为 1∶1 000</td></tr>
</table>

5.3.2　侧方交会

如图5.16所示，A、B为坐标已知的控制点，P为待定点，A点的坐标为（x_A, y_A），B点的坐标为（x_B, y_B）。已知点B被河流阻碍，不方便到达，现分别在A、P两点处安置仪器，测出水平角α和γ，根据A、B两点的已知坐标和水平角α与γ，计算确定出待定点P的坐标，此法称为侧方交会。侧方交会的计算公式与前方交会法相同，所不同的是β角不是直接观测的，而是计算求出的，即

$$\beta = 180° - \alpha - \gamma$$

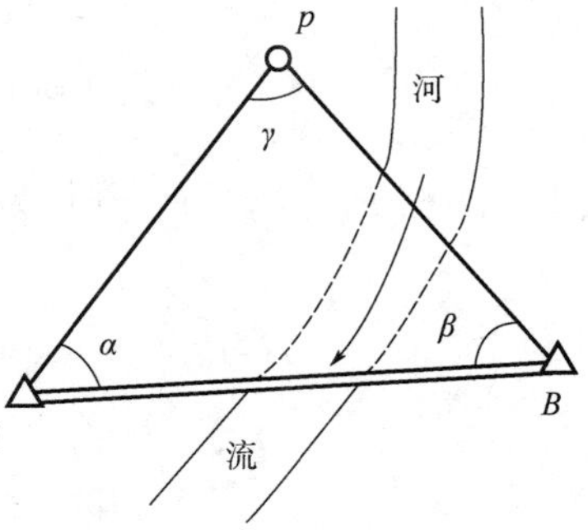

图5.16　侧方交会

5.3.3　后方交会

5.3.3.1　后方交会的概念

现有三个已知点及一个待测点，将经纬仪或全站仪安置在待测点上分别照准三个已知点，观测出三个方向之间的两个夹角，以求得待测点的坐标，这种方法称为后方交会法。由于这种方法只架设一次仪器，故在大型工程放样、全站仪测图定点时经常使用。

后方交会法适用的场合：

（1）具有三个及以上已知控制点。

（2）三个控制点间不通视（若通视，可取两个点进行前方交会或侧方交会测量）。

（3）三个控制点间，至少有一个不方便架设仪器。

（4）有较多待测点，且均离三个控制点较远。

5.3.3.2　后方交会测量的实施步骤

如图5.17所示，A、B、C为坐标已知的控制点，P为待定点，A点的坐标为（x_A, y_A），B点的坐标为（x_B, y_B），C点的坐标为（x_C, y_C）。在P点上安置仪器，观测三个已知点A、B、C，测出水平角α和β，根据A、B、C三点的已知坐标和水平角α与β，计算确定出待测点P的坐标，此法称为后方交会。其实施步骤如下：

（1）将经纬仪或全站仪架设于P点上，对中、整平。

（2）照准已知点A、B、C，测得水平角α和β。

（3）计算P点的坐标。

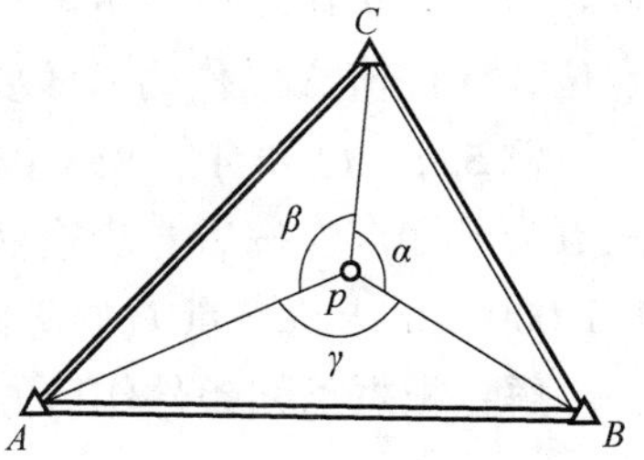

图5.17　后方交会

5.3.3.3　后方交会的计算方法

计算后方交会点坐标的公式很多，下面介绍一种较为常用的计算公式：仿权公式（又称为重心公式）。此种计算公式的形式与广义算术平均值的计算公式相似，因而得名仿权公式。

如图5.17所示，$\angle A$、$\angle B$、$\angle C$为三个已知点A、B、C构成的三角形的内角，α、β、γ为待测点P上的三个角。

待测点P的坐标计算公式如下：

$$
\begin{cases}
x_P = \dfrac{P_A x_A + P_B x_B + P_C x_C}{P_A + P_B + P_C} \\
y_P = \dfrac{P_A y_A + P_B y_B + P_C y_C}{P_A + P_B + P_C}
\end{cases}
\tag{5.33}
$$

式中，仿权 P_A、P_B、P_C 分别为

$$
\begin{cases}
P_A = \dfrac{1}{\cot\angle A - \cot\alpha} \\
P_B = \dfrac{1}{\cot\angle B - \cot\beta} \\
P_C = \dfrac{1}{\cot\angle C - \cot\gamma}
\end{cases}
\tag{5.34}
$$

仿权公式在计算过程中的重复运算公式较多，如根据已知点坐标来反算坐标方位角以求得 $\angle A$、$\angle B$、$\angle C$ 和仿权 P_A、P_B、P_C 的计算，它们都只需换一换变量就能完成几个计算步骤，因而使用计算机和编程计算器特别方便。

5.3.3.4 后方交会的观测检核

与前方交会、侧方交会法相同，为了防止外业工作中的 α、β 观测错误，或内业计算中的已知点坐标抄写错误，需要有一个多余观测作为检核作业。如图5.18所示，在待测点 P 上向第四个已知点 D 进行观测，这样，由四个方向可以求得三个水平角。检核的方式有两种：第一种是将四个已知点中的三个已知点作为一组，分为两个后方交会图形，由两个图形计算出 P 点的两个坐标值相互比较；第二种是同侧方交会那样，取图形结构较好的三个已知点计算 P 点的坐标，第三个角作为检核角 ε，并计算出 $\Delta\varepsilon$ 值，再用 P 点位移允许值 $\Delta\varepsilon_{容}$ 作为检核要求。

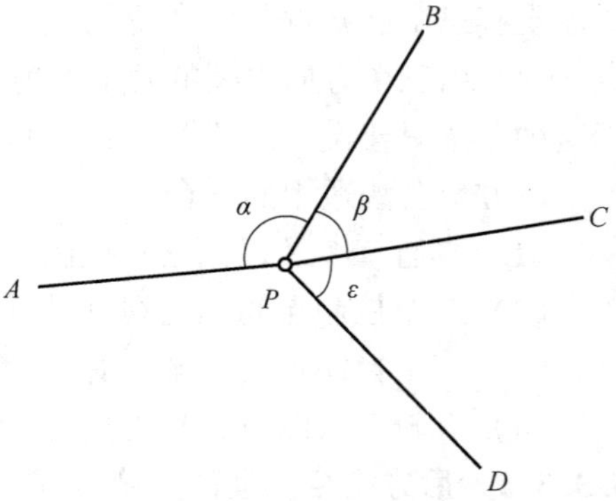

图5.18　四点后方交会

例5.4　已知 A（2858.06，6860.08）、B（4374.87，6564.14）、C（5144.96，6083.07）三点为已知点，按后方交会法的要求测出 $\alpha = 118°58'18''$、$\beta = 204°37'22''$，测图比例尺为1:1 000。试求待测点 P 的坐标值。

解：根据已知条件作后方交会略图，并将数据列于表5.16中，计算结果也见表5.16。

表5.16　后方交会计算表

<table>
<tr><td rowspan="7">略图</td><td rowspan="7">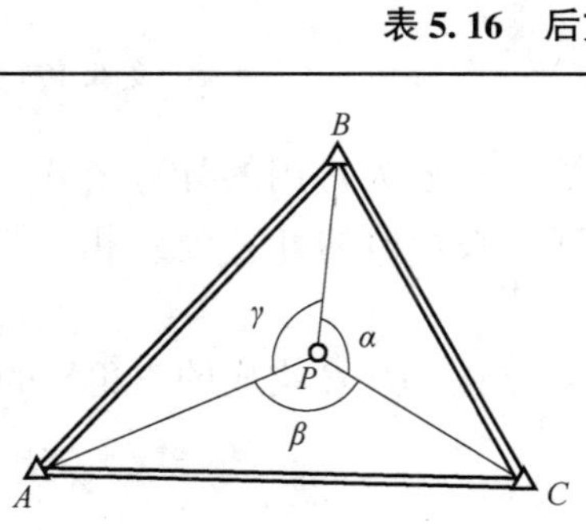</td><td rowspan="4">已知
数据</td><td>点号</td><td>x/m</td><td>y/m</td></tr>
<tr><td>A</td><td>2 858.06</td><td>6 860.08</td></tr>
<tr><td>B</td><td>4 374.87</td><td>6 564.14</td></tr>
<tr><td>C</td><td>5 144.96</td><td>6 083.07</td></tr>
<tr><td rowspan="4">观测
数据</td><td colspan="3">角度</td></tr>
<tr><td>α</td><td colspan="2">118°58′18″</td></tr>
<tr><td>β</td><td colspan="2">204°37′22″</td></tr>
<tr><td colspan="2"></td><td colspan="3">$\gamma = 360° - \alpha - \beta = 36°24'20''$</td></tr>
</table>

续表

计算结果	通过 A、B、C 三点的坐标，反算出 AB、BC、AC 三边的坐标方位角，从而求得 $\angle A = 7°43'33''$，$\angle B = 159°02'51''$，$\angle C = 13°13'36''$ $P_A = \dfrac{1}{\cot\angle A - \cot\alpha} = 0.126\ 185$，$P_B = \dfrac{1}{\cot\angle B - \cot\beta} = -0.208\ 617$ $P_C = \dfrac{1}{\cot\angle C - \cot\gamma} = 0.345\ 003$ $x_P = \dfrac{P_A x_A + P_B x_B + P_C x_C}{P_A + P_B + P_C} = 4\ 657.78$，$y_P = \dfrac{P_A y_A + P_B y_B + P_C y_C}{P_A + P_B + P_C} = 6\ 074.26$

5.3.3.5　后方交会的危险圆

如图 5.19 所示，A、B、C 为三个已知点，待测点 P 在三个已知点 A、B、C 构成的三角形之外，若待测点 P 在 △ABC 的外接圆上，则观测角 α、β 在圆周上任何一个位置，其角值都不变。在这种情况下，无论用后方交会哪种计算公式，都解不出待测点 P 的坐标（x_P, y_P）。在测量上若待测点正好通过已知点 A、B、C 三点所确定的圆上，即该四点共圆，称该圆为后方交会的危险圆。

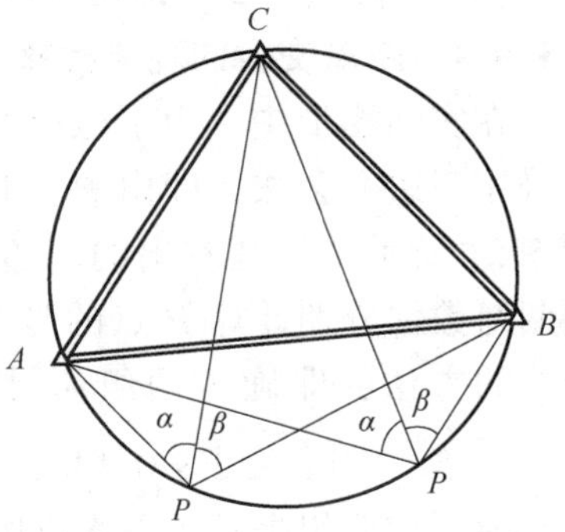

图 5.19　后方交会的危险圆

在实际测量过程中，出现待测点绝对落在危险圆上的可能性很小，但点位接近危险圆的情况却很常见。当待测点点位落在危险圆附近一定的环形面积内时，测角误差对点位的影响较大，此时计算出的待测点坐标的误差也很大。因此，在野外选点时应予以足够重视。

5.3.4　距离交会

5.3.4.1　距离交会的概念

现有两个已知点及一个待测点，直接测量出两个已知点到待测点之间的距离，根据两个已知点的坐标和测出的距离，求出待测点的坐标，这种方法称为距离交会法，也叫测边交会法。距离交会法因不需要安置经纬仪测角、操作方便、速度快、精度可靠，在工程建设中经常使用，尤其是现在全站仪和光电测距仪的普及，使距离交会法定点成为目前使用较多的确定未知点点位的一种方法。

距离交会法适用的场合：

（1）具有两个及以上已知控制点。

（2）已知点与待测点之间通视、已知点与已知点之间不通视。

5.3.4.2　距离交会测量的实施步骤

如图 5.20 所示，A、B 为坐标已知的控制点，P 为待定点，A 点的坐标为（x_A, y_A），B 点的坐标为（x_B, y_B）。分别测出水平距离 D_{AP} 和 D_{BP}，根据 A、B 两点的已知坐标及水平距离 D_{AP}、D_{BP}，计算确定出待定点 P 的坐标，此法称为距离交会。其实施步骤如下：

（1）将全站仪或测距仪安置在 P 点上。

（2）照准 A 点测出水平距离 D_{AP}；照准 B 点测出水平距离 D_{BP}。

（3）计算 P 点的坐标。

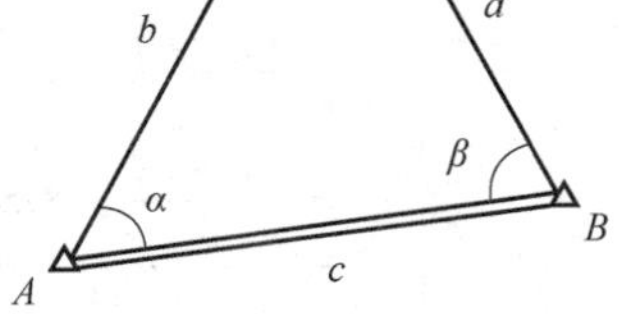

图 5.20　距离交会

5.3.4.3 距离交会的计算方法

（1）用 A、B 两点的坐标计算已知边 AB 的边长 D_{AB} 及坐标方位角 α_{AB}。

（2）用余弦定律计算 $\angle BAP$ 和 $\angle ABP$。

$$\begin{cases} \angle BAP = \arccos \dfrac{D_{AB}^2 + D_{AP}^2 - D_{BP}^2}{2D_{AB}D_{AP}} \\ \angle ABP = \arccos \dfrac{D_{AB}^2 + D_{BP}^2 - D_{AP}^2}{2D_{AB}D_{BP}} \end{cases} \tag{5.35}$$

（3）用式（5.29）即可计算出 P 点的坐标（x_P，y_P）。

5.3.4.4 距离交会的观测检核

在实际测量中，为了检核和提高 P 点的坐标精度，通常采用三边交会法，即由 P 点向三个已知点测定边长，如图 5.21 所示。将观测出的三边中，以两边作为一组计算，用两组数据分别计算 P 点的坐标进行核对。可按前方交会校核的方法，即确定两组所计算出的坐标的点位移 $e = \sqrt{\delta_x^{\ 2} + \delta_y^{\ 2}}$，当 $e \leq 2 \times 0.1M$（mm）（M 为测图比例尺的分母）时，取两组坐标的平均值作为 P 点的最后坐标。

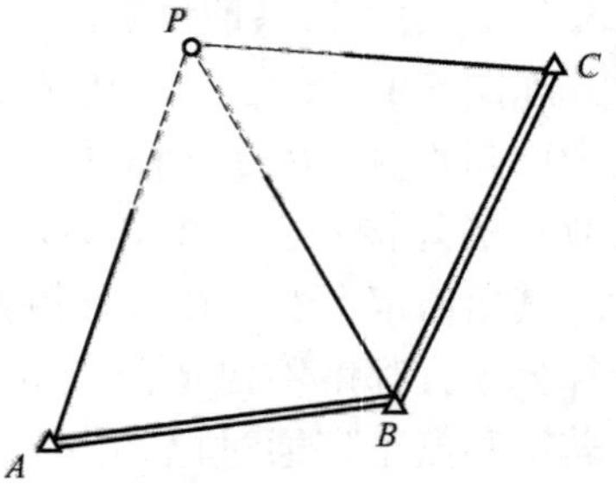

图 5.21 三边交会

一般地，当 $\angle APB = 90°$ 时，待测点 P 的点位精度最高。

例 5.5 为了求出 P 的坐标，自 P 点向已知点 A、B、C 测出水平距离 D_{AP}、D_{BP}、D_{CP}，测图比例尺为 1∶1 000。试求待测点 P 的坐标值。

解：根据已知条件作后方交会略图，并将数据列于表 5.17 中，计算结果也见表 5.17。

表 5.17 距离交会计算表

<table>
<tr><td rowspan="8">略图</td><td rowspan="8">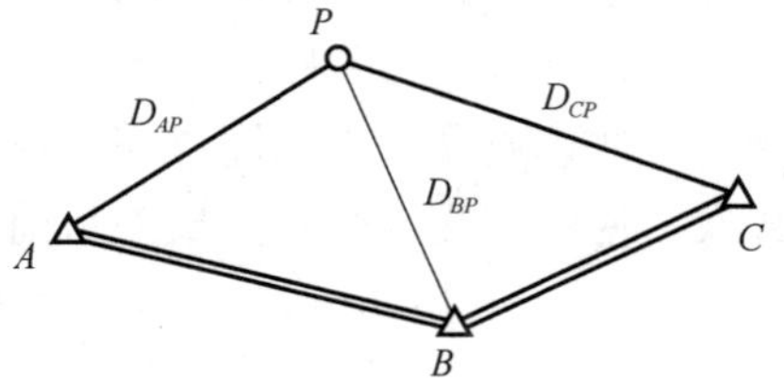</td><td rowspan="4">已知数据</td><td>点号</td><td>x/m</td><td>y/m</td></tr>
<tr><td>A</td><td>1 807.041</td><td>719.853</td></tr>
<tr><td>B</td><td>1 646.382</td><td>830.660</td></tr>
<tr><td>C</td><td>1 765.500</td><td>998.650</td></tr>
<tr><td rowspan="4">观测数据</td><td colspan="3">距离/m</td></tr>
<tr><td>D_{AP}</td><td colspan="2">105.983</td></tr>
<tr><td>D_{BP}</td><td colspan="2">159.648</td></tr>
<tr><td>D_{CP}</td><td colspan="2">177.491</td></tr>
<tr><td>计算结果</td><td colspan="5">$D_{AB} = 195.165$ m，$\alpha_{AB} = 145°24'21''$，$D_{BC} = 205.936$ m，$\alpha_{BC} = 54°39'37''$
$\angle BAP = 54°49'12''$，$\angle ABP = 32°51'39''$，$\angle CBP = 56°23'37''$，$\angle BCP = 48°30'55''$
$x'_P = 1\ 805.957$，$y'_P = 825.830$
$x''_P = 1\ 805.957$，$y''_P = 825.831$
$x_P = \dfrac{x'_P + x''_P}{2} = 1\ 805.957$
$y_P = \dfrac{y'_P + y''_P}{2} = 825.830$</td></tr>
<tr><td>检核计算</td><td colspan="5">$e = \sqrt{\delta_x^{\ 2} + \delta_y^{\ 2}} = 0.001\ \text{m} \leq e_{容} = 2 \times 0.1 \times 1\ 000\ \text{mm} = 0.2\ \text{m}$
测图比例尺为 1∶1 000</td></tr>
</table>

5.4　高程控制测量

小区域控制测量除了完成平面控制测量外，还需进行高程控制测量。高程控制测量主要有水准测量和三角高程测量。水准测量施测方法较为复杂，但测量精度较高，通常用于精度要求较高的高程控制测量。三角高程测量施测速度快，外业工作强度低，但测量精度较低，适用于地面起伏较大的测区。

5.4.1　三、四等水准测量

在水准测量工作中，根据测量精度要求的不同，可分为国家一、二、三、四等和五等水准测量（普通水准测量）。小地区控制测量一般采用三、四等水准测量，尤其是地形图测绘和施工测量中，多用三、四等水准测量作为首级高程控制。三、四等水准测量的起算点高程应尽量从附近的一、二等水准点引测，若测区附近没有国家一、二等水准点，则在小区域范围内可以采用闭合水准路线建立独立的首级高程控制网，假定起算点的高程。

5.4.1.1　水准路线的布设

水准路线的布设形式有闭合水准路线、附合水准路线、支水准路线和水准网。

对于三、四等水准路线的布设，在加密国家控制点时，多布设成为附合水准路线，或结点网的形式；在独立测区作为首级高程控制时，应布设成闭合水准路线形式；而在山区、带状工程测区，可布设为支水准路线。

三、四等水准测量的路线一般沿道路布设，避开土质松软地段，水准点间距在城市建筑区为1～2 km，在郊区为2～4 km。水准点的埋设应选在地基稳固、能长久保存和便于观测的地点。

5.4.1.2　三、四等水准测量的技术要求

（1）对于所使用的水准仪及水准尺的规定如下：

①水准仪视准轴和水准管轴的夹角 i，DS1 型不应超过15″；DS3 型不应超过20″。

②补偿式自动安平水准仪的补偿误差 Δa，对于三等水准测量不应超过0.5″。

③水准尺上的米间隔平均长与名义长之差，对于因瓦水准尺，不应超过0.15 mm；对于条形码水准尺，不应超过0.10 mm；对于木质双面水准尺，不应超过0.5 mm。

（2）三、四等水准测量一般采用双面尺法观测。在一个测站上的主要技术要求见表5.18。

表5.18　三、四等水准观测的主要技术要求

等级	水准仪型号	视线长度/m	前后视的距离较差/m	前后视的距离较差累积/m	视线离地面最低高度/m	基、辅分划或黑、红面读数较差/mm	基、辅分划或黑、红面所测高差较差/mm
三等	DS1	100	3	6	0.3	1.0	1.5
	DS3	75				2.0	3.0

续表

等级	水准仪型号	视线长度/m	前后视的距离较差/m	前后视的距离较差累积/m	视线离地面最低高度/m	基、辅分划或黑、红面读数较差/mm	基、辅分划或黑、红面所测高差较差/mm
四等	DS3	100	5	10	0.2	3.0	5.0

注：1. 三、四等水准测量采用变动仪器高度观测单面水准尺时，所测两次高差较差，应与黑、红面所测高差之差的要求相同。

2. 数字水准仪观测不受基、辅分划或黑、红面读数较差指标的限制，但测站两次观测的高差较差，应满足表中相应等级基、辅分划或黑、红面所测高差较差的限值。

（3）三、四等水准测量的主要技术要求见表5.19。

表5.19　三、四等水准测量的主要技术要求

等级	每千米高差全中误差/mm	路线长度/km	水准仪型号	水准尺	观测次数		往返较差、附合或环线闭合差	
					与已知点联测	附合或环线	平地/mm	山地/mm
三等	6	≤50	DS1	因瓦	往返各一次	往一次	$12\sqrt{L}$	$4\sqrt{n}$
			DS3	双面		往返各一次		
四等	10	≤16	DS3	双面	往返各一次	往一次	$20\sqrt{L}$	$6\sqrt{n}$

注：1. 结点之间或结点与高级点之间，其路线长度不应大于表中规定的0.7倍。

2. L为往返测段、附合或环线的水准路线长度，km；n为测站数。

3. 数字水准仪测量的技术要求和同等级的光学水准仪相同。

（4）在三、四等水准测量作业中，为了抵消水准尺磨损而造成的标尺零点差，要求每一测段的测站数为偶数站。

5.4.1.3　三、四等水准测量的观测与记录

三、四等水准测量的观测应在通视良好、成像清晰稳定的情况下进行，一般采用双面尺观测。下面以一个测站为例，介绍四等水准测量观测的程序与记录。

首先在距离前后两根水准尺的距离大致相等的地方安置水准仪，整平后照准后视与前视的黑面尺，利用视距测量方法，检查前、后视距离差及累积差是否超过表5.18的要求，如果超限，则需移动前视尺或水准仪的位置，以保证满足规定的要求。然后按下述顺序观测，并将观测结果记入表5.20相应栏内。

（1）照准后视尺黑面，分别读取上、下、中三丝读数，并分别记入①、②、③处。

（2）照准前视尺黑面，分别读取上、下、中三丝读数，并分别记入④、⑤、⑥处。

（3）照准前视尺红面，读取中丝读数，并记入⑦处。

（4）照准后视尺红面，读取中丝读数，并记入⑧处。

上述四等水准测量观测程序可简称为“后—前—前—后”或“黑—黑—红—红”，这样的观测步骤可消除或减弱仪器或尺垫下沉误差的影响。对于四等水准测量，每站的观测程序也可为“后—后—前—前”或“黑—红—黑—红”，这种步骤比上述步骤要更简便。对于三等水准测量，只能为“后—前—前—后”或“黑—黑—红—红”的观测程序。

将上述8个数据记入表5.20相应栏内后，立即在测站上进行测站检核。当各项限差均满足表5.18相应等级水准测量技术要求后，方可迁站继续测量。迁站时，前视尺不动，后视尺和仪器按线路前进方向移动，搬至下一站。

表 5.20 三、四等水准测量观测记录手簿

时间：______ 天气：______ 仪器型号：______

观测者：______ 记录者：______

测点编号	后尺 上丝	前尺 上丝	方向及尺号	水准尺读数 /m		黑 + K—红 /mm	高差中数 /m	备注
	后尺 下丝	前尺 下丝		黑面	红面			
	后视距	前视距						
	视距差 d/m	累计差 Σd/m						
	(1)	(4)	后尺	(3)	(8)	(13)		
	(2)	(5)	前尺	(6)	(7)	(14)	(18)	
	(9)	(10)	后—前	(15)	(16)	(17)		
	(11)	(12)						
	1.426	0.801	后尺 K_1	1211	5998	0		
BM_1—ZD_1	0.995	0.371	前尺 K_2	0586	5273	0	+0.625	
	43.1	43.0	后—前	+0.625	+0.725	0		
	+0.1	+0.1						
	1.812	0.570	后尺 K_2	1554	6241	0		
ZD_1—ZD_2	1.296	0.052	前尺 K_1	0311	5097	+1	+1.244	K_1 = 4787,
	51.6	51.8	后—前	+1.234	+1.144	-1		K_2 = 4687
	-0.2	-0.1						
	0.889	1.713	后尺 K_1	0698	5486	-1		
ZD_2—ZD_3	0.507	1.333	前尺 K_2	1523	6210	0	-0.824	
	38.2	38.0	后—前	-0.825	-0.724	-1		
	+0.2	+0.1						
	1.891	0.758	后尺 K_2	1708	6395	0		
ZD_3—BM_2	1.525	0.390	前尺 K_1	0574	5361	0	+1.134	
	36.6	36.8	后—前	+1.134	+1.034	0		
	-0.2	-0.1						

本页校核：

$\Sigma[(3)+(8)]-\Sigma[(6)+(7)] = 29.291 - 24.935 = +4.356$

$\Sigma[(15)+(16)] = +4.356$

$\Sigma(18) = +2.178$　　$2\Sigma(18) = +4.356$

由此可见满足：$\Sigma[(3)+(8)]-\Sigma[(6)+(7)] = \Sigma[(15)+(16)] = 2\Sigma(18)$

$\Sigma(9)-\Sigma(10) = 169.5 - 169.6 = -0.1 =$ 末站(12)

总视距 $= \Sigma(9)+\Sigma(10) = 339.1$m

5.4.1.4 测站计算检核

1. 视距的计算与检核

后视距：$(9) = [(1)-(2)] \times 100$；

前视距：(10) = [(4) − (5)] × 100；

前、后视距差：(11) = (9) − (10)；

前、后视距累积差：(12) = 本站(11) + 上站(12)。

前、后视距差前后视距累积差应满足表 5−18 相应等级的技术要求。

2. 水准尺黑、红面中丝读数差的计算与检核

同一根水准尺黑面与红面中丝读数之差的计算

后尺黑面与红面中丝读数之差：(13) = (3) + K − (8)；

前尺黑面与红面中丝读数之差：(14) = (6) + K − (7)。

水准尺黑、红面中丝读数差同样应满足表 5−18 相应等级的技术要求。上式中的 K 为红面尺的起点数，也就是黑、红面的起点差，称为尺常数，一般为 4.687m 或 4.787m。表 5−20 中的 $K_1 = 4.787m$，$K_2 = 4.687m$。

3. 高差的计算与检核

黑面尺所测高差：(15) = (3) − (6)；

红面尺所测高差：(16) = (8) − (7)。

检核：

黑、红面高差之差：(17) = (15) − [(16) ± 0.100] 或(17) = (13) − (14)

高差的平均值：(18) = [(15) + (16) ± 0.100]/2。

由于三、四等水准测量采用的是黑、红面一对水准尺，这一对水准尺红面起始读数相差 0.1m，因此红面尺所测高差应 ±0.1m，但测站间这两根水准尺是交替前进的，所以"+"、"−"也应交替变化。何时取"+"，何时取"−"关键要确定 K_1 和 K_2 两红面尺中谁在后视。例如在表 5−20 中第一测站中，确定 K_1 为后视尺，即后尺红面起点为 4.787m，则在这一测站红面所测的高差应 −0.1m；若确定 K_2 为后视尺，即后尺红面起点为 4.687m，则在这一测站红面所测的高差应 +0.1m。

4. 每页计算校核

(1) 高差部分。在每页上，后视红、黑面读数总和与前视红、黑面总和之差，应等于红、黑面高差之和。

对于测站数为偶数的页

$$\sum[(3)+(8)]-\sum[(6)+(7)]=\sum[(15)+(16)]=2\sum(18)$$

对于测站数为奇数的页

$$\sum[(3)+(8)]-\sum[(6)+(7)]=\sum[(15)+(16)]=2\sum(18)\pm 0.100$$

(2) 视距部分。在每页上，后视距总和与前视距总和之差等于本页末站视距差累积值与上页末站视距差累积值之差。校核无误后，可计算水准路线的总长度。

$$\sum(9)-\sum(10)=\text{本页末站之}(12)-\text{上页末站之}(12)$$

$$\text{水准路线总长度}=\sum(9)+\sum(10)$$

5.4.1.5　三、四等水准测量的成果整理与高程计算

三、四等水准测量外业施测工作结束后，在外业记录、计算检核无误的情况下，可转入内业计算。三、四等水准测量计算过程祥见第 2 章水准测量内业计算。

5.4.2　三角高程测量

在丘陵地区或山区，由于地面高低起伏较大，或水准点位于较高的建筑物上，用水准测量方法进行高程控制时困难大且速度慢，甚至无法施测，这时可应用三角高程测量的方法测定两点间的高差而求得高程。该方法较水准测量精度低，常用于山区各种比例尺测图的高程控制。

5.4.2.1　三角高程测量的原理

三角高程测量的基本思想是根据由测站对照准点所观测的竖直角和测站至照准点之间的水平距离来计算两点之间的高差。如图 5.22 所示，已知 A 点的高程 H_A，欲求 B 点的高程 H_B，可将仪器安置在 A 点，在 B 点竖立棱镜，当照准 B 点目标高为 v 时，测得竖直角为 α，量取仪器高 i。

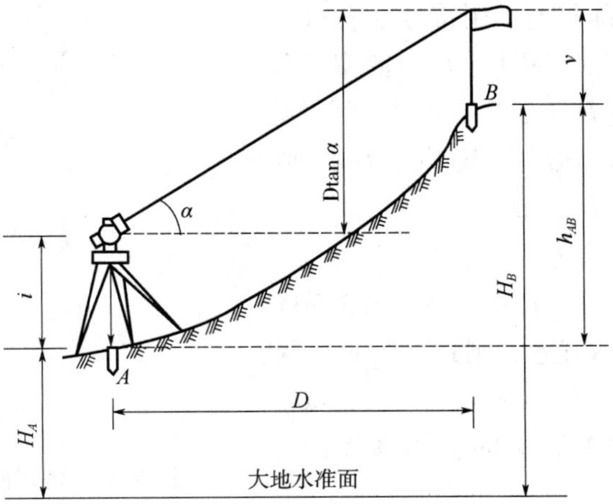

图 5.22　三角高程测量原理

设 A、B 两点之间的水平距离为 D、高差为 h_{AB}，则由图 5.22 可得

$$h_{AB} = D\tan\alpha + i - v \tag{5.36}$$

如果用测距仪测得 A、B 两点之间的斜距为 S，则高差

$$h_{AB} = S\sin\alpha + i - v \tag{5.37}$$

则 B 点的高程

$$H_B = H_A + h_{AB} \tag{5.38}$$

具体在应用上述公式时，要注意竖直角的正负号，当竖直角 α 为仰角时取正号，当竖直角为俯角时取负号。

5.4.2.2　地球曲率和大气折光对高差的影响（球气差的改正数）

式（5.36）和式（5.37）是在假定地球表面为水平面（即把水准面当作水平面），认为观测视线是直线的条件下导出的，当地面上两点之间的距离小于 300 m 时是适用的；当两点之间的距离大于 300 m 时，则要考虑地球曲率及观测视线受大气垂直折光的影响。地球曲率对高差的影响称为地球曲率差，简称球差。要减弱球差对测量结果的影响，需加曲率改正，称为球差改正。同时，观测视线受大气垂直折光的影响而成为一条向上凸起的弧线差异，称为气差。要减弱气差对测量结果的影响，需加入大气垂直折光差改正，称为气差改正。以上两项改正合称为球气差改正，简称二差改正。

如图 5.23 所示，O 为地球的中心，R 为地球的半径（$R=6\ 371$ km），A、B 为地面上两点，D 为 A、B 两点间的水平距离，R'为过仪器高 P 点的水准面曲率半径，PE 和 AF 分别为过 P 点和 A 点的水准面。实际观测竖直角 α 时，水平线交 OB 于 G 点，GE 就是由于地球曲率而产生的高程误差，即球差，用符号 c 表示。由于大气折光的影响，来自目标 N 的光沿弧线 PN 进入望远镜，而望远镜却位于弧线 PN 的切线 PM 上，MN 即为大气垂直折光带来的高程误差，即气差，用符号 γ 表示。

由于 A、B 两点间的水平距离 D 与曲率半径 R' 的比值很小，例如当 $D=3$ km 时，其所对圆心角约为 2.8′，故可认为 PG 近似垂直于 OM，则

$$MG = D\tan\alpha$$

于是，A、B 两点的高差

$$h = D\tan\alpha + i - v + c - \gamma \quad (5.39)$$

令 $f = c - \gamma$，称为球气差，则式（5.39）为

$$h = D\tan\alpha + i - v + f \quad (5.40)$$

式（5.40）即为受球气差影响的三角高程计算公式。

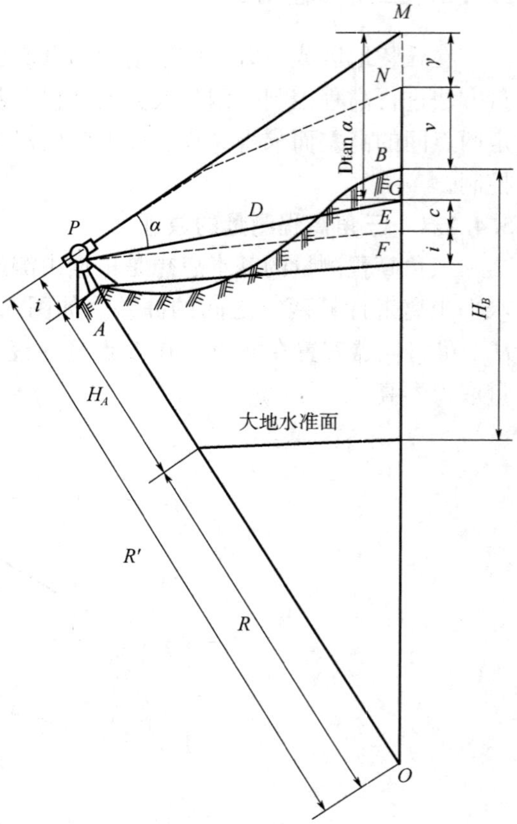

图 5.23　地球曲率和大气折光影响

由图 5.23 可知

$$(R'+c)^2 = R'^2 + D^2 \quad (5.41)$$

整理得

$$c = \frac{D^2}{2R'+c}$$

c 与 R' 相比很小，可略去，并考虑到 R' 与 R 相差很小，故以 R 代替 R'，则上式变为

$$c = \frac{D^2}{2R}$$

气差的影响较为复杂，它与气温、气压、地面坡度和植被等因素均有关。在我国境内，一般认为气差是球差的 1/7，于是

$$\gamma = \frac{D^2}{14R}$$

则二差改正为

$$f = c - \gamma = \frac{D^2}{2R} - \frac{D^2}{14R} \approx 0.43\frac{D^2}{R}(\text{cm}) \quad (5.42)$$

式中，水平距离 D 以 km 为单位。

式（5.42）中取不同的 D 值所对应的球气差 f 的数值见表 5.21，用时可在表中查取。

表5.21　球气差改正值

D/100 m	1	2	3	4	5	6	7	8	9	10
f/cm	0.1	0.3	0.6	1.1	1.7	2.4	3.3	4.3	5.5	6.7

由表5.21可以看出，当两点间水平距离 $D<300$ m时，球气差 f 的影响不足1 cm，故一般规定当水平距离 $D<300$ m时，不考虑球气差的影响，只有当水平距离 $D>300$ m时，才考虑球气差的影响。

在进行三角高程测量时，一般都采用双向观测，又称对向观测或反觇观测，即在已知高程点 A 处安置仪器，在另一点 B 处立觇标，进行高差观测，测得高差 h_{AB}，称为直觇；然后在 B 点安置仪器，在 A 点立觇标，测得高差 h_{BA}，称为反觇。若将直、反觇测得的高差取平均值，可抵消球气差的影响。另外，三角高程测量采用对向观测时，应尽可能在较短时间内完成。

5.4.2.3　三角高程测量的施测

1. 竖直角的观测方法

在三角高程测量中，竖直角的观测方法有中丝法和三丝法。

(1) 中丝法。中丝法也称单丝法，是竖直角观测最常用的方法。该方法是以望远镜十字丝的中丝照准目标进行竖直角的观测。

(2) 三丝法。三丝法就是以望远镜十字丝的上、中、下三条横丝依次照准目标观测竖直角。该方法的特点是有利于减弱竖盘刻划误差的影响。

观测时，先盘左，分别用上、中、下三丝照准同一目标并读取竖盘读数，分别计算竖直角，再取其平均值；然后将盘位变为盘右，同样分别用上、中、下三丝照准同一目标并读取竖盘读数，分别计算竖直角，再取其平均值；最后将盘左与盘右观测的平均值再取平均值，即为最终的竖直角观测值。

2. 三角高程测量的观测方法

三角高程测量的观测一般采用对向观测，观测应按下述步骤进行：

(1) 安置仪器于测站点上，量出仪器高 i，觇标立于测点上，量出目标高（觇标高）v。按《工程测量规范》(GB 50026—2007) 要求，使用电磁波测距时，仪器和觇标高度量取应在观测前后各量取一次，并精确至1 mm，取其平均值作为最终高度。使用经纬仪测量时，读至0.5 cm，量取两次的结果之差不超过1 cm，取平均值后取至cm级。

(2) 正向观测竖直角 α，必须以盘左、盘右进行观测。

(3) 正向观测结束后，应迅速进行反向观测，方法同上。

(4) 用电磁波测距仪测量两点之间的水平距离或倾斜距离，或用三角函数方法计算出两点之间的水平距离。

3. 三角高程测量的主要技术要求

三角高程测量有电磁波测距三角高程测量和经纬仪三角高程测量，其观测数据应满足规定的技术要求。对于不同的方法及观测精度等级也有相应的技术要求。电磁波测距三角高程测量主要技术要求见表5.22和表5.23；经纬仪三角高程测量的主要技术要求见表5.24。

表 5.22　电磁波测距三角高程测量的主要技术要求

等级	每千米高差全中误差/mm	边长/km	观测方式	对向观测高差较差/mm	附合或环形闭合差/mm
四等	10	≤1	对向观测	$40\sqrt{D}$	$20\sqrt{\sum D}$
五等	15	≤1	对向观测	$60\sqrt{D}$	$30\sqrt{\sum D}$

注：1. D 为测距边的长度，km。

2. 线路长度不应超过相应等级水准路线的长度限值。

表 5.23　电磁波测距三角高程测量观测的主要技术要求

等级	垂直角观测				边长测量	
	仪器精度等级	测回数	指标差较差/(″)	测回较差/(″)	仪器精度等级	观测次数
四等	2″级仪器	3	≤7	≤7	10 mm 级仪器	往返各一次
五等	2″级仪器	2	≤10	≤10	10 mm 级仪器	往一次

注：当采用2″级光学经纬仪进行垂直角观测时，应根据仪器的垂直角检测精度，适当增加测回数。

表 5.24　经纬仪三角高程测量的主要技术要求

等级	总长/km	仪器	竖直角测回数		竖盘指标差较差/(″)	竖直角较差/(″)	对向观测高差较差/mm	附合或环形闭合差/mm
			三丝法	中丝法				
等外	1.5	DJ2	1	2	≤15	≤15	$\pm 200D$	$\pm 0.07\sqrt{n}$
图根	0.5	DJ6	—	2	≤25	≤25	$\pm 400D$	$\pm 0.11H_d\sqrt{n}$

注：1. D 为测距边的长度，km；n 为测站数；H_d 为等高距，m。

2. 采用对向观测时，应考虑球气差的影响。

5.4.2.4　三角高程测量的计算

三角高程测量路线应布设为闭合或附合高程导线。如图 5.24 所示，如果 A 、E 两点是已知高程点，则可沿 A—B—C—D—E 布设为附合高程导线；如果只有 A 点为已知高程点，则可沿 A—B—C—D—E—A 布设为闭合高程导线。

三角高程测量每条边采用对向观测，所测得的两次高差之差（经二差改正后）不应大于规定的限差要求，若较差符合限差要求，则取两次所测高差的中数（即平均值）作为该边上两端点的高差。为了减少折光差的影响，目标高应不小于 1 m。图根高程控制测量，量取仪器高 i 和目标高 v 至 cm 级即可。现以图 5.25 所示的闭合三角高程导线为例，说明三角高程测量的计算方法。

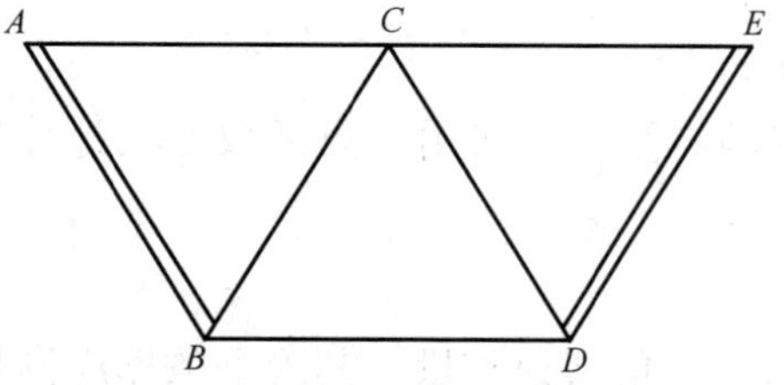

图 5.24　三角高程导线

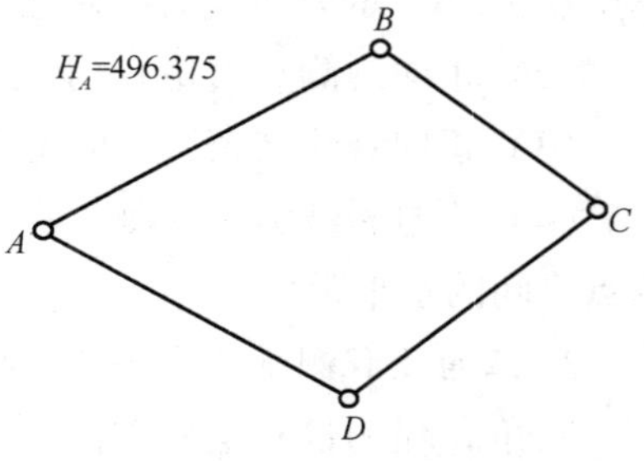

图 5.25　三角高程测量闭合路线

图 5.25 所示为三角高程测量闭合路线，已知 A 点的高程，计算待定点 B 、C 、D 三点的高程。每边均取对向观测。观测数据和已知数据列于表 5.25。

表 5.25　三角高程路线高差计算表

测站点	A	B	B	C	C	D	D	A
觇点	B	A	C	B	D	C	A	D
觇法	直	反	直	反	直	反	直	反
D/m	581.385	581.385	488.997	488.997	530.007	530.007	611.118	611.118
α	11°38′30″	-11°23′5″	6°51′35″	-6°34′30″	-10°04′24″	10°20′30″	-7°23′09″	7°37′45″
i/m	1.442	1.490	1.490	1.503	1.503	1.486	1.486	1.442
v/m	2.500	3.000	3.000	2.500	2.600	3.000	3.000	2.600
f/m	0.020	0.020	0.020	0.020	0.020	0.020	0.020	0.020
h/m	+118.744	-118.738	+57.216	-57.224	-95.231	+95.222	-80.711	+80.719
Δh	+0.006		+0.008		-0.009		+0.008	
$h_{中}$/m	+118.741		+57.220		-95.226		-80.715	

（1）在计算之前，应检查外业观测的数据是否满足规定的技术要求。所有数据符合要求后方可进行数据的抄录，并绘制三角高程路线图，如图 5.25 所示。

（2）各边高差的计算。数据检查结束后，将已知点、未知点的点号填入表 5.25 中相应的栏内。观测数据确认无误后，同样填入表中相应栏目内，并计算二差改正数 f，利用公式（5.40）计算各边直、反觇所测高差的中数。如果超过规定的限差，应重新观测。各观测数据及各边高差计算结果见表 5.25。

（3）调整高差闭合差。各段高差计算完后，即可进行高差闭合差的计算与调整。三角高程测量高差闭合差计算与调整的方法与水准测量高差闭合差的计算与调整方法相同。

本例的高差闭合差

$$f_h = \sum h_{中} = (118.741 + 57.220 - 95.226 - 80.715)\ \text{m} = +0.020\ \text{m}$$

其路线高差闭合差的允许值以电磁波三角高程测量五等计算，有

$$f_{h容} = \pm 60\sqrt{D} = \pm 60\sqrt{2.2115}\ \text{mm} = \pm 0.089\ \text{m}$$

于是 $|f_h| < |f_{h容}|$，精度满足要求，则可进行闭合差的调整，计算结果见表 5.26。

（4）计算各待定点的高程。用水准测量计算高程的方法，由已知点开始，根据改正后的高差逐一推算待定点的高程，计算结果见表 5.26。

表 5.26　三角高程路线高程计算

点号	距离/m	高差中数/m	高差改正数/m	改正后的高差/m	高程/m
A					496.375
	581.385	+118.741	-0.005	+118.736	
B					615.111
	488.997	+57.220	-0.004	+57.216	
C					672.327
	530.007	-95.226	-0.005	-95.231	
D					577.096
	611.118	-80.715	-0.006	-80.721	
A					496.375

续表

点号	距离/m	高差中数/m	高差改正数/m	改正后的高差/m	高程/m
Σ	2 211.507	+0.020	−0.020	0	
辅助计算	$f_h = \Sigma h_{中} = +0.020$ m $f_{h容} = \pm 60\sqrt{D} = \pm 60\sqrt{2.2115}$ mm $= \pm 0.089$ m，$\lvert f_h \rvert < \lvert f_{h容} \rvert$				

思考题

1. 为什么要建立控制网？控制网可分为哪几种？
2. 何谓平面控制测量？建立平面控制测量的方法有哪些？
3. 导线的布设形式有哪几种？选定导线点应注意哪些问题？导线的外业工作有哪些内容？
4. 交会定点有哪几种形式？说说每种交会定点方法的适用情况。
5. 高程控制测量的方法有哪些？各自的优缺点是什么？
6. 简述三、四等水准测量一个测站的观测程序。
7. 三角高程测量为何要对向观测？

第6章 GNSS测量

教学要点

本章的内容主要包括GNSS系统的概述，GNSS定位的基本原理，GNSS静态控制测量、GNSS-RTK测量以及GNSS在国民经济中的应用五部分内容。教学重点是GNSS定位的基本原理、GNSS静态控制测量和GNSS-RTK测量；教学难点是GNSS定位的基本原理。

6.1 GNSS系统概述

6.1.1 GNSS的基本概念

GNSS是Global Navigation Satellite System的缩写，译为“全球导航卫星系统”。另外一个著名的定位系统是美国的GPS（Global Positioning System，全球定位系统），目前很多人将GNSS与GPS等系统并列而论。实际上，GNSS是所有在轨工作的卫星导航系统的总称，包括美国的GPS、俄罗斯的GLONASS（格洛纳斯，全球导航卫星系统）、欧盟的伽利略卫星导航系统（Galileo Navigation Satellite System）、中国的北斗卫星导航系统（BeiDou Navigation Satellite System），全部建成后在轨卫星数量达到100颗以上。截至目前，欧盟的伽利略卫星导航系统还没进入商用，中国的北斗卫星导航系统陆陆续续进入商用。

除此之外，还包括WAAS广域增强系统、EGNOS欧洲静地卫星导航重叠系统、DORIS星载多普勒无线电定轨定位系统、PRARE精确距离及其变率测量系统、QZSS准天顶卫星系统、印度GAGAN辅助同步轨道增强导航系统、IRNSS印度区域导航卫星系统。

6.1.2 GNSS的组成

GNSS主要由美国的GPS、俄罗斯的GLONASS、欧盟的伽利略和中国的北斗卫星导航系统组成。

6.1.2.1 GPS全球定位系统

1973年12月，美国国防部在总结了NNSS（美国海军导航卫星系统）的优劣之后，批准美国海陆空三军联合研制新一代卫星导航系统，即navstar GPS，通常称为全球定位系统，简称GPS。GPS是美国为军事目的而建立的。1983年一架民用飞机在空中因被误以为是敌军飞机而遭击落后，美国承诺GPS免费开放供民间使用。美国为军用和民用安排了不同的频段，并分别广播了P码和C/A码两种不同精度的位置信息。美国在20世纪90年代中期为了自身的安全考虑，在民用卫星信号上加入了SA（Selective Availability），进行人为扰码，这使一般民用 GPS 接收机的精度只有 100 m 左右。2000 年 5 月 2 日，SA 干扰被取消。全球的民用 GPS 接收机的定位精度在一夜之间提高了许多，大多数情况下可以获得 10 m 左右的定位精度。美国之所以停止执行 SA 政策，是由于美国军方现已开发出新技术，可以随时降低对美国存在威胁地区的民用 GPS 精度，所以现在这种高精度的 GPS 技术才得以向全球免费开放使用。

GPS 是目前最成熟的卫星定位导航系统。它是美国从 20 世纪 70 年代开始研制，历时 20 年，耗资近 300 亿美元，于 1994 年全面建成的新一代卫星导航与定位系统。GPS 利用导航卫星进行测时和测距，具有在海、陆、空全方位实时三维导航与定位能力。它是继阿波罗登月计划、航天飞机后的美国第三大航天工程。如今，GPS 已经成为当今世界上最实用，也是应用最广泛的全球精密导航、指挥和调度系统。

GPS 主要有空间星座部分、地面监控部分和用户设备三大部分。空间星座部分由21 颗工作卫星和 3 颗备份卫星组成，分布在20 200 km 高的 6 个轨道平面上，运行周期为11 h58 min，如图 6.1 所示。地球上任何地方任一时刻都能同时观测到 4 颗以上的卫星。GPS 的控制部分由分布在全球的若干个跟踪站所组成的监控系统所构成，根据其作用的不同，这些跟踪站又被分为主控站、监控站和注入站。GPS 的用户设备部分由 GPS 接收机、数据处理软件及相应的用户设备，如计算机及其终端设备、气象仪器等所组成。

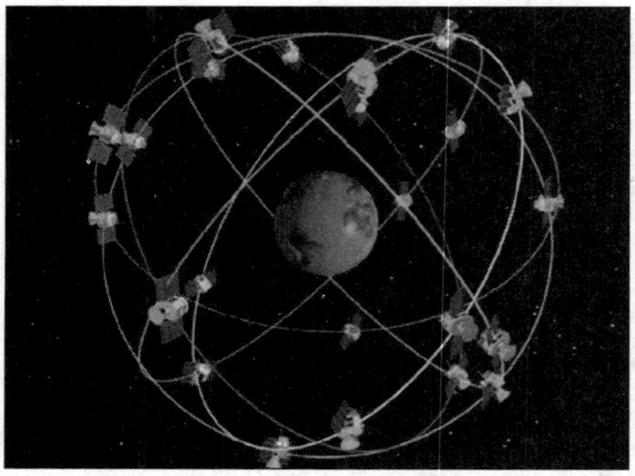

图 6.1　GPS 卫星星座

在 GPS 设计之初，美国国防部的主要目的是为陆、海、空三大领域提供实时、全天候和全球性的导航服务，并用于情报搜集、核爆监测和应急通信等军事目的。随着 GPS 系统的开发应用，GPS 被广泛用于飞机、船舶、汽车等各种运载工具的导航，高精度的大地测量，精密工程测量，地壳变形测量，地球物理测量，地形测量，各种工程测量等。

6.1.2.2　GLONASS 卫星定位系统

GLONASS 是苏联从 20 世纪 80 年代初开始建设的与美国 GPS 系统相类似的卫星定位系统，覆盖范围包括全部地球表面和近地空间。虽然 GLONASS 的第一颗卫星早在 1982 年就已发射成功，但受苏联解体影响，整个系统发展缓慢。直到 1995 年，俄罗斯耗资 30 多亿美元，才完成了 GLONASS 导航卫星星座的组网工作。目前此卫星网络由俄罗斯国防部控制。

GLONASS 由 24 颗卫星组成，原理和方案都与 GPS 类似，不过，其 24 颗卫星分布在 3 个轨道平面上，这 3 个轨道平面两两相隔 120°，同平面内的卫星之间相隔 45°。每颗卫星都在 19 100 km 高、64.8°倾角的轨道上运行，轨道周期为 11 h15 min，如图 6.2 所示。地面控制

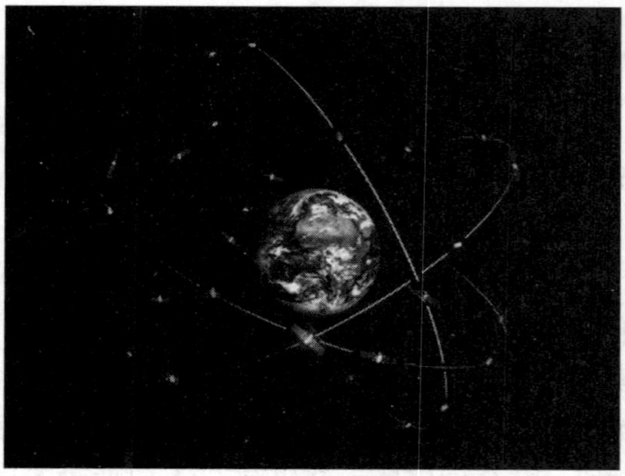

图 6.2　GLONASS 卫星星座

部分全部都在俄罗斯领土境内。俄罗斯自称，多功能的GLONASS定位精度可达1 m，速度误差仅为15 cm/s。

GLONASS卫星定位系统对应的测量坐标系统是PE-90坐标系统，使用较少，因此不做详细介绍。

6.1.2.3 伽利略卫星导航系统

欧盟发展伽利略卫星导航系统可以减少欧洲对美国军事和技术的依赖，打破美国对卫星导航市场的垄断。

伽利略计划是一种中高度圆轨道卫星定位方案。伽利略卫星导航定位系统的建设原计划于2007年年底之前完成，2008年投入使用，总共发射30颗卫星，其中27颗卫星为工作卫星，3颗为候补卫星。卫星高度为24 126 km，位于3个倾角为56°的轨道平面内，如图6.3所示。该系统除了30颗中高度圆轨道卫星外，还有2个地面控制中心。

图6.3 伽利略卫星星座

欧盟伽利略计划的首颗卫星在2005年12月28日升空。伽利略计划采用欧盟公共机构和联盟内私营企业合营的方式，而各国私营企业迟迟未就权利和利益分配达成一致。由于上述问题的存在，伽利略系统实现商业运行的时间被推迟。

与美国的全球定位系统（GPS）相比，建成后的伽利略系统将具备至少3方面优势：首先，其覆盖面积将是GPS系统的2倍，可为更广泛的人群提供服务；其次，其地面定位误差不超过1 m，精确度要比GPS高5倍以上，用专家的话说：“GPS只能找到街道，而伽利略系统则能找到车库门”；最后，伽利略系统使用多种频段工作，在民用领域比GPS更经济、更透明、更开放。伽利略计划一旦实现，不仅可以极大地方便欧洲人的生活，还将为欧洲的工业和商业带来可观的经济效益。更重要的是，欧洲将从此拥有自己的全球卫星定位系统，这不仅有助于打破美国GPS系统的垄断地位，在全球高科技竞争浪潮中夺取有利位置，更可以为建设梦想已久的欧洲独立防务创造条件。

6.1.2.4 我国的北斗卫星导航系统

2003年5月25日，我国成功地将第三颗“北斗一号”导航定位卫星送入太空。前两颗“北斗一号”卫星分别于2000年10月31日和12月21日发射升空，第三颗发射的是导航定位系统的备份星，它与前两颗“北斗一号”工作卫星组成了完整的卫星导航定位系统，确保全天候、全天时提供卫星导航信息。这标志着我国成为继美国GPS和俄罗斯GLONASS后，在世界上第三个建立了完善的卫星导航系统的国家。图6.4所示为北斗卫星星座。

我国的“北斗一号”卫星导航系统是一种“双星快速定位系统”。突出特点是构成系统的空间卫星数目少、用户终端设备简单、一切复杂性均集中于地面中心处理站。“北斗一号”卫星定位系统是利用地球同步卫星为用户提供快速定位、简短数字报文通信和授时服务的一种全天候、区域性的卫星定位系统。“北斗一号”的覆盖范围是北纬5°～55°，东经

70°～140°之间的心脏地区，上大下小，最宽处在北纬35°左右。其定位精度为水平精度100 m，设立标校站之后为20 m（类似差分状态）。工作频率为2 491.75 MHz。系统能容纳的用户数为每小时540 000户。

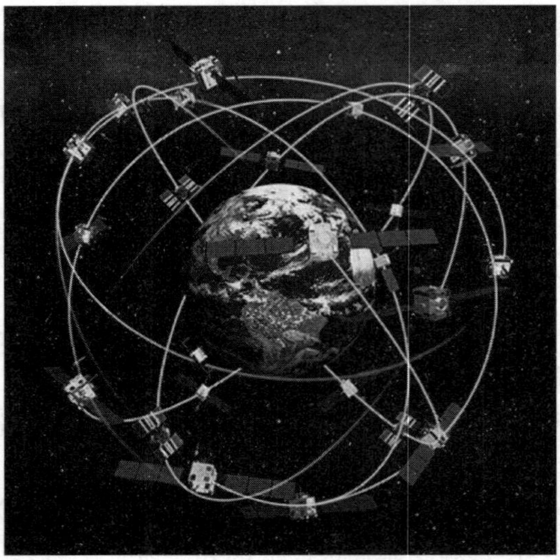

图6.4　中国北斗卫星星座

2007年2月3日零时28分，我国在西昌卫星发射中心用“长征三号甲”运载火箭，成功地将北斗导航试验卫星送入太空。这是我国发射的第四颗北斗导航试验卫星，从而拉开了建设“北斗二号”卫星导航系统的序幕。2007年4月14日，我国又成功地将第一颗北斗导航卫星送入太空。北斗导航卫星系统是世界上第一个区域性卫星导航系统，可全天候、全天时提供卫星导航信息。2012年，系统具备覆盖亚太地区的定位、导航和授时以及短报文通信服务能力；截至目前我国已发送43颗北斗卫星，2020年左右，将建成覆盖全球的北斗卫星导航系统。

北斗卫星导航系统除了在我国国家安全领域发挥重大作用外，还将服务于国家经济建设，提供监控救援、信息采集、精确授时和导航通信等服务。可广泛应用于船舶运输、公路交通、铁路运输、海上作业、渔业生产、水文测报、森林防火、环境监测等众多行业。

6.1.3　GNSS系统的构成——以GPS为例

GPS是GNSS系统中较为著名的全球定位系统。它是利用空中的GPS卫星，向地面发射*i*波段的载频无线电测距信号，由地面上的用户接收机实时地连续接收，并以此计算出接收机天线相位中心所在的位置。因此，GPS主要由三大部分组成，即空间星座部分（GPS卫星星座）、地面监控部分（地面监控系统）和用户设备部分（GPS用户接收机），如图6.5所示。

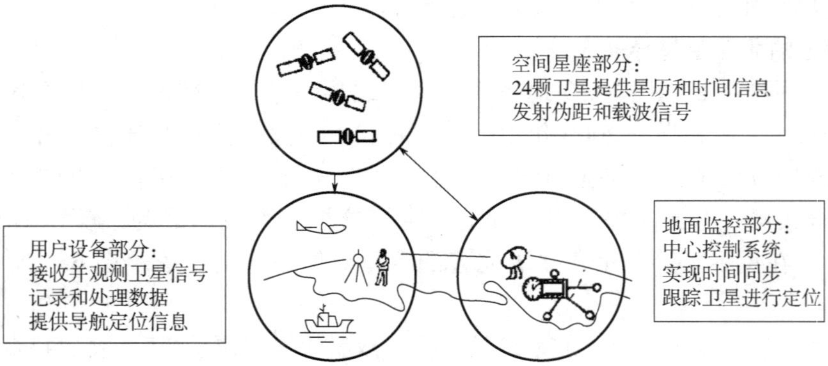

图6.5　GPS的组成

对于整个全球定位系统来说，三大部分都是不可缺少的。GPS是利用无线电传输特性来定位的，它由卫星来发射定时信号、卫星位置和健康状况信息，故具有发射信号能覆盖全球和定位精度高的优点。系统中所有卫星构成 GPS 的空间部分。卫星由地面站（地面监控部分）监测和控制，它监测卫星健康状况和空中定位精度，定时向卫星发送控制指令、轨道参数和时间改正数据。

6.1.3.1 GPS 空间部分

1. GPS 卫星星座

GPS 全球定位系统的空间星座部分由 24 颗卫星组成，如图 6.1 所示，其中包括 3 颗可随时启用的备用卫星。卫星高度为 20 200 km，运行周期为 11 h 58 min。工作卫星分布在 6 个轨道面内，每个轨道面上有 4 颗卫星。在地平线上的卫星数目随时间和地点而异，最少为 4 颗，最多达 11 颗。即在地球表面上任何地点、任何时刻，在高度角 15°以上，至少可同时观测到 4 颗以上卫星。这对提高定位精度十分有利，使其能在全球任何地方、任何恶劣的气候条件下，为用户提供 24 h 不间断的免费服务。所以，GPS 是一种全球性、全天候的连续实时定位系统。

2. GPS 卫星及功能

卫星的主体呈圆柱形，设计寿命为 7.5 年。主体两侧配有能自动对日定向的双叶太阳能集电板，为保证卫星正常工作提供电源；通过一个驱动系统保持卫星运转并稳定轨道位置。每颗卫星装有 4 台高精度原子钟，以保证发射出标准频率，为 GPS 测量提供高精度的时间信息。

GPS 卫星的基本功能如下：

（1）接收和储存地面监控站发来的导航信息，接收并执行监控站的控制命令。

（2）借助于卫星上设有的微处理机进行必要的数据处理工作。

（3）通过星载的高精度铯原子钟和铷原子钟提供精密的时间标准。

（4）向用户发送定位信息。

（5）在地面监控站的指令下，通过推进器调整卫星的姿态和启用备用卫星。

6.1.3.2 GPS 地面监控部分

对于导航定位来说，GPS 卫星是动态已知点，卫星的位置是依据卫星发射的星历描述卫星运动及其轨道的参数。每颗卫星的广播星历是由地面监控系统提供的。卫星上各种设备是否正常工作，以及能否一直沿预定的轨道运行，都要由地面设备进行监测和控制。地面监控系统的另一个重要作用是保持各颗卫星处于同一时间标准。

GPS 地面监控系统包括 1 个主控站、3 个注入站和 5 个监测站。主控站位于美国科罗拉多斯平士的联合空间执行中心；3 个注入站分别位于大西洋的阿森松群岛、印度洋的狄哥迦西亚和太平洋的卡瓦加兰 3 个美国军事基地；5 个监测站除了 1 个位于主控站和 3 个位于注入站以外，还有 1 个设在夏威夷。

地面监控系统的功能如下：

（1）主控站。根据所有观测资料编算各卫星的星历、卫星钟差和大气层的修正参数，提供全球定位系统的时间基准，调整卫星运行的姿态，启用备用卫星。

（2）注入站。在主控站的控制下，将主控站编算的卫星星历、钟差，以及导航电文和其他控制指令等注入相应的卫星存储系统，并监测注入信息的正确性。

（3）监测站。对 GPS 卫星进行连续观测，以采集数据和监测卫星的工作状况，经计算机初步处理后，将数据传输到主控站。

6.1.3.3 用户设备部分

用户设备部分由 GPS 信号接收机、相应的用户设备及 GPS 数据的后处理软件组成。其作用是接收、跟踪、变换和测量卫星所发射的信号，以达到导航和定位的目的。GPS 接收机硬件一般包括主机、天线、控制器和电源，主要功能是接收 GPS 卫星发射的信号，能够捕获到按一定卫星高度截止角所选择的待测卫星的信号，并跟踪这些卫星的运行，获得必要的导航和定位信息及观测量。用户设备一般为计算机及其终端设备、气象仪器等，主要功能是对所接收到的 GPS 信号进行变换、放大和处理，以便测量出 GPS 信号从卫星到接收机天线的传播时间，解译出 GPS 卫星所发送的导航电文，实时地计算出测站的三维位置，甚至三维速度和时间，并经简单数据处理而实现实时导航和定位。数据处理软件是指各种后处理软件包，其主要作用是对观测数据进行精加工，以便获得精密定位结果。以上三部分共同组成了一个完整的 GPS 用户设备系统。

静态定位中，GPS 接收机在捕获和跟踪 GPS 卫星的过程中固定不变，接收机高精度地测量 GPS 信号的传播时间，利用卫星在轨的已知位置，解算出接收机天线所在位置的三维坐标。而动态定位则是用 GPS 接收机测定一个运动物体的运行轨迹。GPS 接收机测定的运动物体称为载体（如航行中的船舰、空中的飞机、行驶的车辆等）。载体上的 GPS 接收机天线在跟踪 GPS 卫星的过程中相对地球运动，接收机用 GPS 信号实时地测得运动载体的状态参数（瞬间三维位置和三维速度）。

根据 GPS 用户的不同要求，所需的接收设备也有差异。随着 GPS 定位技术的迅速发展和应用领域的日益扩大，许多国家都在积极研制、开发适用于不同要求的 GPS 接收机及相应的数据处理软件。

近年来，国内引进了多种类型的 GPS 测地型接收机。各种类型的 GPS 测地型接收机用于精密相对定位时，其双频接收机精度可达 $5\ \mathrm{mm} \pm 1 \times 10^{-6}D$（$D$ 为基线长度，单位为 km，下同），单频接收机在一定距离内精度可达 $10\ \mathrm{mm} \pm 2 \times 10^{-6}$。GPS 测地型接收机用于差分定位时，其精度可达厘米级。

目前，各种类型的 GPS 信号接收机体积越来越小，质量越来越轻，便于野外观测。GPS、GLONASS 和北斗卫星兼容的全球导航定位系统接收机也已普及。特别值得一提的是，作为国内首台兼容北斗系统和 GPS 系统的接收机 RTK S82C，采用国产自主研发的主板，在城市相对较多遮挡物的情况下，RTK S82C 仍然能具备良好的搜星效果和信号强度。

6.1.4 GNSS 的功能及特点

6.1.4.1 GNSS 的功能

GNSS 最初就是为了满足军事上的需要，后来随着民用市场的快速发展和带来的经济效益，越来越多地应用于民用市场。例如，应用最广泛的美国 GPS 能够进行飞行器的定位、电力网的授时、灾害监测、交通导航、抢险救灾等。具体来说，GNSS 系统主要有以下几个方面的功能。

1. 测量

GNSS 卫星系统能够进行厘米级甚至毫米级精度的静态相对定位，米级甚至亚米级精度的动态定位。可以为测量人员提供精确的三维定位，为用户快速提供三维坐标。下面从公路选线和放样方面来介绍。

高等级公路选线多在大比例尺（1:1 000或1:2 000）带状地形图上进行。用传统方法测图，先要建立控制点，然后进行碎部测量，绘制成大比例尺地形图。这种方法工作量大，速度慢，花费时间长。用实时GNSS动态测量可以完全克服这个缺点，只需在沿线每个碎部点上停留一两分钟，即可获得每点的坐标、高程。结合输入的点特征编码及属性信息，构成带状所有碎部点的数据，在室内即可用绘图软件成图。由于只需要采集碎部点的坐标和输入其属性信息，而且采集速度快，因此大大降低了测图难度，既省时又省力，非常实用。

道路中线放样时，设计人员在大比例尺带状地形图上定线后，需将公路中线在地面上标定出来。采用实时GNSS测量，只需将中桩点坐标输入GNSS电子手簿中，系统软件就会自动定出放样点的点位。由于每个点测量都是独立完成的，不会产生累计误差，各点放样精度趋于一致。

道路的横、纵断放样和土石方量计算：纵断放样时，先把需要放样的数据输入电子手簿中，生成一个施工放样点文件，并储存起来，随时可以到现场放样测设；横断放样时，先确定出横断面形式（填、挖、半填半挖），然后把横断面设计数据输入电子手簿中（如边坡坡度、路肩宽度、路幅宽度、超高、加宽、设计高），生成一个施工放样点文件，储存起来，并随时可以到现场放样测设。同时软件可以自动与地面线衔接进行“戴帽”工作，并利用“断面法”进行土方量计算。通过绘图软件，可绘出沿线的纵断面图和各点的横断面图。因为所用数据都是测绘地形图时采集而来的，不需要到现场进行纵横断面测量，大大减少了外业工作。必要时，可用动态GNSS到现场检测复合，这与传统方法相比，既经济又实用。

2. 授时

时间信号的准确与否，直接关系到人们的日常生活、工业生产和社会发展。天文测时所依赖的是地球自转，而地球自转的不均匀性使天文方法所得到的时间（世界时）精度只能达到10^{-9}，“原子钟”精度可达10^{-12}。因此“原子钟”广泛运用到精密测量、日常生活和生产领域。GNSS接收机授时系统是利用接收机接收卫星上的“原子钟”时间信号，然后把数据传输给单片机进行处理并显示出时间，由此可制作出GNSS精密时钟。精密时间是科学研究、科学试验和工程技术诸方面的基本物理参量。它为一切动力学系统和时序过程的测量和定量研究提供了必不可少的实时基元坐标。精密授时在通信、电力、控制等工业领域和国防领域有着广泛和重要的应用。现代武器实（试）验、战争需要它保障。智能化交通运输系统的建立和数字化地球的实现需要它支持。现代通信网和电力网的建设也增强了对精密时间和频率的依赖。

3. 导航

GNSS能实时计算出接收机所在位置的三维坐标。当接收机处于运动状态时，每时每刻都能定位出接收机位置，从而实现导航。导航系统的应用十分广泛，如飞机、轮船、汽车、导弹等。又如，1999年，科索沃事件爆发，又发生了震惊世界的北约对南斯拉夫联盟轰炸行动。在那次行动中，北约对南联盟实施了几乎使南斯拉夫彻底瘫痪的轰炸，包括学校在内的多处目标遭受了毁灭性的打击。GNSS的导航定位系统为北约的行动提供了便利，装备了相应制导系统的导弹在GNSS卫星的引导下，对目标设施的打击精度在以往的基础上提高了不少。至此，全世界都了解了全球导航定位系统在军事行动中对于导弹作战的非凡意义。

6.1.4.2 GNSS 定位的特点

GNSS 导航定位以其高精度、全天候、高效率、多功能、操作简便、应用广泛等特点著称。

1. 定位精度高

应用实践已经证明，GNSS 相对定位精度在 50 km 以内可达 10^{-6}，100 ~ 500 km 可达 10^{-7}，1 000 km 以上可达 10^{-9}。在 300 ~ 1 500 m 工程精密定位中，1 h 以上观测的解，其平面位置误差小于 1 mm，与 ME-5000 电磁波测距仪测定的边长比较，其边长较差最大为 0.5 mm，较差中误差为 0.3 mm。

2. 观测时间短

随着 GNSS 的不断完善，软件的不断更新，目前，20 km 以内相对静态定位仅需 15 ~ 20 min；快速静态相对定位测量时，当每个流动站与基准站相距在 15 km 以内时，流动站观测时间只需 1 ~ 2 min；动态相对定位测量时，从流动站出发时观测 1 ~ 2min，然后可随时定位，每站观测仅需几秒钟。

3. 测站间无须通视

GNSS 测量不要求测站之间互相通视，只需测站上空开阔即可，因此可节省大量的造标费用。由于无须点间通视，点的位置根据需要可稀可密，使选点工作甚为灵活，也可省去经典大地网中的传算点、过渡点的测量工作。

4. 可提供三维坐标

经典大地测量将平面与高程采用不同方法分别施测。GNSS 可同时精确测定测站点的三维坐标。目前 GNSS 水准可满足四等水准测量的精度。

5. 操作简便

随着 GNSS 接收机不断改进，自动化程度越来越高，有的已达“傻瓜化”的程度；接收机的体积越来越小，质量越来越轻，极大地减轻了测量工作者的工作紧张程度和劳动强度，使野外工作变得轻松愉快。

6. 全天候作业

目前 GNSS 观测可在一天 24 h 内的任何时间进行，不受阴天黑夜、起雾刮风、下雨下雪等气候的影响。

7. 功能多、应用广

GNSS 系统不仅可用于测量、导航，还可用于测速、测时。测速的精度可达 0.1 m/s，测时的精度可达几十毫微秒。其应用领域不断扩大。

6.2 GNSS 定位的基本原理

6.2.1 GNSS 定位方法与定位模式

6.2.1.1 GNSS 的定位方法

GNSS 的定位方法，若按用户接收机天线在测量中所处的状态来分，可分为静态定位和动态定位；若按定位的结果来分，可分为绝对定位和相对定位。

静态定位是指在定位过程中，接收机天线的位置相对于周围地面点而言，处于静止状态。

动态定位是指在定位过程中，接收机天线处于运动状态，定位结果是连续变化的。如用于陆地车辆、飞机、轮船、宇宙飞行器等导航定位的方法就属于动态定位。

绝对定位又称单点定位，是利用 GNSS 独立确定用户接收机天线在其坐标系中的绝对坐标。由于单点定位受卫星星历误差、大气延迟误差等影响较大，故定位精度低，一般为 25 ~ 30 m。单点定位多用于船舶、飞机、勘探、海洋作业等方面。

相对定位又称差分定位，是在其坐标系中确定接收机天线与某一地面参考点之间的相对位置或两观测站之间相对位置的方法。

6.2.1.2　GNSS 的定位模式

各种定位方法还可组合为不同的定位模式，在实际的工作中，应按照工程需要，根据具体情况选择适当的 GNSS 定位模式，以提高定位精度和作业效率。GNSS 的定位模式可分为静态绝对定位、动态绝对定位、静态相对定位、动态相对定位。

静态绝对定位是指在接收机天线处于静止状态的情况下，以确定观测站的绝对坐标的方法。静态绝对定位一般用于测定观测站在其坐标系中的绝对坐标。

动态绝对定位是指用户接收机安置在运动的载体上，并处于动态的情况下，确定载体瞬时绝对位置的定位方法。动态绝对定位一般用于飞机、船舶及陆地车辆的导航，在航空物探和卫星遥感中也有广泛的用途。

静态相对定位是指设置在基线两端点的接收机天线处于固定不动的情况下，以确定观测站的绝对坐标的方法。这种定位方法可通过重复观测取得足够的多余观测数据，以提高定位精度。静态相对定位是目前 GNSS 测量中精度最高的一种定位方法，广泛应用于大地测量、精密工程测量和地球动力学研究等工作。

动态相对定位是将一台接收机安置在已知的参考点上固定不动，另一台接收机设置在运动载体上（又称流动接收机），两台接收机同步观测相同的卫星，以实时确定运动点相对于参考点的位置。

其他还有如伪动态相对定位、半动态相对定位及快速静态相对定位等。

6.2.2　GNSS 定位的基本原理

6.2.2.1　绝对定位原理

利用 GNSS 进行绝对定位的基本原理是以 GNSS 卫星与用户接收机天线之间的几何距离观测量 ρ 为基础，并根据卫星的瞬时坐标（x_S, y_S, Z_S），以确定用户接收机天线所对应的点位，即观测站的位置。

设接收机天线所在的测站点的坐标为（X，Y，Z），则有

$$\rho^2 = (X - x_S)^2 + (Y - y_S)^2 + (Z - Z_S)^2 \tag{6.1}$$

式（6.1）中卫星的瞬时坐标（x_S, y_S, Z_S）可根据导航电文获得，为已知数据，而 ρ 为伪距观测值，也可以由观测数据文件得到。因此，上述方程只有 3 个未知数。可见，用户用 GNSS 接收机在某一时刻只要同时接收 3 颗以上的 GNSS 卫星信号，测量出测站点至 3 颗以上 GNSS 卫星的距离并解算出该时刻 GNSS 卫星的空间坐标，便可利用距离交会法解算出测

站点的位置。显然，GNSS 进行绝对定位的基本原理是空间距离后方交会。

如图 6.6 所示，设在 t_i 时刻，在测站点 P 用 GNSS 接收机同时测得 P 点至 3 颗 GNSS 卫星 S_1、S_2、S_3 的距离 ρ_1、ρ_2、ρ_3，通过 GNSS 导航电文解译出 t_i 时刻 3 颗 GNSS 卫星的三维坐标分别为 (x_j, y_j, Z_j) $(j=1, 2, 3)$，则根据距离交会公式（6.1）求解测站点 P 的三维坐标 (X, Y, Z)。

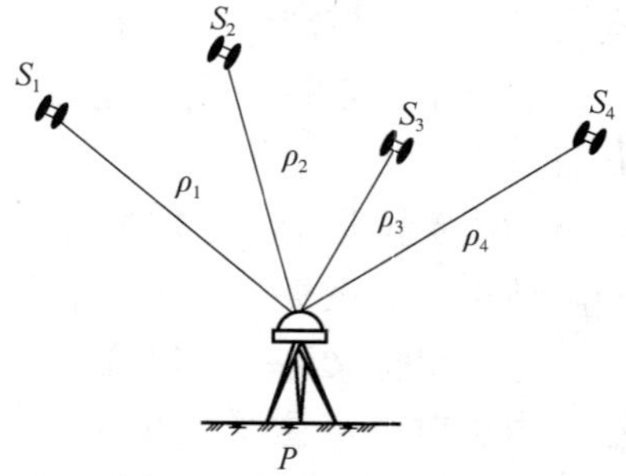

图 6.6　GNSS 定位原理

$$
\begin{cases}
\rho_1^2 = (X - X_1)^2 + (Y - Y_1)^2 + (Z - Z_1)^2 \\
\rho_2^2 = (X - X_2)^2 + (Y - Y_2)^2 + (Z - Z_2)^2 \\
\rho_3^2 = (X - X_3)^2 + (Y - Y_3)^2 + (Z - Z_3)^2
\end{cases}
\tag{6.2}
$$

解式（6.2）即可求得测站点 P 的三维坐标。

但是由于 GNSS 采用了测距原理，而卫星钟与用户接收机又难以保持严格同步，因此实际观测中，观测站至卫星之间的距离 ρ 中含有卫星钟与接收机钟同步差的影响，另外还含有载波在运行过程中电离层、对流层折射的影响，因此称为伪距。卫星钟差、电离层、对流层折射可以通过导航电文中所给出的有关参数加以修正，接收机钟差却一般难以预先准确地确定，所以通常将接收机钟差当作一个未知数，与测站点坐标一起在数据处理中进行解算。这样在一个观测站上要实时解出 4 个未知参数（即 3 个点位坐标分量和 1 个钟差参数），就至少要同时观测到 4 颗卫星。

$$
\begin{cases}
\rho_1^2 = (X - X_1)^2 + (Y - Y_1)^2 + (Z - Z_1)^2 + c\delta_t \\
\rho_2^2 = (X - X_2)^2 + (Y - Y_2)^2 + (Z - Z_2)^2 + c\delta_t \\
\rho_3^2 = (X - X_3)^2 + (Y - Y_3)^2 + (Z - Z_3)^2 + c\delta_t \\
\rho_4^2 = (X - X_4)^2 + (Y - Y_4)^2 + (Z - Z_4)^2 + c\delta_t
\end{cases}
\tag{6.3}
$$

式中，δ_t 为接收机钟差；c 为光速。

由于 GNSS 绝对定位受卫星轨道误差、钟差及信号传播误差等诸多因素的影响，因而精度较低。

6.2.2.2　相对定位原理

GNSS 相对定位，又称差分 GNSS 定位，是目前 GNSS 定位中精度最高的一种定位方法。其基本定位原理如图 6.7 所示。将两台 GNSS 接收机分别安置在测线两端（该测线称为基线），同步接收 GNSS 卫星信号，利用同步观测值进行解算，求定基线两端在其坐标系中的相对位置（或称基线向量）。当其中一个端点坐标已知时，则可推算出另一个待定点（端点）的坐标。

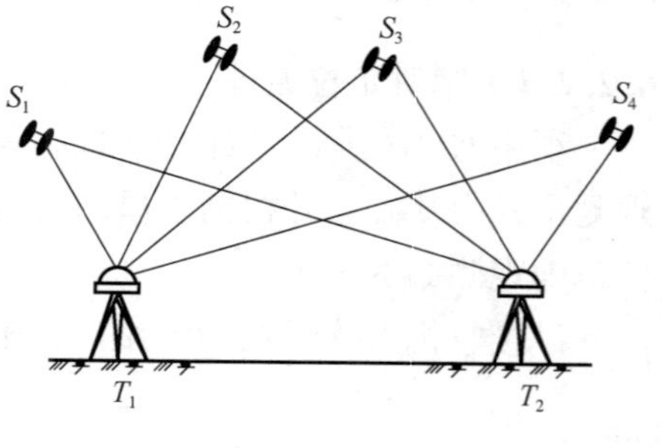

图 6.7　GNSS 相对定位原理

在实际作业中，也有用多台接收机置于多条基线端点，通过同步观测 GNSS 卫星以确定多条基线向量的。

因为在两个观测站或多个观测站同步观测相同卫星的情况下，卫星的轨道误差，卫星钟差，接收机钟差及电离层、对流层折射误差等对观测量的影响具有一定的相关性，因此利用这些观测量的不同组合进行相对定位，即可有效地消除或减弱上述误差的影响，从而提高相对定位的精度。

相对定位常使用的基本观测量是载波相位。相对定位的观测量可以是原始的载波相位观测量，也可以是在观测站、卫星、历元之间组合的差分观测量。用原始的非差分相位进行的相对定位称为非差模式，用差分相位进行的相对定位称为差分模式。差分模式根据所用差分观测量的不同，又分为单差模式、双差模式和三差模式。

由于相对定位的精度比较高，因此目前工程、测绘领域中应用最为广泛的是静态相对定位和动态相对定位。

6.3 GNSS 静态控制测量

GNSS 静态控制测量与常规测量类似，在实际工作中也可以划分为方案设计、外业施测和数据处理三个阶段。

6.3.1 方案设计

6.3.1.1 GNSS 网技术设计的依据

技术设计是依据 GNSS 网的用途和用户的要求，按照国家及行业主管部门颁布的 GNSS 测量规范（规程），对基准、精度、密度、网形及作业纲要（如观测的时段、每个时段的长度、采样间隔、截止高度角、接收机的类型及数量、数据处理的方案）等做出具体的规定和要求。技术设计是建立 GNSS 网的首要工作，它提供了建立 GNSS 网的技术准则，是项目实施过程中以及成果检查验收时的技术依据。

GNSS 控制网技术设计必须依据相关标准、技术规程或要求来进行，常用的依据有 GNSS 测量规范及规程、测量任务书或合同书。

1. GNSS 测量规范（规程）

2009 年国家质量监督检验检疫总局和国家标准化管理委员会发布的《全球定位系统（GPS）测量规范》（GB/T 18314—2009）。

1995 年国家测绘局发布的行业标准《全球定位系统（GPS）测量型接收机检定规程》（CH 8016—1995）。

2010 年住房和城乡建设部发布的行业标准《卫星定位城市测量技术标准》（CJJ/T 73—2010）。

各部委根据本部门 GNSS 测量的实际情况制定的 GNSS 相关规程和细则等。

2. 测量任务书或合同书

测量任务书或合同书是测量施工单位的上级主管部门或合同甲方下达的技术要求文件。这种技术文件也是指令性的，它规定了测量任务书的范围、目的、精度和密度要求，提交成果资料的项目和时间，完成任务的经济指标等。

6.3.1.2 GNSS 控制网的布网原则

利用 GNSS 技术建立国家、城市和工程控制网应遵循下列布网原则：

（1）选择合适的测量等级。

（2）要有足够的精度。

（3）要有足够的密度。

对于上述三条布网原则中的具体要求可根据相应的规范确定。

6.3.1.3　GNSS 网的基准设计

1. 基准设计的内容

由 GNSS 相对定位方法获得地面点间在 WGS-84 坐标系中的三维基线向量。而在我国，工程测量控制网一般采用国家坐标系（国家 2000 大地坐标系）或地方独立坐标系。这就要求在 GNSS 网设计时，必须明确 GNSS 成果所采用的坐标系和起算数据，即明确 GNSS 网所采用的基准。这项工作称为 GNSS 网的基准设计。

GNSS 网的基准包括位置基准、方位基准和尺度基准。位置基准一般由 GNSS 网中起算点的坐标确定。方位基准一般由给定的起算方位角值确定，也可以将 GNSS 基线向量的方位作为方位基准。尺度基准一般由 GNSS 网中两起算点间的坐标反算距离确定。

2. 位置基准设计

GNSS 网的位置基准设计取决于网中“起算点”的坐标和平差方法。确定位置基准一般可采用下列方法：

（1）选取网中一个点的坐标，并加以固定或给以适当的权。

（2）网中各点坐标均不固定，通过自由网伪逆平差或拟稳平差来确定网的位置基准。

（3）在网中选取若干个点的坐标，并加以固定或给以适当的权。

采用前两种方法进行 GNSS 网平差时，由于在网中引入了位置基准，而没有给出多余的约束条件，因而对网的定向和尺度都没有影响，称此类网为独立网。采用第三种方法进行平差时，由于给出的起算数据多于必要的观测数据，因而在确定网的位置基准的同时也会对网的方向和尺度产生影响，称此类网为附合网。

3. 尺度基准设计

尺度基准是由 GNSS 网的基线来提供的，这些基线可以是地面测距边或已知点间的固定边，也可以使用 GNSS 网中的基线向量。对于新建控制网，可直接由 GNSS 基线向量提供尺度基准，即建成独立网或固定一点一方位进行平差的方法，这样可以充分利用 GNSS 技术的高精度特性。对于旧控制网加密或改造，可将旧网中的若干个控制点作为已知点对 GNSS 网进行附合网平差，这些已知点间的边长将成为尺度基准。对于一些涉及特殊投影面（投影面非参考椭球面）的网，若在指定投影面上没有足够数量的控制点，则可引入地面高精度测距边作为尺度基准。

4. 方位基准设计

方位基准设计一般是由网中的起始方位角来提供的，也可由 GNSS 网中的各基线向量共同来提供。利用旧网中的若干控制点作为 GNSS 网中的已知点进行约束平差时，方位基准将由这些已知点的方位角提供。

6.3.1.4　GNSS 网的图形设计

1. GNSS 控制网图形构成的基本概念

（1）观测时段：测站上开始接收卫星信号到停止接收，此过程中连续观测的时间间隔简称时段。

（2）同步观测：两台或两台以上接收机同时对同一组卫星进行的观测。

（3）同步观测环：三台或三台以上接收机同步观测所获得的基线向量构成的闭合环。

（4）异步观测环：由非同步观测获得的基线向量构成的闭合环。

（5）数据剔除率：同一时段中，删除的观测值个数与获取的观测值总数的比值。

（6）独立基线：对于 N 台 GNSS 接收机构成的同步观测环，有 $N(N-1)/2$ 条同步观测基线，其中独立基线数为 $N-1$。

（7）非独立基线：除独立基线外的其他基线叫非独立基线，总基线数与独立基线数之差即为非独立基线数。

2. GNSS 网的基本图形

目前的 GNSS 控制测量，基本上都是采用相对定位的测量方法。这就需要两台或两台以上的 GNSS 接收机在相同的时段内同时连续跟踪相同的卫星组，即实施所谓同步观测。

各种 GNSS 网的图形虽然复杂，但将其分解，可得到以下三种基本图形：

（1）星形网。星形网如图 6.8 所示。星形网的观测基线不构成闭合图形，所以其检验与发现粗差的能力较差。星形网的主要优点是观测中只需要两台 GNSS 接收机，作业简单。在快速静态定位、准动态定位和实时定位等快速作业模式中，大都采用这种图形。星形网被广泛应用于施工放样、边界测量、地籍测量和碎部测量等。

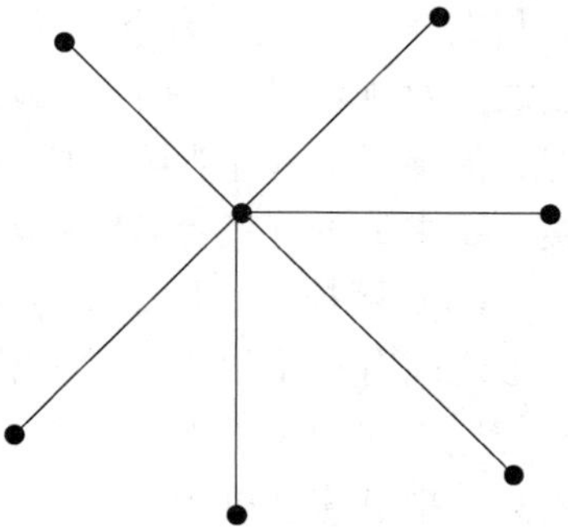

图 6.8　星形网

（2）环形网。由含有多条独立观测基线的闭合环所组成的网，称为环形网，如图 6.9 所示。这种图形与经典测量中的导线网相似，其图形的结构强度比星形网好。这种网的自检能力和可靠性随闭合环中所含的基线数量的增加而减弱，但只要对闭合环中的边数加以限制，仍能保证一定的几何强度。GNSS 测量规范中一般都会对多边形的边数做出相关限制，在进行设计时要满足 GB/T 18314—2009 和 CJJ/T 73—2010 对最简独立闭合环和附合导线边数的规定。

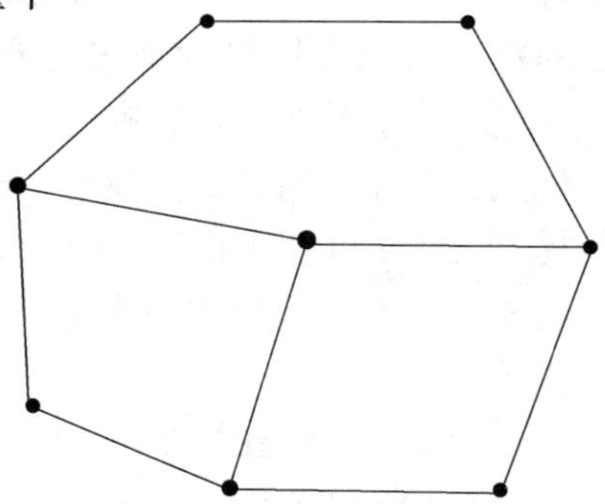

图 6.9　环形网

环形网的优点是观测工作量较小，且具有较好的自检性和可靠性；主要缺点是相邻基线的点位精度分布不均。

（3）三角形网。三角形网如图 6.10 所示，网中的三角形边由独立观测边组成。其优点是图形结构的强度好，具有良好的自检能力，能够有效地发现观测成果的粗差，同时，网中相邻基线的点位精度分布均匀；缺点是工作量大。

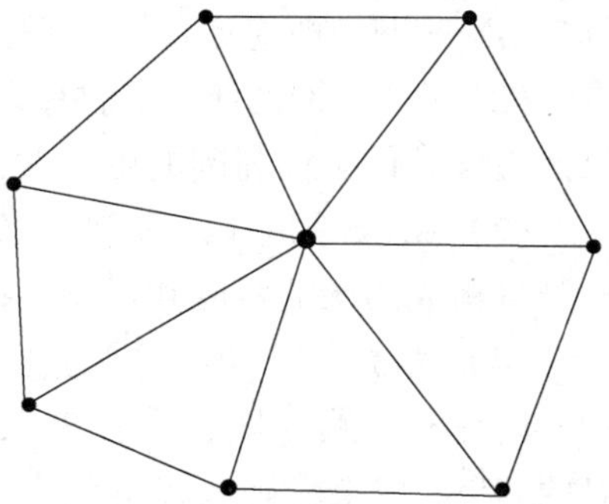

图 6.10　三角形网

3. GNSS 网的连接方式

GNSS 控制网是采用相对定位的方法求得两点间的基线向量，再由基线向量将已知点坐标传递给未知点的。所以，GNSS 网中的各同步观测图形只有相互连接才能传递坐标。

由若干不同时间观测的同步观测图形相互连接，便可构成GNSS网的整网图形。由各同步图形构成GNSS整网的方式一般采用同步图形扩展式，就是将一个个同步图形依次相连，逐步扩展，构成整网。各同步图形之间可采用以下四种连接方式：

（1）点连式。点连式连接就是相邻两个同步观测图形之间通过一个公共点连接，如图6.11所示。这种连接方式的优点是外业观测工作的推进速度快，作业效率高；缺点是网中没有重复观测基线，可靠性较差。采用点连式连接，要求最少有两台GNSS接收机。

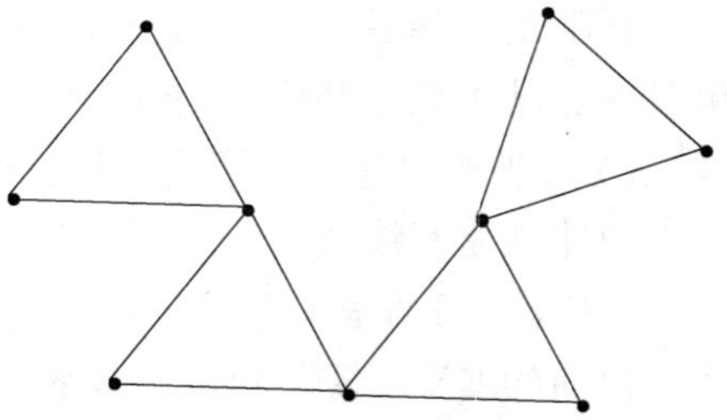

图6.11　点连式

（2）边连式。边连式连接就是相邻两个同步观测图形之间有两个公共点，如图6.12所示。这种连接方式与点连式相比，有重复观测基线，可用重复基线向量之差对观测质量进行检验，提高了GNSS网的可靠性，但降低了外业观测工作的推进速度。采用边连式连接，要求最少有三台GNSS接收机。

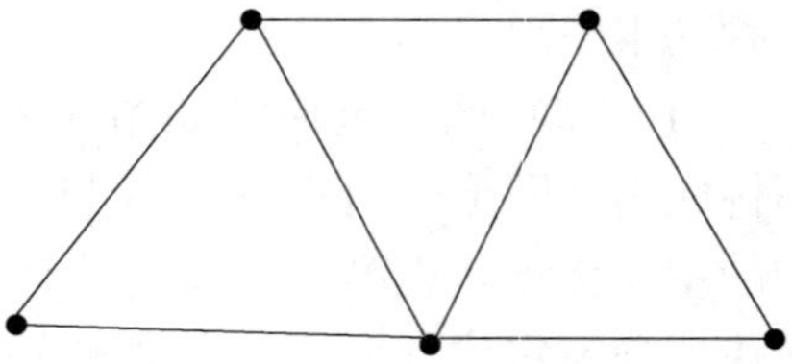

图6.12　边连式

（3）网连式。网连式连接就是相邻两个同步观测图形之间有三个以上的公共点，如图6.13所示。网连式与边连式相比，重复观测的基线数更多，网的可靠性更高，推进速度更慢。

（4）混连式。在实际的工程应用中，尤其是较大工程，很少使用单一网来布设GNSS网，通常会根据测区的特殊情况有针对性地进行布设。这就需要把点连式、边连式以及网连式有机地结合起来，克服缺点，发挥优点，在保证网的几何强度、提高网的可靠性指标的前提下，减少外业工作量，降低成本，这种布设形式为混连式。混连式是GNSS网图形设计较理想的综合性布网方案。

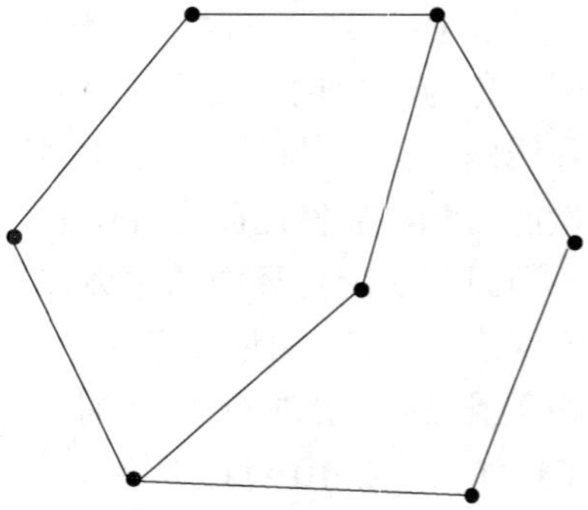

图6.13　网连式

4. GNSS网的图形设计原则

（1）GNSS网中不应存在自由基线。所谓自由基线是指不构成闭合图形的基线，由于自由基线不具备发现粗差的能力，因而必须避免出现，也就是GNSS网一般应通过独立基线构成闭合图形。

（2）GNSS网的闭合条件中基线数不可过多。网中各点最好有3条或更多基线分支，以保证检核条件，提高网的可靠性，使网的精度更高。

（3）GNSS网应以“每个点至少独立设站观测两次”的原则布网。这样由不同数量接收机测量构成的网的精度和可靠性指标比较接近。

（4）为了实现GNSS网与地面网之间的坐标转换，GNSS网至少应与地面网有2个重合点。研究和实践表明，应有3～5个精度较高、分布均匀的地面点作为GNSS网的一部分，以便GNSS成果较好地转换至地面网中。同时，GNSS网还应与相当数量的地面水准点重合，以便为大地水准面提供研究资料，实现GNSS大地高向正常高的转换。

（5）为了便于观测，GNSS点应选择在交通便利、视野开阔、容易到达的地方。尽管GNSS网的观测不需要考虑通视的问题，但是为了便于用经典方法扩展，单点至少应与网中另一点通视。

6.3.2 外业施测

GNSS静态测量外业施测主要包括踏勘、选点、埋石和外业观测等步骤。

6.3.2.1 外业踏勘、选点和埋石

1. 踏勘、选点

由于GNSS测量观测站之间不要求相互通视，网的图形结构也比较灵活，故选点工作比常规控制测量的选点要简便。在选点工作开始之前，应充分收集和了解有关测区的地理情况以及原有控制点的分布和标石完好情况。根据城市或工程建设与发展的需要，以及已经确定的精度指标和网形设计，在选点图（一般为中小比例尺地形图）上概略地描绘出GNSS网的点位，同时考虑到以测区内已有的高级控制点作为起始点，最好是均匀分布在测区内的，以便将GNSS测量成果与用户坐标系较好地联系起来。然后才是实地踏勘和标定点位。

选点工作通常应遵循以下原则：

（1）点位应选设在交通方便、视野开阔的地点上，视场周围15°以上不应有障碍物，地面基础稳定，易于点的保存。

（2）观测站（即接收天线安置点）应远离大功率的无线电发射台和高压输电线，以避免周围磁场对GNSS卫星信号的干扰。接收机与其距离一般不得小于200 m；离高压线的距离不得小于50 m。

（3）观测站附近不应有大面积的水域，或对电磁波反射（或吸收）强烈的物体，以减弱多路径效应的影响。

（4）观测站应选在交通便利的地方，并且至少应有两个方向的通视，以便用其他测量手段联测和扩展。

（5）利用已经有的旧点时，应对旧点的稳定性、完好性进行检查，符合要求方可利用。

（6）GNSS网点一般应埋设具有中心标志的标石，以精确标志点位，点的标石和标志必须稳定、坚固，以利于长久保存和使用。标石埋设结束后，应填写点之记并提交点位的交通情况及选点略图。

2. 埋石

为了保持点位，以便长期利用GNSS测量成果和进行重复观测，GNSS网点一般应埋设具有中心标志的标石，以精确标定点位。点位的标石和标志必须稳定、坚固，以利于长期保存和利用。

6.3.2.2 外业观测

1. 外业观测的基本技术要求

《全球定位系统（GPS）测量规范》（GB/T 18314—2009）、《卫星定位城市测量技术规范》（CJJ/T 73—2010）是对观测工作的基本要求。观测前应查阅规范要求。

2. 外业观测

外业观测工作包括天线安置、开机观测和观测记录等。

（1）天线安置。天线的精确安置是实现精确定位的重要条件之一。因此，要求天线尽量利用三脚架安置在标志中心的垂线方向上直接对中观测，一般情况下最好不要进行偏心观测。对于有观测墩的强制对中点，应将天线直接强制对中到中心。

对天线进行整平，使基座上的圆水准气泡居中。天线定向标志线指向正北。定向误差不大于 ±5°。

天线安置后，应在各观测时段前后各测量天线高一次。两次测量结果之差不应超过 3 mm，并取其平均值。

天线高指的是天线相位中心至地面标志中心之间的垂直距离。而天线相位中心至天线底面之间的距离在天线内部无法直接测定，它是一个固定常数，通常由厂家直接给出，天线底面至地面标志中心的高度可直接测定，两部分之和为天线高。

对于有觇标、钢标的标志点，安置天线时应将觇标顶部拆除，以防 GNSS 信号的遮挡，也可采用偏心观测，归心元素应精确测定。

（2）开机观测。GNSS 定位观测主要是利用接收机跟踪接收卫星信号，储存信号数据，并通过对信号数据的处理获得定位信息。

利用 GNSS 接收机作业的具体操作步骤和方法，随接收机的类型和作业模式不同而有所差异。总体而言，GNSS 接收机作业的自动化程度很高，随着其设备软硬件的不断改善发展，性能和自动化程度将进一步提高，需要人工干预的地方越来越少，作业将变得越来越简单。尽管如此，作业时仍需注意以下问题：

①使用某种接收机前，应认真阅读操作手册，作业时应严格按操作要求进行。

②在启动接收机之前，首先应通过电缆将外接电源和天线连接到接收机专门接口上，并确认各项连接准确无误。

③为确保在同一时间段内获得相同卫星的信号数据，各接收机应按观测计划规定的时间作业，且各接收机应具有获取信号数据的相同的时间间隔（采样间隔）。

④接收机跟踪锁住卫星，开始记录数据后，如果能够查看，作业员应注意查看有关观测卫星数量、相位测量残差、实时定位结果及其变化和存储介质的记录情况。

⑤在一个观测时段中，一般不得关闭并重新启动接收机；不准改变卫星高度角限值、数据采样间隔及天线高的参数值。

⑥在外出观测前应认真检查电源电量是否饱满，作业时应注意供电情况，一旦听到低电压报警要及时更换电池，否则可能会造成观测数据被破坏或丢失。

⑦在进行长距离或高精度 GNSS 测量时，应在观测前后测量气象元素。如观测时间长，还应在观测中间加测气象元素。

⑧每日观测结束后，应及时将接收机内存中的数据传输到计算机中，并保存在软、硬盘中，同时还需检查数据是否正确、完整，当确定数据无误地记录保存后，应及时清除接收机内存中的数据，确保下次记录观测数据时有足够的存储空间。

（3）观测记录。GNSS 接收机获取的卫星信号由接收机内置的存储介质记录，其中包括载波相位观测值及相应的观测历元、伪距观测值、相应的 GNSS 时间、GNSS 卫星星历及卫星钟差参数、测站信息及单点定位近似坐标值。

在观测时，观测者还应填写观测手簿。对于测站间距离小于 10 km 的边长，可不必记录气象元素。为保证记录的准确性，必须在作业过程中及时填写观测手簿，不得测后补记。

6.3.3 数据处理

GNSS 测量的内业计算分预处理、基线解算和网平差三个阶段。如图 6.14 所示，图中数据采集是 GNSS 接收机野外观测记录的原始数据，同时可以用随机软件解算出测站点的位置和运动速度，提供导航服务。数据传输至基线解算一般是采用随机软件（后处理软件，如中海达的 HGO 数据处理软件），将接收机记录的数据传输到计算机上进行处理和基线解算。GNSS 网平差部分包括 GNSS 基线向量网平差、GNSS 网与地面网联合平差等内容。整个数据处理过程可以建立数据库管理系统。

数据采集 → 数据传输 → 预处理 → 基线解算 → 网平差

图 6.14　数据处理流程

6.3.3.1 预处理

预处理是对原始观测数据进行编辑、加工与整理，分流出各种专用的信息文件，为下一步的各种计算做准备。

预处理工作的主要内容有数据传输、数据分流、数据的平滑和滤波、统一数据文件格式、卫星轨道的标准化、探测周跳和修复载波相位观测值，以及对观测值进行各项必要的改正。观测数据的预处理一般由后处理软件完成。

6.3.3.2 基线解算

基线解算的过程是数据传输、按顺序输入点号和天线高。基线解算出来后，还需检查 RATIO 值（必须大于或等于 3），基线闭合差必须在规范规定的范围内。

6.3.3.3 网平差

在各项质量检核符合要求后，即可进行网平差。以 CGCS2000 坐标系为例，网平差的过程是首先定义椭球元素，然后选择坐标系统，定义高斯投影，修改置信度，固定已知坐标，最后进行平差，得到待定点的 CGCS2000 坐标系和基线边长，以及待定点和基线边长的精度评定。

以上只是对 GNSS 测量技术进行了简单的概述，因为其用途较广，形式多样，在工程中具体应用时，应结合不同行业、不同用途再参照有关的技术规范（规程）具体应用。

6.4 GNSS-RTK 测量

6.4.1 RTK 测量的基本原理

RTK（Real Time Kinematic，实时动态）属于 GNSS 动态测量的范畴，测量结果能快速实时显示给测量用户。RTK 是一种差分 GNSS 测量技术，即实时载波相位差分技术，它通过载波相位原理进行测量，通过差分技术减弱消除基准站和流动站间共有误差，有效地提高了测量工作的效率。RTK 技术是 GNSS 测量技术发展的一个新突破，通过与数据传输系统相结合，实时显示流动站定位结果，自 20 世纪 90 年代初问世以来，备受测绘工作者的推崇，在数字地形测量、工程施工放样、地籍测量以及变形测量等领域得到推广应用。

载波相位差分方法可以分为修正法和差分法两类。修正法为准 RTK，差分法为真正的 RTK。修正法是将基准站接收机的载波相位修正值发送给用户接收机，进而改正用户接收机直接接收 GNSS 卫星的载波相位观测值，再求解用户接收机坐标。差分法是将基准站接收机采集的载波相位观测值直接发送给用户接收机，用户接收机将接收到的 GNSS 卫星载波相位观测值与基准站接收机发送来的载波相位观测值进行求差，最后求解出用户接收机的坐标。

RTK 定位的基本原理是：在基准站上安置一台 GNSS 接收机，另一台或几台接收机置于载体（称为流动站）上，基准站和流动站同时接收同一组 GNSS 卫星发射的信号。基准站所获得的观测值与已知位置信息进行比较，得到 GNSS 差分改正值，将这个改正值及时通过无线电数据链电台传递给流动站接收机；流动站接收机通过无线电接收基准站发射的信息，将载波相位观测值实时进行差分处理，得到基准站和流动站坐标差（Δx，Δy，Δz）；此坐标差加上基准站坐标得到流动站每个点的 GNSS 坐标基准下的坐标；通过坐标转换参数转换得出流动站每个点的平面坐标（x,y）和高程 h 及相应的精度。

6.4.2 常用 RTK 测量

6.4.2.1 常规 RTK 测量

常规 RTK 测量系统包括基准站、流动站、数据链三部分。基准站通过数据链将其观测值和测站坐标信息一起传给流动站。流动站不仅通过数据链接收来自基准站的数据，还要采集 GNSS 观测数据，并在系统内组成差分观测值进行实时处理。常规 RTK 测量系统作业时可以采用一台基准站加一台流动站的形式，也可采用一台基准站加 N 台流动站的形式。下面以中海达 V90 为例，介绍常规 RTK 测量流程。

图 6.15 中海达 V90 接收机

1. 仪器设备准备

常规的 RTK 测量需要的仪器设备包括硬件和软件两部分。

（1）硬件部分。硬件部分主要包括 GNSS 接收机（图 6.15）、电台及电台天线、供电系统以及传输线和电缆等。

（2）软件部分。中海达 V90RTK 测量软件部分主要是指现场 RTK 应用软件，一般安装在流动站系统的微型计算机或者手机上，是基准站和流动站的用户界面，可完成 RTK 测量的相关设置。中海达 V90 使用了 Hi-Survey 软件，该软件通常安装在 iHand20 手簿上（图 6.16）或者 Android 手机上使用。

图 6.16 iHand20 手簿

2. 常规 RTK 测量操作流程

常规 RTK 测量流程一般包括新建项目、设置基准站、设置流动站、点校正以及点测量五个步骤。

（1）新建项目。打开 Hi-Survey 软件，软件主界面如图 6.17（a）所示。单击【项目】→【项目信息】，在下方输入项目名称，单击右上角“确定”，如图 6.17（b）所示。选择坐标系统，设置椭球和投影参数，如图6.17（c）所示。

（a）单击项目信息　　（b）输入项目名称　　（c）选择坐标系统

图6.17　新建项目

（2）设置基准站。

1）连接设备。点击【设备】→【设备连接】→连接→选择基准站的机号进行蓝牙配对连接，如图6.18所示。

2）设置基准站。先设置基准站“接收机”位置，勾选是否保存基站坐标，再设置“数据链”“差分模式”“电文格式”“定位数据频率”“截止高度角”“PPK模式”。

a. 设置基准站位置。如果基准站架设在已知点上，且转换参数已知，则选择【已知点设站】，直接输入或在点库里选择该点的WGS-84的BLH坐标，或事先打开转换参数，输入该点的当地NEZ坐标，这样基准站就以该点的WGS-84 BLH坐标为参考，发射差分数据；同时输入基准站目标高，选择量高类型，修改点名。

图6.18　设备连接

如果基准站架设在未知点上，选择【平滑设站】，设置平滑次数；完成数据链、差分模式、电文格式、定位数据频率等设置后，点击右上角【设置】接收机将会按照设置的平滑次数进行平滑，最后取平滑后的均值为基准站坐标。

另外，平滑设站若勾选“保存坐标”，则还需输入该坐标的目标高，选择目标高类型，输入点名。

b. 点击【数据链】，选择数据链类型，输入相关参数，基准站设置的参数与移动站设置保持一致（若数据链模式选择为内置电台，则需要在接收机上安置电台天线；若为外挂模式，则需专门安置电台发射天线）。

c. 选择差分模式、电文格式、定位数据频率，设置截止高度角，根据需求是否打开PPK模式开关，点击右上角【设置】，软件提示设置成功。

参数设置完之后点击右上角的“设置”，主机语音报“外挂基准站”，主机信号灯红灯每秒闪烁两次，说明基站设置成功，正在发送差分数据。

等到基准站主机面板上信号灯绿灯一秒闪烁一次（省电模式下 2 s/次），以及电台红灯一秒闪烁一次时，表示基准站主机自启动成功，基准站在发射信号。如果信号灯不闪烁，可以重启接收机主机或重新操作一次，等到灯闪烁后方可断开连接进入移动站设置。

（3）设置流动站。用蓝牙方式连接上流动站接收机，确认流动站数据链以及其他各项参数和基准站一致。移动站的设置与基准站连接的步骤相同，移动站的数据链参数必须和基准站的一样才能接收差分数据。

参数设置与基站一样后点击右上角的“设置”，主机语音播报“UHF 流动站”。稍等片刻，悬浮窗上显示“固定”，便可以开始测量作业了。

（4）参数计算。

首先建立控制点库。主界面【坐标数据】→【控制点】→添加控制点，可手动输入，或通过点击右上角的实时采集、点选和图选来选择点名和相应的坐标，再点击右下角“确定”。

点击主界面【参数计算】，在参数计算界面中选择计算类型，通常选“四参数 + 高程拟合”，高程拟合选“固定差改正”（三个点以上，高程拟合可以选“平面拟合”方法）；然后再添加点对，选择一个采集点为源点，在目标点处输入相应控制点坐标；最后点击“保存”，如图 6.19（b）所示。

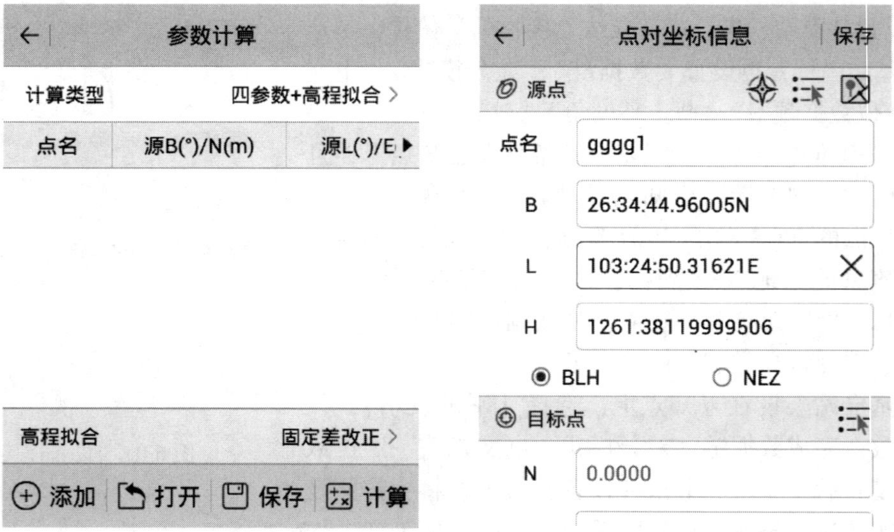

（a）选择计算类型　　（b）输入控制点坐标

图 6.19　参数计算

添加完两个以上的点对后，点击“计算”，并查看“四参数 + 高程拟合”的结果，主要看旋转和尺度。四参数的结果平移北和平移东一般较小，旋转在 0°左右，尺度在 0.999 9 ~ 1.000 0 之间（一般来说，尺度越接近 1 越好），平面和高程残差越小越好，确认无误后点击“应用”，软件将自动运用新参数更新坐标点库。

（5）碎部测量。进入碎部测量界面，当显示固定后才可以采集坐标。当流动站对中在未知点上后，点击“采集键”，输入“点名”“目标高”和“目标高类型”，再点击“确定”即可记录该点。

6.4.2.2 网络 RTK 测量

本节以 CORS 网络模式进行介绍。当使用 CORS 网络模式时，不需要安置基准站，GNSS 接收机只需作为流动站即可进行 RTK 测量。

CORS 网络模式 RTK 测量与常规的 RTK 测量模式基本相同，包括新建项目、流动站设置、参数计算和碎步测量四部分，其中新建项目、参数计算和碎步测量的操作方法与常规 RTK 测量模式完全一致，因此对于 CORS 网络模式 RTK 测量只做流动站设置的介绍。

网络 RTK 流动站设置的操作与常规电台模式 RTK 流动站设置基本相同，不同之处在于数据链模式的选择。对于 CORS 模式，数据链选择内置网络或手簿差分，服务器选择 CORS，然后依据实际情况输入源节点、IP、端口、用户名和密码，在【其他】里面选择电文格式，最后单击右上角的【设置】即可。

6.5 GNSS 在国民经济中的应用

6.5.1 GNSS 在交通领域的应用

GNSS（主要是 GPS 系统）与电子地图、无线电通信网络及计算机车辆管理信息系统相结合，可以实现车辆跟踪和交通管理等许多功能。例如车辆跟踪，利用 GPS 和电子地图可以实时显示出车辆的实际位置，并任意放大、缩小、还原、换图；可以随目标移动，使目标始终保持在屏幕上；还可实现多窗口、多车辆、多屏幕同时跟踪。利用该功能可对重要车辆和货物进行跟踪运输。

1. 提供出行路线规划和导航

提供出行路线规划是汽车导航系统的一项重要辅助功能，它包括自动线路规划和人工线路设计。自动线路规划是由驾驶者确定起点和目的地，由计算机软件按要求自动设计最佳行驶路线，包括最快的路线、最简单的路线、通过高速公路路段次数最少的路线等的计算。人工线路设计是由驾驶者根据自己的目的地设计起点、终点和途经点等，自动建立线路库。线路规划完毕后，显示器能够在电子地图上显示设计线路，并同时显示汽车运行路径和运行方法。

2. 信息查询

为用户提供主要物标，如旅游景点、宾馆、医院等数据库，用户能够在电子地图上根据需要进行查询。查询资料可以文字、语言及图像的形式显示，并在电子地图上显示其位置。同时，监测中心可以利用监测控制台对区域内的任意目标所在位置进行查询，车辆信息将以数字形式在控制中心的电子地图上显示出来。

6.5.2 GNSS 在军事上的应用

GNSS 可为全球范围内的飞机、舰船、地面部队、车辆、低轨道航天器，提供全天候、连续、实时、高精度的三维位置、三维速度以及时间数据。其主要任务是使海上舰船、空中飞机、地面用户及目标、近地空间飞行的导弹以及卫星和飞船，实现各种天气条件下连续实时的高精度三维定位和速度测定，还用于大地测量和高精度卫星授时等。在信息化时代，GNSS 已成为高科技战争的重要支持系统。它极大地提高了国家的指挥控制能力、多军兵种协同作战和快速反应能力，大幅度地提高了武器装备的打击精度和效能。例如，美国的 GPS 制导有精度高、制导方式灵活等特点，已成为精确制导武器的一种重要制导方式。导弹弹头上安装 GPS 接收机，随时测定导弹位置，进行弹道偏差修正，准确命中目标。命中目标的误差可低至 1 m，并且命中目标的误差不受导弹射程（即使为数千千米）的影响。在近几场高科技局部战争中，美军使用精确制导导弹和炸弹的比例比海湾战争时增加了近 100 倍，而它们全部或大部分都依靠 GPS 制导。

6.5.3 GNSS 在农业领域中的应用

在科技迅猛发展的大时代背景下，“精细农作（Precision Farming）”应运而生，其主要内容就是运用 GNSS、GIS 技术和计算机自动控制与决策系统，将农田地块按所要求大小（小的可到几平方米）为单位进行变量施肥、喷药管理、产量预测、农田面积测量等，并且使农机夜间精确作业成为现实。这项技术代表了西方发达国家 20 世纪 90 年代农业生产的最高水平。它在我国被称作信息时代的农田精耕细作技术。近年来，“精细农作”显示出了巨大的技术优势。

由于土壤养分含量以及杂草等在地块内分布的不均匀性，尤其是在地块面积较大的情况下，采用常规方法施用同一剂量的肥料或除草剂，会出现该多施用的地方用量不够，而不该再施用的地方或只需少量施用的地方用量过多的现象。这样既造成浪费，导致成本上升，污染环境；又会影响植株的健壮生长，造成产量下降。在农机上安装 GNSS 用户设备后，操作者可在显示屏上监视喷施机行走的轨迹，并显示该农机当时所在位点土壤信息图上的位置，及有关土壤养分信息，自动判定该处应该喷洒的量以及采用怎样的肥料配比，且随时指令配料仓自动改变输出量及成分配比。做到以数株或几十株为基础的因苗、因土精确喷肥、喷药。采用 GNSS 解决了一般性技术难以解决的问题，大大提高了农事操作的精确度和化肥、农药的利用率。GNSS 精确施用肥料和农药的技术很适用于大规模经营的农场。

思考题

1. GNSS 卫星定位系统有哪些？并简述。
2. 简述 GPS 系统的构成。
3. GNSS 定位的原理是什么？
4. GNSS 控制网的布设原则是什么？
5. 什么是同步环和异步环？
6. GNSS 网的布设形式有哪些？
7. GNSS 网的基本图形有哪些？
8. 简述 GNSS 技术在行业中的应用。

第7章 大比例尺地形图测绘

教学要点

本章主要学习地形图的基本知识，地物和地貌在地形图上的表示方法，大比例尺数字测图。重点是地物、地貌在地形图上的表示方法和地形图测绘；难点是地形特征点的选择和地物的综合取舍。

7.1 地形图的基本知识

地球表面地势起伏，形态各异，物体种类繁多，可以将地球表面上的各种形态分为地物和地貌两大类。地物分为两类：一类是自然地物，如江河湖泊、森林、草地、岩石等；另一类是人工地物，如房屋、铁路、公路、桥梁、渠道等。而地球表面的高低起伏形态，如高山、深谷、陡坎、悬崖、峭壁等，则称为地貌。地物和地貌总和称为地形。

地形图测绘就是依据在控制测量阶段建立的控制网，并利用控制点，采用碎部测量的方法测量出地物和地貌的平面位置和高程，按一定的比例尺和统一规定的地形图图式符号，绘制地形图。

7.1.1 地形图、平面图、地图

将地面上的地物、地貌沿铅垂线方向投射到水平面上，并按一定的比例、规定的符号缩绘到图纸上，这种图称为地形图。地形图既表示地物的平面位置，又反映地表的起伏形态。只表示地物平面位置而不反映地表起伏形态的图称为平面图。

将地球上的自然地理要素、社会经济要素等若干基本特征，按一定的数学法则并使用制图方法，采用制图综合原则绘成的图，即为地图。它可分为普通地图和专题地图，地形图是普通地图的一种。

7.1.2 地形图的比例尺及精度

地形图上的地物、地貌都是根据它们在水平面上的投影，按一定比例缩小绘制的。某一直线图上长度与实地长度之比，称为地形图比例尺，通常表示为

$$\text{比例尺} = \frac{\text{图上长度}}{\text{实地长度}} = \frac{d}{D} = \frac{1}{D/d} = \frac{1}{M} \tag{7.1}$$

式中，M 为比例尺分母。

地形图比例尺是地形图最重要的参数。如果图上 1 mm 代表实地上 1 m 的水平长度，则

该图的比例尺即为1∶1000。由此可见，比例尺分母实际上就是实地水平长度缩绘到图上的缩小倍数。在计算比例尺时，图上长度和实地长度的单位要一致。

7.1.2.1 比例尺的种类

按照表示的方法不同，比例尺可分为数字比例尺和图解比例尺。

1. 数字比例尺

数字比例尺一般用分子为1的分数形式或者数字比例形式来表示。

地形图测量中，常用的比例尺有：1/500、1/1 000、1/2 000、1/5 000、1/10 000、1/25 000、1/50 000等，也可写为1∶500、1∶1 000、1∶2 000、1∶5 000等形式。比例尺的大小按其比值来确定，分母越小，比例尺越大；分母越大，比例尺越小。在地形测量中，一般将1/500、1/1 000、1/2 000、1/5 000的比例尺称为大比例尺；将1/10 000和1/25 000的比例尺称为中比例尺；将1/50 000和1/100 000的比例尺称为小比例尺。

知道了比例尺后，就可以进行图上长度和实地长度的相互换算。例如，在测绘1∶500的地形图上，测得实地距离为80 m，则图上长度

$$d = \frac{D}{M} = \frac{80\ \text{m}}{500} = 0.16\ \text{m} = 160\ \text{mm}$$

如果用直尺量的图上长度为30 mm，则实地长度

$$D = Md = 500 \times 30\ \text{mm} = 15\ 000\ \text{mm} = 15\ \text{m}$$

2. 图解比例尺

为了用图方便，以及减小由于图纸伸缩而引起的误差，在绘制地形图的同时，常在图纸上绘制图解比例尺。最常见的图解比例尺为直线比例尺。

直线比例尺是在图上绘一条直线，并截取若干相等的线段，称为比例尺的基本单位，一般为1 cm或2 cm。将最左边的一段基本单位又分成10个或20个等分小段，并以其右端点为零，在零分划线的左右各分划线上，依次注记按数字比例尺算出的实地水平距离，即得直线比例尺。从直线比例尺上可直接读得基本单位的1/10，估读到1/100。图7.1所示为1∶500的直线比例尺，取20 mm为基本单位。

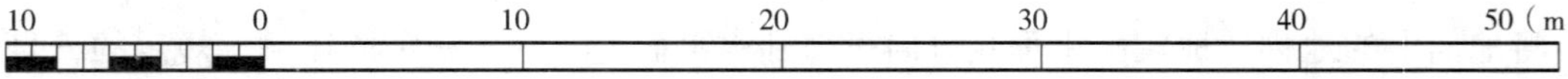

图7.1 直线比例尺

两脚规的脚尖对准图上要量的两点，然后将两脚规移到直线比例尺上，使一脚尖对准零点右边一个适当的整分划线，并使另一脚尖落在左边的小分划线内，估读出小分划线的零数再加上整分划线数，即得到实地距离。

7.1.2.2 比例尺精度

一般认为，人的肉眼能分辨的图上最小距离是0.1 mm，因此地形图上0.1 mm长度所表示的实地水平距离称为比例尺精度。

比例尺精度可以表示为$\delta = 0.1\ \text{mm} \times M$，其中$M$代表地图比例尺分母。常见地形图的比例尺精度见表7.1。

表7.1 常见地形图的比例尺精度

比例尺	1∶500	1∶1 000	1∶2 000	1∶5 000	1∶10 000
比例尺精度/m	0.05	0.1	0.2	0.5	1.0

比例尺越大，比例尺精度就越高，采集的数据信息越详细，表示的地物和地貌就越详细、准确，但测图工作量和投资往往成倍增加。选择比例尺测图时，不应盲目追求更大比例尺的地形图，应从工程的实际需要和经济方面综合考虑，选择适当的测图比例尺，避免不必要的浪费。

7.2　地物和地貌在地形图上的表示方法

7.2.1　地形图图式

为了清晰准确地将实地的地形信息反映在地形图上，便于测图和用图，我国颁布实施了《国家基本比例尺地图图式》（GB/T 20257—2017），该版本的图式是2017年10月14日发布，2018年5月1日实施的。

GB/T 20257—2017《国家基本比例尺地图图式》共分为4个部分：

第1部分：1∶500、1∶1 000、1∶2 000地形图图式；

第2部分：1∶5 000、1∶10 000地形图图式；

第3部分：1∶25 000、1∶50 000、1∶100 000地形图图式；

第4部分：1∶250 000、1∶500 000、1∶1 000 000地形图图式。

在工程测量中常用的是第1部分：1∶500、1∶1 000、1∶2 000地形图图式。

7.2.2　地物在地形图上的表示方法

在地形图上，通常用地物符号来表示地物的类别、形状、大小及水平位置。一般将地物符号分为依比例符号、半依比例符号和不依比例符号。

7.2.2.1　依比例符号

依比例符号就是地物依比例尺缩小后，其长度和宽度能依比例尺表示的地物符号。如房屋、池塘、高速公路、运动场等，准确地反映出所表示地物的平面位置、大小和形状。

7.2.2.2　半依比例符号

半依比例符号就是地物依比例尺缩小后，其长度能依比例尺而宽度不能依比例尺表示的地物符号，如小路、公路、铁路、围墙、电力线、通信线等。

半依比例符号能表示地物中心线在图上的位置和长度。

7.2.2.3　不依比例符号

不依比例符号就是地物依比例尺缩小后，其长度和宽度不能依比例尺表示，如三角点、水准点、导线点、电线杆、路灯、消防栓等。

不依比例符号只能表示地物在图上的中心位置，而不能反映出其形状和大小。

必须指出的是：同一地物在不同比例尺图上表示的符号不尽相同。一般说来，测图比例尺越大，用依比例符号描绘的地物越多；比例尺越小，用不依比例符号和半依比例符号表示的地物越多。如公路、铁路等地物在1∶500～1∶2 000比例尺地形图上用依比例符号表示，而在1∶5 000、1∶10 000比例尺地形图上是按半依比例符号表示的。

在表7.2中列出了地图图式中常见的1∶500～1∶1 000比例尺地物和地貌符号。

表 7.2　部分地图图式

编号	符号名称	图例	编号	符号名称	图例
1	导线点 Ⅰ35—等级、点名 96.17—高程	2.0 ⊙ Ⅰ35/96.17	9	河流流向及流速 0.3—流速（m/s）	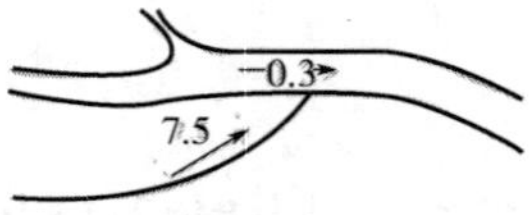
2	埋石图根点 16—点号 175.64—高程	2.0 ⌖ 16/175.64	10	滚水坝	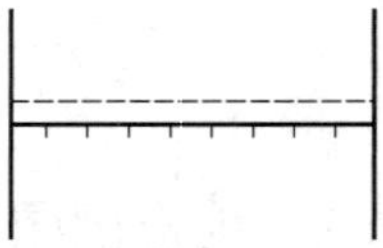
3	水准点 Ⅱ—等级 京石5—点名 123.450—高程	2.0 ⊗ Ⅱ京石5/123.450	11	单幢房屋 a. 一般房屋 b. 裙楼 b1. 楼层分割线	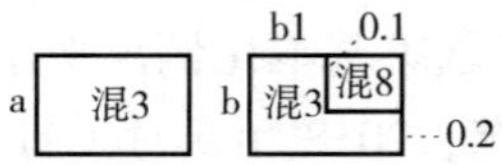
4	卫星定位等级点 B—等级 14—点号 495.263—高程	3.0 △ B14/495.263	12	建筑中的房屋	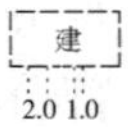
5	沟堑 a. 已加固 b. 未加固 2.6—比高	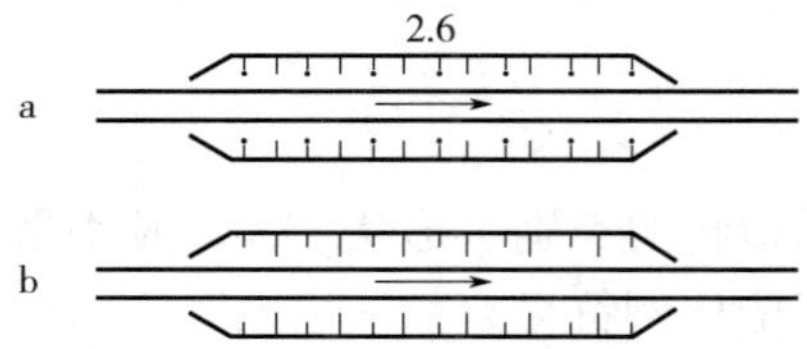	13	棚房 a. 四边有墙的 b. 一边有墙的	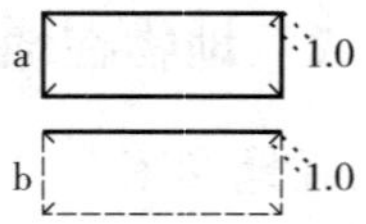
6	输水渡槽 （高架渠）	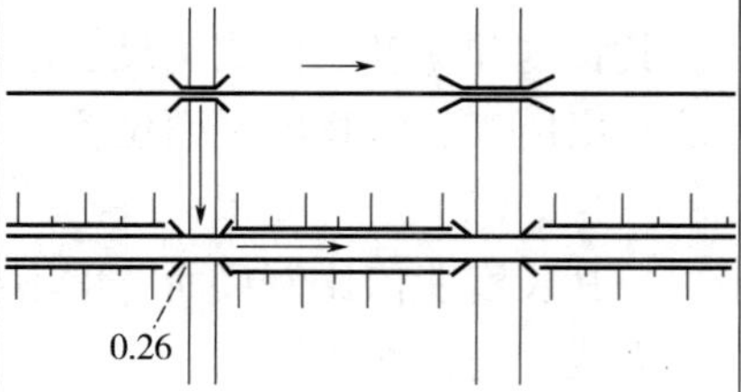	14	水塔 a. 依比例尺的 b. 不依比例尺的	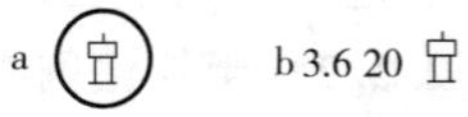
7	倒虹吸	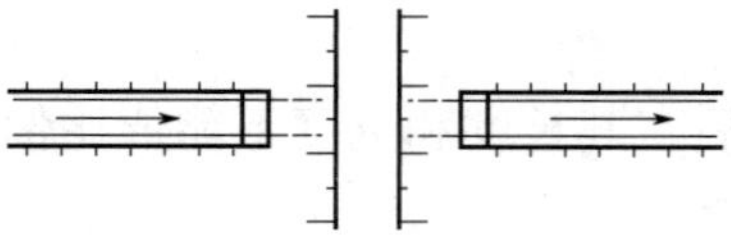	15	吊车 a. 龙门吊 b. 天吊	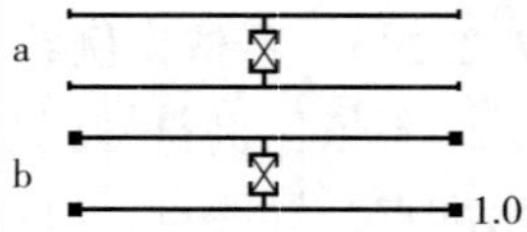
8	池塘	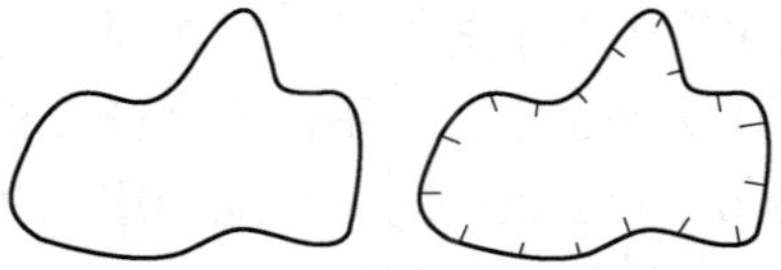	16	露天货栈、材料场 a. 有平台的 b. 无平台的	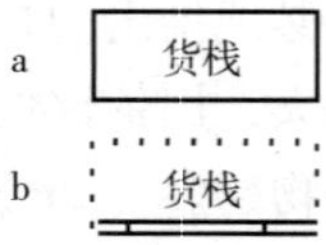

续表

编号	符号名称	图例	编号	符号名称	图例
17	宾馆饭店	砼5 H	26	地类界	1.6 0.3
18	商场超市	砼4 M	27	快速路	0.4 0.15 5.0 8.0
19	剧院、电影院	砼2	28	人行道	
20	电视台	砼5 TV 3.6 TV	29	内部道路	1.0 1.0
21	通信营业厅	砼5	30	高压输电线 架空的 a. 电杆 35—电压（kV）	a 35 4.0
22	垃圾场	垃圾场	31	等高线及其注记 a. 首曲线 b. 计曲线	a 0.15 b 25 0.3
23	水文站、水位站、 流量站 位—测站类别	位	32	人工陡坎 a. 未加固的 b. 加固的	a 2.0 b 3.0
24	围墙 a. 依比例尺 b. 不依比例尺	a 10.0 b 10.0 0.5 0.3	33	旱地	1.3 2.5 10.0 10.0
25	铁丝网、电网	10.0 1.0 电	34	花圃、花坛	1.5 1.5 10.0 10.0

7.2.3 地貌在地形图上的表示方法

在大比例尺地形图中，通常用等高线来表示地貌。因为用等高线表示地貌，不仅能表示地面的起伏形态，而且能表示出地面的坡度和地面点的高程。

7.2.3.1 等高线

1. 等高线的概念

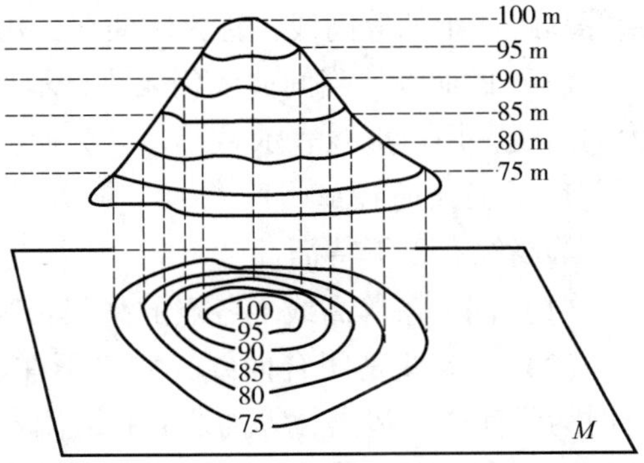

图 7.2 等高线及等高距

等高线是由地面上高程相等的相邻点所连接成的闭合曲线。如图 7.2 所示，位于平静湖水中的小山头，当湖水面淹没在小山上高程为 75 m 时，湖水与山头相交得一条交线，将此交线投射到一水平面上，即得高程为75 m的等高线。设水面继续上涨（或下落），每升降5 m，湖水与山头就有一条交线，将这些交线垂直投射到水平面上，得到一组等高线，按比例绘出这组等高线，并注记高程就得到了一张用等高线表示该小山的地貌图。

2. 等高距、等高线平距

相邻两条等高线的高差称为等高距，通常用 h 表示，图7.2中，$h=5$ m。等高距的大小根据地形图比例尺和地面起伏情况确定。

大比例尺测图的基本等高距见表7.3。同一测区或同一幅图中，只能采用一种基本等高距。

表7.3　地形图基本等高距　　单位：m

地形倾角 α	比例尺			
	1:500	1:1 000	1:2 000	1:5 000
$\alpha<3°$	0.5	0.5	1	2
$3°\leqslant\alpha<10°$	0.5	1	2	5
$10°\leqslant\alpha<25°$	1	1	2	5
$\alpha\geqslant25°$	1	2	2	5

相邻两条等高线之间在某一方向上的水平距离称为等高线平距，常用 d 表示。

若用 i 表示地面坡度，则地面坡度、等高距和平距之间的关系可以表示为

$$i=\frac{h}{d} \tag{7.2}$$

由于同一张地形图内等高距 h 是相同的，所以等高线平距 d 的大小直接与地面坡度有关。等高线平距越小，则地面坡度越大；等高线平距越大，坡度就越小。

3. 等高线的分类

（1）首曲线。地形图上按规定的基本等高距绘制的等高线称为首曲线，又称为基本等高线。首曲线的高程必须是基本等高距的整倍数，一般用线宽为0.15 mm的细实线表示。

（2）计曲线。为了便于看图和计算高程，每隔四条首曲线描绘一条加粗的等高线，称为计曲线。计曲线的高程是基本等高距的5倍。例如，等高距为1 m的等高线中，高程为5 m、10 m、15 m等5 m整数倍的等高线为计曲线。一般只在计曲线上注记高程，字头指向高处。计曲线一般用线宽为0.3 mm的粗实线表示。

（3）间曲线。在地势平坦地区，为更清晰地反映地面起伏，可在相邻两条首曲线间加绘等高距一半的等高线，称为间曲线，用长虚线表示。

（4）助曲线。当间曲线仍无法显示局部地貌时，可按1/4基本等高距绘制等高线，称为助曲线，用短虚线表示。

4. 等高线的特征

等高线有以下特征：

（1）同一条等高线上各点的高程相等。

（2）等高线是闭合曲线，如果不在本幅图内闭合，则必定在相邻的其他图幅内闭合。有时为了使图面清晰，等高线遇到河流、房屋、公路、数字注记都要断开。

（3）等高线只有在绝壁或悬崖处才会重合或相交。

（4）等高线经过山脊线或山谷线时改变方向，并与山脊线和山谷线垂直相交。

（5）等高线平距越小，坡度越陡；平距越大，坡度就越缓。等高线平距相等，则坡度均匀。

掌握等高线的特性，可以更好地用等高线描绘地貌。

7.2.3.2 几种典型的地貌形态及其等高线

地貌虽然比较复杂，但可以归纳为山头、洼地、山脊、山谷、鞍部、陡崖等基本地貌形态，这些基本地貌形态及其等高线表示如图 7.3 所示。

1. 山头和洼地

较四周显著凸起的高地称为山头；低于四周的较大低地称为洼地。两者等高线都是呈套合的闭合曲线。山头是高程自外圈向内圈逐渐升高；洼地是高程自外圈向内圈逐渐降低。可根据图上的高程注记将两者区分开来。为读图方便，可绘出垂直于等高线且指向坡降方向的示坡线，以利于区别山与盆地。示坡线是从等高线向下坡方向绘制。

2. 山脊和山谷

由山顶沿凸棱延伸至山脚称为山脊。山脊最高处的棱线称为山脊线。山脊的等高线表现为一组凸向低处的抛物线状曲线。山脊线又称为分水线。

相邻两山脊之间的凹部称为山谷。山谷中最低点的连线称为山谷线。山谷的等高线表现为一组凸向高处的抛物线状曲线。山谷线又称为集水线。

山脊线和山谷线合称为地貌的特征线。

3. 鞍部

相邻两山顶间呈马鞍形的低地称为鞍部。鞍部的等高线形似一组套合的双曲线。

4. 陡崖

陡崖是坡度在70°以上或为90°的陡峭崖壁，因用等高线表示将非常密集或重合为一条线，故采用陡崖符号来表示。

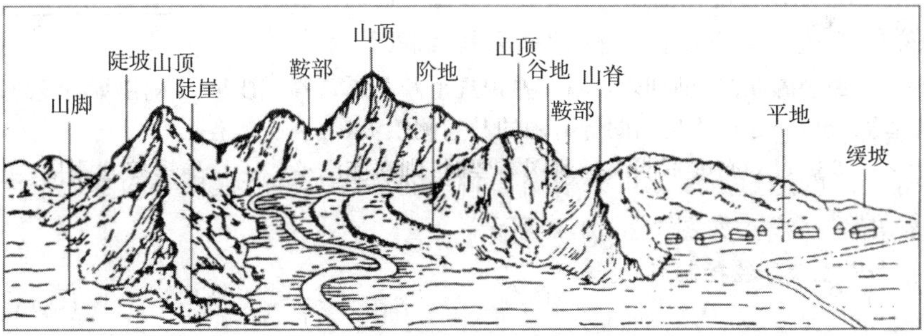

（a）基本地貌形态

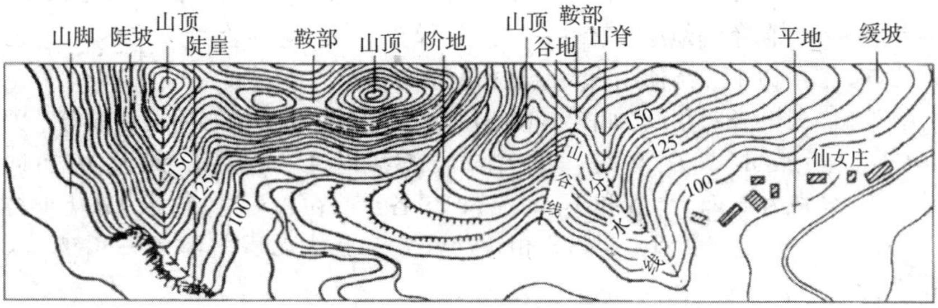

（b）等高线

图 7.3 基本地貌形态及等高线

7.2.3.3 等高线绘制

用等高线来表示地貌，等高线是根据地貌特征点的高程和参考地性线的位置绘制而成的。

1. 测定地貌特征点

地貌特征点是指山顶点、鞍部点、山脊线和山谷线的坡度变换点，山坡上的坡度变换点，山脚与平地相交点等。归纳起来就是各类地貌的坡度变换点即为地貌特征点。

对这些特征点可以采用全站仪或 GNSS-RTK 坐标测量的方法测定，用小点表示在图上，并在小点的旁边注记高程。

2. 连接地性线

在图上将地性线上的高程点连接起来，通常以实线连成山脊线，以虚线连成山谷线，如图 7.4 所示。这些地性线构成了地貌的骨干网线，从而基本上确定了地貌的起伏形态。

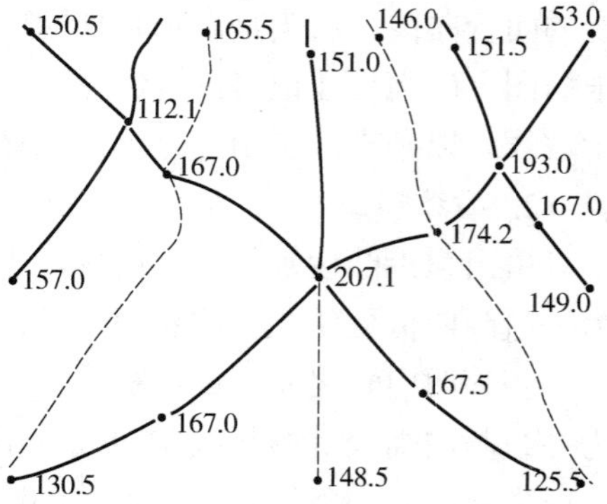

图 7.4 地性线连接

3. 确定等高线的通过点

由于所测的地形点的高程不会是基本等高距的整数倍，所以要在同一坡度相邻的两个高程点之间采用目估法内插出基本等高线的通过点。基本方法是“定两头，中间等分”。

如图 7.5 所示，*A*、*B* 为同一坡度的相邻高程点，高程分别为68.6 m 和72.2 m，在 *A*、*B* 点之间，先目估定出高程 69 m 和 72 m 等高线位置，中间等分定出 70 m、71 m、72 m 的等高线位置。这样就定出了 *A*、*B* 点之间各条等高线所通过的点。

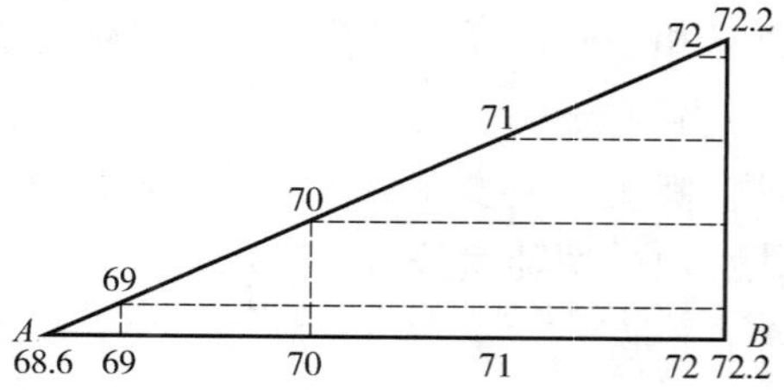

图 7.5 确定等高线的通过点

采用同样的方法，可以定出其他相邻高程点间等高线的位置，如图 7.6（a）所示。

4. 勾绘等高线

在确定等高线的通过点后，可以根据等高线的特性，将高程相等的点用平滑的曲线连接起来，即勾绘出等高线，如图 7.6（b）所示。

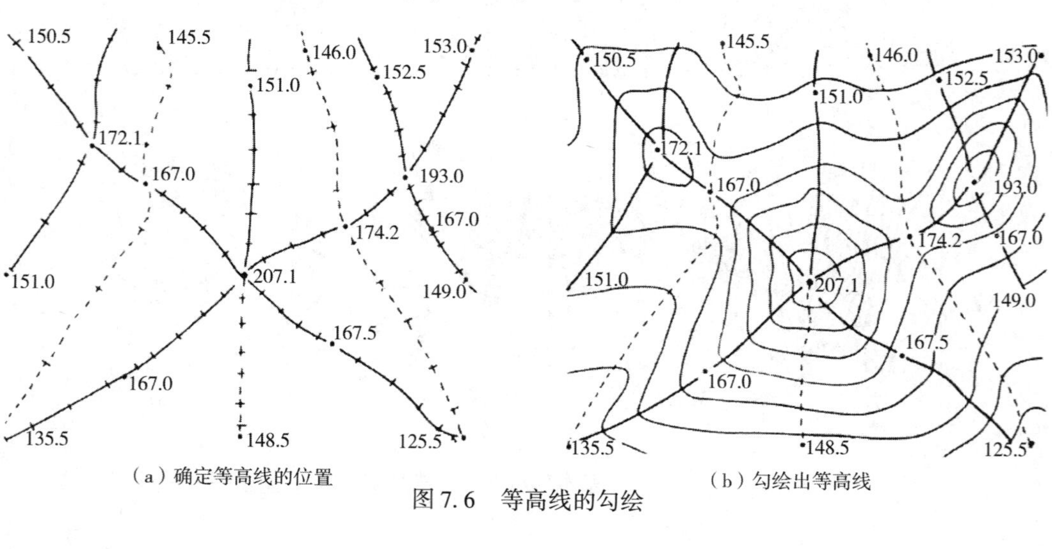

（a）确定等高线的位置　　（b）勾绘出等高线

图 7.6 等高线的勾绘

7.3　大比例尺数字测图

地形图的测绘方法可分为模拟法和数字法两种。传统地形图测绘主要采用模拟法，如大平板仪测图、小平板仪测图、经纬仪测图等地面测图方法；目前，地形图测绘主要采用数字法，常用全站仪测图、GNSS 实时动态（GNSS-RTK）测图的数字地面测图（又称全野外测图）方法。

全野外数字测图使用的仪器主要是全站仪和 GNSS-RTK。

全站仪测图有数字测记和电子平板等作业模式。数字测记模式是利用全站仪与电子手簿（或全站仪存储卡）组成的数据采集系统进行数据采集，外业绘制草图或编码，内业利用图形编辑软件进行数据处理，制作数字地形图；电子平板模式是全站仪与便携式计算机（或掌上电脑）、数据处理软件组成数字测图系统——电子平板，全站仪采集的数据实时传输到便携式计算机，现场编辑制作数字地形图。

GNSS-RTK 测图方法与全站仪测图类似，只是利用 GNSS-RTK 系统代替全站仪。

全站仪测图和 GNSS-RTK 测图是大比例尺工程地形图测绘的主要方法。

7.3.1　测图前的准备工作

1. 收集资料

收集测区内已有的测绘成果，测区踏勘，了解测区地形及交通情况；抄录测区控制点的平面坐标和高程；熟悉地形图测图规范和地形图图式。

2. 作业组织

外业数字测图一般以所测区域（测区）为单位统一组织作业和组织数据。当测区较大或有条件时，可在测区内按自然带状地物（如街道线、河沿线等）为边界线构成分区界线，分成若干相对独立的分区。

各分区的数据组织、数据处理和作业应相对独立，分区内及各分区之间在数据采集和处理时不应存在矛盾，避免造成数据重叠或漏测。

当有地物跨越不同分区时，该地物应完整地在某一分区内采集完成。

3. 仪器工具准备

准备好测量所用的仪器工具，并对仪器进行检验和校正。

4. 测站点的增补

外业数字测图应充分利用控制点和图根点。使用全站仪测图时，当图根点密度不足时，可采用支导线、极坐标法、自由设站法等方法增设测站点。采用自由设站法测量时，观测的已知点数不应少于两个。

7.3.2　地形测绘

每日施测前应对控制点数据进行检校，并应对全站仪与电子手簿或电子平板的连接、测图软件或数据采集软件及其全部的通信连接进行试运行检查，确保无误方可使用。

7.3.2.1 数据采集

按照第4章和第6章中坐标测量或数据采集的方法采集地物和地貌的特征点，并绘制草图或编码。

1. 地物和地貌的特征点

地物特征的点为地物的轮廓线和边界线的转折或交叉点。例如建筑物、农田等面状地物的棱角点和转角点，道路、河流、围墙等线形地物交叉点，电线杆、独立树、井盖等点状地物的几何中心等。对于形状极不规则的地物，一般规定主要地物凹凸部分在图上大于0.4 mm时均应表示出来；若小于0.4 mm则可用直线连接。

地貌的特征点就是山脊线、山谷线、山脚线上的点，以及鞍部点、坡度变换点、方向变换点、最高点。

为了保证测图质量，即使在地面坡度无明显变化处，也应测绘一定数量的碎部点。

2. 采用全站仪数据采集时应注意的事项

(1) 仪器对中偏差不大于5 mm。

(2) 以较远一测站点（或其他控制点）标定方向（起始方向），另一测站点（或其他控制点）作为检核，算得检核点平面位置误差不大于$0.2\times M\times 10^{-3}$（m）（$M$为测图比例尺）。

(3) 检查另一测站点（或其他控制点）的高程，其较差不应大于1/5等高距。

(4) 每站数据采集结束时应重新检测标定方向，并应检测不少于两个碎部点。

(5) 对采集的数据应进行检查处理，删除或标注作废数据、重测超限数据、补测错漏数据。对检查修改后的数据应及时与计算机联机通信，生成原始数据文件，存盘并做备份。

3. 采用GNSS-RTK数据采集时应注意的事项

(1) 移动站作业的有效卫星数不宜少于5个，PDOP值（卫星分布的空间几何强度因子）应小于6，并应采用固定解成果。

(2) 正确地设置和选择测量模式、基准参数、转换参数和数据链的通信频率等，其设置应与基准站相一致。

(3) 移动站的初始化应在比较开阔的地点进行，并应避开水域、建构筑物等造成的多路径影响。

(4) 作业前宜检测2个以上不低于图根精度的已知点。检测结果与已知成果的平面较差不应大于图上0.2 mm，高程较差不应大于1/5基本等高距。

(5) 作业中，如出现卫星信号失锁，应重新获取初始化，并经重合点测量检查合格后，方能继续作业。

(6) 结束前，应进行已知点检查。

(7) 每日观测结束，应及时转存测量数据至计算机并做好数据备份。

7.3.2.2 草图绘制及编码要求

(1) 当采用草图法作业时，应按测站绘制草图，并对测点进行编号。测点编号应与仪器的记录点号相一致。草图的绘制宜简化标示地形要素的位置、属性和相互关系等；地形图上须注记的各种名称、地物属性等，草图上必须标注清楚。

(2) 当采用编码法作业时，宜采用通用编码格式，也可使用软件的自定义功能和扩展功能建立用户的编码系统进行作业。

(3) 当采用内外业一体化（电子平板）的实时成图法作业时，应实时确立测点的属性、连接关系和逻辑关系等。

7.3.2.3　数据采集要求

1. 地物测绘

（1）各类建构筑物及其附属设施均应进行测绘。居民区可根据测图比例尺大小或用图需要，对测绘内容和取舍范围适当加以综合。临时性建筑可不测。

（2）建构筑物宜用其外轮廓表示，房屋外廓以墙角或外墙皮为准。当建构筑物轮廓凸凹部分在1∶500比例尺图上小于1 mm或在其他比例尺图上小于0.5 mm时，可用直线连接。

（3）街巷的测量，对于1∶500和1∶1 000比例尺地形图，应分别实测；对于1∶2 000比例尺地形图，小于1 m宽的小巷，可适当合并。

（4）独立性地物的测绘能按比例尺表示的应实测外廓，填绘符号；不能按比例尺表示的应准确测定其定位点或定位线。

（5）管线转角均应实测。线路密集部分或居民区的低压电力线和通信线，可选择主干线测绘；当管线直线部分的支架、线杆和附属设施密集时，可适当取舍；当多种线路在同一杆柱上时，应表示主要的。

（6）交通及附属设施均应按实际形状测绘。铁路应测注轨面高程，在曲线段应测注内轨面高程；涵洞应测注洞底高程。

（7）水系及附属设施宜按实际形状测绘。水渠应测注渠顶边高程；堤、坝应测注顶部及坡脚高程；水井应测注井台高程；水塘应测注塘顶边及塘底高程。当河沟、水渠在地形图上的宽度小于1 mm时，可用单线表示。

2. 地貌测绘

（1）地貌宜用等高线表示。崩塌残蚀地貌、坡、坎和其他地貌可用相应符号表示。

（2）山顶、鞍部、凹地、山脊、山谷底、山坡脚及坡度变换处（地貌的特征点）应测注高程点。

（3）露岩、独立石、土堆、陡坎等应注记高程或比高，比高小于1/2基本等高距或在图上长度小于5 mm时可舍去。当坡、坎较密时，可适当取舍。

3. 植被的测绘

植被的测绘应按其经济价值和面积大小适当取舍，并应符合下列规定：

（1）农业用地的测绘按稻田、旱地、菜地、经济作物地等进行区分，并配置相应符号。一年分几季种植不同作物的耕地以夏季主要作物为准。

（2）地类界与线状地物重合时，只绘线状地物符号。

（3）梯田坎的坡面投影宽度在地形图上大于2 mm时，应实测坡脚；小于2 mm时，可量注比高。当两坎间距在1∶500比例尺地形图上小于10 mm、在其他比例尺地形图上小于5 mm或坎高小于等高距的1/2时，可适当取舍。

（4）稻田应测出田间的代表性高程，当田埂宽在地形图上小于1 mm时，可用单线表示。

居民地、机关、学校、山岭、河流等有名称的应标注名称。

7.3.2.4　内业数据处理、图形编辑

在数据采集以后到图形输出之前对采集的数据进行各种处理，对图形编辑得出图形数据（即数字地图）。这是数字测图的关键阶段。其主要包括数据传输、数据预处理、数据转换、数据计算、图形生成、图形编辑与整饰、图形信息的管理与应用等几个方面。

数据传输是指将采集的数据传输给计算机。数据预处理包括坐标变换、各种数据资料的匹配、图比例尺的统一、不同结构数据的转换等。数据转换就是将外业采集到的带简码的数据文件或无码数据文件转换为带绘图编码的数据文件，供自动绘图使用。数据计算主要是针对有关地貌关系的数据。当数据输入到计算机后，为建立数字地面模型绘制等高线，需要进行插值模型建立、插值计算、等高线光滑处理三个过程的工作；在计算过程中，需要给计算机输入必要的数据，如插值等高距、光滑的拟合步距等，必要时还需对插值模型进行修改，其余的工作都由计算机自动完成计算。此外，数据计算还包括对房屋类呈直角拐弯的地物进行误差调整，消除非直角化误差等。图形生成是指经过数据处理后，产生平面图形数据文件和数字地面模型文件，这就是数字地图的雏形。当然要想得到一幅规范的数字地形图，还要对数据处理后生成的“原始”图形进行修改、编辑、整饰；还需要加上文字注记、高程注记，并填充各种面状地物符号；还需要对整个测区图形进行拼接、分幅和图廓整饰等。数据处理还包括对图形信息的全息保存、管理和使用。

数字测图系统的优劣取决于数据处理的能力，数据处理能力的关键是测图软件的功能。目前，常用的数字测图软件主要有广州南方测绘仪器公司 CASS 地形地籍成图软件、武汉瑞得公司的 RDMS 数字测量系统、北京清华山维 EPSW 电子平板测图系统成图等。这几种数字测图软件都能用于地形图、地籍图测绘。

7.3.3 CASS9.1 绘制地形图演示

在每天的外业数据采集结束后，要及时把数据文件传入到计算机保存。

用全站仪测的数据可以用 CASS 软件输出到计算机，并转为南方的数据格式；对于 CASS 不支持的全站仪，可用全站仪自带的数据传输软件输出到计算机，并转为南方的数据格式。

用 GNSS-RTK 测的数据可以先在手簿上转换为 CASS 数据格式，然后再传入到计算机保存。

CASS 的坐标数据文件的扩展名是“DAT”，其格式为

1 点点名，1 点编码，1 点 Y（东）坐标，1 点 X（北）坐标，1 点高程

……

N 点点名，N 点编码，N 点 Y（东）坐标，N 点 X（北）坐标，N 点高程

说明：

①文件内每一行代表一个点；

②每个点 Y（东）坐标、X（北）坐标，高程的单位均是 m；

③编码内不能含有逗号，即使编码为空，其后的逗号也不能省略。

④所有的逗号不能在全角方式下输入。

本节用 CASS9.1 安装文件夹下的 demo 文件夹中的文件名为“STUDY.DAT”的文件作为演示使用的坐标数据文件。为了后面使用方便，在 D 盘新建一个名为“练习”的文件夹，将“STUDY.DAT”文件复制到该文件夹下，把该文件重命名为“演示.DAT”。使用“草图法”绘制地形图。

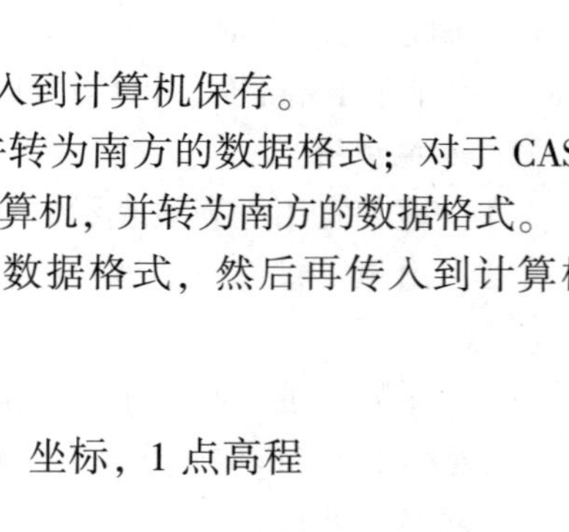

图 7.7 “演示.DAT”坐标数据

用记事本打开“演示.DAT”文件，如图 7.7 所示。

7.3.3.1　定显示区、展点

1. 定显示区

定显示区就是通过坐标数据文件中的最大、最小坐标定出屏幕窗口的显示范围。

进入 CASS9.1 主界面，单击“绘图处理”项，即出现如图 7.8 所示的下拉菜单。

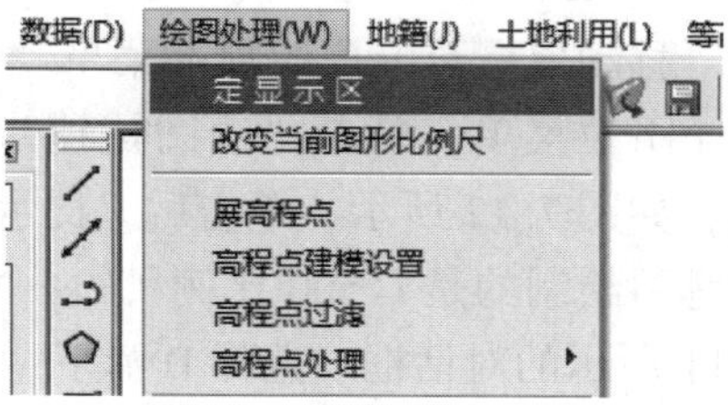

图 7.8　定显示区

然后移至“定显示区”项，使之以高亮显示，单击即出现一个对话框，如图 7.9 所示。在该对话框中，选择 D 盘下“练习”文件夹中的“演示.DAT”文件，单击“打开”按钮，命令区显示：

最小坐标（米）：X = 31036.221，Y = 53077.691

最大坐标（米）：X = 31257.455，Y = 53306.090

图 7.9　选择数据文件

2. 选择测点点号定位成图法

移动鼠标至屏幕右侧菜单区选择“点号定位”项（图 7.10），按左键，即出现图 7.11 所示的对话框。

选择 D 盘下“练习”文件夹中的“演示.DAT”文件，单击“打开”按钮，命令区显示：

读点完成！　共读入 106 个点

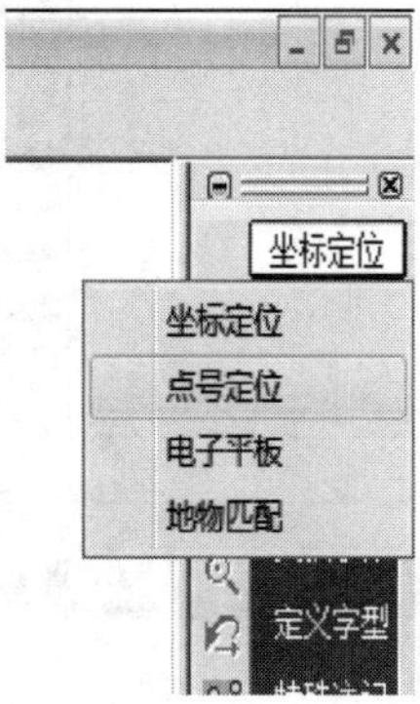

图 7.10　点号定位选择

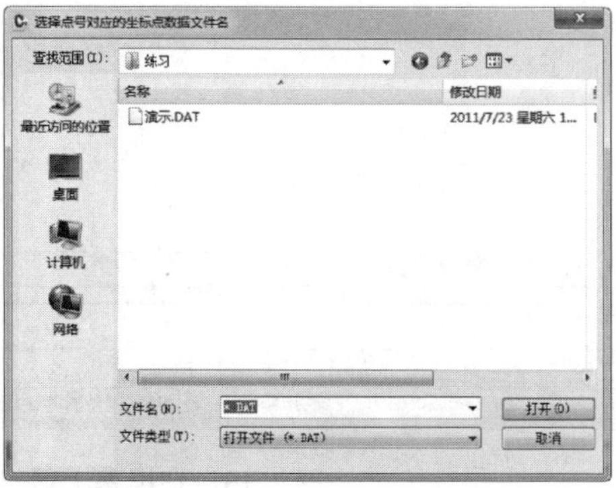

图 7.11　选择“点号定位”数据文件

3. 展点

移动鼠标至屏幕的顶部菜单“绘图处理”项单击，弹出一个下拉菜单。单击“绘图处理”下的“展野外测点点号”项，如图7.12所示，单击后，提示要求输入绘图比例尺，这次练习绘制的是1∶500比例尺的，所以输入500，便出现如图7.11所示的对话框。选择D盘下“练习”文件夹中的“演示.DAT”文件，便可在屏幕上展出野外测点的点号，如图7.13所示。

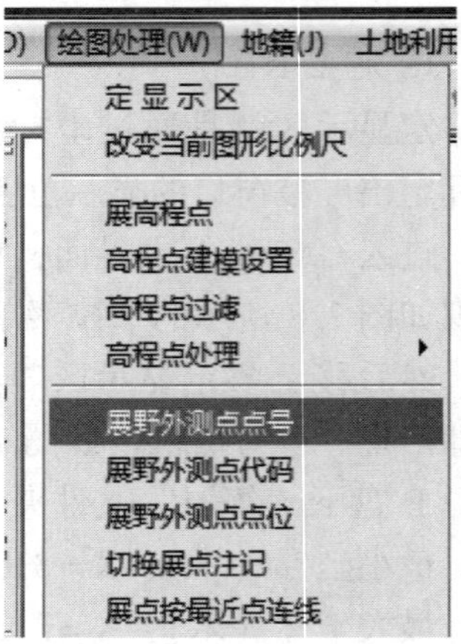

图7.12 选择“展野外测点点号”

该数据的外业采集了106个点，外业记录的点性及草图（图7.14）如下：

围墙外侧点：68、67、66，墙宽0.5 m

拟合的小路：86、87、88、89、90、91

拟合的不依比例乡村路：103、104、105、106

路灯：69、70、71、72、97、98

宣传橱窗：73、74

不依比例肥气池：59

水井：79

电杆：75、83、84、85

果树独立树：99、100、101、102

菜地：58、80、81、82

埋石图根点：1（D121）、2（D123）、4（D135）

图7.13 在屏幕上展出野外测点的点号

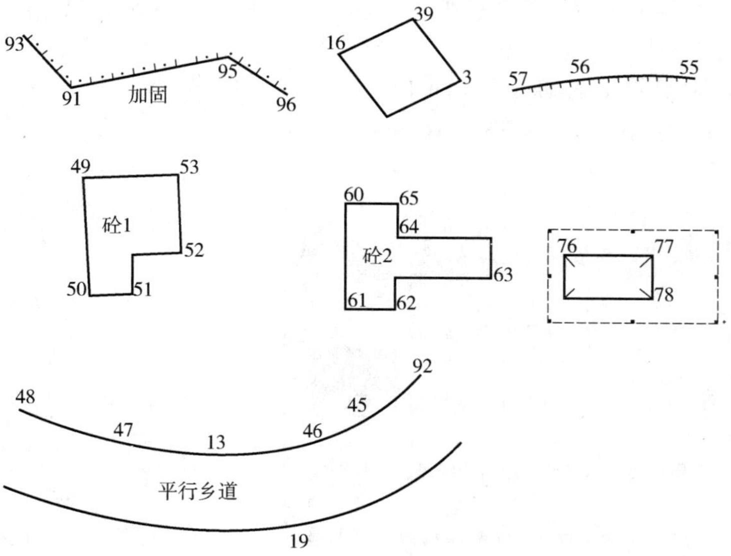

图7.14　草图

7.3.3.2　绘制平面图

1. 绘制交通设施

（1）平行乡道。选择右侧屏幕菜单的“交通设施/城际公路”按钮，弹出如图7.15所示的对话框。找到“平行县道乡道”并选中，再单击“确定”按钮，命令区提示：

“请输入点号:”输入92，回车。

“曲线Q/边长交会B/跟踪T/区间跟踪N/垂直距离Z/平行线X/两边距离L/圆Y/内部点O点P/ <点号>”输入45，回车。

“曲线Q/边长交会B/跟踪T/区间跟踪N/垂直距离Z/平行线X/两边距离L/隔一点J/隔点延伸D/微导线A/延伸E/插点I/回退U/换向H/反向F点P/ <点号>”输入46，回车。

“曲线Q/边长交会B/跟踪T/区间跟踪N/垂直距离Z/平行线X/两边距离L/闭合C/隔一闭合G/隔一点J/隔点延伸D/微导线A/延伸E/插点I/回退U/换向H/反向F点P/ <点号>”输入13，回车。

“曲线Q/边长交会B/跟踪T/区间跟踪N/垂直距离Z/平行线X/两边距离L/闭合C/隔一闭合G/隔一点J/隔点延伸D/微导线A/延伸E/插点I/回退U/换向H/反向F点P/ <点号>”输入47，回车。

“曲线Q/边长交会B/跟踪T/区间跟踪N/垂直距离Z/平行线X/两边距离L/闭合C/隔一闭合G/隔一点J/隔点延伸D/微导线A/延伸E/插点I/回退U/换向H/反向F点P/ <点号>”输入48，回车。

“曲线Q/边长交会B/跟踪T/区间跟踪N/垂直距离Z/平行线X/两边距离L/闭合C/隔一闭合G/隔一点J/隔点延伸D/微导线A/延伸E/插点I/回退U/换向H/反向F点P/ <点号>”回车（直接回车结束道路一侧的绘制）。

“拟合线 <N>?”　输入Y，回车。

[说明：输入Y，将该边拟合成光滑曲线；输入N（默认为N），则不拟合该线。]

“1. 边点式/2. 边宽式/（按ESC键退出）：<1>”回车（默认1）。

[说明：选1（默认为1），将要求输入公路对边上的一个测点；选2，要求输入公路宽度。]“对面一点：

“鼠标定点P/<点号>”输入Y，回车。

这时平行乡道就绘制好了，如图7.16所示。

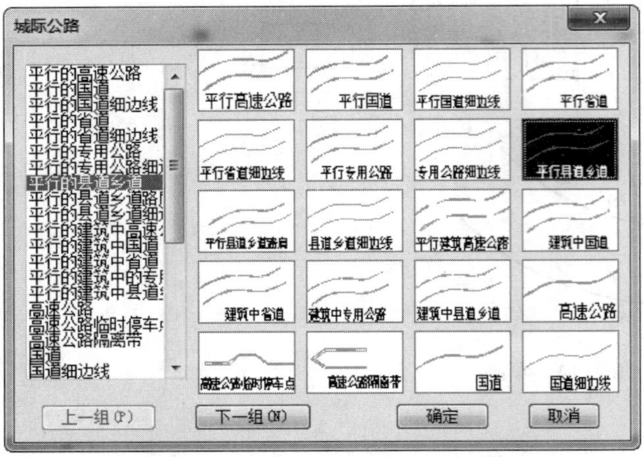

图7.15　选择屏幕菜单“交通设施/城际公路”

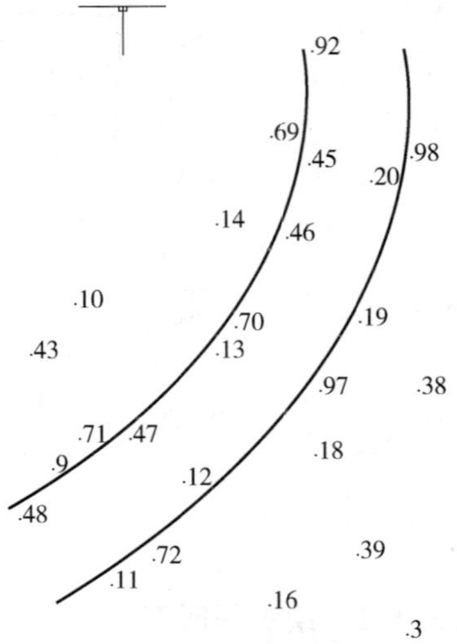

图7.16　绘制好的平行乡道

（2）按同样的方法，选择右侧屏幕菜单的“交通设施/乡村道路”按钮，分别找到“小路”并选中，绘制拟合小路；找到“不依比例乡村路”并选中，绘制拟合不依比例乡村路。

2. 绘制居民地

（1）绘制多点砼1层房屋。在右侧屏幕菜单的“居民地/一般房屋”中，选择“多点砼房屋”，如图7.17所示。命令区提示：

“请输入点号:”输入49，回车。

“曲线Q/边长交会B/跟踪T/区间跟踪N/垂直距离Z/平行线X/两边距离L/圆Y/内部点O点P/<点号>”输入50，回车。

“曲线Q/边长交会B/跟踪T/区间跟踪N/垂直距离Z/平行线X/两边距离L/隔一点J/隔点延伸D/微导线A/延伸E/插点I/回退U/换向H/反向F点P/<点号>”输入51，回车。

“曲线Q/边长交会B/跟踪T/区间跟踪N/垂直距离Z/平行线X/两边距离L/闭合C/隔一闭合G/隔一点J/隔点延伸D/微导线A/延伸E/插点I/回退U/换向H/反向F点P/<点号>”输入J，回车。

“指定点:”

“鼠标定点P/<点号>”输入52，回车。

“曲线Q/边长交会B/跟踪T/区间跟踪N/垂直距离Z/平行线X/两边距离L/闭合C/隔一闭合G/隔一点J/隔点延伸D/微导线A/延伸E/插点I/回退U/换向H/反向F点P/<点号>”输入53，回车。

“曲线Q/边长交会B/跟踪T/区间跟踪N/垂直距离Z/平行线X/两边距离L/闭合C/隔一闭合G/隔一点J/隔点延伸D/微导线A/延伸E/插点I/回退U/换向H/反向F点P/<点号>”输入C，回车。

“输入层数（有地下室输入格式：房屋层数 - 地下层数） <1>：”回车（默认输入 1 层）。

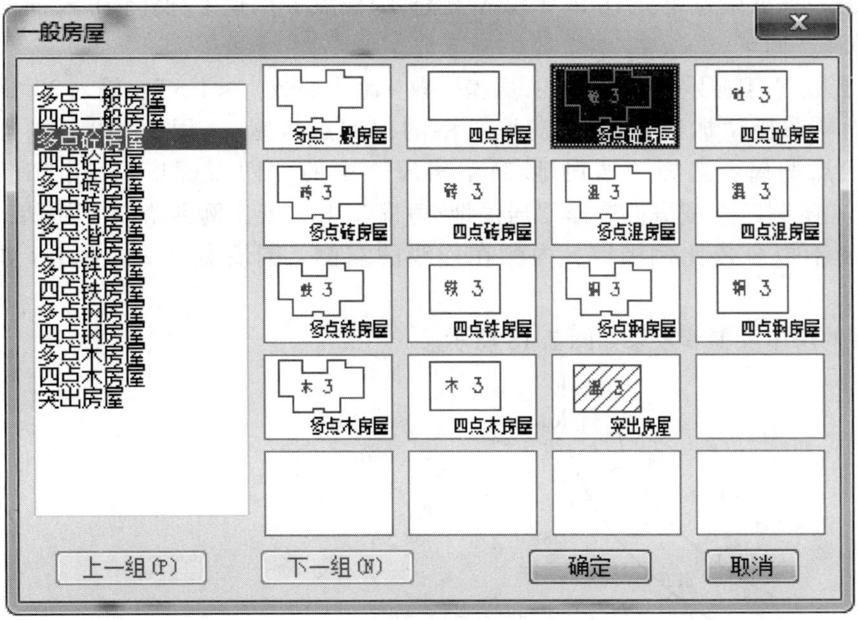

图 7.17　居民地

（说明：从第三点起弹出许多选项，这里以“隔一点”功能为例，输入 J，输入一点后系统自动算出一点，使该点与前一点及输入点的连线构成直角。输入 C 时，表示闭合。）

（2）再绘制多点砼 2 层房屋，进一步熟悉操作过程。命令区提示：

“请输入点号：”输入 60，回车。

“曲线 Q/边长交会 B/跟踪 T/区间跟踪 N/垂直距离 Z/平行线 X/两边距离 L/圆 Y/内部点 O 点 P/ <点号>”输入 61，回车。

“曲线 Q/边长交会 B/跟踪 T/区间跟踪 N/垂直距离 Z/平行线 X/两边距离 L/隔一点 J/隔点延伸 D/微导线 A/延伸 E/插点 I/回退 U/换向 H/反向 F 点 P/ <点号>”输入 62，回车。

“曲线 Q/边长交会 B/跟踪 T/区间跟踪 N/垂直距离 Z/平行线 X/两边距离 L/闭合 C/隔一闭合 G/隔一点 J/隔点延伸 D/微导线 A/延伸 E/插点 I/回退 U/换向 H/反向 F 点 P/ <点号>”输入 J，回车。

“指定点：”

“鼠标定点 P/ <点号>”输入 63，回车。

“曲线 Q/边长交会 B/跟踪 T/区间跟踪 N/垂直距离 Z/平行线 X/两边距离 L/闭合 C/隔一闭合 G/隔一点 J/隔点延伸 D/微导线 A/延伸 E/插点 I/回退 U/换向 H/反向 F 点 P/ <点号>”输入 J，回车。

“指定点：”

“鼠标定点 P/ <点号>”输入 64，回车。

“曲线 Q/边长交会 B/跟踪 T/区间跟踪 N/垂直距离 Z/平行线 X/两边距离 L/闭合 C/隔一闭合 G/隔一点 J/隔点延伸 D/微导线 A/延伸 E/插点 I/回退 U/换向 H/反向 F 点 P/ <点号>”输入 65，回车。

“曲线 Q/边长交会 B/跟踪 T/区间跟踪 N/垂直距离 Z/平行线 X/两边距离 L/闭合 C/隔一闭合 G/隔一点 J/隔点延伸 D/微导线 A/延伸 E/插点 I/回退 U/换向 H/反向 F 点 P/ <点号>” 输入 C，回车。

“输入层数（有地下室输入格式：房屋层数 - 地下层数） <1>”：输入 2，回车。

（3）同样选择“居民地/一般房屋”中的“四点房屋”，用 3、39、16 点（已知三点）绘制四点房屋；选择“居民地/简单房屋”中的“四点棚房”，用 76、77、78 点（已知三点）绘制四点棚房；选择“居民地/垣栅”中“依比例围墙”，用围墙外侧点 68、67、66 绘制不拟合依比例围墙，内测在连线的左侧，围墙宽度为 +0.5（如在右侧则输入 -0.5）。

绘制好的房屋及围墙效果如图 7.18 所示。

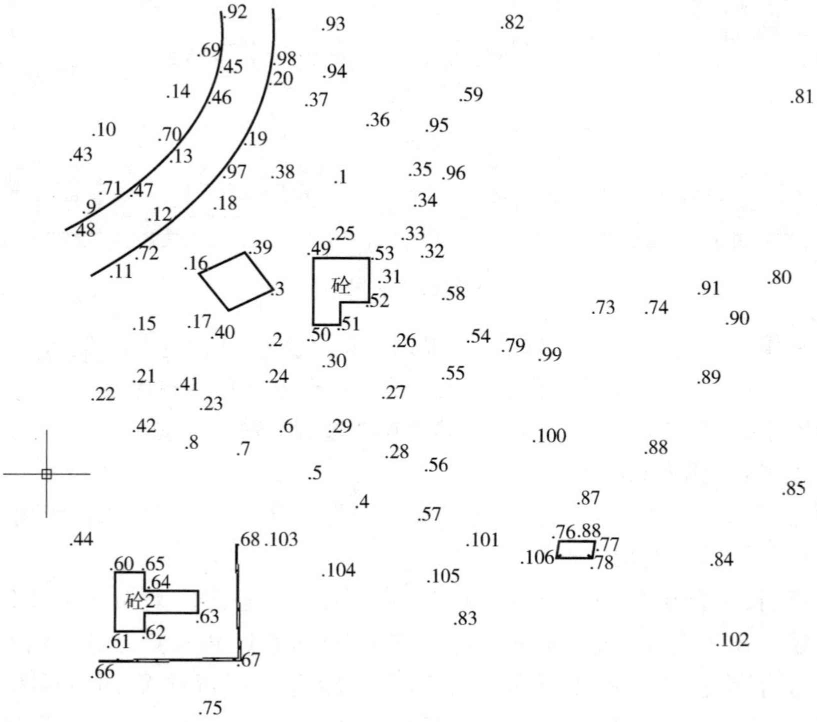

图 7.18　绘制好的居民地

3. 绘制独立地物

在“独立地物”菜单中，用 69、70、71、72、97、98 分别绘制路灯；用 73、74 绘制宣传橱窗；用 59 绘制不依比例肥气池。

4. 绘制地貌土质

在“地貌土质”菜单中，用 54、55、56、57 绘制拟合的坎高为 1 m 的陡坎；用 93、94、95、96 绘制不拟合的坎高为 1 m 的加固陡坎。

5. 绘制水系设施”

在“水系设施”菜单中，用 79 绘制水井。

6. 绘制管线设施

在“管线设施”菜单中，用 75、83、84、85 绘制地面上输电线。

7. 绘制植被园

在“植被园林”菜单中，用99、100、101、102分别绘制果树独立树；用58、80、81、82绘制菜地（第82号点之后仍要求输入点号时直接回车），要求边界不拟合，并且保留边界。

8. 绘制控制点

在“控制点”菜单中，用1、2、4分别生成埋石图根点，在提问点名等级时分别输入D121、D123、D135。

最后在“属性面板”中，关闭“展点号（zdh）”图层。平面图效果如图7.19所示。

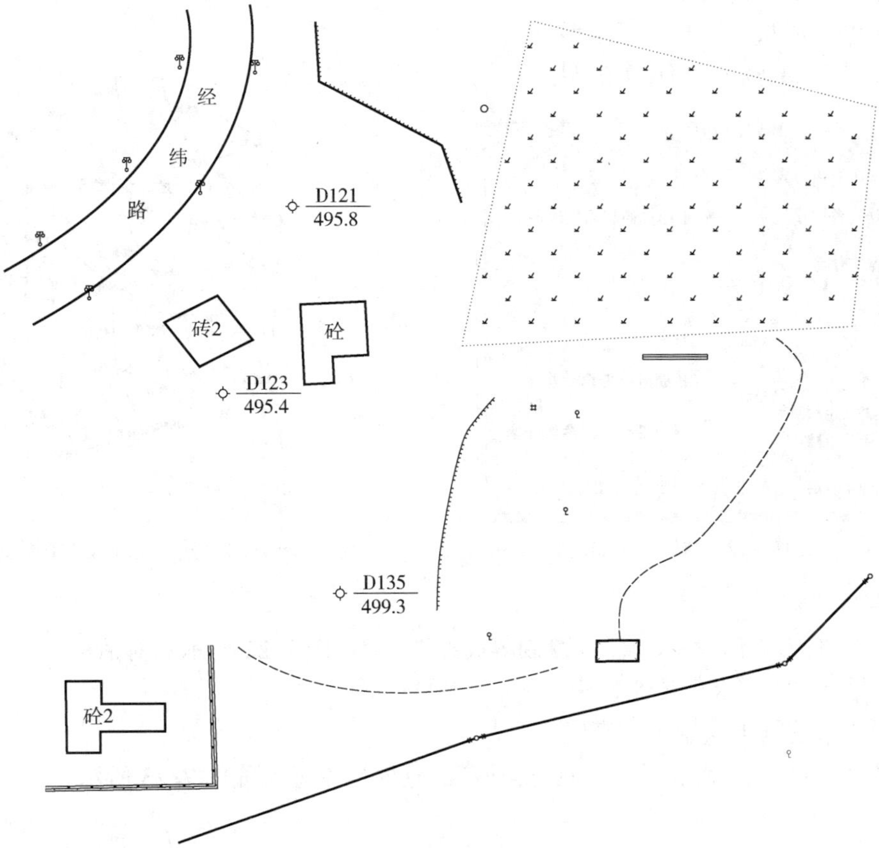

图7.19　绘制好的平面图

7.3.3.3　绘制等高线

1. 展高程点

用鼠标左键点取“绘图处理”菜单下的“展高程点”，将会弹出数据文件的对话框，如图7.9所示，选择D盘下“练习”文件夹中的“演示.DAT”文件，选择“打开”按钮，命令区提示：

“注记高程点的距离（米）<直接回车全部注记>:”直接回车，表示不对高程点注记进行取舍，全部展出来。

2. 建立 DTM 模型

用鼠标左键点取“等高线”菜单下“建立 DTM”，弹出如图 7.20 所示的对话框，选择“由图面高程点生成”，确定后，命令区提示：

“请选择：（1）选取高程点的范围（2）直接选取高程点或控制点 <1>” 输入 2，回车。

“选择高程点或控制点：”用框选选择高程点，命令区提示显示如下：

选择对象：指定对角点：找到 62 个

选择对象：

需要标准颜色名或颜色编号。

正在连三角网，请稍候！

连三角网完成！，共 70 个三角形

生成如图 7.21 所示的 DTM 模型。

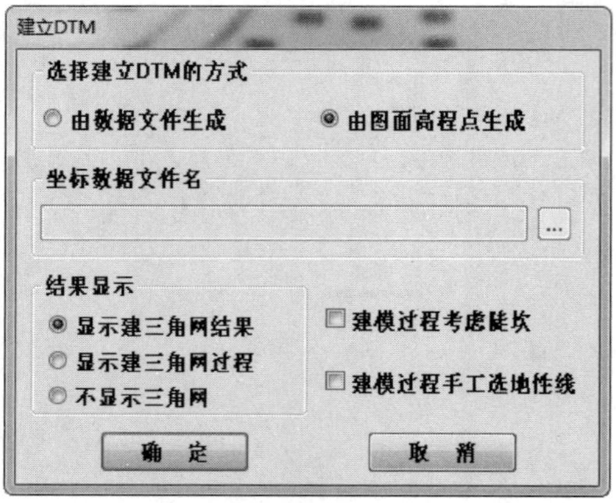

图 7.20　建立 DTM

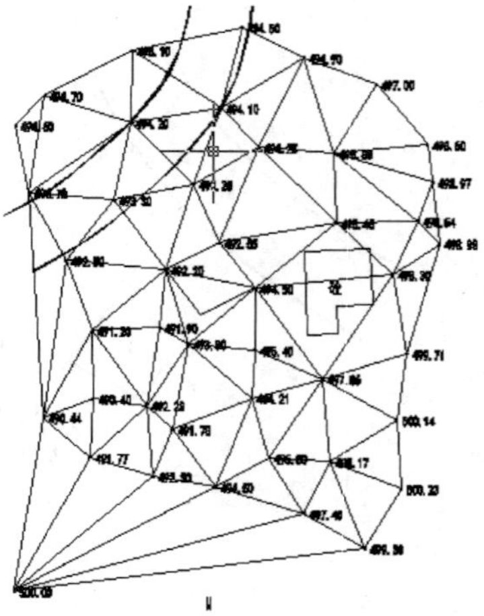

图 7.21　建立好的 DTM 模型

3. 绘制等高线

用鼠标左键点取菜单“等高线/绘制等高线”，弹出图 7.22 所示的对话框。

等高距输入“1”米，其他默认。

确定后，系统马上绘制出等高线。

再选择“等高线”菜单下的“删三角网”，这时屏幕显示如图 7.23 所示。

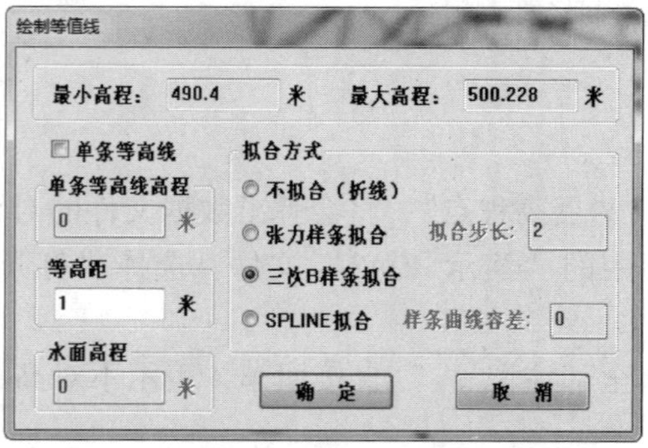

图 7.22　“绘制等值线”对话框

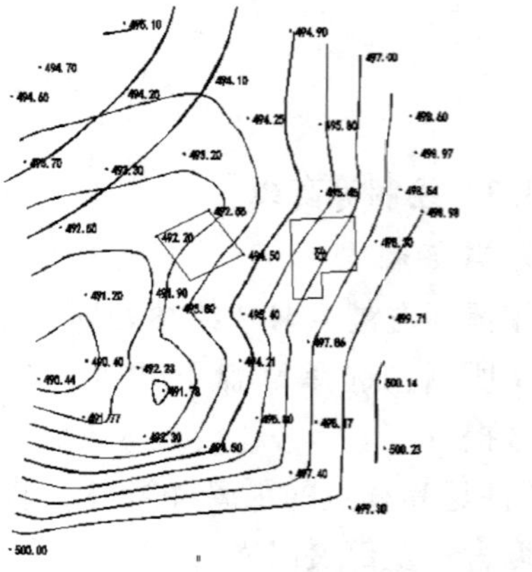

图 7.23　绘制好的等高线

4. 等高线的修剪

利用“等高线”菜单下的“等高线修剪/批量修剪等高线”二级菜单，如图7.24、图7.25所示。

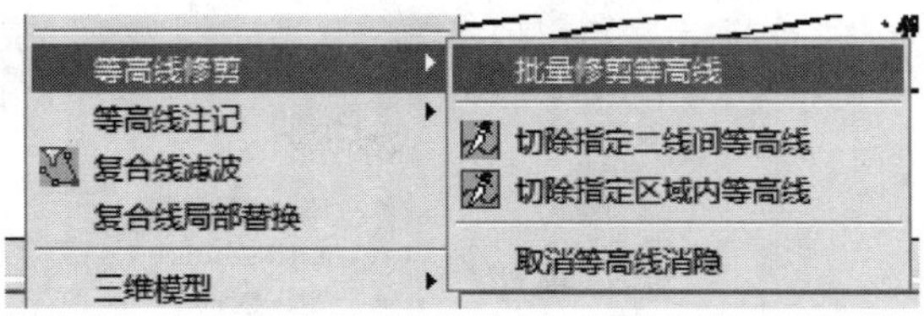

图7.24　“等高线修剪”菜单

用鼠标左键点取“批量修剪等高线”，选择“整图处理”，软件将自动搜寻穿过“修剪地物”的等高线并将其进行整饰，这种方法处理时间比较长；选择“手工选择”需要手动一个一个选择穿过的等高线的地物，如建筑物、道路、坡坎、依比例围墙等，还有注记符号，如文字注记、高程注记、控制点注记等，并将其进行整饰。

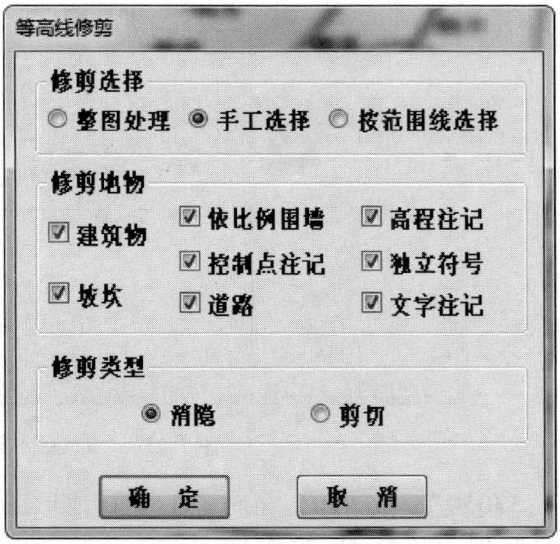

图7.25　“等高线修剪”对话框

点取“切除指定二线间等高线”，依提示依次用鼠标左键选取左上角的道路两边，CASS9.1将自动切除等高线穿过道路的部分。在实际中这几种方法要配合使用。

7.3.3.4　加文字注记

下面演示在平行等外公路上加“经纬路”三个字。

用鼠标左键点取右侧屏幕菜单的“文字注记-通用注记”项，弹出图7.26所示的界面。

图7.26　“文字注记信息”对话框

先在需要添加文字注记的位置绘制一条拟合的多功能复合线，然后在注记内容中输入“经纬路”并选择注记排列和注记类型，输入文字大小，确定后选择绘制的拟合的多功能复合线即可完成注记。

7.3.3.5　加图框

在加图框前要先在“CASS90综合设置”中设置“图廓属性”，如图7.27所示。在其中可以设置测绘单位名称、坐标系、高程系、图式、日期等，具体内容根据具体要求设置。

单击“绘图处理”菜单下的“标准图幅（50×40）”，弹出图7.28所示的界面。

在“图名”栏里，输入“地形图”；在“左下角坐标”的“东”“北”栏内分别输

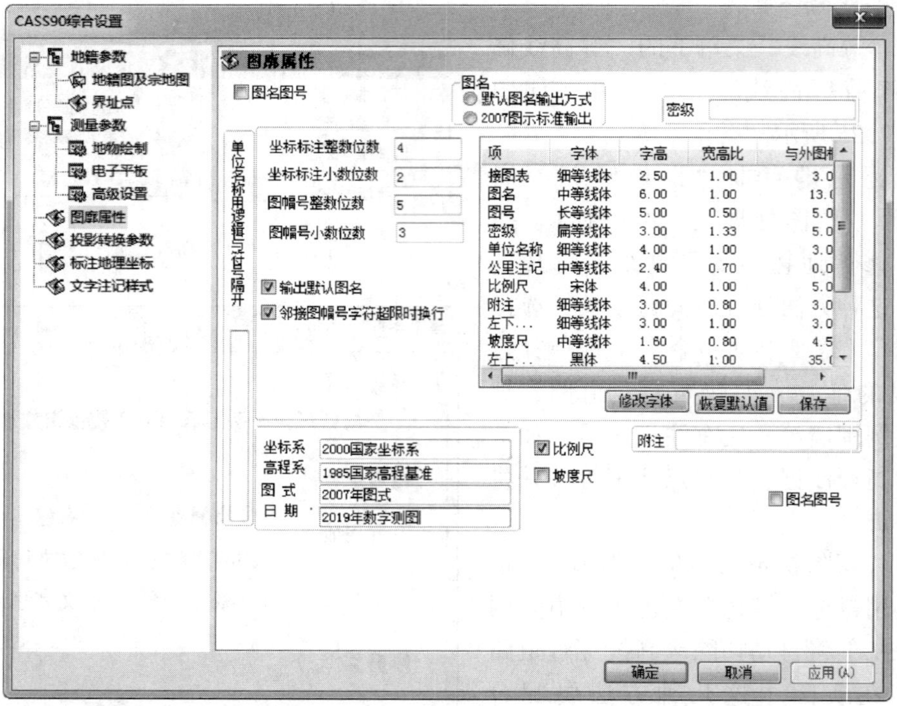

图 7.27　“CASS90 综合设置”对话框

入“53050”“31050”（对于 1∶500 地形图来讲，这两个坐标值应该是 50 的整数倍；对于 1∶1 000 地形图来讲，这两个坐标值应该是 100 的整数倍；对于 1∶2 000 地形图来讲，这两个坐标值应该是 200 的整数倍）；在“删除图框外实体”栏前打勾，然后单击“确认”按钮。这样这幅图就绘制好了，如图 7.29 所示。注：2007 版新图式，图框外已无“测量员、绘图员”信息，右下角只有“附注”。

另外，可以将图框左下角的图幅信息更改成符合需要的字样。

7.3.3.6　绘图输出

用鼠标左键点取“文件”菜单下的“绘图输出/打印”，进行打印出图。

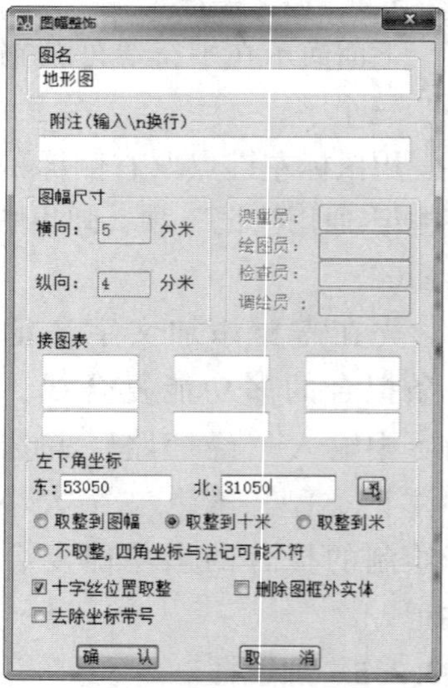

图 7.28　“图幅整饰”对话框

当配置好绘图仪或打印机，选好图纸尺寸、图纸方向之后，单击“窗选”按钮，用鼠标圈定绘图范围。将“打印比例”一项选为“2∶1”（表示满足 1∶500 比例尺的打印要求；若要打印 1∶1 000 的图，将“打印比例”一项选为“1∶1”；若要打印 1∶2 000 的图，将“打印比例”一项选为“1∶2”），通过“部分预览”和“全部预览”可以查看出图效果，满意后可单击“确定”按钮进行打印。

按着上面的提示操作一步一步进行，就基本掌握了 CASS9.1 绘图的一般方法。

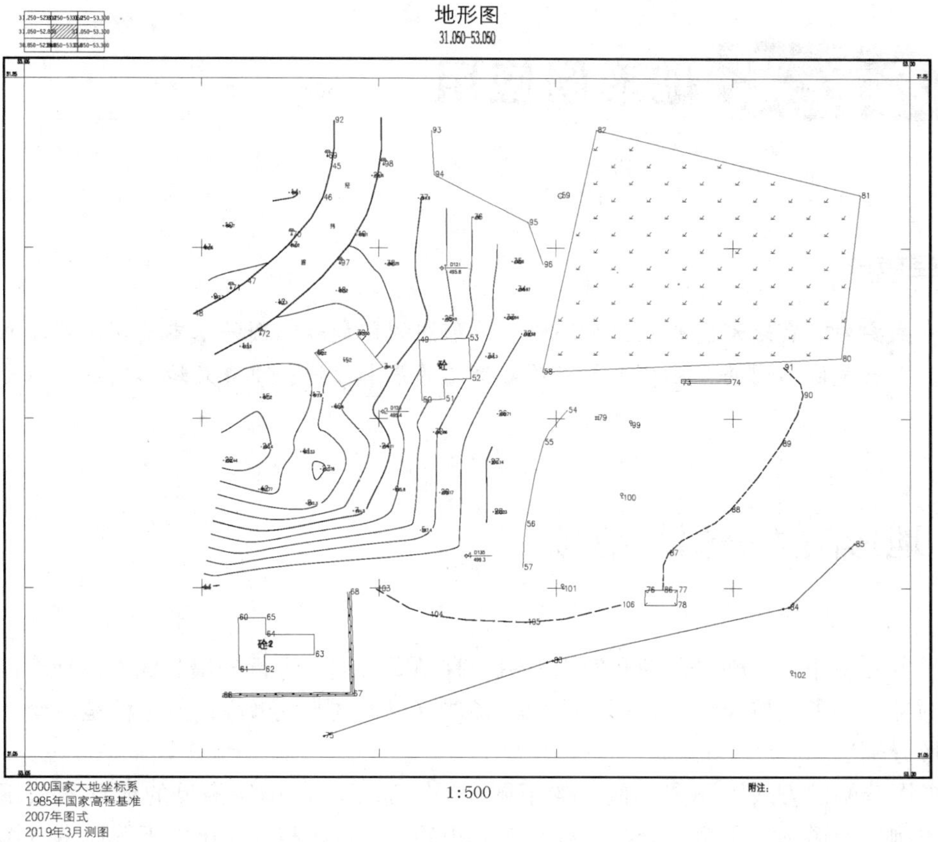

图 7.29　加上图框的地形图

思考题

1. 什么是地形图比例尺？地形图比例尺可分为哪几类？
2. 什么是地形图比例尺精度，它对测图有什么作用？
3. 地形图上的地物符号分为哪几类？试举例说明。
4. 什么是等高线、等高距、等高线平距？它们与地面坡度有何关系？
5. 等高线有哪些特性？
6. 数字测图有哪几种方法？
7. 数字化测图中，数据采集应采集哪些点？
8. 使用全站仪数据采集时应注意什么？
9. 采用 GNSS-RTK 数据采集时应注意什么？
10. 绘制草图有何要求？
11. 简述 CASS 软件数字化成图的基本过程。

第8章 地形图应用

教学要点

本章主要内容有地形图的分幅与编号、地形图的识读地形图的基本应用和在工程建设中的应用。重点是地形图的分幅与编号以及地形图的基本应用；难点是地形图在工程建设中的应用。

8.1 地形图的分幅与编号

为了方便制作、印刷、保管和使用地图，有必要对地图进行分幅和编号。地形图分幅的方法有两种：一种是按经纬线分幅的梯形分幅法（又称国际分幅）；另一种是按坐标格网分幅的矩形分幅法。

地形图分幅的方式因测图比例尺的不同而异。通常中、小比例尺的地形图采用梯形分幅，大比例尺地形图采用矩形分幅。有些大面积的1∶5 000和1∶2 000比例尺基本图也可用梯形分幅。

8.1.1 梯形分幅和编号

我国基本比例尺地形图都是在1∶1 000 000比例尺地形图编号的基础上进行的。20世纪90年代以前，1∶1 000 000地形图用图行列式编号，其他比例尺地形图都是在1∶1 000 000比例尺地形图的基础上加自然序数，称为旧分幅和编号；20世纪90年代以后，1∶1 000 000比例尺地形图用行列式编号法，其他比例尺地形图均在其后再叠加行列号，称为新分幅和编号。

8.1.1.1 国际分幅（旧分幅和编号）

1. 1∶1 000 000地形图的分幅和编号

如图8.1所示，1∶1 000 000地形图的分幅从赤道向两极，以纬差4°为一行，共22行，每行依次以A、B、C、…、V表示；经度由180°子午线起，从西向东，以经差6°为一列，共60列，每列依次以数字1、2、3、…、60表示。这样，每幅1∶1 000 000地形图图幅由纬差4°的纬圈和经差6°的子午线构成梯形。每幅1∶1 000 000地形图的编号由该图所处列号和行号组成，如北京所在的1∶1 000 000地形图的编号为J—50。

2. 1∶500 000、1∶250 000、1∶100 000地形图的分幅与编号

1∶500 000、1∶250 000、1∶100 000地形图的分幅和编号都是以1∶1 000 000地形图的分幅和编号为基础的，各自独立的与1∶1 000 000地形图的图号联系，如图8.2所示。

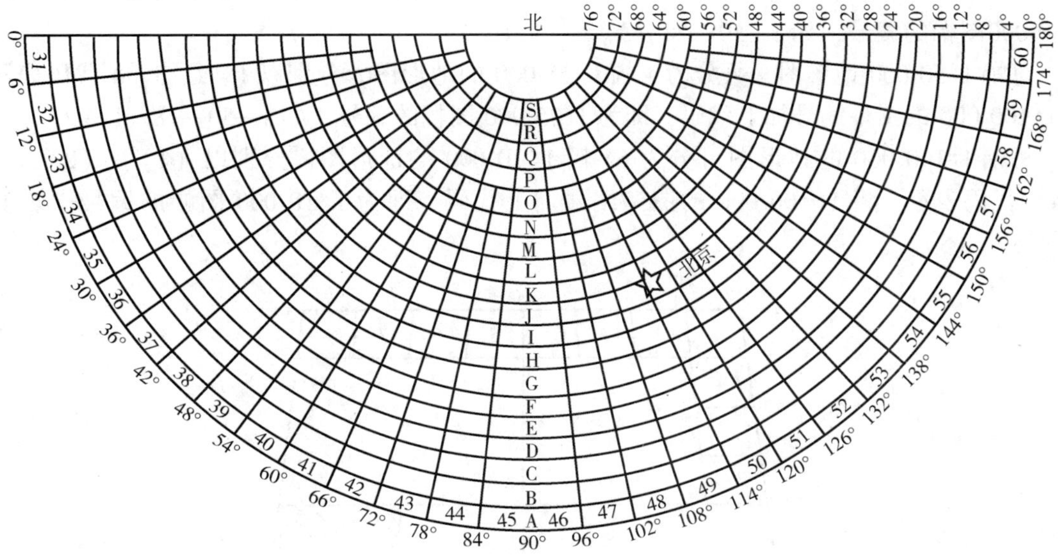

图 8.1　1∶1 000 000 地形图的分幅和编号

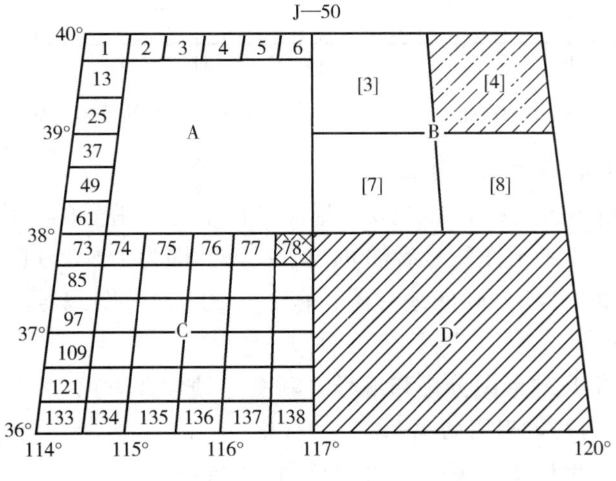

图 8.2　1∶500 000、1∶250 000、1∶100 000 地形图的分幅与编号

每幅 1∶1 000 000 地形图按纬差 2°、经差 3°分为 4 幅，即得 1∶500 000 地形图，分别以代码 A、B、C、D 表示，如 J—50—D。

每幅 1∶1 000 000 地形图按纬差 1°、经差 1.5°分为 16 幅，即得 1∶250 000 地形图，分别用［1］、［2］、…、［16］代码表示，如 J—50—［4］。

每幅 1∶1 000 000 地形图按纬差 20′、经差 30′分为 144 幅 1∶100 000 的地形图，从左到右，从上到下依次用 1、2、…、144 代码表示，如 J—50—78。

3. 1∶50 000、1∶25 000、1∶10 000 地形图的分幅与编号

这三种比例尺地形图的分幅和编号都是在 1∶100 000 地形图基础上进行的，如图 8.3 所示。

每幅 1∶100 000 的地形图按经度差 15′、纬度差 10′分成 4 幅 1∶50 000 的地形图，分别以

A、B、C、D（或甲、乙、丙、丁）代码表示，在前面加上 1∶100 000 的图幅编号，即为 1∶50 000图幅的编号，如 J—50—78—A。

每幅 1∶50 000 地形图又可分为 4 幅 1∶25 000 的地形图，分别以 1、2、3、4 代码表示，将 1∶100 000 的图幅编号加上代码，即为 1∶25 000 图幅的编号，如 J—50—78—D—2。

每幅 1∶100 000 的地形图可分为 64 幅 1∶10 000 的地形图，分别以（1）、（2）、…、（64）代码表示，将 1∶100 000 的图幅编号加上代码，即为 1∶10 000 图幅的编号，如 J—50—78—（8）。

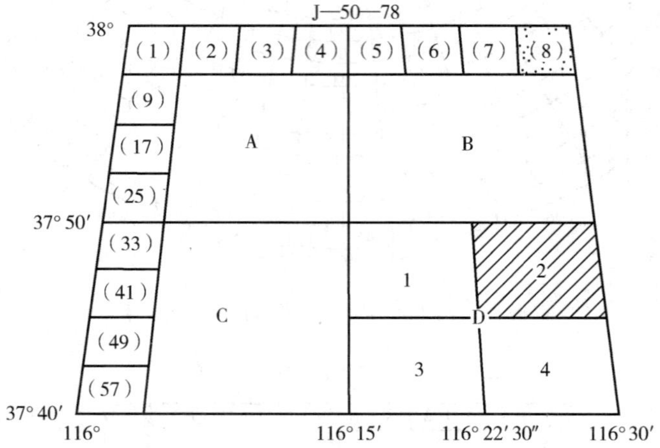

图 8.3　1∶50 000、1∶25 000、1∶10 000 地形图的分幅与编号

4. 1∶5 000、1∶2 000 地形图的分幅与编号

这两种比例尺的地形图是在 1∶10 000 地形图基础上分幅编号的。将一幅 1∶10 000 地形图分为 4 幅，在 1∶10 000 地形图图号后加 *a*、*b*、*c*、*d*，即为 1∶5 000 的图。一幅 1∶5 000 的地形图又分为 9 幅，即得 1∶2 000 的地形图，在 1∶5 000 地形图编号后加 1、2、3、…、9，就是 1∶2 000 图幅的编号。

8.1.1.2　国家基本比例尺地形图分幅和编号（新图号编号方法）

1. 1∶1 000 000 比例尺地形图的编号

1∶1 000 000 比例尺地形图的编号采用“行列”法编号。

列：从赤道算起，纬度每 4°为一列，至南北纬 88°各 22 列，用大写 A、B、C、…、V 表示。

行：从 180°经线算起，自西向东每 6°为一行，全球分为 60 行，用数字 1、2、…、60 表示。

一个列号和一个行号就组成一幅 1∶1 000 000 地形图的编号，如图 8.1 所示，北京所在的 1∶1 000 000 地形图的编号为 J—50。

2. 1∶5 000 ~ 1∶500 000 比例尺地形图的编号

1∶5 000 ~ 1∶500 000 比例尺地形图的编号都是在 1∶1 000 000 地形图的基础上进行的，其编号都由 10 个代码组成，其中前 3 位是所在的 1∶1 000 000 地形图的行号（1 位）和列号（2 位），第 4 位是比例尺代码（表 8.1）。后面 6 位分为两段，前 3 位是图幅行号数字，后 3 位是列号数字；不足 3 位前面加“0”，如图 8.4 所示。

表 8.1　比例尺代码

比例尺	1:500 000	1:250 000	1:100 000	1:50 000	1:25 000	1:10 000	1:5 000
代码	B	C	D	E	F	G	H

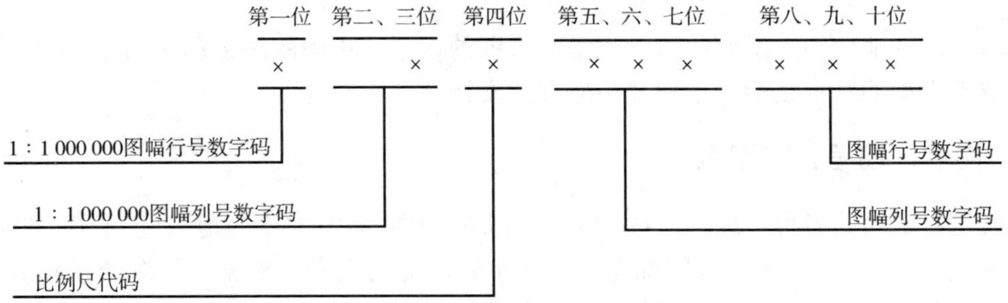

图 8.4　1:5 000～1:500 000 地形图分幅和编码方法

每幅1:1 000 000 地形图划分为：1:500 000：2 行、2 列；1:250 000：4 行、4 列；1:100 000：12 行、12 列；1:50 000：24 行、24 列；1:25 000：48 行、48 列；1:10 000：96 行、96 列；1:5 000:192 行、192 列。

8.1.2　矩形分幅

用于各种工程建设的大比例尺地形图，大多采用矩形分幅。1:500、1:1 000、1:2 000 地形图一般采用 50 cm×50 cm 正方形分幅和 40 cm×50 cm 矩形分幅，根据需要也可采用其他规格分幅。

正方形或矩形分幅的地形图的图幅编号一般采用图廓西南角坐标编号法、流水编号法和行列编号法。

8.1.2.1　坐标编号法

坐标编号法采用图廓西南角坐标千米数编号，纵坐标 x 千米数在前，横坐标 y 千米数在后；1:500 地形图取至 0.01 km（如 10.40-27.75），1:1 000、1:2 000 地形图取至 0.1 km（如 10.0-21.0）。

8.1.2.2　流水编号法

带状测区或小面积测区可按测区统一顺序编号，一般从左到右，从上到下用阿拉伯数字 1、2、3、4…编定，如图 8.5 所示。

8.1.2.3　行列编号法

行列编号法一般以字母（如 A、B、C、D…）为代号的横行由上到下排列，以阿拉伯数字为代号的纵列从左到右排列，先行后列，如图 8.6 所示。

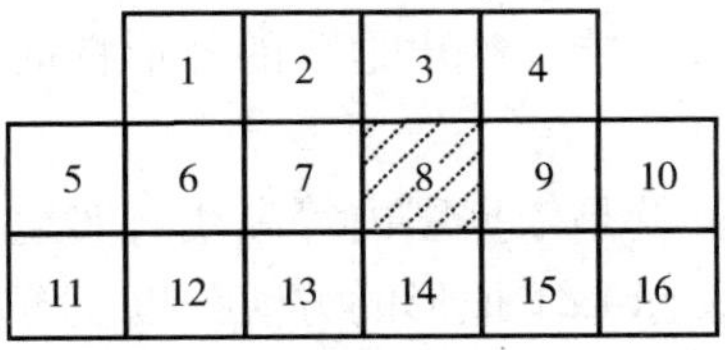

图 8.5　流水编号法

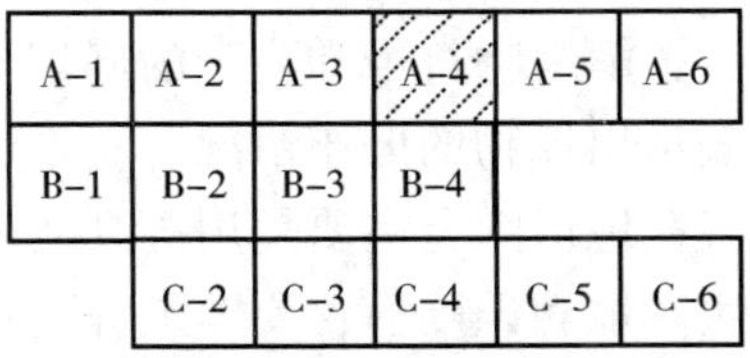

图 8.6　行列编号法

8.2 地形图的识读

判断和识别地形图上所有的信息就是地形图的识读。正确的阅读和使用地形图是每个工程建设技术人员的基本技能。下面介绍地形图阅读的基本内容。

8.2.1 图名、图号、接图表

图名是本幅图的名称，地形图的图名通常是采用图幅内主要的地名（村庄、单位等）、物名（河流、山川等）。图号是图幅在测区内所处位置的编号，根据地形图分幅和编号的方法编定。图名、图号都注在每幅图的正上方位置。

图幅的左上方注有接图表，通常中间一格画有斜线的代表本图幅，四邻分别注以图名或图号，表示本幅图与相邻图幅的位置关系，为图幅间的拼接使用提供方便。

8.2.2 比例尺

每幅地形图的南图廓外中央标有地形图的数字比例尺。如果是小比例尺地形图，则在数字比例尺的下方还绘有直线比例尺，利用它可直接测定距离，操作简便。

8.2.3 坐标系和高程系

一般在地形图的左下方说明该图所采用的坐标系和高程系。目前，我国地形图主要采用的坐标系有 1954 年北京坐标系、1980 年国家大地坐标系、2000 国家坐标系、城市独立坐标系（城市地形图、城镇规划图）、独立施工坐标系。过去的旧图，大部分采用的是 1954 年北京坐标系。高程系有 1956 年黄海高程系、1985 国家高程基准、独立测区的假定高程系。

8.2.4 图廓

图廓是地形图的边界线，有内、外图廓之分。内图廓线就是坐标方格网线，外图廓线是图幅的最外边界线，以较粗的实线描绘，专门用来装饰和美化图幅。外图廓与内图廓之间的短线用来标记坐标值，1∶500～1∶10 000 的地形图两短线间图上的长度为 100 mm。

8.2.5 判读图上地物地貌

我国将所有的地物符号按不同的类别编制了《地形图图式》，它们都是识图和用图的工具。因此，地物识读前，必须首先熟悉《地形图图式》，特别要熟悉一些常用地物符号和注记符号，了解地物符号和注记的确切含义。地物符号一般都能反映出地物的外形特征，可以直观地表示出地物的分布情况。

地貌在地形图上主要是用等高线表示的。地貌的识读就是依据图内等高线对实地的地貌进行判明。地貌识读前，要熟悉等高线表达地貌要素和表示基本地形的方法，以及等高线的特性，根据等高线便可发现地貌的变化规律，结合高程注记判别地貌形状，从而了解图内的地貌情况。

综上所述，识读地形图时，首先要了解地形图的比例尺、坐标系和高程系、图名、图号及等高距等，然后根据地物符号和地貌符号判定地物、植被分布状况和地貌起伏情况。

8.3　地形图的应用

8.3.1　地形图应用的基本内容

8.3.1.1　在纸质地形图上的基本应用

1. 确定地形图上点的坐标

图上一点的坐标通常依据坐标格网的坐标值来量取。

如图8.7所示，若求图上A点坐标，先确定A点所在的坐标方格$abcd$，过A点作坐标格网的平行线ef和gh，然后在图上量取$ag = 63$ mm，$ae = 56$ mm，A点所在格的西南角坐标由图廓坐标标注可知，$x_a = 6\ 100$ m，$y_a = 2\ 100$ m，则A点坐标为

$$\begin{cases} x_A = x_a + agM = 6\ 100\ \text{m} + 0.063\ \text{m} \times 1\ 000 = 6\ 163\ \text{m} \\ y_A = y_a + aeM = 2\ 100\ \text{m} + 0.056\ \text{m} \times 1\ 000 = 2\ 156\ \text{m} \end{cases} \tag{8.1}$$

式中，M为比例尺分母。

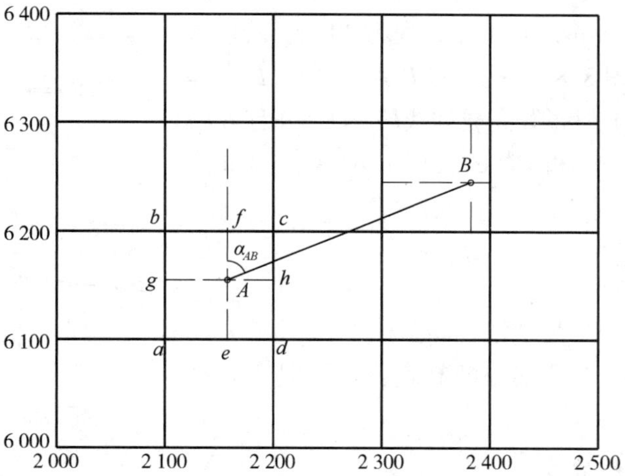

图8.7　地形图应用

如果要求精度较高，为防止由于图纸伸缩变形产生的误差，可按下式计算加以改正。

$$x_A = x_a + agM\frac{l}{ab} \tag{8.2}$$

$$y_A = y_a + aeM\frac{l}{ad} \tag{8.3}$$

式中，l为方格$abcd$边长的理论长度，一般为100 mm；ad，ab为用直尺在图上量取的方格长度，mm。

2. 确定两点间的水平距离

（1）图解法。如图8.7所示，若要求A、B间的水平距离D_{AB}，可用测图比例尺直接量取D_{AB}，也可以直接量出A、B的图上距离d，再乘以比例尺分母M，得

$$D_{AB} = M \times d \tag{8.4}$$

（2）解析法。如果需要较高精度求A、B间的水平距离，或A、B两点不在同一图幅上，通常使用解析法。

如图8.7所示，首先确定A、B两点的坐标，再用下式计算出A、B两点间的距离

$$D_{AB} = \sqrt{(x_B - x_A)^2 + (y_B - y_A)^2} \tag{8.5}$$

3. 确定直线的坐标方位角

（1）图解法。如图8.7所示，若要求直线AB的方位角，可先通过A点作坐标纵轴的平行线，再从图上用量角器直接量取直线AB的方位角。

（2）解析法。如果需要较高精度求直线AB的方位角，或A、B两点不在同一图幅上，通常使用解析法。

首先确定A、B两点的坐标，再用坐标反算式（8.6）求出直线的方位角

$$\alpha_{AB} = \arctan\frac{y_B - y_A}{x_B - x_A} \tag{8.6}$$

4. 确定点的高程

地形图上任一点的地面高程可根据邻近的等高线及高程注记确定。如图8.8所示，根据高程注记判断A点所在的等高线高程为38 m，故A点高程为38 m。若所求点不在等高线上，如图8.8中所示的B点，可过B点作一条大致垂直并相交于相邻等高线的线段PQ，并且B点比P点高，分别量出PQ和PB的长度d和d_1，则B点的高程可按比例内插求得

$$H_B = H_P + \frac{d_1}{d}H \tag{8.7}$$

式中，H_P为P点高程；H为基本等高距。

实际工作中，在图上求某点的高程，通常是用目估法确定的。

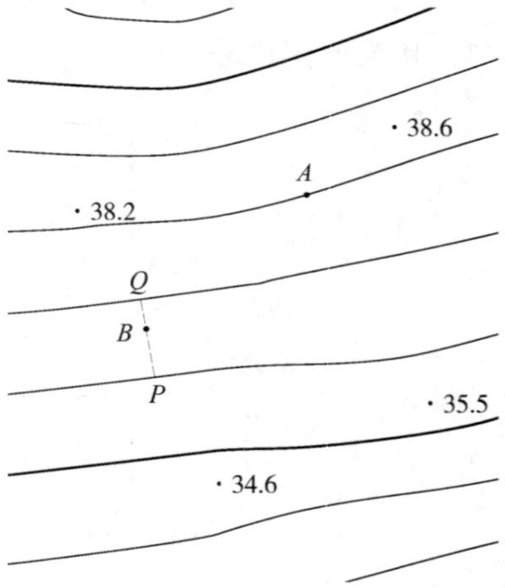

图8.8　确定点的高程

5. 确定图上直线的坡度

直线的坡度是直线两端点的高差h与水平距离D之比，即

$$i = \frac{h}{D} \tag{8.8}$$

坡度一般用百分率或千分率表示。如果直线两端点间的各等高线平距相近，求得的坡度基本上符合实际坡度；如果直线两端点间的各等高线平距不等，则两点间的地面坡度不均匀，所求得的坡度只是直线端点之间的平均坡度。

6. 图上面积算量

在实际工程建设和工程设计中，经常需要测定如汇水面积、土地面积、林区面积、厂区

面积等各类型面积，而面积测算也是体积测算的基础。面积测算的方法有很多，要根据地形图精度、测区形状和大小、测算的精度要求和可使用的测量工具来选择合适的方法。在计算机不普及的年代，常用的面积测算方法主要有图解法、解析法、网格法、平行线法、求积仪法，这些方法不论是从操作上还是计算上都很麻烦，而且精度也不高，现在基本上已经不采用了。随着计算机的广泛应用，现在通常是把纸质地形图扫描成光栅图像，在 AutoCAD 软件中可以直接查询面积。

8.3.1.2　在光栅地形图上的基本应用

人们可以把纸质地形图扫描成光栅图像来使用，并且现在很多部门不提供纸质地形图，只提供扫描后的光栅地形图，所以必须使用计算机配合相应的软件来使用。

在工程建设部门常用的绘图软件是 AutoCAD 软件或其他 CAD 软件，可以用这些软件获取地形图基本信息。基本步骤如下。

1. 插入光栅地形图并校正

（1）启动 AutoCAD 软件，以默认设置方式新建一个文件，建立相应的图层，再建立一个“图纸（可以自己任意取名）”图层。根据光栅地形图的西南角和东北角的坐标设置图形界线。

（2）将“图纸”图层设置为当前图层，用“插入”菜单中的“光栅图像”命令插入光栅地形图，插入比例，旋转角度，插入点任意。

（3）用“修改”菜单中的“三维操作 \ 对齐（align）”命令校正图像。单击地形图上的 4 个角点中的 3 个点（采用矩形分幅的图纸）或者图纸中较清楚的 3 个坐标格网交叉点（间隔尽可能大）为源点，目标点输入相应点的实际坐标（以 m 为单位），完成图纸的校正，并将该图层锁定。

2. 查询点的坐标、两点的距离和区域面积

可以直接用 AutoCAD 的查询命令（图 8.9），查询点的坐标和两点的距离。由于在图纸校正时，输入的是以 m 为单位的实际坐标值，所以查询得到的坐标和两点的距离都是以 m 为单位，查询得到的面积单位为 m^2。

还可以用角度标注的方法确定直线的坐标方位角。

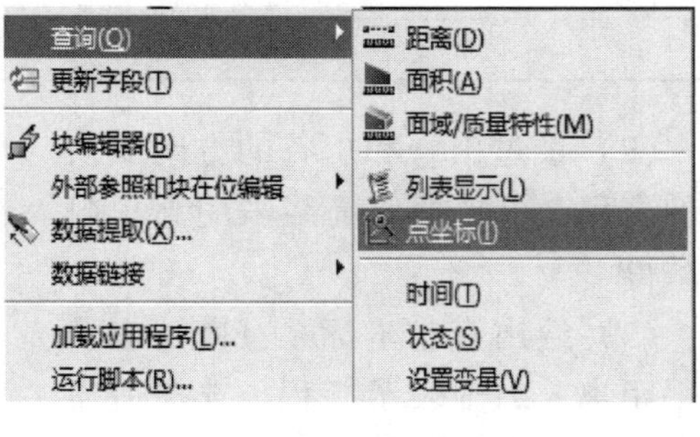

图 8.9　AutoCAD 的查询菜单

8.3.2　地形图在工程建设中的应用

8.3.2.1　按限定的坡度选定最短路线

在山地或丘陵地区进行道路、管线等工程设计中，均有一定的限制坡度。为了线路经济合理，可以在地形图上按规定坡度选择最短路线。

如图 8.10 所示，该地形图的比例尺为 1∶10 000，等高距为 5 m，要求从 A 到 B 点选择坡度不超过 5% 的最短路线。为此，先根据 5% 坡度求出路线通过处的相邻两等高线间的最小实地平距 $D = h/i = 100$ m，在 1∶10 000 地形图上长度 $d = 10$ mm。

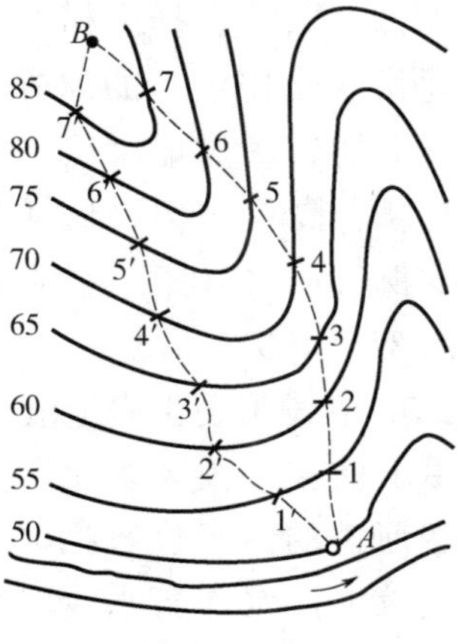

图 8.10　按限定的坡度选定最短路线

将分规卡成 d（10 mm）长，以 A 为圆心，以 d 为半径作弧与相邻等高线交于1点，再以1点为圆心，以 d 为半径作弧与相邻等高线交于2点，依次定出其他各点，直到 B 点附近，即得坡度不大于5%的线路。在该地形图上，用同样的方法还可以定出另一条线路上的点 A、1′、2′、3′、…、B，作为比较方案。然后通过实地踏勘，综合考虑选出一条较理想的公路路线。

8.3.2.2　绘制已知方向纵断面图

在进行工程设计（尤其是道路、管线等线路工程设计）时，经常需要了解沿某一方向地形的起伏状况，根据地形进行坡度的设计、方案的选择、工程量的估算等。为此，需要按照设计需要沿已知方向根据地形图绘制断面图。绘制方法如下：

（1）在图8.11（a）中，断面 AB 方向与等高线有1、2、3、…、n、a、b、c 等一系列交点。在图上沿 AB 方向依次量取 A 点到各交点的水平距离，判读各点高程，将水平距离和高程记录在表8.2中。

表8.2　断面数据记录表

点号	水平距离/m	高程/m
A	0	101.3
1	8	102
2	18	103
3	28	104
a	34	104.3
…	…	…
B	130	101.8

（2）经过山脊和山谷的方向变换点的高程，可根据等高线采用高程内插求得。

（3）绘出直角坐标系，横轴表示水平距离，纵轴表示高程。选择适当的纵横比例，根据水平距离和高程绘制断面图。默认选择纵横比相同。在地形起伏变化比较小的地方，为了在断面图上能较明显地反映路线方向的地面起伏，高程比例尺通常要比水平距离比例尺放大10倍。绘制好的断面图如图8.11（b）所示。

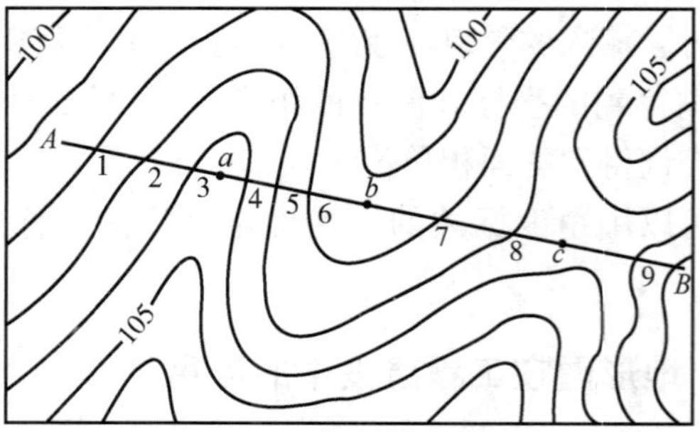

（a）地形图上断面位置

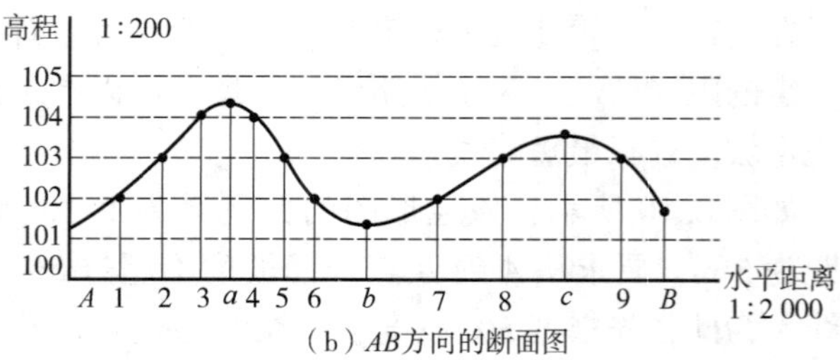

（b）AB方向的断面图

图8.11　断面图绘制

8.3.2.3　在地形图上确定汇水面积

由于防洪、发电、灌溉等目的，需要在河道的适当位置拦河筑坝，在坝的上游形成水库蓄水。坝址上游分水线所围成的面积称为汇水面积。

确定汇水面积必须在图上勾绘出分水线。分水线从拦水坝一端开始，沿山脊线延伸，中间经过山顶、鞍部最后到坝的另一端，形成封闭曲线。从等高线的性质可知，分水线应与等高线垂直相交，图 8.12 中虚线所示即为分水线。汇水面积就是封闭曲线所包围的面积。

汇水面积范围线确定后，可用面积量算的方法求出以平方千米为单位的汇水面积。

8.3.2.4 计算水库库容

水库设计时，若坝的溢洪道高程已定，就可以在地形图上确定水库的淹没范围，如图 8.12 中阴影部分。淹没范围以下的蓄水量，即为水库的库容。

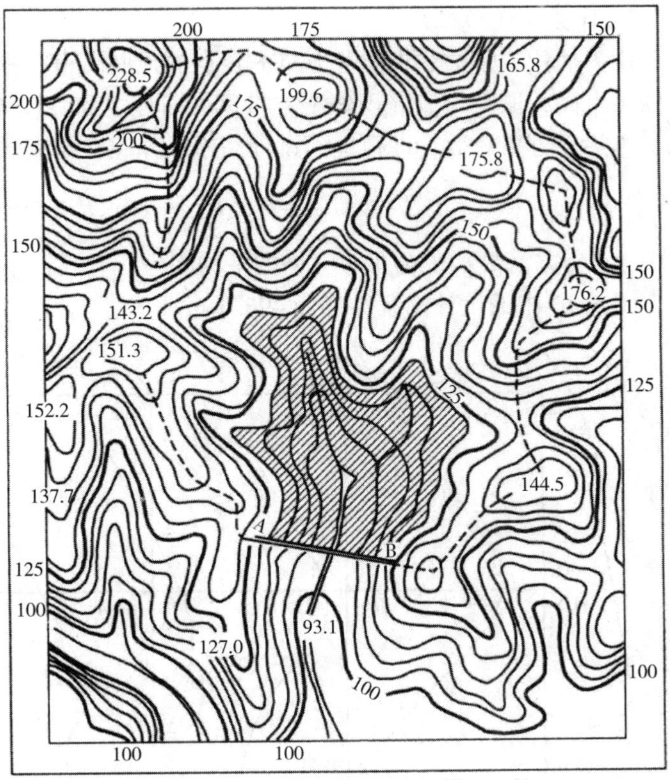

图 8.12 确定汇水面积和库容

用地形图计算库容一般采用等高线法，即利用图上相邻两条等高线求出其所夹体积的方法，将淹没范围内所有两两相邻等高线间的体积求出相加，即得库容。设 S_1 为淹没线高程的等高线所围成的面积，S_2、S_3、…、S_n、S_{n+1} 为淹没线以下各条等高线所围面积，其中 S_{n+1} 为最低一条等高线所围面积。等高距为 h，而 h' 表示最低一条等高线与库底的高差。相邻等高线间体积可按下式计算：

$$V_k = \frac{1}{2}(S_k + S_{k+1})h, k = 1,2,\cdots,n \tag{8.9}$$

最低一条等高线与库底之间的体积计算式为

$$V_n = \frac{1}{3} S_{n+1} h' \tag{8.10}$$

水库库容为

$$V = \sum_{k=1}^{n} V_k + V_n \tag{8.11}$$

8.3.2.5 场地整平方量计算

将施工场地的自然地表按要求整理成一定高程的水平地面的工作称为平整场地。此项工作要先进行设计，按照填挖方量基本平衡的原则，在地形图上进行土石方量的概算。下面介绍用方格网法计算整平方量的过程。如图 8.13 所示，要求将地形图中的某一地块平整为某一高程的水平地面，方法如下。

1. 绘制方格网

在地形图上平整场地的区域内绘制方格网，格网边长根据地形情况和挖、填土石方计算的精确度要求而定，一般为 10 m 或 20 m。本例方格网为 10 m。

2. 计算设计高程

用内插法或目估法求出各方格的顶点的地面高程，并注在相应顶点的右上方。将每一方格的顶点高程取平均值（即每个方格顶点高程之和除以 4），最后将所有方格的平均高程相加，再除以方格总数，即得地面设计高程，并注在相应顶点的右下方。

$$H_{设} = \frac{1}{n}(H_1 + H_2 + H_3 + \cdots + H_n) \tag{8.12}$$

式中，n 为方格数；H_n 为第 n 方格的平均高程。

图 8.13 中的设计高程结果为 495.4 m。

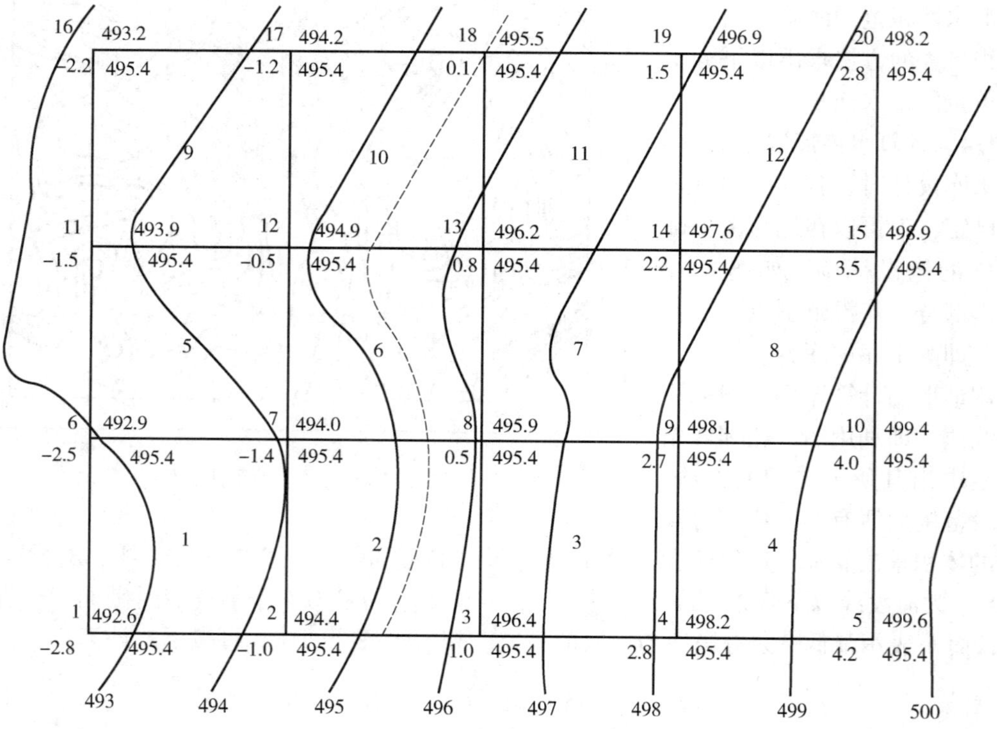

图 8.13　场地整平示意图

3. 绘出填、挖分界线

根据计算的设计高程，在图上用内插法绘出设计高程的等高线，图中虚线即为填、挖分界线，通常称零线。

4. 计算各方格顶点的填、挖深度

各方格顶点的地面高程减去设计高程即为填、挖深度。

$$h = H_{地} - H_{设} \tag{8.13}$$

h 为“+”表示挖方深度，h 为“-”表示填方高度，并注在相应顶点的左下方。

5. 计算填、挖土石方量

从图 8.13 中可以看出，有的方格全为挖方，有的方格全为填方，有的方格有填有挖。计算时，填、挖要分开计算。计算如下：

方格 1 为全填方，填方量

$$V_{1填} = \frac{1}{4}(2.8 + 1.0 + 1.4 + 2.5)\ S_{1填} = 1.925S_{1填}(\mathrm{m}^3)$$

方格2既有挖方，又有填方，其填、挖方量

$$V_{2填} = \frac{1}{4}(1.0 + 0.0 + 0.0 + 1.4)\ S_{2填} = 0.6S_{2填}(\mathrm{m}^3)$$

$$V_{2挖} = \frac{1}{4}(0.0 + 1.0 + 0.5 + 0.0)\ S_{2挖} = 0.625S_{2挖}(\mathrm{m}^3)$$

方格3为全挖方，挖方量

$$V_{3挖} = \frac{1}{4}(1.0 + 2.8 + 2.7 + 0.5)\ S_{3挖} = 1.75S_{3挖}(\mathrm{m}^3)$$

上式中的$S_{1填}$、$S_{2填}$、$S_{2挖}$、$S_{3挖}$分别为相应的填、挖方面积。

按同样的方法计算其他各方格的填挖方量，再将各方格的挖方量和填方量分别求和，即得到总的挖方量和填方量。

思考题

1. 地形图分幅和编号的方法有哪些？
2. 地形图识读应注意些什么？
3. 地形图应用的基本内容有哪些？
4. 在 AutoCAD 中如何校正光栅图像？
5. 地形图在工程建设中有哪些应用？
6. 在地形图上如何确定汇水面积？
7. 用方格网法将场地整平的基本步骤是什么？

第9章 施工测量的基本方法

教学要点

本章内容主要有施工测量概述、施工控制网的布设形式、施工控制网精度的确定方法、施工坐标系与测图坐标系的转换、已知水平距离的放样、已知水平角的放样、已知高程的放样、直线放样、点的平面位置测设、已知坡度线测设、放样方法的选择。重点是各种放样方法的掌握。难点是施工坐标系与测图坐标系的转换、放样数据的计算。

9.1 施工测量概述

9.1.1 施工测量的内容

按照工程建设的先后顺序，一般将工程建设分为三个阶段，即勘测设计阶段、施工建设阶段和运营管理阶段。每个阶段的测量工作各不相同，具体可分为：

（1）勘测设计阶段的测量工作。勘测设计阶段的测量工作主要是根据工程建设的需要，测绘各种比例尺的地形图、纵横断面图等，供设计人员进行工程设计。

（2）施工建设阶段的测量工作。施工建设阶段的测量工作主要是按照设计要求，在实地上准确地标定出建筑物（或构筑物）各部分的平面位置和高程，作为施工与安装的依据。一般也要求先建立施工控制网，然后根据工程的要求进行各种测量工作。

（3）运营管理阶段的测量工作。运营管理阶段的测量工作主要包括竣工测量以及为监视工程安全状况的变形监测等测量工作。

其中，施工建设阶段所进行的测量工作称为施工测量。施工测量贯穿于整个施工过程中，其主要工作内容如下：

（1）施工前建立与工程相适应的施工控制网。

（2）建筑物（或构筑物）的详细测设及构件与设备的安装工作，以确保施工质量符合设计要求。

（3）检查和验收。每道施工工序完工以后，都要通过测量检查工程各部位的实际位置和高程是否符合设计要求。

（4）变形观测。随着施工的推进，定期测定建筑物在平面和高程方面产生的位移和沉降，收集整理各种变形资料，作为鉴定工程质量和验证工程设计、施工是否合理的依据。

9.1.2　施工测量的特点

施工测量与地形图测绘相比较，除测量过程相反、工作程序不同以外，还有以下两大特点。

（1）施工测量的精度要求比测图高。地形图测绘的精度取决于测图比例尺大小，而施工测量的精度则与建筑物的大小、结构形式、建筑材料以及放样点的位置有关。例如，高层建筑测设的精度要求高于低层建筑；钢筋混凝土结构的工程测设精度高于砖混结构工程；钢架结构的测设精度要求更高。再如，建筑物本身的细部点测设精度比建筑物主轴线点的测设精度要求高。这是因为，建筑物主轴线测设误差只影响建筑物的微小偏移，而建筑物各部分之间的位置和尺寸，设计上有严格要求，破坏了相对位置和尺寸就会造成工程事故。

（2）施工测量与施工密不可分。施工测量是设计与施工之间的桥梁，贯穿于整个施工过程中，是施工的重要组成部分。放样的结果是实地上的标桩，它们是施工的依据，标桩定在哪里，施工队伍就在哪里进行挖土、浇筑混凝土、吊装构件等一系列工作。如果放样出错并没有及时发现纠正，将会造成极大的损失。当工地上有多个工作面同时开工时，正确的放样是保证它们衔接成整体的重要条件。施工测量的进度与精度直接影响着施工的进度和施工质量。这就要求施工测量人员在放样前应熟悉建筑物总体布置和各个建筑物的结构设计图，并要检查和校核设计图上轴线间的距离和各部位高程注记。在施工过程中对主要部位的测设一定要进行校核，检查无误后方可施工。

9.1.3　施工测量的原则

为了保证各建筑物（或构筑物）的平面位置和高程都符合设计要求，施工测量也应遵循“由整体到局部、先控制后细部”的原则，即先在施工现场建立统一的施工控制网，然后以此为基础，测设出各个建筑物和构筑物的细部位置。这样可以减少误差累积，保证测设精度，免除因建筑物众多而引起测设工作的紊乱。

另外，施工测量责任重大，稍有差错，就会酿成工程事故，造成重大损失。因此，测设过程中必须按照“步步有检校”的原则加强外业和内业的检核工作。检核是测量工作的灵魂。

9.1.4　施工测量的精度要求

（1）施工测量是直接为工程施工服务的，因此它必须与施工组织计划相协调。测量工作人员必须了解设计的内容、性质及其对测量工作的精度要求，随时掌握工程进度及现场变动情况，使测设精度满足施工的需要。

（2）施工测量的精度主要取决于建筑物（或构筑物）的大小、性质、用途、材料、施工方法等因素。一般高层建筑施工测量精度应高于低层建筑，装配式建筑施工测量精度应高于非装配式建筑，钢结构建筑施工测量精度应高于钢筋混凝土结构建筑。一般情况下，局部精度往往高于整体定位精度。

9.2 施工控制网

9.2.1 施工控制网的作用

专门为工程施工而布设的控制网称为施工控制网。施工控制网建立的目的有两个：一是为工程建设提供工程范围内统一的参考框架，为各项测量工作提供位置基准，在工程施工期间为各种建筑物的放样提供测量控制基础，是施工放样的依据；二是在工程建成后为工程在运营管理阶段的维修保养、扩建改建提供依据。

施工控制测量同样分为平面控制测量和高程控制测量。平面控制网点用来确定测设点的平面位置，高程控制网点用来进行设计点位的高程测设。

9.2.2 施工控制网的布设形式

施工平面控制网的布设应根据建筑总平面设计图和施工地区的地形条件来选择控制网的形式，确定合理的布设方法。对于起伏较大的山岭地区，如建筑物密集而且规则的大中型工业建设场地，施工平面控制网多用建筑方格网；在面积不大又不十分复杂的建筑场地上，常布设一条或几条基线作为施工控制网；对于地形平坦的建设场地，常采用导线形式布设。现在，大多数已被GNSS网所代替。对于高精度的施工控制网，则将GNSS网与导线网相结合，使两者的优势互补。

高程控制网通常用水准测量方法进行。在施工期间，要求在建筑物近旁的不同高度上都必须布设临时水准点。临时水准点的密度应保证放样时只设一个测站，即能将高程传递到建筑物上。高程控制网通常分两级布设，即布满整个施工场地的基本高程控制网与根据各施工阶段放样需要而布设的加密网。基本高程控制网通常采用三等水准测量施测，加密网则用四等水准测量施测。

另外，对于起伏较大的山岭地区，其平面和高程控制网通常各自单独布设。对于平坦地区，平面控制点通常均联测在高程控制网中，同时作为高程控制点使用。

9.2.3 施工控制网的特点

与测图控制网相比，施工控制网具有下述特点。

1. 控制的范围小，控制点的密度大，精度要求高

在工程勘测期间所布设的测图控制网的控制范围总是大于工程建设的区域，即工程施工的地区总是相对比较小的。对于水利枢纽工程、隧道工程和大型工业建设场地，其控制面积在十几平方千米到几十平方千米，一般的工业建设场地都在一平方千米以下。因此，控制网所控制的范围就比较小。

在工程建设施工场区，由于拟建的各种建（构）筑物的分布错综复杂，没有稠密的控制点，则无法满足施工放样需要，也会给后期的施工测量工作带来困难。故要求施工控制点的密度较大。

至于点位的精度要求，测图控制网点是从满足测图要求出发提出的，而施工控制网的精度是从满足工程放样的要求确定的。这是因为施工控制网的主要作用是放样建筑物的轴线，这些轴线的位置偏差都有一定的限制，其精度要求是相当高的。例如工业建筑施工控制网在200 m的边长上，其相对精度应达1/20 000的要求；对于隧道控制网，当长度在4 km以下时，其相向开挖的横向贯通容许误差不应大于10 cm；大型桥梁施工时，桥墩定位的误差一般不得超过2 cm。由此可见，工程施工控制网的精度要比一般测图控制网要高。

2. 施工控制网的点位埋设有特殊要求

如前所述，施工控制网是为工程施工服务的，因此，为保证后期施工测量工作应用方便，一些工程对点位的埋设有一定的要求。如桥梁施工控制网、隧道施工控制网和水利枢纽工程施工控制网要求在梁中心线、隧道中心线和坝轴线的两端分别埋设控制点，以便准确地标定工程的位置，减小施工测量的误差。此外，在工业建筑场地，还要求施工控制网点连线与施工坐标系的坐标轴平行或垂直。而且，其坐标值尽量为米的整倍数，以利于施工放样的计算工作。

3. 控制网点使用频繁，且易受施工干扰

大型工程建设在施工过程中，控制点常直接用于放样，而不同的工序和不同的高程上都有不同的形式和不同的尺寸，往往要频繁地进行放样。这样，随着施工层面逐步升高，施工控制网点的使用是相当频繁的。从施工初期到工程竣工乃至投入使用，这些控制点可能要用几十次。另一方面，工程的现代化施工，经常采用立体交叉作业的方法，一些建筑物拔地而起，这样使工地建筑物在不同平面的高度上施工，妨碍了控制点间的相互通视。再加上施工机械调动，施工人员来来往往，也形成了对视线的严重阻碍。因此，施工控制点的位置应分布恰当、坚固稳定、使用方便、便于保存，且密度也应较大，以便在放样时有所选择。

4. 采用独立的施工坐标系

施工控制网的坐标轴常取平行或垂直于建筑物的主轴线。如水利枢纽工程通常用大坝轴线作为坐标轴；大桥用桥轴线为坐标轴；隧道用中心线或其切线为坐标轴。当施工控制网与测图控制网联系时，应利用公式进行坐标换算，以方便后期的施工测量工作。

9.2.4 施工控制网的精度

为了保证建（构）筑物放样的正确性和准确性，满足工程建设建筑限差的要求，施工控制网必须达到一定的精度要求。

9.2.4.1 建筑限差

工程建筑物的建筑限差是指建筑物竣工之后实际位置相对于设计位置的极限偏差。通常对其偏差的规定随工程的性质、规模、建筑材料、施工方法等因素而改变。按精度要求的高低排列为钢结构、钢筋混凝土结构、砖混结构、土石方工程等。按施工方法分，预制件装配式施工方法较现场现浇方法的精度要求高一些，钢结构用高强度螺栓连接的精度比用电焊连接的精度要求高。此外，由于建筑物、构筑物的各部位相对位置关系的精度要求较高，因而工程的细部放样精度要求往往高于整体放样精度。

对于一般工程，混凝土柱、梁、墙的施工总误差允许为10~30 mm；对高层建筑物轴线的倾斜度要求高于1/1 000～1/2 000；安装连续生产设备的中心线，其横向偏差不应超过1 mm；对于钢结构的工业厂房，柱间距离偏差要求不超过2 mm；钢结构施工的总误差随施工方法不同，允许误差为1～8 mm；土石方的施工误差允许达10 cm；对特殊要求的工程项目，其设计图纸及设计总说明均有明确的建筑限差要求。

9.2.4.2　精度分配原则

对于相当多的工程，施工规范中没有具体的测量精度的规定。这时先要在施工测量、施工、加工制造等几个方面对建筑限差进行误差分配，然后确定施工测量工作应具有的精度。

假设设计允许的总误差为Δ，允许测量工作的误差为Δ_1，允许施工产生的误差为Δ_2，允许加工制造产生的误差为Δ_3（如果还有其他重要的误差因素，则再增加项数），若各工种产生的误差相互独立，按照误差传播定律，则有

$$\Delta^2 = {\Delta_1}^2 + {\Delta_2}^2 + {\Delta_3}^2 \tag{9.1}$$

式中，只有Δ是已知的（即设计时所确定的建筑限差），其他各项都是待定量。

通常，在精度分配处理中，一般先采用“等影响原则”和“忽略不计原则”处理，然后把计算结果与实际作业条件对照，或凭经验做些调整（即不等影响）后再计算。如此反复，直到误差分配比较合理为止。

1. 等影响原则

所谓等影响原则是假定配赋给各个重要的误差因素的允许误差相同，即假定Δ_1、Δ_2、Δ_3相等，则各方面误差因素的允许误差均为$\Delta/\sqrt{3}$。由此求得的Δ_1是分配给测量工作的最大允许误差，通常把它当作测量的极限误差来处理，由此可以根据它来确定测量方案，并确定出施工控制网的精度。

按照“等影响原则”进行等量配赋在实际工作中有时显得不太合理，因为各方面误差影响因素往往并非相同等比重，这样，可能对某些方面来说显得太松，而对另一方面却显得太紧。此时，常需结合具体条件或凭经验做些调整，以求配赋合理。但要求最终各方面误差的联合影响不超过总的建筑限差。

2. 忽略不计原则

若某项误差由m_1和m_2两部分组成，即

$$m^2 = m_1^2 + m_2^2 \tag{9.2}$$

其中m_2影响较小，当m_2小到一定程度时可以忽略不计，这样可以认为$m = m_1$。

设$m_2 = m_1/k$，则$m = m_1\sqrt{1 + 1/k^2}$。通常取$k = 3$时，$m = 1.05m_1 \approx m_1$，因而可认为$m = m_1$。

在实际工作中通常把$m_2 = m_1/3$作为可把m_2忽略不计的标准。

9.2.4.3　施工控制网精度的确定方法

建筑物主要轴线的放样一般根据施工控制网进行；而细部放样则大多依据主轴线进行，但有时也可根据施工控制网进行。因此，如何根据施工测量的精度来确定施工控制网的精度，应考虑到施工现场条件、施工程序和方法，以及其各自的质量标准，分析这些建筑物是否必须直接从控制点进行放样。若是直接由控制点放样，必须考虑建筑限差对控制网的要求；若不是，则不必考虑建筑限差对控制网的要求。建筑限差一般是以相对限差（即局部要求）的形式提出的，如何将相对限差转化为放样点的点位误差的形式，需要根据工程实

际而定。下面，依据建筑工程的建筑限差来分析确定施工测量误差及相关施工控制测量精度确定的方法。

施工测量的精度应由工程设计人员提出的建筑限差或按工程施工规范来确定。建筑限差Δ一般是指工程竣工后的最低精度要求，它应理解为极限误差，故工程竣工后的中误差m应为建筑限差的一半。通常，对土建施工来说，建筑物竣工时的中误差m是由施工误差$m_{施}$和测量误差$m_{测}$两项误差因素共同引起的，测量误差只是其中的一部分，即

$$m^2 = m_{测}^2 + m_{施}^2 \tag{9.3}$$

按照“等影响原则”及“忽略不计原则”，施工测量误差不能成为建筑误差的主要成分。一般来说，施工测量的任务是保证工程建筑物的几何形状和大小不会因为测量误差的累积，影响了工程质量；此外，施工测量工作可以有很多措施来提高测量作业的精度，而在施工过程中，受施工方法及现场条件的限制，其施工精度要达到很高是很困难的。因此在施工中，常取测量误差为施工误差的$1/\sqrt{2}$，即$m_{测} = m_{施}/\sqrt{2}$。由此可得$m_{测} = m/\sqrt{3}$。

而测量误差又包括施工控制测量误差$m_{控}$和细部放样误差$m_{放}$两部分，即

$$m_{测}^2 = m_{控}^2 + m_{放}^2 \tag{9.4}$$

两者在测量误差中的比例应根据控制网的布设情况和放样工作的条件分两种情况来分析。若放样条件好（指放样边长短，场地较平整），则放样误差可以很小，此时控制测量误差可以接近总测量误差；若放样条件不好，则放样误差一般较大，此时应提高控制测量的精度，使控制点误差所引起的放样点误差，相对于施工放样的误差来说，小到可以忽略不计，即控制测量误差在总的测量误差中不能起显著作用，一般情况下约占测量总误差的10%，亦即使控制点误差对放样点位不发生显著影响。

由于在施工场地上一般控制点较密，放样距离较近，条件较好，其放样误差较小，两者之间常常取适当的比例，一般取控制测量误差为细部放样误差的$1/\sqrt{2}$，即$m_{控} = m_{放}/\sqrt{2}$。由此可得$m_{控} = m_{测}/\sqrt{3} = m/3$。

又因工程竣工后的中误差m为建筑限差Δ的一半，即$m = \Delta/2$，所以有

$$m_{控} = \frac{\Delta}{6} \tag{9.5}$$

9.2.5 施工坐标系与测图坐标系的转换

在建筑总平面图上，建筑物的平面位置一般用施工坐标系的坐标来表示。当施工控制网与测图控制网不一致时，应进行两种坐标系间的数据换算，以使坐标统一。将测图坐标换算为施工坐标，可分两步进行。如图9.1所示，Oxy为测图坐标系，$O'x'y'$为施工坐标系，(x_0, y_0)为施工坐标系的原点在测图坐标系中的坐标，α为两坐标系纵轴间的夹角。设施工坐标系中P点的坐标为$(x'_P、y'_P)$，则可按下式将其换算为测图坐标$(x_P、y_P)$。

$$\begin{cases} x_P = x_0 + x'_P\cos\alpha - y'_P\sin\alpha \\ y_P = y_0 + x'_P\sin\alpha + y'_P\cos\alpha \end{cases} \tag{9.6}$$

若已知P点的测图坐标，则可按下式将其换算为施工坐标。

$$\begin{cases} x'_P = (x_P - x_0)\cos\alpha + (y_P - y_0)\sin\alpha \\ y'_P = -(x_P - x_0)\sin\alpha + (y_P - y_0)\cos\alpha \end{cases} \tag{9.7}$$

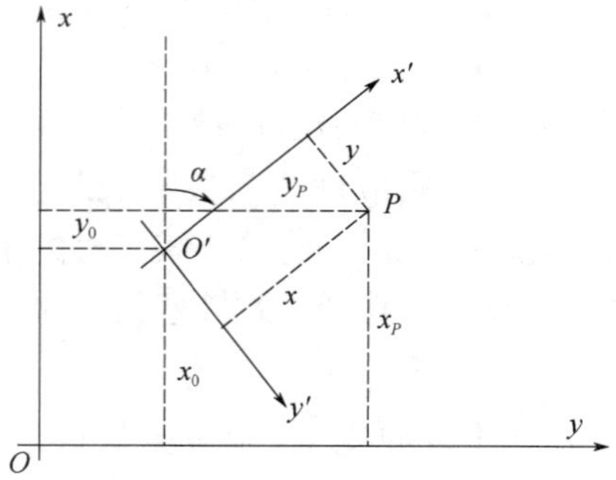

图 9.1　施工坐标系与测图坐标系的关系

9.3　施工放样的基本工作

在建立好施工控制网以后，按照施工需要，将图上已设计好的建筑物或构筑物的位置、形状、大小与高低，在实地上标定出来，作为施工的依据，这项工作称为测设，也称放样。放样的基本工作有已知水平距离的放样、已知水平角的放样和已知高程的放样三项。

9.3.1　已知水平距离的放样

已知水平距离的放样，就是根据地面上一个已知的起点，沿给定的方向，在地面上标定另一个端点，使两点之间的距离等于设计的距离，这项工作也称为已知长度直线的放样，在施工放样过程中经常用到。距离放样一般采用钢尺丈量，当精度要求较高时，采用电磁波测距仪或全站仪测设。

9.3.1.1　钢尺放样水平距离

1. 一般方法

当放样要求精度不高时，放样可以从已知点开始，沿给定的方向量出设计的水平距离，在终点处打一木桩，并在桩顶标出测设的方向线，然后仔细量出给定的水平距离，对准读数在桩顶画一垂直测设方向的短线，两线相交即为要放的点位。

为了校核和提高放样精度，以测设的点位为起点向已知点返测水平距离，若返测的距离与给定的距离有误差，且相对误差超过允许值时，需重新放样。若相对误差在容许范围内，可取两者的平均值，用设计距离与平均值的差的一半作为改正数，改正测设点位的位置(当改正数为正时，短线向外平移，反之向内平移)，即得到正确的点位。

如图 9.2 所示，已知 A 点，欲放样 B 点。AB 设计距离为 28.50 m，放样精度要求达到 1/2 000。放样方法与步骤如下：

（1）以 A 为准在放样的方向（A—B）上量 28.50 m，打一木桩，并在桩顶标出方向线 AB。

（2）甲把钢尺零点对准 A 点，乙拉直并放平尺子对准 28.50 m 处，在桩上画出与方向线垂直的短线 $m'n'$，交 AB 方向线于 B' 点。

(3) 返测 $B'A$ 得距离为28.508 m，则 $\Delta D = (28.500 - 28.508)\ \text{m} = -0.008\ \text{m}$。

相对误差 $= \dfrac{0.008}{28.5} \approx \dfrac{1}{3\ 560} < \dfrac{1}{2\ 000}$，测设精度符合要求。

改正数 $= \dfrac{\Delta D}{2} = -0.004\ \text{m}$。

(4) $m'n'$ 垂直向内平移4 mm得 mn 短线，其与方向线的交点即为欲测设的 B 点。

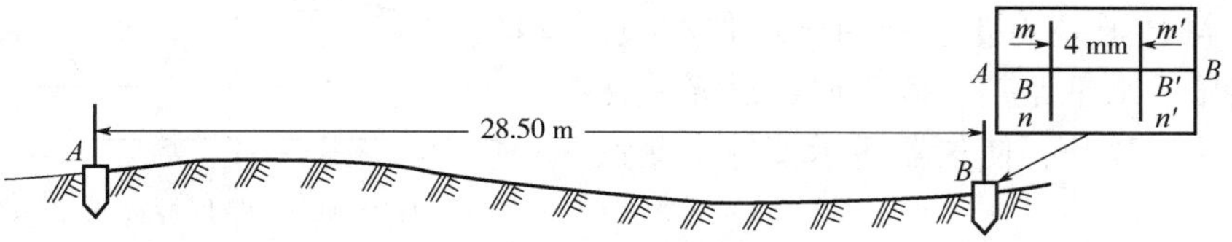

图9.2　已知水平距离的测设

2. 精密方法

当放样距离要求精度较高时，就必须考虑尺长、温度、倾斜等因素对距离放样的影响。放样时，可先用一般方法初步定出设计长度的终点，测出该点与起点的高差，测出丈量时的现场温度，再根据钢尺的尺长方程式计算尺长改正数、温度改正数和高差改正数。

设 $D_{改}$ 为欲测设的设计长度，在测设之前必须根据所使用钢尺的尺长方程式计算尺长改正数、温度改正数和高差改正数，则应丈量的水平距离 $D_{读}$ 可根据下式计算：

$$D_{读} = D_{设} - \frac{\Delta l}{l_0} D'_{读} - \alpha D'_{读}(t - t_0) + \frac{h^2}{2D'_{读}} \tag{9.8}$$

式中，Δl 为钢尺尺长改正值；l_0 为钢尺的名义长度；α 为钢尺的线胀系数；t 为放样时的温度；t_0 为钢尺检定时的尺面温度；h 为线段两端的高差。

若坡度不大，上式右端的 $D'_{读}$ 可用 $D_{设}$ 代替；若坡度较大，则应先以 $D_{设}$ 代入上式计算出 $D'_{读}$ 的近似值，然后再以 $D'_{读}$ 的近似值代入公式中进行正式计算。

为了保证计算无误，通常将计算出的数据 $D_{读}$ 与欲测设的水平距离 $D_{设}$ 进行比较。其差值仅在末位数有所差别，若较差太大，则可能计算有误。

例9.1　某建筑物轴线的设计长度为45.000 m，实地测得直线段两端的高差为0.250 m，放样时的温度为32℃，放样时的拉力与检定时相同，所用钢尺的尺长方程式为 $l = 30 + 0.004 + 0.000\ 012\ 5(t - 20℃) \times 30$，试求放样时实地丈量的长度 $D_{读}$。

解：根据式 (9.8) 得

$$D_{读} = \left[45 - \frac{0.004}{30} \times 45 - 0.000\ 012\ 5 \times (32 - 20) \times 45 + \frac{0.25^2}{2 \times 45}\right]\ \text{m} = 44.987\ \text{m}$$

按计算的 $D_{读}$ 沿给定的方向丈量，即得放样长度。再丈量一次进行检查，若两次放样结果在规定限差之内，可取平均位置作为最后放样结果。

9.3.1.2　全站仪（测距仪）放样距离

随着全站仪（测距仪）的普及，目前水平距离的测设，尤其是长距离的测设多采用全站仪或测距仪。如图9.3所示，安置测距仪于 A 点，照准已知方向，在距离放样模式下输入放样距离，指挥施镜员沿仪器照准方向前后移动棱镜，使仪器显示值略大于测设的距离，定出 B' 点。在 B' 点安置反光棱镜，测出竖直角 α 及斜距 L（必要时加测气象改正），计算水平距离

$$D' = L\cos\alpha \tag{9.9}$$

求出 D' 与应测设的水平距离 D 之差 $\Delta D = D - D'$。根据 ΔD 的符号在实地用钢尺沿测设方向将 B' 改正至 B 点，并用木桩标定其点位。为了检核，应将反光镜安置于 B 点，再实测距离 AB，其不符值应在限差之内，否则应再次进行改正，直至符合限差为止。若用全站仪测设，仪器可直接显示水平距离。测设时，反光镜在已知方向上前后移动，使仪器显示值等于测设距离即可。

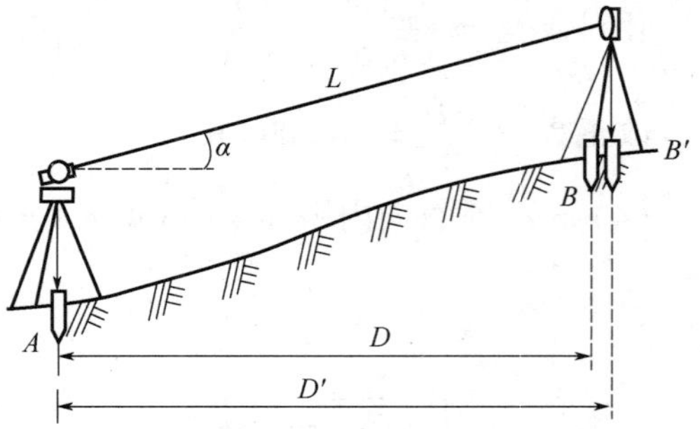

图 9.3　测距仪放样水平距离

9.3.2　已知水平角的放样

根据已知边和一个设计的水平角，测设出另一条边，使所测出的边与已知边的夹角等于设计的角值，这项工作称为水平角的放样。在施工方格网的测设和建筑物的放样中，常采用极坐标法定点。这种方法就是已知水平角值放样的具体应用之一。

9.3.2.1　一般方法

当测设水平角的精度要求不高时，可用盘左、盘右取平均值的方法，获得欲测设角度。如图 9.4 所示，设 O 点为角的顶点，地面上的已知方向 OA，欲测设水平角 $\angle AOB$ 等于设计角值 β。

（1）将经纬仪或全站仪安置在 O 点，用盘左位置照准 A 点，使水平度盘读数为 0°00′00″。

（2）松开照准部，旋转照准部，使水平度盘读数恰好为 β 值，在此视线上定出 B' 点。

（3）用盘右位置照准 A 点，然后重复上述步骤，再测设一次，定出另一点 B'' 点。

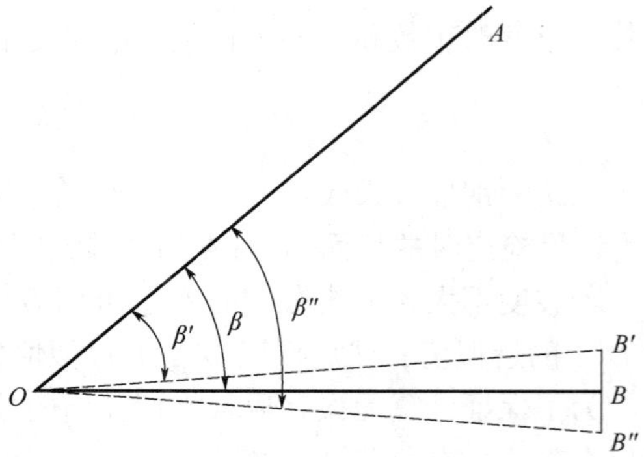

图 9.4　一般方法放样水平角

（4）取 B' 和 B'' 两点连线的中点 B，则 $\angle AOB$ 就是要测设的角值为 β 的水平角。

这种测设角度的方法通常也称为正倒镜分中法。

9.3.2.2　精密方法（归化法）

当水平角放样精度要求较高时，可以采用精密的方法，如图 9.5 所示，在 O 点安置经纬仪或全站仪，先用一般方法测设 β 角，在地面上定出 C' 点，再用测回法观测 $\angle AOC'$ 多个测回（测回数由精度要求或按有关规范规定），取各测回平均值，得到 $\angle AOC' = \beta_1$，计算 β 和 β_1 的差值，即 $\Delta\beta = \beta - \beta_1$，当 $\Delta\beta$ 超过限差（±10″）时，需要进行改正。根据 $\Delta\beta$ 和 OC' 的长度计算改正值

$$CC' = OC' \times \tan\Delta\beta = OC' \times \frac{\Delta\beta}{\rho} \tag{9.10}$$

式中，$\rho = 206\,265''$。

过 C' 点作 OC' 的垂线，以 C' 点为始点沿垂线方向量取 $C'C$，即得 C 点，则 $\angle AOC=\beta$。当 $\Delta\beta=\beta-\beta_1<0$ 时，说明 $\angle AOC'$ 偏大，C' 点应向内改正；反之，向外改正。

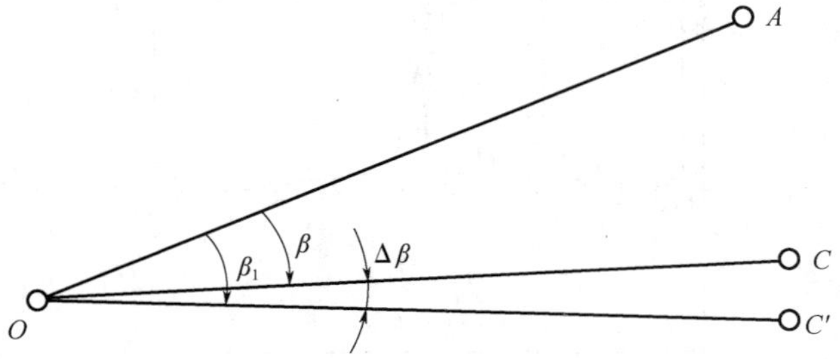

图 9.5　精密方法放样水平角

例 9.2　已知地面上 A、O 两点，O 为角的顶点，欲沿顺时针方向测设 $\angle AOC=120°$。

解：在 O 点安置全站仪，盘左、盘右测设一个 120° 角，取平均位置 C' 点，量得 $OC'=60$ m，用测回法观测三个测回，取平均值得 $\angle AOC'=120°00'40''$。

$$\Delta\beta=\beta-\beta_1=120°-120°00'40''=-40''$$

说明已测设的角大于要测设的角，计算改正值

$$CC'=OC'\times\tan\Delta\beta=60\text{ m}\times\frac{-40''}{206\ 265''}=-12\text{ mm}$$

过 C' 点作 OC' 的垂线，从 C' 开始向内量 12 mm，即为 C 点，则 $\angle AOC=120°$。

9.3.3　已知高程的放样

在工程建筑物的基础开挖、浇筑立模和结构安装等各施工工序中，常常遇到一个点的高程由设计部门给定，而地面上却没有这个点。例如，房屋建筑中室内地坪的设计高程，在图纸上往往标成 ±0.000，需要通过高程放样，把这个点在地面上标出来。高程放样主要采用水准测量方法，有时也采用钢卷尺放样竖直距离或用三角高程测量的方法。用水准测量进行高程放样时，应以必要的精度先将高程控制点引测到工地，建立临时水准点。临时水准点的密度要满足安置一个测站就能放样出所需的高程点的要求。现将高程放样方法介绍如下。

根据设计部门提出的要求，以及施工场地条件，高程放样有以下几种情况。

9.3.3.1　已知高程点的测设

如图 9.6 所示，已知 A 点的高程为 H_A，B 点的设计高程为 H_B，现根据 A 点测设 B 点，使 B 点的高程为 H_B。则在 B 点处水准尺上的读数应为

$$b=H_i-H_B=(H_A+a)-H_B \tag{9.11}$$

具体测设方法如下：

(1) 在 A、B 两点之间安置水准仪，整平仪器。

(2) 在后视点 A 处竖立水准尺，读得后视读数 a，则仪器的视线高 $H_i=H_A+a$。

(3) 将前视水准尺紧贴 B 点处的木桩侧面，上下移动，直至前视尺读数为 b 时，在木桩侧面沿尺子底部画一条横线，此处即是高程为 H_B 的位置。

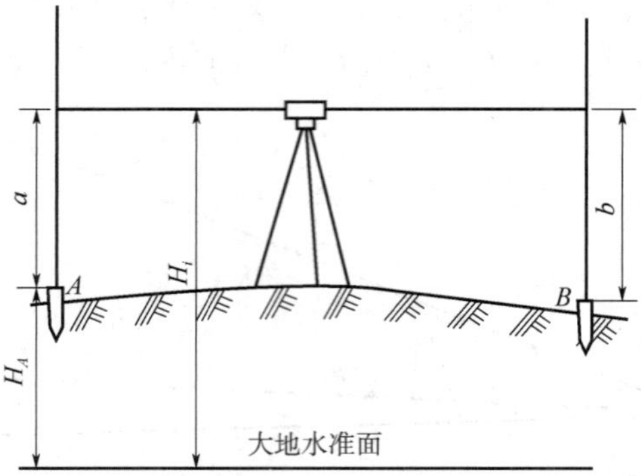

图 9.6　已知高程点测设

例 9.3　设施工区附近有一水准点 A，$H_A = 46.235$ m，B 点为建筑物室内地坪 ±0.000 待测点，设计高程为 $H_B = 46.023$ m，将仪器安置在 A、B 两点之间，在 A 点上水准尺读数 $a = 1.241$ m。试求 B 点水准尺读数为多少时，尺子底部位置的高程就是设计高程。

解：$b = (H_A + a) - H_B = (46.235 + 1.241 - 46.023)$ m $= 1.453$ m。

即当 B 点水准尺读数为 1.453 m 时，尺子底部位置的高程就是设计高程。

如欲使 B 点桩顶高程为 H_B，可将水准尺立于 B 点桩顶上。若水准仪读数小于 b，则逐渐将木桩打入土中，使尺上读数逐渐增加到 b，这样 B 点桩顶的高程即为设计高程。

如果地面坡度较大，无法将设计高程在木桩顶部或一侧标出，可立尺于桩顶，读取桩顶前视，根据下式计算出桩顶改正数

$$桩顶改正数 = 前视桩顶实际读数 - 前视应读读数$$

假如前视应读读数是 1.500 m，前视桩顶实际读数是 1.050 m，则桩顶改正数为 −0.450 m，表示设计高程的位置在自桩顶往下量 0.450 m 处，可在桩顶上注“向下 0.450 m”即可。如果改正数为正，说明设计高程高于桩顶，应自桩顶向上量改正数，得设计高程。

9.3.3.2　高程的传递

高程的传递就是由地面已知高程点，测设建筑物的上部、基槽或井下坑道里的高程点。由于已知高程点与待测设的高程点之间高差较大，除水准尺外，还要借助于钢尺或测绳来完成高程测设。

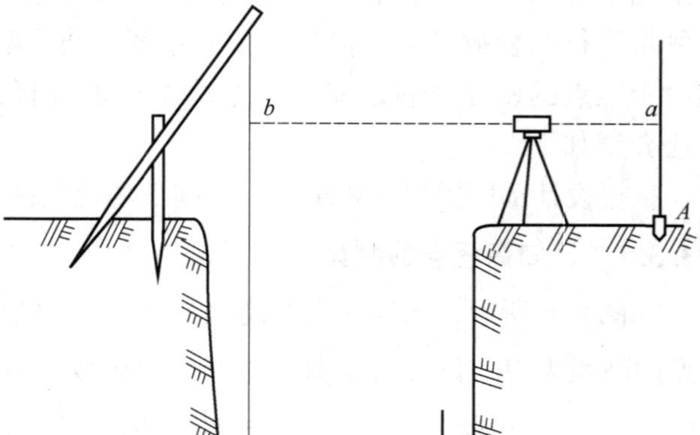

图 9.7　基坑内高程放样

如图 9.7 所示，已知地面水准点 A 的高程为 H_A，要测设坑内设计点 B 的高程 H_B，在坑口设支架，自上而下悬挂一钢尺，尺子零点向下，下端挂一个 10 kg 重的垂球，放入油桶中。观测时，在地面上和坑内各安置一台水准仪，分别照准地面 A 点和坑内 B 点的水准尺，读数分别为 a 和 d，钢尺上、下端读数分别

为 b 和 c。根据水准测量原理可知

$$H_B = H_A + a - (b - c) - d$$

$$d = H_A + a - (b - c) - H_B \tag{9.12}$$

在 B 点立尺，使水准尺紧贴着桩侧面或坑壁上下移动，当水准仪在水准尺上的读数等于 d 时，紧靠尺底在坑壁上画线，即可得到高程为 H_B 的位置。

例 9.4　设水准点 A 的高程 $H_A = 50.587$ m，B 点的设计高程 $H_B = 38.564$ m，坑口的水准仪读取 A 点水准尺和钢尺的读数分别为 $a = 1.425$ m、$b = 12.357$ m，坑底水准仪在钢尺上的读数 $c = 1.368$ m。求在 B 点所立尺上的读数为多少时，尺底高程就是 B 点的设计高程 H_B。

解：$d = [50.587 + 1.425 - (12.357 - 1.368) - 38.564]$ m $= 2.459$ m。

即在 B 点上所立水准尺的读数为 2.459 m 时，尺底高程就是 B 点的设计高程 H_B。

用同样的方法，可由低处向高处测设已知高程点。如图 9.8 所示，已知地面水准点 A 的高程为 H_A，要测设各层楼面 B 的高程 H_B，由水准测量原理可知

$$H_B = H_A + a + (c - b) - d$$

$$d = H_A + a + (c - b) - H_B \tag{9.13}$$

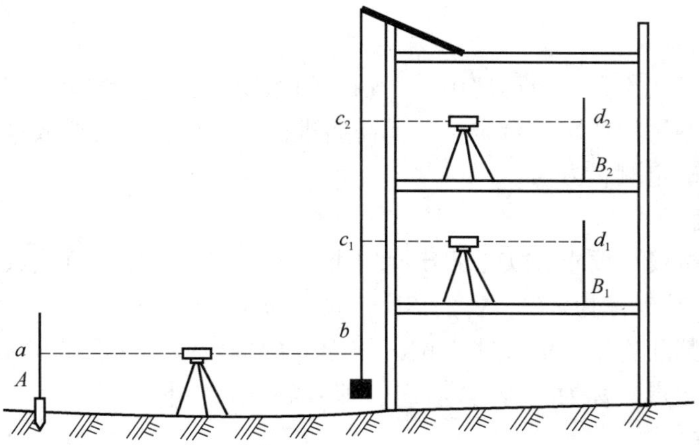

图 9.8　高程建筑上高程传递

当测量精度要求较高时，在钢尺的长度中应加入尺长改正和温度改正。为了检核还应改变钢尺的悬挂位置后重复测一次，当观测的同一点的高程互差不超过 3 mm 时，取平均值作为最后结果。

9.3.3.3　已知高程的水平面测设

如图 9.9 所示，已知施工场地附近有一已知水准点的高程 H_A，欲在某建筑施工场地测设一水平面，使水平面上的高程为设计高程，已知施工场地附近有一已知水准点的高程 H_B。

测设时，可在地面按一定的边长测设方格网，用木桩标定各方格网点。然后在场地与已知点 A 之间安置水准仪，读取 A 尺上的后视读数 a，计算出仪器的视线高为 $H_i = H_A + a$，依次在各木桩上立尺，使各木桩顶的尺上读数都等于 $b = H_i + H_B$，此时，各桩顶就构成一个测设的水平面。

当测设的建筑施工场地不是较平整的地面，而是起伏较大的自然地面时，无法将设计高

程在木桩顶部或一侧标出，可将水准尺立在桩顶上，读出尺上的读数 b'，计算 b' 与设计的尺上读数 b 之差 $h = b' - b$，h 即为桩顶改正数。将 h 标在桩上，当 $h > 0$ 时，表示桩顶低于设计高程，应自桩顶向上量改正数得设计高程；当 $h < 0$ 时，表示桩顶高于设计高程，应自桩顶往下量改正数得设计高程。

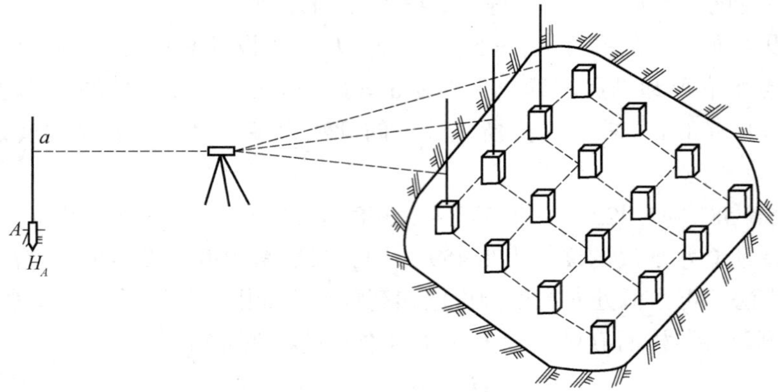

图 9.9　已知高程水平面测设

9.3.4　直线放样

在实际工程中，无论是工业厂房中柱列轴线的测设，还是直线形大坝轴线或坝轴线的平行线的测设、直线型桥梁的墩、台定位，都需要进行直线放样。直线放样可根据实际中的工程条件和测量仪器确定测设方法。

9.3.4.1　基本原理

直线放样就是按设计要求在实地定出直线上一系列点的工作，直线放样又称定线。如已知两控制点 A、B，其坐标为 $A(x_A, y_A)$，$B(x_B, y_B)$，欲测设 $C(x_C, y_C)$。它分为两种情况：一种是在两点间定出其间连线上的一些点位，称为“内插定线”，即 C 在 AB 之间；另一种是在两点的延长线上定点，称为“外延定线”，即 C 在 AB 之外。

9.3.4.2　放样方法

1. 在两个已知点之间的直线上投点

（1）正倒镜投点法。该方法是利用相似三角形的原理找出仪器偏离已知方向线的距离，然后将仪器移动至已知方向线上。如图 9.10 所示，AB 为已知方向线，首先将仪器安置在 O' 点，假设仪器无误差，先后视 A 点，然后倒转望远镜前视，十字丝交点不位于 B 点，而位于其附近的 B'，量取 BB'，即可根据 AB 和 AO 的长度，求出仪器偏移方向线的距离 $OO' = \dfrac{AO}{AB} \cdot BB'$。将仪器由 O' 向方 向线 AB 移动 OO'，即可将仪器安置在已知方向线上。

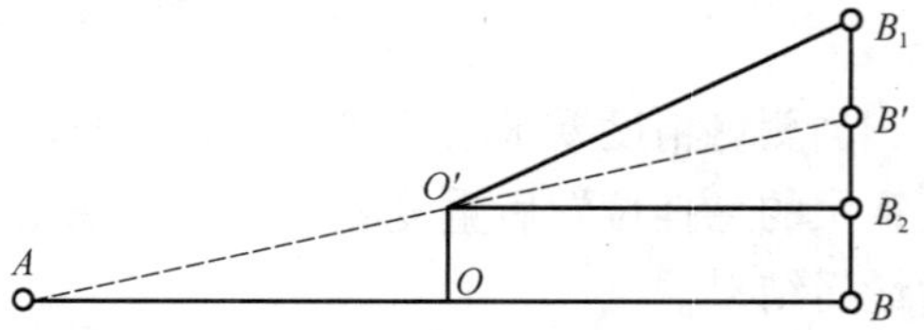

图 9.10　正倒镜投点法

由于实际工作中的仪器都存在视准轴不垂直于横轴，或横轴不垂直于竖轴的误差，实际操作时，先目测一下两端点的位置，将仪器大致安置在 AB 连线 O' 点上，用盘左、盘右两个位置分别照准 A 点，倒镜后则在十字丝中心分别位于 B_1、B_2 点，取其平均值即得 B' 点，按前述方法初步计算出 OO'，然后再移动仪器。由于初步安置仪器时，AO 的距离不能精确确定，因此，OO' 的值也很近似，故只能用多次重复上述操作，以逐渐趋近的方法直至仪器移至 AB 上为止。

(2) 测角归化法。如图 9.11 所示，A、B 为已知点，O 点为欲测设点位，其坐标已知，通过计算可得 $D_{AO}=a$，$D_{BO}=b$，在尽可能靠近 O 点的 O' 安置仪器，观测角度 β，然后计算归化值 δ。

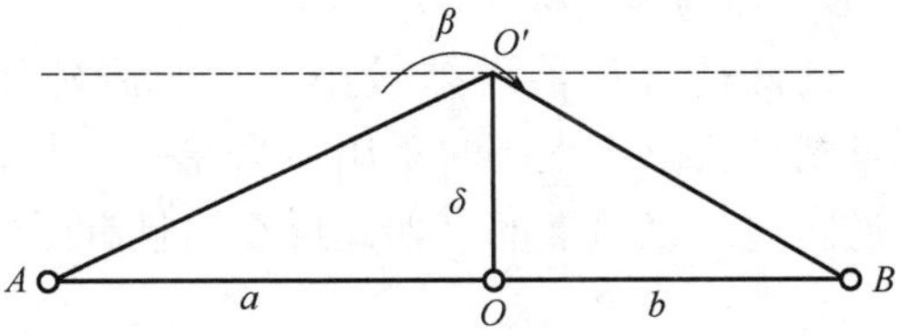

图 9.11　测角归化法

因为 O' 点与 O 非常接近，所以可近似看作 $AO'=a$，$BO'=b$，$\triangle AO'B$ 的面积

$$S_{\triangle AO'B}=\frac{1}{2}ab\sin(180^\circ-\beta)=\frac{1}{2}\delta(a+b)$$

则

$$\delta=\frac{ab\sin(180^\circ-\beta)}{a+b}$$

因为 β 接近于 180°，所以 $\Delta\beta=180^\circ-\beta$ 很小，故

$$\delta=\frac{ab\sin(180^\circ-\beta)}{a+b}=\frac{ab\sin\Delta\beta}{a+b}\approx\frac{ab}{a+b}\frac{\Delta\beta}{\rho} \tag{9.14}$$

由式 (9.14) 可以看出，只要在 O' 点安置仪器，测量角度 β，即可计算出仪器偏离方向线 AB 的偏距 δ，并按 δ 将仪器移到方向线 AB 上。

在此测距所产生的误差可忽略不计，由测角误差引起的归化值的误差

$$m_\varepsilon^2=\left[\frac{ab}{\rho(a+b)}\right]^2 m_{\Delta\beta}^2$$

即

$$m_\varepsilon=\frac{ab}{\rho(a+b)}m_{\Delta\beta} \tag{9.15}$$

2. 在已知直线的延长线上投点

在实际工作中外延定线方法通常有正倒镜分中延线法、旋转 180° 延线法等。下面就这些方法在实际中的具体应用和精度状况进行简要介绍和分析。

(1) 正倒镜分中延线法。如图 9.12 所示，操作步骤如下。

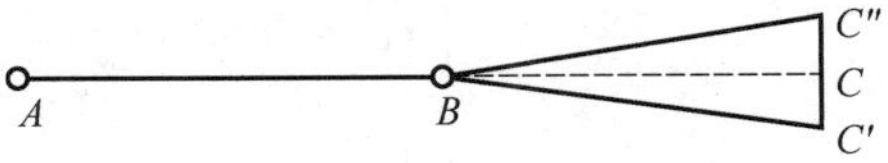

图 9.12　正倒镜分中延线法

①在 B 点架设经纬仪，对中、整平。

②盘左用望远镜照准 A 点后，固定照准部。

③把望远镜绕横轴旋转 180° 定出待定点 C'。

④盘右重复步骤 b、c 得 C''。

⑤取 C' 和 C'' 的中点为 C，则 C 点为待放样的直线上的点。

在正倒镜分中延线法中采用盘左、盘右，主要是为了经纬仪视准轴不垂直于横轴而引起的视准轴误差的影响。

(2) 旋转 180° 延线法。如图 9.13 所示，操作步骤如下：

①将仪器安置在 B 点，对中、整平。

②盘左照准 A 点，顺时针旋转 180°，固定照准部，视线方向即为延伸的直线方向。

③依次在此视线上定出C'、D'、E'等点。

④盘右重复上述步骤得C''、D''、E''等点。

⑤取C'、C''、D'、D''、E'、E''…的中点C、D、E…即为最后标定的直线点。

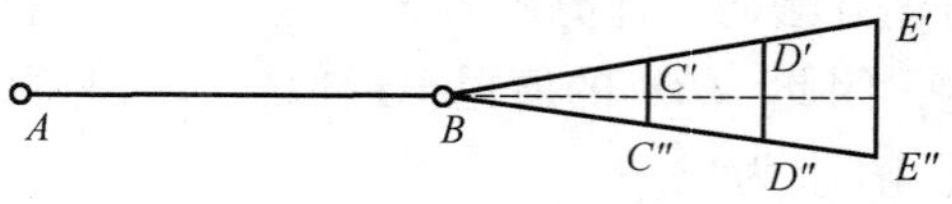

图9.13 旋转180°延线法

此法适合仪器误差较小，且不需延伸太长，或是精度要求不太高时采用。当在一个点上架设仪器不够标出所有点时，可搬迁测站，则此时逆转望远镜照准部。如此反复，且有延伸点时，相邻点间距离不应有太大的变化。

9.4 点的平面位置测设

测设点的平面位置就是根据已知控制点，在地面上标出一些点的平面位置，使这些点的坐标为给定的设计坐标。测设地面点平面位置的基本方法有极坐标法、直角坐标法、交会法、RTK法等。测设时，可根据控制点的分布、建筑物的大小、放样的精度要求和施工的现场条件等，选用适当的方法。

9.4.1 极坐标法

当施工控制网为导线时，常采用极坐标法进行放样。特别是当控制点与测站点距离较远时，用全站仪进行极坐标法放样非常方便。

9.4.1.1 用经纬仪放样

如图9.14所示，A、B为地面上已有的控制点，其坐标分别为$A(x_A,y_A)$和$B(x_B,y_B)$，P为建筑物的一个角点，其坐标$P(x_P,y_P)$可在设计图纸上查询。根据A、B两点，用极坐标法把P点放样到实地的工作步骤如下。

1. 计算放样元素

根据A、B和P点的坐标，计算出测设数据水平角β和水平距离D_{AP}。

$$\begin{cases} \alpha_{AB} = \arctan \dfrac{y_B - y_A}{x_B - x_A} \\ \alpha_{AP} = \arctan \dfrac{y_P - y_A}{x_P - x_A} \\ \beta = \alpha_{AB} - \alpha_{AP} \end{cases} \tag{9.16}$$

$$D_{AP} = \sqrt{(x_P - x_A)^2 + (y_P - y_A)^2} \tag{9.17}$$

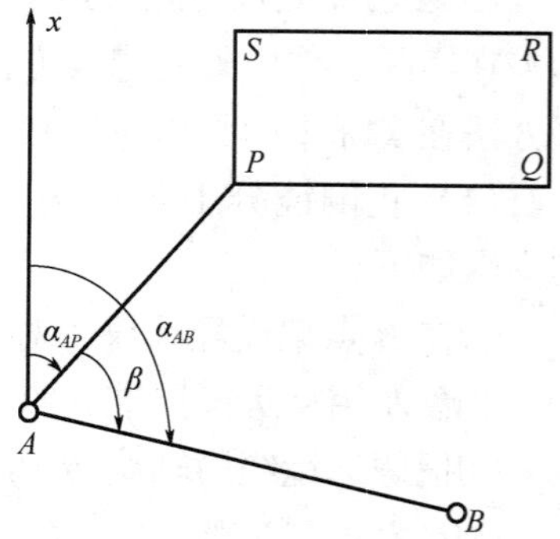

图9.14 极坐标法测设点位

2. 外业测设

(1) 在A点安置经纬仪，对中、整平。

(2) 照准B点，逆时针方向转动望远镜，测设水平角β，定出AP方向。

(3) 沿AP方向自AP方A点测设水平距离D_{AP}，定出P点，并将其标定出来。

(4) 用同样的方法可测设Q、R、S点，全部测设完毕后，检查建筑物四角是否等于90°，各边边长是否等于设计长度，其误差均应在限差以内。

在测设角度和距离时，可根据精度要求分别采用一般方法或精密方法。

例 9.5　如图 9.14 所示，已知 A、B、P 三点的坐标分别为 $A(200.00,200.00)$、$B(100.00,220.00)$、$P(280.00,250.00)$。试求测设数据水平角 β 和水平距离 D_{AP}。

解：根据式（9.16）和式（9.17）可得

$$\alpha_{AB} = \arctan\frac{220.00 - 200.00}{100.00 - 200.00} = 168°41'24''$$

$$\alpha_{AP} = \arctan\frac{250.00 - 200.00}{280.00 - 200.00} = 32°00'19''$$

$$\beta = 168°41'24'' - 32°00'19'' = 136°41'05''$$

$$D_{AP} = \sqrt{(x_P - x_A)^2 + (y_P - y_A)^2} =$$

$$\sqrt{(280.00 - 200.00)^2 + (250.00 - 200.00)^2}\ \text{m} = 90.34\ \text{m}$$

9.4.1.2　用全站仪放样

用全站仪放样点位的原理也是极坐标法。由于全站仪具有计算和存储数据的功能，所以放样非常方便、准确。其方法如下（图 9.14）：

（1）输入已知点 A、B 和需放样点 P 的坐标（若存储文件中有这些点的数据，也可直接调用），仪器自动计算出放样的数据（水平距离、起始边坐标方位角和放样边坐标方位角以及放样水平角）。

（2）安置全站仪于测站点 A 上，进入放样状态。按仪器要求输入测站点 A 及其坐标，确定。输入后视点 B 及其坐标，精确照准后视点 B，确定。这时仪器自动计算出 AB 方向（坐标方位角），并自动设置 AB 方向的水平盘读数为 AB 的坐标方位角。

（3）按要求输入放样点 P 的坐标，仪器显示 P 的坐标，检查无误后，确定。这时，仪器自动计算出 AP 的方向（坐标方位角）和水平距离。水平转动望远镜，当角度差值为 0°00′00″时，仪器视准轴方向即为 AP 方向。

（4）在望远镜视线的方向上立反射棱镜，显示屏显示的距离差是测量距离与放样距离的差值，即棱镜的位置与待放样点位的水平距离之差，若为正值，表示已超过放样标定位置，若为负值则相反。

（5）反射棱镜沿望远镜的视线方向移动，当距离差值读数为 0.000 m 时，棱镜所在的点即为待放样点 P 的位置。

9.4.2　直角坐标法

用直角坐标法来放样待定点位是根据直角坐标原理，利用纵横坐标之差来测设点的平面位置。直角坐标法适用于施工控制网为建筑方格网或建筑基线，待测设的建（构）筑物的轴线平行而又靠近基线或方格网边线，且量距方便的建筑施工场地。

如图 9.15 所示，A、B、C、D 四点是建筑方格网的顶点，其坐标值已知，P、Q、R、T 为拟测设的建筑物的四个角点，在设计图纸上已给定四个角点的坐标，现用直角坐标法测设建筑物的四个角点。测设步骤如下。

1. 计算测设数据

根据设计图上各点坐标值，可求出建筑物的长度、宽度及测设数据。

建筑物的长度 $= y_R - y_P = (580.00 - 530.00)\ \text{m} = 50.00\ \text{m}$

建筑物的宽度 $= x_R - x_P = (650.00 - 620.00)\ \text{m} = 30.00\ \text{m}$

测设 P 点的测设数据（A 点与 P 点的纵横坐标之差）：

$$\Delta x_{AP} = x_P - x_A = (620.00 - 600.00)\ \text{m} = 20.00\ \text{m}$$

$$\Delta y_{AP} = y_P - y_A = (530.00 - 500.00)\ \text{m} = 30.00\ \text{m}$$

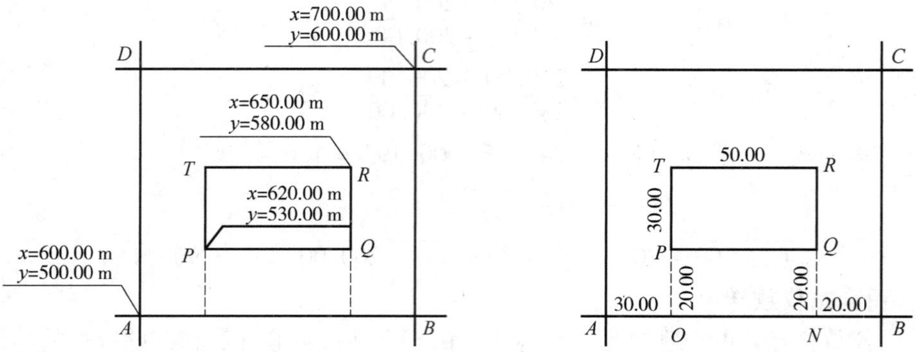

（a）直角坐标法设计图纸　　（b）直角坐标法测设数据

图 9.15　直角坐标法放样

2. 点位测设方法

（1）在 A 点安置经纬仪，照准 B 点，沿视线方向测设距离 30.00 m，定出 O 点，继续向前测设 50.00 m，定出 N 点。

（2）在 O 点安置经纬仪，照准 B 点，按逆时针方向测设 90° 角，由 O 点沿视线方向测设距离 20.00 m，定出 P 点，做出标志，再向前测设 30.00 m，定出 T 点，做出标志。

（3）在 N 点安置经纬仪，照准 A 点，按顺时针方向测设 90° 角，由 N 点沿视线方向测设距离 20.00 m，定出 Q 点，做出标志，再向前测设 30.00 m，定出 R 点，做出标志。

（4）检查建筑物四角是否等于 90°，各边长是否等于设计长度，其误差均应在限差以内。

测设上述距离和角度时，可根据精度要求分别采用一般方法或精密方法。直角坐标法计算简单，测设方便，精度较高，应用广泛。

9.4.3　角度前方交会法

9.4.3.1　两方向交会法

两方向交会法是根据测设的两个水平角值定出两直线的方向。当需测设的点位与已知控制点相距较远或不方便测距时，可采用角度前方交会法。如图 9.16 所示，A、B 为已知控制点，P 点为要测设的点，其测设方法如下。

1. 计算测设数据

（1）用坐标反算公式，分别计算出 α_{AB}、α_{AP}、α_{BP} 为

$$\begin{cases} \alpha_{AB} = \arctan \dfrac{y_B - y_A}{x_B - x_A} \\ \alpha_{AP} = \arctan \dfrac{y_P - y_A}{x_P - x_A} \\ \alpha_{BP} = \arctan \dfrac{y_P - y_B}{x_P - x_B} \end{cases} \tag{9.18}$$

（2）计算水平角 β_1 、β_2 为

$$\begin{cases}\beta_1 = \alpha_{AB} - \alpha_{AP} \\ \beta_2 = \alpha_{BA} - \alpha_{BP}\end{cases} \tag{9.19}$$

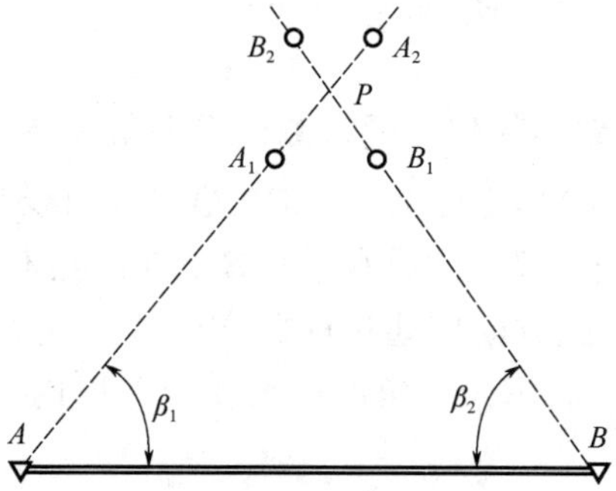

图 9.16　两方向交会法

2. 测设方法

当用一台经纬仪测设时，无法同时得到两条方向线，这时一般用打骑马桩的方法。具体方法如下：

（1）经纬仪架设在 A 点时，测设 β_1 得到 AP 方向线。

（2）在大概估计 P 点的位置后，沿 AP 方向离 P 点一定距离的地方，打入 A_1 、A_2 两个桩，桩顶做出标志，使其位于 AP 方向线上。

（3）同理，将经纬仪搬至 B 点，可得 B_1、B_2 两桩点。

（4）在 A_1、A_2 与 B_1、B_2 之间各拉一根细线，两线交点即为 P 点的位置。

这样定出的 P 点，即使在施工过程中被破坏，恢复起来也很方便。

为满足精度要求，只有两个方向交会时，一般应重复交会，以作为检核。

9.4.3.2　三方向交会

三方向交会是采取三个控制点从三个方向交会，如图 9.17（a）所示，A、B、C 为已知平面控制点，P 为待测设点，现根据 A、B、C 三点，用角度交会法测设 P 点，其测设方法如下。

1. 计算测设数据

（1）按坐标正反算公式，分别计算出 α_{AB} 、α_{AP} 、α_{BP} 、α_{CB} 、α_{CP} 为

$$\begin{cases}\alpha_{AB} = \arctan\dfrac{y_B - y_A}{x_B - x_A} \\ \alpha_{AP} = \arctan\dfrac{y_P - y_A}{x_P - x_A} \\ \alpha_{BP} = \arctan\dfrac{y_P - y_B}{x_P - x_B} \\ \alpha_{CB} = \arctan\dfrac{y_B - y_C}{x_B - x_C} \\ \alpha_{CP} = \arctan\dfrac{y_P - y_C}{x_P - x_C}\end{cases} \tag{9.20}$$

（2）计算水平角β_1、β_2和β_3为

$$\begin{cases}\beta_1 = \alpha_{AB} - \alpha_{AP} \\ \beta_2 = 360° - \alpha_{BA} + \alpha_{BP} \\ \beta_3 = \alpha_{CP} - \alpha_{CB}\end{cases} \tag{9.21}$$

2. 测设方法

（1）在A、B两点同时安置经纬仪，同时测设水平角β_1和β_2，定出两条视线，在两条视线相交处钉下一个大木桩，并在木桩上依AP、BP绘出方向线及其交点。

（2）在控制点C上安置经纬仪，测设水平角β_3，同样在木桩上沿CP绘出方向线。

（3）如果交会没有误差，此方向应通过前两方向线的交点，否则将形成一个“示误三角形”，如图9.17（b）所示。若示误三角形边长在限差以内，则取示误三角形重心作为待测设点P的最终位置。

测设β_1、β_2和β_3时，视具体情况，可采用一般方法和精密方法。三方向交会精度高于两方向交会。在桥墩中心位置水下定位时常用此种方法。

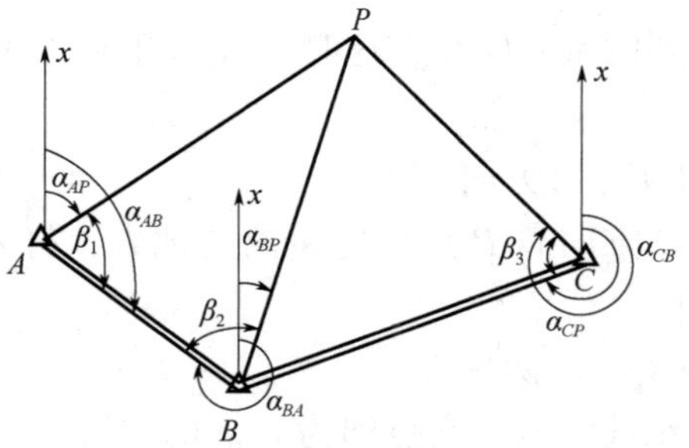

（a）三方向交会法

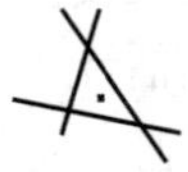

（b）示误三角形

图9.17　三方向交会法与示误三角形

9.4.3.3　前方交会归化法放样点位

如图9.18（a）所示，A、B为已知点，其坐标已知，待定点P的设计坐标也已知。利用A、B、P三点坐标计算出β_a和β_b两个角度值。

先用一般放样法放样P'点，然后分别在A、B设站，观测β'_a和β'_b。计算$\Delta\beta_a = \beta_a - \beta'_a$，$\Delta\beta_b = \beta_b - \beta'_b$，再用图解方法从$P'$点出发求得$P$点的点位。其具体做法如下：

（1）如图9.18（b）所示，在图纸上适当的地方刺一点作为P'点。

（2）画两条交叉线，使其夹角为（$180° - \beta_a - \beta_b$），并用箭头指明$P'A$及$P'B$方向。为此，也可以按A、B与P'（或P）坐标差，按缩小的比例尺画出A、B两点的位置。

（3）计算平移量为

$$\begin{cases}\varepsilon_a = \dfrac{\Delta\beta_a}{\rho} D_a \\ \varepsilon_b = \dfrac{\Delta\beta_b}{\rho} D_b\end{cases} \tag{9.22}$$

（4）作PA、PB两条线，这两条线平行于AP'及$P'B$，平行间距分别为ε_a和ε_b。参考$\Delta\beta_a$和$\Delta\beta_b$的正负号决定平行线在哪一侧。此两平行线的交点即为P点。

（5）将画好的归化图拿到现场，让图纸上的P'点与实地P'点重合，$P'A$和$P'B$与实地

对应线重合，此时 P 点位置对应的地面点位置即为归化后的 P 点。将它转刺到实地，并做上标记。

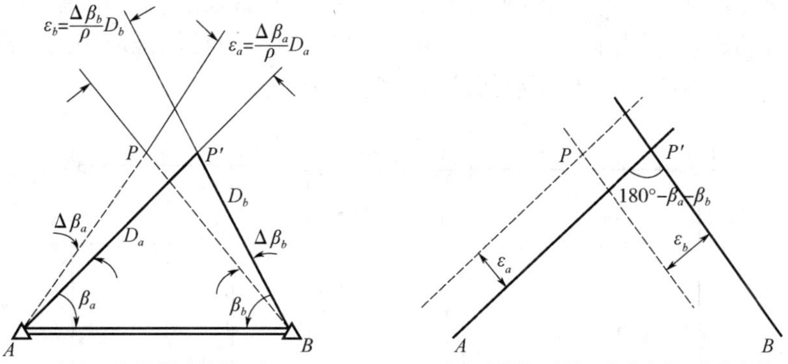

（a）一般放样法放样 P' 点　　（b）用图解法从 P' 点出发得 P 点的点位

图 9.18　前方交会归化法放样

这种方法计算比较简单且直观，归化精度较高，也可称为“秒差归化法”或“角差图解法”。用前方交会角差图解法放样，因为放样点与已知点已定，可预先计算好各测站放样待定点的秒差和画好定位图上的交会方向线，当各测站作业员照准 P' 点读出角值时，可立即算得角差 $\Delta\beta$ 和该方向的横向位移 ε，并通知定点人员。定点人员则根据各横向位移值，很快地在定位图上标出 P' 点，并求得归化量。定位中即使过渡点 P' 不很稳定（例如设在船上），也可以用同步观测方法得到其与设计位置的差值。因此，它是一种快速放样（定位）的方法。

9.4.4　方向线交会法

在工业厂房设计中，根据其功能需求，常会有成排的立柱，并且分布于平行于主轴线的两个相互垂直的方向上，另外可能还有一些设备的底座。在施工过程中，放样立柱位置时可采用方向线交会法，即利用两条垂直的方向线相交来定出放样点位置。

如图 9.19（a）所示，$AA'D'D$ 是一个厂房的主轴线，现在要放样立柱 N_1 、N_2 的位置。现以 N_1 点为例说明测设过程。

1. 计算放样数据

从图纸上查出 N_1 柱子中心位置，求其与邻近距离的指标桩的相对关系，据此绘出放样数据图表，如图 9.19（b）所示。

2. 点位放样方法

（1）从角桩 A 沿 AD 量 20 m，得到 B 点，从角桩 A' 沿 $A'D'$ 量 20 m，得到 B' 点。从角桩 A 沿 AA' 量 30 m，得到 C 点，同理，得到 C' 点。

（2）在 B 点安置经纬仪照准 B' 上的标志，得到方向 BB'，沿此方向线在 N_1 的挖土范围以外，设立 A、B 点。为了消除仪器误差的影响，需用正倒镜取中的方法确定 A、B 两点的位置。

（3）在 C 点安置经纬仪照准 C' 上的标志，得到方向 CC'，采用同样的操作步骤得到 c 、d 两点。

（4）有了 A、B、c、d 四点，用拉线的方法，定出 N_1 立柱中心位置。

如果 B、B' 两点之间不能通视，或者两点上不便安置仪器，可在 B、B' 两点上安置观测标志，选择与 B、B' 两点都能通视的地方（如 M 点）安置仪器。用正倒镜投点法，将经纬仪准确地安置在 BB' 方向线上。然后用经纬仪照准 B 点，用正倒镜取中的方法定出 A、B 两点。如果 C、C' 之间不通视，也可以用此方法定出 c、d 两点。

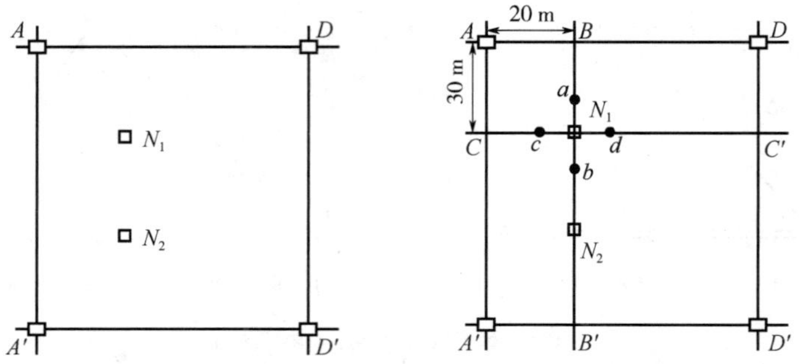

（a）厂房主轴线和立柱 N_1、N_2 位置　　（b）放样数据图

图 9.19　方向线交会法放样

9.4.5　距离交会法

距离交会法是由两个控制点测设两段已知水平距离，交会定出点的平面位置。距离交会法适用于待测设点至控制点的距离不超过一尺段长，且地势平坦、测距方便的建筑施工场地。根据工程要求的精度，距离交会法可分为距离交会直接放样和距离交会归化放样点位。

9.4.5.1　距离交会直接放样

当工程要求点位放样精度较低时，可采用距离交会直接放样法。

1. 计算放样数据

如图 9.20 所示，A、B 为已知平面控制点，P 为待测设点，现根据 A、B 两点，用距离交会法测设 P 点，其测设数据计算方法如下。

根据 A、B、P 三点的坐标值，分别计算出 D_{AP} 和 D_{BP}。

$$\begin{cases} D_{AP} = \sqrt{(x_P - x_A)^2 + (y_P - y_A)^2} \\ D_{BP} = \sqrt{(x_P - x_B)^2 + (y_P - y_B)^2} \end{cases} \quad (9.23)$$

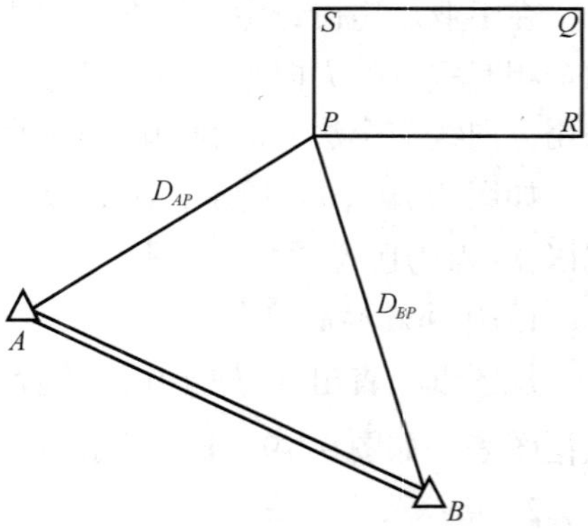

图 9.20　距离交会直接放样

2. 点位测设方法

（1）将钢尺的零点对准 A 点，以 D_{AP} 为半径在地面上画一圆弧。

（2）再将钢尺的零点对准 B 点，以 D_{BP} 为半径在地面上再画一圆弧。两圆弧的交点即为 P 点的平面位置。

（3）用同样的方法，测设出 Q 点的平面位置。

（4）丈量 P、Q 两点间的水平距离，与设计长度进行比较，其误差应在限差之内。

实际作业时，应先根据 A、B、P 三点的坐标值判断 P 点在 AB 的左边还是右边。

9.4.5.2　距离交会归化法放样

当工程需要点位放样精度较高时，可采用距离归化法放样。在现场用直接放样法放样过渡点 P'，然后用距离交会归化法归化点位到 P 点。其具体步骤如下：

（1）如图9.21所示，从过渡点 P' 开始，分别测出 $D_{AP'}$ 和 $D_{BP'}$ 的长度。

（2）计算 $\Delta D_a = D_{AP} - D_{AP'}$，$\Delta D_b = D_{BP} - D_{BP'}$。

（3）画归化图，得交点 P 点。

（4）将归化图纸带到实地，将 P' 点与实地 P' 点重合，AP' 和 BP' 与实地方向一致，则 P 点所对应的实地位置为所求的 P 点位置。将其转刺到实地并标明。

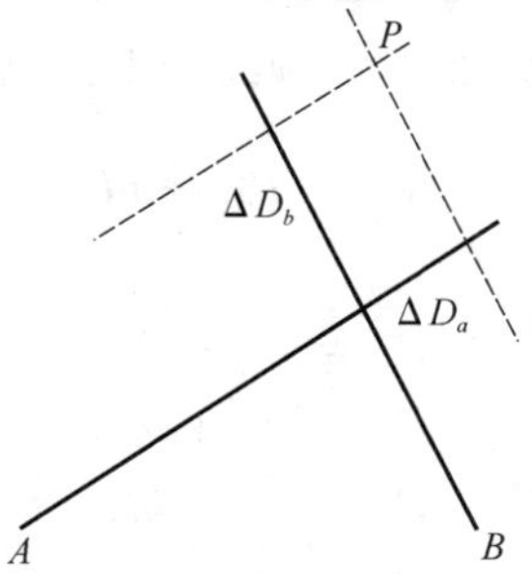

图9.21　距离交会归化法放样

9.4.6　GNSS-RTK 放样

GNSS测量比常规测量的精度高，可提供高精度的三维信息，且具有定位速度快、成本低，不受时间、天气影响，点间无须通视，不建觇标，仪器轻巧、操作方便等优越性，目前已广泛应用于测绘领域，用在施工测量方面非常方便。GNSS-RTK放样的具体方法见第6章。

9.5　已知坡度线测设

在公路、铁路、渠道等工程施工时都需要测设给定的坡度线，测设方法有水平视线法和倾斜视线法两种。

9.5.1　水平视线法

坡度线的测设是根据设计坡度和坡度端点的设计高程，用水准测量的方法将坡度线上各点的设计高程标定在地面上。在场地平整、道路建筑、敷设上下管道及排水沟等工程上应用较为广泛。地面坡度较小的坡度线测设一般用水平视线法。

如图9.22所示，A、B 为坡度线的两端，其水平距离为 D，A 点的设计高程为 H_A。为了施工方便，要沿 AB 方向每隔距离 d 打一木桩，并在木桩上测设一条坡度为 i 的坡度线。测设方法如下。

计算各桩点的设计高程为

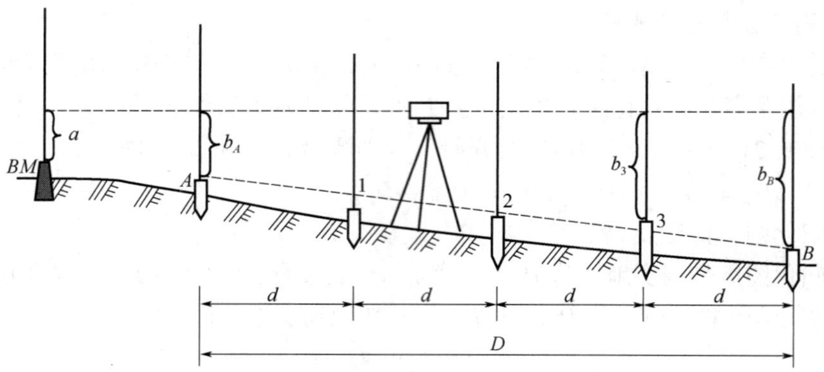

图 9.22　水平视线法测设坡度线

$$H_{设} = H_{起} + id \tag{9.24}$$

（1）按式（9.24）计算得：

第 1 点的设计高程　　$H_1 = H_A + id_1$

第 2 点的设计高程　　$H_2 = H_1 + id_2$

第 3 点的设计高程　　$H_3 = H_2 + id_3$

B 点的设计高程　　$H_B = H_3 + id_4$

或（用于计算检核）　　$H_B = H_A + iD_{AB}$

（2）沿 *AB* 方向，按规定间距 *d* 标定出中间 1、2、3 各点。

（3）安置水准仪于水准点 *BM* 附近，读后视读数 *a*，并计算视线高程 H_i。

$$H_i = H_{BM} + a$$

（4）根据各桩的设计高程，计算各桩点上水准尺的应读前视读数

$$b_{应} = H_i - H_{设}$$

（5）在各桩处立水准尺，上下移动水准尺，当水准仪对准应读前视读数时，水准尺零端对应位置即为测设出的高程标志线。当木桩无法继续向下打时，可直接读取水准尺桩顶上的读数 b'，b' 与应读读数 *b* 之差即为桩的填、挖土高度。也可以将水准尺立在桩的侧面上，上下移动水准尺，直至水准尺上的读数为 *b*，沿水准尺底面在桩的侧面画一条红线，该线即在 *AB* 的坡度线上。

例 9.6　如图 9.22 所示，已知水准点 *BM* 的高程为 89.468 m，*A* 点的设计高程为 90.000 m，*AB* 坡度为 −2%，*AB* 的平距为 60 m，按间隔 20 m 测设一个坡度桩，仪器安置在适当位置后，读得后视读数为 1.208 m，测设 *A*、1、2、3、*B* 点坡度桩时的应读读数是多少？

解：

（1）计算各桩点的设计高程

$$H_1 = H_A + id = (90.000 - 1\% \times 20)\ \text{m} = 89.800\ \text{m}$$

$$H_2 = H_1 + id = (89.800 - 1\% \times 20)\ \text{m} = 89.600\ \text{m}$$

$$H_3 = H_2 + id = (89.600 - 1\% \times 20)\ \text{m} = 89.400\ \text{m}$$

$$H_B = H_3 + id = (89.400 - 1\% \times 20)\ \text{m} = 89.200\ \text{m}$$

（2）视线高

$$H_i = H_{BM} + a = (89.468 + 1.208)\ \text{m} = 90.676\ \text{m}$$

（3）各桩点的 $b_{应}$ 读数

$$b_A = (90.676 - 90.000)\ \text{m} = 0.676\ \text{m}$$
$$b_1 = (90.676 - 89.800)\ \text{m} = 0.876\ \text{m}$$
$$b_2 = (90.676 - 89.600)\ \text{m} = 1.076\ \text{m}$$
$$b_3 = (90.676 - 89.400)\ \text{m} = 1.276\ \text{m}$$
$$b_B = (90.676 - 89.200)\ \text{m} = 1.476\ \text{m}$$

9.5.2 倾斜视线法

倾斜视线法是根据视线与设计坡度相同时，其竖直距离相等的原理，确定设计坡度线上各点高程位置的一种方法。当地面坡度较大，且设计坡度与地面自然坡度较一致时，适宜采用这种方法。

如图9.23所示，A、B为已知坡度线的两端，其水平距离为D，A点的高程为H_A，要沿AB方向测设一个坡度为i的坡度线。其测设方法如下：

（1）先根据A点的高程H_A、已知坡度线的坡度i和AB的水平距离D计算B点的高程H_B。

$$H_B = H_A + iD \tag{9.25}$$

用高程放样的方法，将坡度线两端点的设计高程标志标定在地面木桩上。

（2）将水准仪安置在A点上，并量取仪器高i。安置时，使一对脚螺旋位于AB方向上，另一个脚螺旋连线大致与AB方向垂直。

（3）旋转AB方向上的一个脚螺旋或微倾螺旋，使视线在B尺上的读数等于仪器高i。此时，视线与设计坡度线平行。

（4）指挥测设中间1、2、3各桩的高程标志线。当中间各桩读数均为i时，各桩顶连线就是设计坡度线。

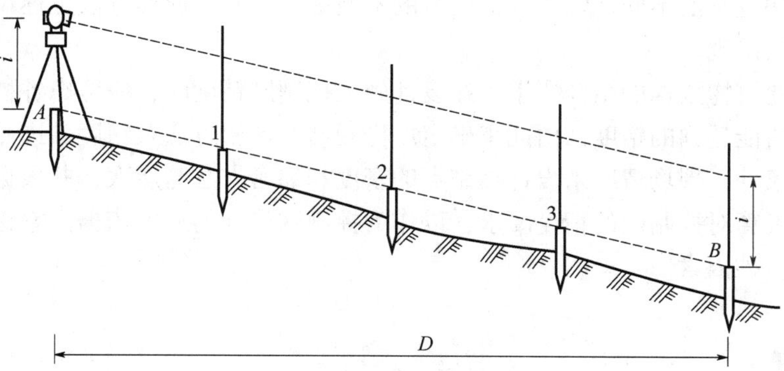

图9.23 倾斜视线法放样

当设计坡度较大时，可用经纬仪代替水准仪。经纬仪通过望远镜和调节微动螺旋使视线对准B桩上水准尺读数为i的位置，此时视线和设计坡度线平行。在此视线上按水准仪的操作方法测设各中间点的桩位置。

9.6 放样方法的选择

前面几节介绍了各种点位放样的方法，在实际放样工作中，由于工程建筑物复杂多样，往往不是单一的基本方法可以解决的，需要将几种方法综合应用，才能放出该建筑物的轮廓点、线。因此，选取适当的放样方法，对快速、准确地完成放样任务是十分重要的。

放样方法的选择应考虑以下因素：建筑物所在地区的条件；建筑物的大小、种类和形状；放样所要求的精度；控制点的分布情况；施工的方法和速度；施工的阶段；测量人员的技术条件；现有的仪器条件等。

测量放样工作是为工程施工服务的，所以，放样方法的选择与工程建筑物的类型、工程建筑物的施工部位、施工现场条件和施工方法以及放样的精度要求和控制点的分布都有着密切的关系。

根据前面对各种方法的介绍和分析可知，在工业厂区的建设中，多采用直角坐标法或方向线交会法放样出柱子或设备中心位置；而对于桥梁的桥墩中心或混凝土拱坝坝块，则多采用前方交会法和极坐标法放样确定。在同一工程建设中，不同的部位，采用方法可能不同，如直线型混凝土重力坝的底层浇筑时，各坝块的中心系根据设置在上、下游围堰及纵向围堰和岸边的施工控制网点，采用方向线交会法放样确定，而上部坝块的中心，则利用两岸的控制点采用轴线交会法放样确定。对于高大的塔式建筑物和烟囱，为满足滑模快速施工的要求，常采用激光铅直仪进行投点，以确定烟囱的施工中心。

在工程施工中，施工控制点的分布情况对放样方法的选择有着关键性的作用。这主要是因为不同的放样方法对控制点的要求有所不同。例如，方向线交会法要求两对控制点的连线要正交或形成矩形方格控制网，另外，对于不同控制点的选取也会对放样精度产生不同的影响。因此，放样方法的选取应该是在设计施工控制网时作为设计考虑的一个方面。

测量仪器设备对放样方法的确定也起着不可忽视的作用，对于不同的仪器，对同一点的放样选取的方法也有所不同。随着仪器设备的不断更新，有些放样方法也逐步被淘汰，同时又有许多新方法出现。

为了保证建筑物放样的精度要求，在设计施工控制网精度时，应考虑各种放样方法及其在各种条件下所能达到的精度，由此来确定放样测站的加密方法及精度，进而结合具体工程建筑物的施工条件、现场情况来设计控制点的密度和加密方法与层次，并根据放样点的放样精度要求，来推算对控制网的精度要求，以作为控制网设计的精度依据。它也是选取放样方法时所考虑的一种因素。

思考题

1. 施工测量的工作内容有哪些？
2. 施工测量应遵循的原则是什么？
3. 相对于测图控制网，施工控制网有哪些特点？
4. 施工控制网精度的确定有几种原则？各适用于什么情况？
5. 测设与测图工作有何区别？
6. 测设的基本工作有哪些？

第10章 渠道测量

教学要点

本章内容主要有踏勘选线、中线测量、圆曲线测设、纵横断面的测量、纵横断面图的绘制、土方量的计算以及渠道施工断面放样。重点是纵横断面的测量、纵横断面图的绘制；难点是土方量的计算以及渠道施工断面放样。

渠道是常见的水工建筑物，主要用来引水发电、灌溉、排涝。在渠道勘测、设计和施工中所进行的测量工作，称为渠道测量。渠道测量主要内容包括踏勘选线、中线测量、纵横断面测量、纵横断面图的绘制、土（石）方量计算和施工断面放样等。渠道测量的内容和方法与一般道路测量基本相同，都是沿着选定的路线方向进行，因此属于线路测量的范畴。

10.1 踏勘选线

踏勘选线的任务是根据工程规划所定的渠线方向、引水高程和设计坡度，在实地确定渠道中线位置。它选择的好坏将直接影响到工程的效益和费用，而且还牵涉占用农田、房屋拆迁等问题。为了解决这些问题，提高经济效益，选线时应考虑以下几个方面：

（1）选线应尽量短而直，力求避开障碍物，以减少工程量。

（2）要避免修建过多的渠系过水建筑物（如渡槽、倒虹吸等），应尽量少占耕地，以减少工程费用和经济损失。

（3）沿线应有较好的地质条件，无严重渗漏和塌方现象。

（4）在山丘地区应尽量避免填方，以保证渠道边坡的稳定性。

（5）用于引水灌溉的渠道应选在地势较高的地带，以便自流灌溉；用于排水的渠道应尽量选在地势较低的地方，以便排除积水。

具体选线的方法步骤是：如果兴建的渠道较长，或规模较大，一般应经过实地查勘、室内选线、外业选线等步骤；对于灌区面积较小、路线不长的渠道，可以根据已有资料和选线要求，直接在实地进行查勘选线。

10.1.1 实地查勘

查勘前，最好先在比例尺为1∶100 000～1∶10 000的地形图上初选几条渠线方案，然后依次对所经地带进行实地查勘，了解和搜集有关资料（如土壤、地质、水文、施工条件等），并对渠线某些控制性的点（如渠首、渠尾、沿线沟谷、鞍部点、跨河点等）进行简单测量，了解其相对位置和高程，以便分析比较，选定最佳渠线。

10.1.2 室内选线

室内选线就是在图上进行选线，即在适合的地形图上选定渠道中心线的平面位置，并在图上标出渠道转折点到附近明显地物点的距离和方向（由图上量得）。如果该地区没有适用的地形图，则应根据查勘时确定的渠道线路，测绘沿线宽 100～200 m 的带状地形图，其比例尺一般为 1∶5 000 或 1∶10 000。

在山区、丘陵地区选线时，为了确保渠道的稳定，应力求挖方。因此，环山渠道应先在图上根据等高线和渠道纵坡初选渠线，并结合其他要求在图上定出渠线位置。

10.1.3 外业选线

外业选线就是将室内所选渠道中心线标定于实地，其任务是标出渠道的起点、转折点和终点。外业选线还要根据实地情况，对图上所选渠道中心线做进一步分析研究和补充修改，使之完善。实地选线时，一般应借助仪器选定各转折点的位置。平原地区的选线比较简单，一般要求尽量选直线，只有在必须绕过居民区、厂矿区或其他重要地区时才转弯。山丘地区的渠道一般盘山而走，依着山势随弯就弯，但要控制渠线的高程位置，以符合引水高程和设计坡度的要求，为此，需要根据已知水准点来进行测量确定。

渠道中线选定后，应在起点、各转折点和终点用大木桩或水泥桩在地面上标定其位置，并绘略图注明桩点与附近固定地物相互之间的位置和距离，以便日后寻找。

为了满足渠线的高程测量和纵横断面测量的需要，在渠道选线的同时，应沿渠线附近每隔 1～3 km 在施工范围以外布设一些水准点，并组成附合或闭合水准路线。当路线不长（15 km 以内）时，也可组成往返观测的支水准路线。水准点的高程一般用四等水准测量的方法施测（大型渠道应采用三等水准测量）。

10.2 中线测量

当中线的起点、转折点（交点桩）、终点在地面上标定后，就可用钢尺或全站仪测定中线的长度，并用一系列的里程桩标定中线的位置，这一过程称为中线测量。在平原地区中线测量的主要内容有测设中线交点桩、渠系建筑物的中心位置，测定转折角，敷设圆曲线，测设里程桩和加桩；在山丘区，还应概略测定中线的高程位置。

10.2.1 平原区的中线测量

10.2.1.1 测设中线交点桩

测定中线交点桩有以下两种情况。

（1）中线的起点、转折点（交点桩）和终点桩在踏勘选线时已选定了位置并已埋设。

（2）交点桩在选线时没有实地埋设，只在图纸上确定了交点桩的位置。

前一种情况需测定交点桩的坐标，以便为以后的线路恢复以及绘制线路平面图时使用；

后一种情况，不但要根据图纸上交点桩的定位条件来放出交点桩的具体位置，而且还应测定其坐标。测定交点桩的位置及坐标可用全站仪或 GPS-RTK 测量，并做好点之记。

10.2.1.2　转折角测定

在转折点上，应用经纬仪测定转折角 α（即来水方向的延长线转至去水方向的角值，有左偏和右偏两种情况），如图 10.1 所示。并按设计要求测设圆曲线。规范要求：当 $\alpha<6°$ 时，不测设圆曲线；当 $6°<\alpha<12°$ 及 $\alpha>12°$ 且曲线长度 $L<100$ m 时，只测设曲线的三个主点桩；当 $\alpha>12°$，且曲线长度 $L>100$ m 时，需测设曲线的细部点。

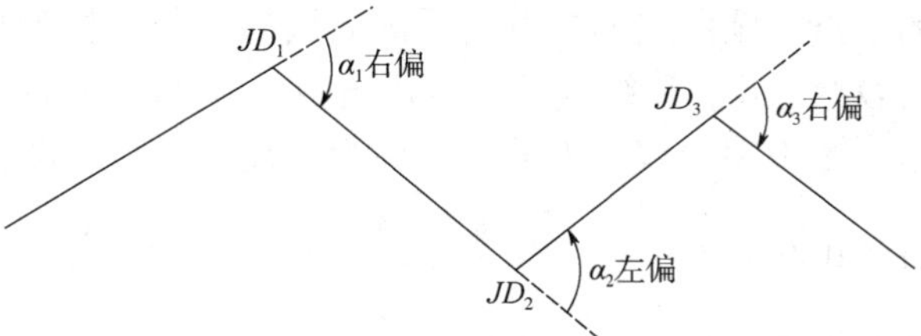

图 10.1　转折角测定

10.2.1.3　测设里程柱和加桩

当渠道路线选定后，首要工作就是在实地标定其中心线的位置，并实地打桩。从渠首起点开始，朝着终点或转折点方向用标杆和钢尺配合经纬仪或全站仪进行定线和测距，按照规定间距（一般为 50m 或 100m）打桩标定中线位置，以该桩对起点的距离作为桩号，注在桩的侧面，称为里程桩。里程桩号按“×（km）＋×××（m）”的方式编写：起点桩号为 0＋000；其余分别为 0＋050、0＋100、…、1＋000、1＋050…在相邻两里程桩之间的重要地物（如道路）和坡度突变的位置上，应加设木桩，称为加桩；加桩按对起点的距离进行编号，但不是规定间距的整数倍。

10.2.2　山丘地区的中线测量

山丘地区的中线测量除用上述方法确定外，还应概略确定中线的高程位置。具体作业方法是：从渠道的起点开始，用皮尺或测绳大致沿山坡等高线向前量距，按规定要求标定里程桩和加桩，在打木桩时用水准仪测量其高程，看中线是否偏高或偏低。为了保证盘山渠道外边坡的稳定性，尽量减少填方，一般按照渠岸的设计高程测定。如图 10.2 所示，假设丈量到了 A 点，离渠首距离为 D；令渠首进水底板设计高程为 H_0，设计渠深（包括水深和安全超高）为 h，渠底设计坡度为 i。据此可以算得 A 点应有的渠岸地面高程

$$H_A = (H_0 + h) - iD \tag{10.1}$$

高程放样的方法，根据附近的水准点 BM_2 引测高程标定 A 点在山坡上的位置。在实际中一般应根据山坡坡度将桩位适当提高，即将木桩打在略高于所定 A 点的位置上。

图 10.2　山丘地区渠道高程位置的测定

10.3 圆曲线测设

当渠道中线的转折角测定后，转折角 $\alpha>12°$，且曲线长度 $L>100$ m 时，即可测设圆曲线。圆曲线的测设通常分两步进行。

（1）测设圆曲线的主点，圆曲线的主点包括圆曲线的起点（称为直圆点，以 ZY 表示）、中点（称为曲中点，以 QZ 表示）和终点（称为圆直点，以 YZ 表示）。

（2）以主点为依据，测设圆曲线的细部点，称为曲线的详细测设。

10.3.1 圆曲线主点的测设

10.3.1.1 圆曲线元素的计算

在图 10.3 中，α 为交点（JD）的转折角，R 为圆曲线的半径，T 为切线长，L 为圆曲线长，E 为外矢距，q 为切曲差，这些元素统称为圆曲线元素。α、R 为已知数据，其余元素可根据下列公式计算：

$$T = R\tan\frac{\alpha}{2} \tag{10.2}$$

$$L = R\alpha\frac{\pi}{180°} \tag{10.3}$$

$$E = \frac{R}{\cos\frac{\alpha}{2}} - R = R\left(\sec\frac{\alpha}{2} - 1\right) \tag{10.4}$$

$$q = 2T - L \tag{10.5}$$

10.3.1.2 圆曲线主点里程桩号的计算

在图 10.3 中，交点（JD）的里程桩号可沿中线丈量得到，根据交点的里程桩号和计算出来的曲线要素，可计算出起点 ZY、中点 QZ 和终点 YZ 的里程桩号。

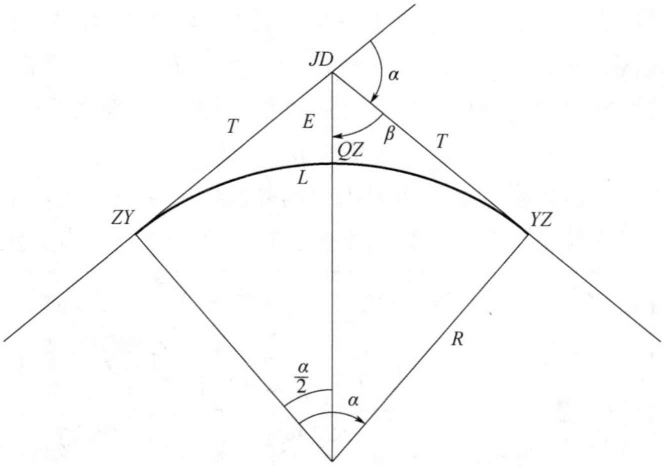

图 10.3 圆曲线要素和主点测设

$$
\begin{cases}
ZY\text{ 点桩号} = JD\text{ 点桩号} - T \\
QZ\text{ 点桩号} = ZY\text{ 点桩号} + L/2 \\
YZ\text{ 点桩号} = ZY\text{ 点桩号} + L \\
YZ\text{ 点桩号} = JD\text{ 点桩号} + T - q(\text{检核})
\end{cases}
\tag{10.6}
$$

例 10.1 设有一圆曲线，已知交点桩的桩号为 2 +320，转折角 $\alpha = 64°30'$，半径 $R =$ 200 m。试计算该曲线的曲线要素及主点的里程桩号。

解： 按照圆曲线元素计算公式计算。

$$T = R\tan\frac{\alpha}{2} = 200\ \text{m} \times \tan\frac{64°30'}{2} = 62.10\ \text{m}$$

$$L = R\alpha\frac{\pi}{180°} = 200\ \text{m} \times 64°30' \times \frac{\pi}{180°} = 120.43\ \text{m}$$

$$E = \frac{R}{\cos\frac{\alpha}{2}} - R = R\left(\sec\frac{\alpha}{2} - 1\right) = 200\ \text{m} \times \left(\sec\frac{34°30'}{2} - 1\right) = 9.42\ \text{m}$$

$$q = 2T - L = (2 \times 62.10 - 120.43)\ \text{m} = 3.77\ \text{m}$$

曲线主点的桩号计算可按式（10.6）计算。

ZY 点桩号 $= JD$ 点桩号 $- T = 2 + 257.90$

QZ 点桩号 $= ZY$ 点桩号 $+ L/2 = 2 + 318.12$

YZ 点桩号 $= ZY$ 点桩号 $+ L = 2 + 378.33$

检核　　YZ 点桩号 $= JD$ 点桩号 $+ T - q = 2 + 378.33$

10.3.1.3 圆曲线主点的测设

在圆曲线元素及主点桩号计算无误后，即可进行主点测设，如图 10.3 所示，其测设步骤如下。

将经纬仪安置在交点桩上，照准相邻后视交点方向，自测站沿该方向量取切线长 T，得曲线起点 ZY，打一木桩并标明桩号；照准相邻前视交点方向，自测站沿该方向量取切线长 T，得曲线终点 YZ，打一木桩，标明桩号；仍照准相邻前视交点方向，配置水平度盘读数为 0°，顺时针转动照准部，使水平度盘读数为 $\beta = (180° - \alpha)/2$，自测站起沿此方向量取外矢距 E，即得圆曲线中点 QZ，打一木桩并标明桩号。

10.3.2 圆曲线的细部测设

为了比较准确地反映出圆曲线的形状和地形的变化，除了测设圆曲线的三个主点外，还要沿着曲线方向，按一定的桩距，测设曲线上若干个细部点，这项工作就是圆曲线的详细测设。

圆曲线测设的方法很多，下面介绍三种常用的测设方法。

10.3.2.1 偏角法

偏角法就是用偏角（弦切角）和弦长来测设圆曲线细部的方法。

如图 10.4 所示，圆曲线的偏角就是弦线和切线之间的夹角，以 δ 表示。在实际工作中，为了便于测量和施工，要求各细部点的里程规定弧长的整数倍，但是曲线的主点 ZY、QZ、YZ 的里程通常不是规定弧长的整数倍，这样圆曲线就为首尾两段弧长为 l_1、l_2和中间几段相等的整弧长 l。那么弧长 l_1、l_2、l 所对应的圆心角φ_1、φ_2、φ 分别为

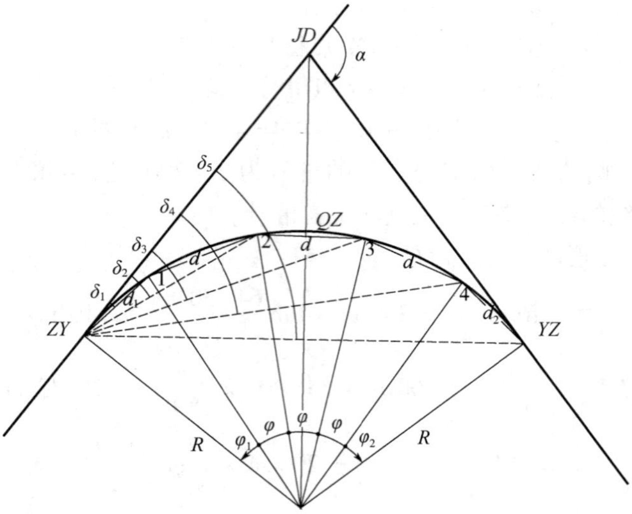

图 10.4　偏角法测设圆曲线

$$\begin{cases}\varphi_1 = \dfrac{180°}{\pi R} l_1 \\ \varphi_2 = \dfrac{180°}{\pi R} l_2 \\ \varphi = \dfrac{180°}{\pi R} l\end{cases} \tag{10.7}$$

弧长 l_1、l_2、l 所对应的弦长 d_1、d_2、d 分别为

$$\begin{cases}d_1 = 2R\sin\dfrac{\varphi_1}{2} \\ d_2 = 2R\sin\dfrac{\varphi_2}{2} \\ d = 2R\sin\dfrac{\varphi}{2}\end{cases} \tag{10.8}$$

在半径较大时，弦长与弧长相差很小，如 $R = 500$ m，$l = 20$ m 时，弦长与弧长相差 1.3 mm，在测设曲线时，可以直接用弧长代替弦长，减少计算工作量。

各点的偏角为相应弧长所对圆心角的一半，偏角的计算公式为

$$\begin{cases}\delta_1 = \dfrac{\varphi_1}{2} & \text{第 1 点} \\ \delta_2 = \dfrac{\varphi_1}{2} + \dfrac{\varphi}{2} & \text{第 2 点} \\ \vdots \\ \delta_i = \dfrac{\varphi_1}{2} + (i-1)\dfrac{\varphi}{2} & \text{第 } i \text{ 点} \\ \vdots \\ \delta_{YZ} = \dfrac{\alpha}{2} & \text{最后一点}(YZ)\end{cases} \tag{10.9}$$

例 10.2　以例 10.1 为例，整桩距为 20 m，按偏角法放样，计算各细部点放样数据。

解： 在例 10.1 中已经计算出各主点的里程桩号，采用式（10.7）、式（10.8）、式（10.9）计算放样数据，见表 10.1。

表 10.1　偏角法放样数据计算表

里程桩号		相邻两桩间弧长 l_i/m	圆心角 φ	偏角值 δ	相邻两桩间弦长 d_i/m
ZY	2+257.90	0	0°00′00″	0°00′00″	
1	2+260	2.10	0°36′06″	0°18′03″	2.10
2	2+280	20	5°43′46″	3°09′56″	19.99
3	2+300	20	5°43′46″	6°01′49″	19.99
QZ	2+318.12	18.12	5°11′28″	8°37′33″	18.11
4	2+320	1.88	0°32′19″	8°53′42″	1.88
5	2+340	20	5°43′46″	11°45′36″	19.99
6	2+360	20	5°43′46″	14°37′28″	19.99
YZ	2+378.33	18.33	5°15′04″	17°15′00″	18.32

以例 10.2 为例，偏角法进行细部测设的步骤如下：

（1）将经纬仪安置在 ZY 点上，照准交点 JD，将水平度盘读数设置为 0°00′00″。

（2）松开照准部制动螺旋，转动照准部，配合水平微动螺旋，使水平度盘的读数为 1 点的偏角值 0°18′03″，沿视线方向自 ZY 点量取弦长 2.10 m，得曲线上第 1 点，打一木桩并标注桩号。

（3）松开照准部制动螺旋，转动照准部，配合水平微动螺旋，使水平度盘的读数为 2 点的偏角值 3°09′56″，从第 1 点量取弦长 19.99 m，与视线相交得第 2 点。

（4）参照此方法可测设出其余各点，最后一个细部点与圆曲线终点 YZ 的距离为 18.32 m，作为检核。

当线路为左偏时，各细部点放样的偏角值为 360°减去计算值。

10.3.2.2　切线支距法

切线支距法是以圆曲线起点 ZY 或曲线终点 YZ 为坐标原点，以切线方向为 x 轴，以 ZY（或 YZ）的半径方向为 y 轴，建立直角坐标系，利用圆曲线上各点在该坐标系的坐标，按直角坐标法进行测设的一种方法。

如图 10.5 所示，曲线半径为 R，设各细部点到 ZY 点的弧长为 l_i，该段弧长所对应的圆心角

$$\varphi_i = \frac{180°}{\pi R} l_i \tag{10.10}$$

则圆曲线上任一点的坐标

$$\begin{cases} x_i = R\sin \varphi_i \\ y_i = R(1 - \cos \varphi_i) \end{cases} \tag{10.11}$$

切线支距法的测设步骤如下。

（1）自 ZY 点沿切线（JD）方向，用钢尺依次水平丈量各点的横坐标 x_i，得到各垂足点，并用临时标志标定，一直量到

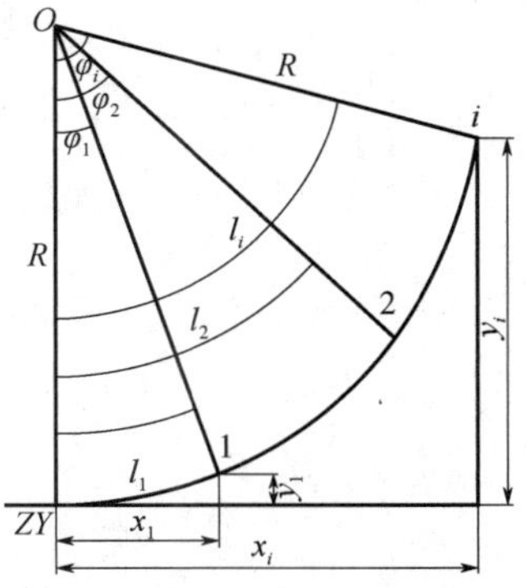

图 10.5　偏角法测设圆曲线

QZ 点。

(2) 在各垂足点上安置经纬仪，用经纬仪标定出与切线垂直的方向，然后在该垂直方向上量取该点的纵坐标 y_i，就可确定对应的细部点。

(3) 按同样的方法，由 YZ 点起，一直测设到 QZ 点。

该方法适用于平坦开阔地区，各测站点之间的误差不易累积，对通视条件要求较高。

10.3.2.3 极坐标法

利用全站仪测设圆曲线，具有速度快、精度高、现场条件适应性强的特点，在实际工作中得到广泛应用，是如今线路测设中最常用的一种方法。全站仪测设圆曲线的方法仍然是极坐标法。测设时，仪器可以安置在任意平面控制点或线路交点上，输入测站点坐标和后视点坐标（或后视方位角），再输入放样点的坐标，仪器即自动计算出测设角度和距离，据此进行放样。下面介绍放样点坐标的计算方法。

如图 10.6 所示，JD_1、JD_2、JD_3 坐标分别为 (x_1, y_1)、(x_2, y_2)、(x_3, y_3)，圆曲线半径为 R，偏角为 α，T 为切线长，E 为外矢距，计算圆曲线上各点坐标的步骤如下。

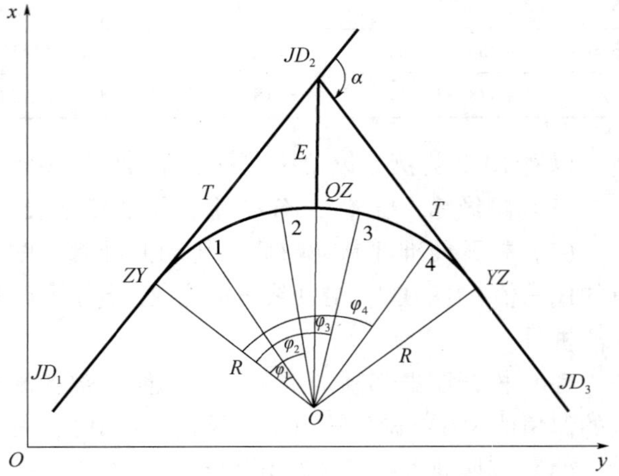

图 10.6 圆曲线坐标计算

1. 计算圆曲线主点及圆心坐标

(1) 根据 JD_1、JD_2、JD_3 坐标和偏角 α 计算 JD_2 至 JD_1、JD_3 及圆心 O 的方位角。

$$\alpha_{2-1} = \arctan\frac{y_1 - y_2}{x_1 - x_2} \quad (10.12)$$

$$\alpha_{2-3} = \arctan\frac{y_3 - y_2}{x_3 - x_2} \quad (10.13)$$

检核

$$\alpha_{2-3} = \alpha_{2-1} \pm (180° - \alpha) \quad (10.14)$$

$$\alpha_{2-O} = \alpha_{2-1} \pm (180° - \alpha)/2 \quad (10.15)$$

式 (10.14)、式 (10.15) 中，当线路左偏时，“±”取“+”号；当线路右偏时，“±”取“-”号。

(2) 主点 ZY、QZ、YZ 及圆心 O 坐标为

$$\begin{cases} x_{ZY} = x_2 + T\cos\alpha_{2-1} \\ y_{ZY} = y_2 + T\sin\alpha_{2-1} \end{cases} \quad (10.16)$$

$$\begin{cases} x_{YZ} = x_2 + T\cos\alpha_{2-3} \\ y_{YZ} = y_2 + T\sin\alpha_{2-3} \end{cases} \quad (10.17)$$

$$\begin{cases} x_{QZ} = x_2 + E\cos\alpha_{2-O} \\ y_{QZ} = y_2 + E\sin\alpha_{2-O} \end{cases} \quad (10.18)$$

$$\begin{cases} x_O = x_2 + (E + R)\cos\alpha_{2-1} \\ y_O = y_2 + (E + R)\sin\alpha_{2-1} \end{cases} \quad (10.19)$$

2. 计算圆曲线上各细部点坐标

（1）计算 ZY 点至圆心 O 方向的方位角

$$\alpha_{ZY-O} = \alpha_{2-1} \pm 90° \tag{10.20}$$

式（10.20）中，当线路左偏时，"±"取"+"号；当线路右偏时，"±"取"-"号。

（2）计算圆心至各细部点的方位角。圆曲线上各细部点至 ZY 点的弧长为 l_i，其所对应的圆心角 φ_i 可按式（10.10）计算，则圆心至各细部点的方位角

$$\alpha_i = \alpha_{ZY-O} + 180° \pm \varphi_i \tag{10.21}$$

式（10.21）中，当线路左偏时，"±"取"-"号；当线路右偏时，"±"取"+"号。

（3）计算各细部点坐标。细部点 i 的坐标

$$\begin{cases} x_i = x_O + R\cos\alpha_i \\ y_i = y_O + R\sin\alpha_i \end{cases} \tag{10.22}$$

10.4　纵横断面的测绘

中线标定后，即可进行纵横断面测绘。纵横断面测量的目的在于了解渠道沿线具有一定宽度范围内的地形起伏情况，并为渠道的坡度设计，闸、桥、涵和隧洞纵向位置的设计，以及计算工程量提供依据。

10.4.1　纵断面的测绘

10.4.1.1　纵断面的测量

纵断面测量的任务就是用水准测量方法测定渠道中线各里程桩和加桩的地面高程，为绘制断面图、计算渠道上各桩的填挖高度提供依据。

进行纵断面水准测量时，应利用渠道沿线布设的水准点，将渠线分成许多段，每段分别与邻近两端的水准点组成附合水准路线，然后从首段开始，逐段进行施测。附合路线的长度应不超过2 km，高程闭合差应不大于 $\pm 40\sqrt{L}$(mm)（L 为附合路线长度，以km为单位）。若高差闭合差超限，必须返工。若符合要求，则不必进行高差调整。

纵断面测量采用普通水准测量方法进行。由于相邻各桩之间距离不远，高差不大，一站上可以测定若干个桩点的高程（地面高程），一般不选择桩点作为转点，而是选在位置适当、稳固突起的石头上或者安置尺垫。中间各个不用作传递高程的桩点称作间视点。在每一个测站上，标尺至水准仪的距离不应超过150 m，仪器至前后两转点的距离差不应超过20 m，仪器至各间视点距离与转点距离的不等差不加限制。观测和记录应按桩号顺序进行，先读取后视点（已知点或转点）读数，再依次读取各间视点读数，最后读取前视点（转点或已知点）读数。采用视线高法计算各点高程。转点读数和高程计算取至mm，间视点读数和高程计算取至cm。图10.7所示为纵断面测量方法（图中共测了3个测站），记录格式见表10.2。

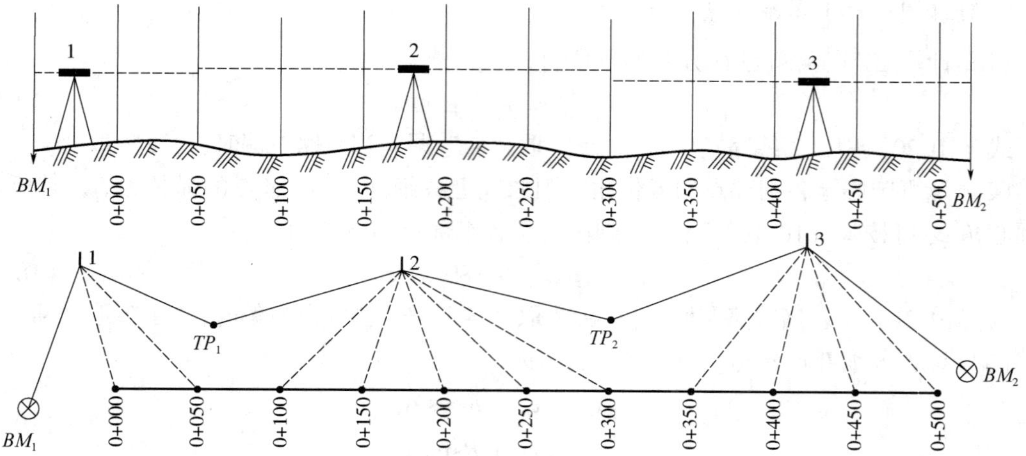

图 10.7　纵断面测量示意图

表 10.2　纵断面测量记录表

单位：m

测站	点号	后视	视线高	间视	前视	高程	备注
1	BM_1	1.532	97.795			96.263	已知
	0 +000			0.89		96.90	
	0 +050			0.95		96.84	
2	TP_1	1.456	98.216		1.035	96.760	
	0 +100			1.32		96.90	
	0 +150			1.25		96.97	
	0 +200			1.09		97.13	
	0 +250			1.34		96.88	
	0 +300			1.56		96.66	
3	TP_2	1.356	97.949		1.623	96.593	
	0 +350			1.76		96.19	
	0 +400			2.56		95.39	
	0 +450			1.47		96.48	
	0 +500			1.44		96.51	
	BM_2				1.297	96.652	已知为 96.662
检核		$\sum a=4.344$			$\sum b=3.955$	$\sum a-\sum b=+0.389$	
$f_h=(95.263+0.389)$ m -96.662 m $=-1.010$ m				$f_{h允}=\pm 40\sqrt{L}=\pm 28$ mm			

具体作业方法是：如图 10.7 所示，先将仪器安置于能同时和水准点 BM_1、0 +000、0 +050 桩通视的位置，后视水准点 BM_1 的水准尺，其读数为 1.532 m，记入表 10.2 第 3 栏（后视，见表 10.2），旋转仪器依次照准 0 +000、0 +050 桩，读数分别为 0.89 m、0.95 m，记入表 10.2 第 5 栏（间视）内，这样就可以根据水准点 BM_1 的高程计算视线高。

视线高 = 后视点高程 + 后视尺读数 =（96.263 + 1.532）m = 97.795 m

将此数记入表 10.2 第 4 栏内（视线高），视线高减去间视读数 0.89 m 得 0 +000 桩高程，（97.795 − 0.89）m = 96.90 m（间视点读数和高程计算取至 cm），记入表 10.2 第 7 栏内，但要与0+000桩号对齐，同样用视线高减去间视读数0.95 m得0+050桩高程，将(97.795−0.95) m=96.845 m记入表中。

在该测站上，和后面的桩点不同视，故在适当位置设置转点TP_1，将标尺立在TP_1点上，读数为1.035 m，记入表10.2第6栏内（前视），同样用视线高减去前视读数1.035 m得TP_1的高程，将（97.795−1.035）m=96.760 m记入表中。

第一站测完后，将仪器迁至与TP_1和后面若干个桩点通视的位置，后视转点TP_1的水准尺读数为1.456 m，记入与TP_1对齐的第3栏内，计算视线高（96.760+1.456）m=98.216 m，计入相应栏中。旋转仪器依次照准0+100、0+150、0+200、0+250、0+300桩读数分别为1.32 m、1.25 m、1.09 m、1.34 m、1.56 m，记入表10.2中，根据现在的视线高98.216 m计算各桩的高程，并记入表10.2中，与各自的桩号对齐。

0+100的高程=（98.216−1.32）m=96.90 m

0+150的高程=（98.216−1.25）m=96.97 m

0+200的高程=（98.216−1.09）m=97.13 m

0+250的高程=（98.216−1.34）m=96.88 m

0+300的高程=（98.216−1.56）m=96.66 m

依照上述步骤，逐站施测，随记随算，测至适当的距离与水准点联测，以便检查所测成果是否超限。

10.4.1.2 纵断面图的绘制

纵断面测量完成后，整理外业观测成果，经检查无误后，即可绘制纵断面图。

纵断面图是依据里程桩和加桩的高程绘制在印有毫米方格的坐标纸上。纵断面图是反映渠线所经地面起伏情况的图，由于沿线地面高差的变化要比渠道长度小得多，为了明显反映地面起伏情况，必须选择适当的比例尺。通常高程比例尺比水平距离比例尺大10倍。

纵断面图的绘制步骤和方法如下：

（1）在坐标纸的左下角绘制图标，自上至下依次分里程桩号、地面高程、设计坡度、渠底设计高程、挖深、填高等栏目。按水平距离比例尺定出各里程桩和加桩的位置，在桩号栏注上桩号。将里程桩和加桩的实测高程记入地面高程栏内，如图10.8所示。

（2）在坡度栏绘出渠底设计坡度线，并注明坡度值。在其他有关栏对应桩号的位置上注明渠底设计高程、挖深和填高数值。

渠底设计高程（$H_{设}$）可根据渠首底板高程（$H_{进}$）、渠底设计坡度和该点至起点的里程差（D）按式（10.23）计算。

$$H_{设} = H_{进} + iD \tag{10.23}$$

例如，设渠道起点（0+000）桩的设计高程为96.50 m，渠道设计坡度为1‰，则0+500桩的设计高程为（96.50−0.001×500）m=96.00 m。

地面高程减去渠底设计高程即为挖填数值。其值为正表示挖深，其值为负表示填高。

（3）根据注明的最小渠底设计高程确定标高线的起点高程，以保证地面最低点能在图上标出并留有余地。标高线的起点高程应为整米数，起点往上按高程比例尺划分每米区间，并标注相应的高程数值。

（4）根据各里程桩和加桩的地面高程，按高程比例尺在相应的纵线上标出断面点的位置，用直线将各点依次连接起来，即绘成纵断面图。根据起点和终点的渠底设计高程，在图纸上展绘它们的位置，然后连接成线即为渠底设计线，如图 10.8 所示。

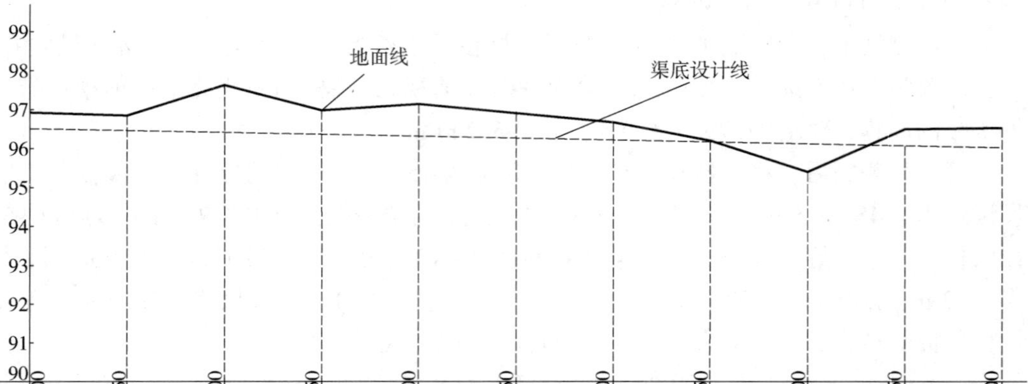

里程桩号	0+000	0+050	0+100	0+150	0+200	0+250	0+300	0+350	0+400	0+450	0+500
地面高程	96.92	96.84	97.62	96.97	97.13	96.88	96.66	96.19	95.39	96.48	96.51
设计坡度	1‰										
渠底设计高程	96.50	96.45	96.40	96.35	96.30	96.25	96.20	96.15	96.10	96.05	96.00
挖深	0.42	0.39	1.22	0.62	0.83	0.63	0.46	0.04		0.43	0.51
填高									−0.71		

图 10.8　渠道纵断面示意图

10.4.2　横断面的测绘

10.4.2.1　横断面的测量

横断面就是垂直于中线方向的断面。横断面测量的任务，是在里程桩和加桩位置上，测定垂直于渠线方向的各坡度变化点对桩位地面的平距和高差，从而为绘制横断面图、确定渠道横向施工范围、计算土石方数量提供资料。

横断面测量的宽度视渠道大小而定，一般以能在横断面图上套绘出设计横断面为原则，并留有余地。横断面测量方法视仪器设备和地形条件而定，常用的方法有以下几种。

1. 标杆置平法

当横断面方向坡度较大或断面宽度较小时，可采用标杆置平法（或皮尺拉平法）施测横断面。测量时，先用目估法或用十字架（图 10.9）标定与渠线垂直的断面方向，然后从里程桩或加桩起，用两根标杆在此方向测量相邻两地面点间的平距和高差。如图 10.10 所示，使靠地面较高点的标杆着地，当这根标杆抬平时，另一端在垂直标杆上所截取的读数就是两点间的高差；其平距则根据平置标杆的分划读出。高差和平距都取至 dm。记录格式见表 10.3，分子表示相邻两点间的高差，分母表示相应的平距；高差的正负以断面延伸方向为准，延伸点较高则高差为正，延伸点较低则高差为负。如果延伸方向和已量过的两点间坡度一致，或和已到的一点高度相同，通常可以不再往前量，分别用“同坡”或“平”表示。左、右断面的区分以渠线的前进方向（即水流方向）为准，测量结果应分侧记录，左边各点间的高差和平距记在左侧，右边的记在右侧。

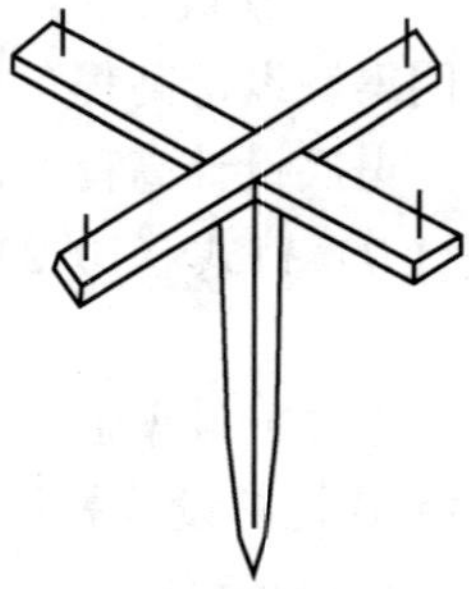

图 10.9　十字架

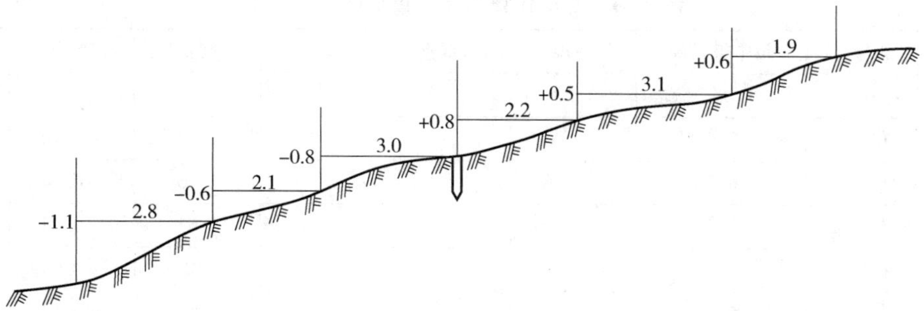

图 10.10 标杆置平法测量横断面示意图

表 10.3 标杆置平法测量横断面记录表

左侧断面	里程桩	右侧断面
$\frac{-1.1}{2.8}$ $\frac{-0.6}{2.1}$ $\frac{-0.8}{3.0}$	0+100	$\frac{+0.8}{2.2}$ $\frac{+0.5}{3.1}$ $\frac{+0.6}{1.9}$
平 $\frac{-0.2}{2.8}$ $\frac{-0.4}{2.4}$ $\frac{-0.5}{2.5}$	0+150	$\frac{+0.9}{3.0}$ $\frac{+0.6}{2.4}$ $\frac{+0.4}{1.2}$ 同坡

2. 水准仪量距法

当中心线两侧地形较平坦，或对测量精度要求较高时，可用水准仪量距法。采用水准仪量距法时，可用皮尺或测绳量取中桩至断面点的水平距离。横断面方向可用木制的十字架标定；当横断面每侧长度小于50 m时，可用目测法标定方向。测量记录可采用间视法水准测量格式，断面点按左、右分别编号，以里程桩或加桩为后视点，高程可以用其实际高程或假设高程，建议假设各里程桩的高程为0，用视线高原理计算测点高程，实际上测量的是中心桩到各断面点的高差，在坐标纸上绘制横断面图比较方便。图10.11所示为水准仪量距法测量横断面，记录格式见表10.4。

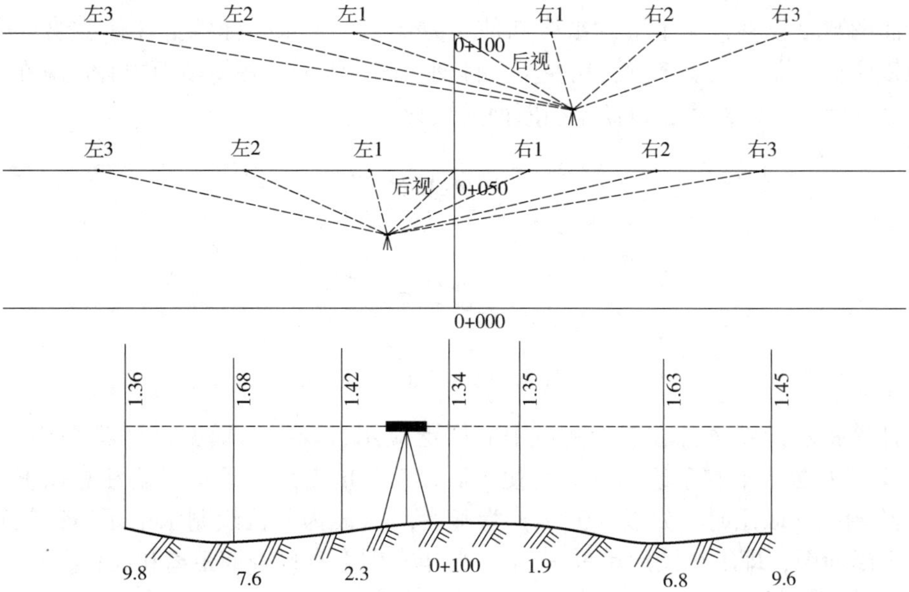

图 10.11 水准仪量距法测量横断面示意图

表 10.4　水准仪量距法测量横断面记录表　　单位：m

测站	点号	距中桩距离	后视	视线高	前视	间视	高程	备注
1	0+050	0	1.22	1.22			0	
	左1	2.5				1.32	-0.10	
	左2	6.7				1.46	-0.24	
	左3	9.2				1.67	-0.45	
	右1	2.2				1.17	-0.05	
	右2	5.6				1.03	+0.19	
	右3	9.8				0.89	+0.33	
2	0+100	0	1.34	1.34			0	
	左1	2.3				1.42	-0.08	
	左2	7.6				1.68	-0.34	
	左3	9.8				1.36	-0.02	
	右1	1.9				1.25	+0.09	
	右2	6.8				1.13	+0.21	
	右3	9.6				1.05	+0.29	

注：假设各中桩的高程为0 m。

10.4.2.2　横断面图的绘制

绘制横断面图的方法基本上与纵断面图相似，也是绘在坐标纸上，但不需绘制图标。为了计算面积方便，图上平距和高程通常采用同一比例尺。常用比例尺为1:100或1:200。绘制横断面图的目的在于套绘标准断面图，计算土方量。绘制横断面图时，先在适当位置标定桩点，并注上桩号和高程；然后以桩点为中心，以横向代表平距，以纵向代表高差，根据所测横断面成果标出各断面点的位置，用直线依次连接各点即得横断面线，如图10.12所示。由于横断面图数量较多，为了节约纸张和使用方便，在一张坐标纸上往往要绘许多个横断面，必须依照桩号顺序从上至下、从左至右排列；同一纵列的各横断面中心桩应在同一纵线上，彼此之间隔开一定距离，以便于横断面的设计。

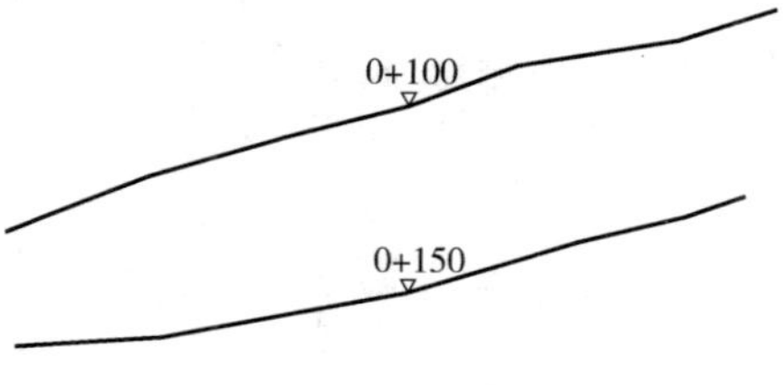

图10.12　横断面图

随着计算机和绘图软件在工程建设中的广泛应用，现在纵横断面图都采用CAD软件来绘制，绘制方法基本和手绘相同。为便于后续工作的使用，绘图时要注意以下几点。

(1) 绘制纵断面图时，先以(0，0)为基点，以m为单位绘制水平距离比例和高程比例相同的纵断面图，即1个图形单位=1 m。便于在图上直接查询距离和高程。

(2) 修改断面线的纵横比，在相应位置标注里程桩号、地面高程等，使其符合断面图绘制的要求。

(3) 绘制横断面图时，以 m 为单位绘制水平距离比例和高程比例相同的横断面图，便于以后套上标准断面后可在图上直接查询挖填方面积，面积单位为 m^2。

10.5　土方量计算

渠道纵横断面图绘制完成后，即可进行土方量计算。

计算土方量之前，在 CAD 中应绘制标准断面图。将标准断面图插入横断面图中，使标准断面的渠底中点对准该横断面的中桩位置，根据纵断面图上各里程桩的挖深和填高，垂直移动标准断面，标准断面的渠底中点到横断面的中桩距离为挖深或填高。

地面线与设计断面线（标准断面线）所围成的面积即为挖方或填方面积，在地面线以上的部分为填方，在地面线以下的部分为挖方，如图 10.13 所示。

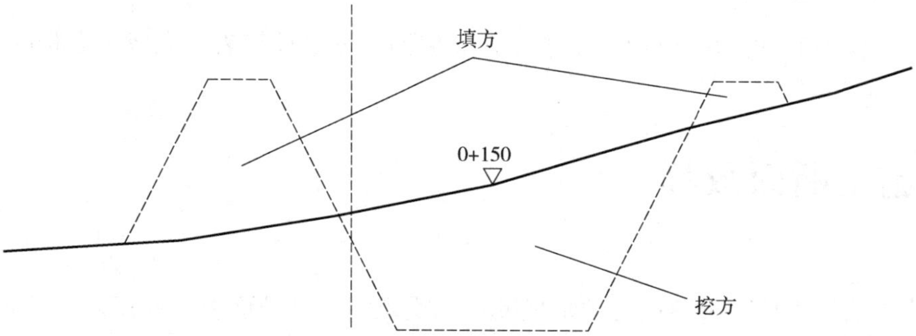

图 10.13　加入标准断面后的横断面图

在渠道土方计算中，通常采用“均值断面法”。先求得相邻两断面的挖或填面积，取其平均值，再乘以两断面间的距离，得到两中心桩之间的土方量，计算公式为

$$V = \frac{S_1 + S_2}{2} D \tag{10.24}$$

式中，V 为两中心桩之间的方量，m^3；S_1、S_2 为相邻两断面的挖或填面积，m^2；D 为两中心桩之间的距离，m。

计算土方量时，是将纵断面图上各里程桩的地面高程、设计高程、挖（填）深度以及各桩横断面图上量得的挖、填面积填入表 10.5 中，然后求取相邻两断面挖方或填方面积的平均值，平均断面面积乘以两断面间的水平距离即为挖方或填方量。结果填入表 10.5 相应栏内。

如果相邻两横断面的中心桩为一挖一填（如 0 + 400 为填 0.71 m，0 + 450 为挖 0.43 m），则中间必有一不挖不填的点，该点称为零点（即纵断面图上地面线与渠底设计线的交点）。零点位置可以从纵断面图上量得，也可按比例关系求得，如从图 10.8 中量得两零点的桩号分别为 0 + 352.7 和 0 + 431。渠线上零点处为不挖不填，而零点处横断面的挖方和填方面积不一定都为零，故还应到实地补测该两点处的横断面，然后分别计算其与相邻断面的土方量。

表 10.5　土方量计算表

桩号	地面高程/m	设计高程/m	挖深/m	填高/m	断面面积/m²		平均面积/m²		距离/m	土方量/m³	
					挖	填	挖	填		挖	填
0+000	96.92	96.50	0.42		1.69	1.21					
							1.92	1.55	50	96.00	77.50
0+050	96.84	96.45	0.39		2.15	1.89					
							4.47	1.56	50	223.25	78.00
0+100	97.62	96.40	1.22		6.78	1.23					
							5.55	1.94	50	277.50	97.00
0+150	96.97	96.35	0.62		4.32	2.65					
							…	…	…	…	…
…	…	…	…	…	…	…					
							…	…	…	…	…
0+400	95.39	96.10		0.71	1.02	7.65					
							1.29	6.27	31	39.99	194.37
0+431	96.07	96.07	0	0	1.56	4.89					
							2.00	4.01	19	37.91	76.10
0+450	96.48	96.05	0.43		2.43	3.12					
							2.79	2.90	50	139.50	144.75
0+500	96.51	96.00	0.51		3.15	2.67					
合计										1645	1333

在实际工作中通常使用 EXCEL 电子工作表编制土方量计算表，完成土方量的计算。

10.6　施工断面放样

渠道施工前应将设计横断面与地形横断面的交点测设到地面上，并用木桩标定，设置施工坡架，以作为施工的依据。这项工作称为施工断面放样或边桩放样。

渠道横断面有纯挖、纯填和半挖半填三种可能情况。图 10.14 表示一个半挖半填断面，需要标定的边坡桩有渠道左右两边的开口桩、堤内肩桩、堤外肩桩和外坡脚桩等 8 个桩位。从套绘有设计断面的横断面图上，可以分别量出这些桩位至中心桩的距离，作为放样数据，根据中心桩即可在现场将这些桩标定出来。然后，在内、外肩桩位上按填方高度竖立竹竿，竹竿顶部分别系绳，绳的另一端分别扎紧在相应的外坡脚桩和开口桩上，即形成一个渠道边坡断面，称为施工坡架。施工坡架每隔一定距离设置一个，其他里程桩位只需放出开口桩和外坡脚桩，并用灰线分别将各开口桩和坡脚桩连接起来，表明整个渠道的开挖与填筑范围。

为了放样方便，事先应根据横断面图编制放样数据表，见表 10.6。

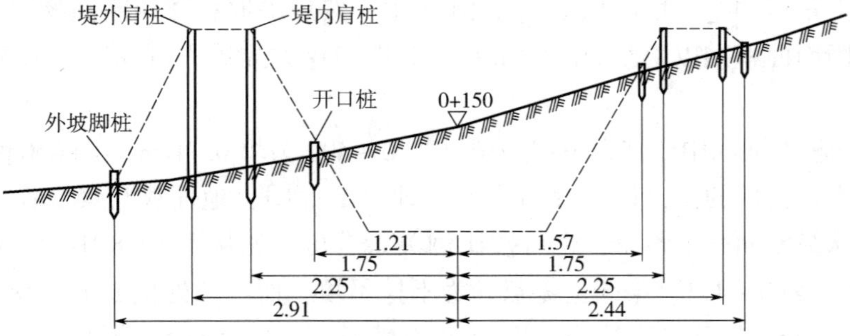

图 10.14　加入标准断面后的横断面图

表 10.6 施工断面放样数据表

里程桩号	中心桩至边坡桩距离/m							
	开口桩		堤内肩桩		堤外肩桩		外坡脚桩	
	左	右	左	右	左	右	左	右
0+150	1.21	1.57	1.75	1.75	2.25	2.25	2.91	2.44
0+200	1.32	1.53	1.75	1.75	2.25	2.25	2.82	2.46

思考题

1. 渠道测量包括哪些工作内容？
2. 渠道选线的方法与步骤是什么？
3. 渠道中线测量包括哪些工作？在什么情况下要设置加桩？
4. 山丘区的渠道中线测量应如何进行？
5. 什么是圆曲线的主点？圆曲线元素有哪些？如何测设圆曲线的主点？
6. 圆曲线的细部测设有哪些方法？各适用什么情况？
7. 横断面测量的方法有哪几种？各适用于何种断面的测量？
8. 如何绘制渠道纵、横断面图？
9. 如何计算土方量？计算土方量时，为什么还要补测零点处的横断面？
10. 如何进行渠道横断面的边坡桩放样？

第11章 水工建筑物施工放样

教学要点

本章内容主要有土坝、混凝土坝及拱坝施工放样和水闸施工放样的基本方法。重点是土坝的施工放样；难点是拱坝和水闸施工放样。

水工建筑物是组成水利枢纽的所有建筑物的总称，主要包括大坝、电站、涵洞、水闸等。水工建筑物施工放样是将图纸上设计好的水工建筑物按照一定的要求测设到实地上，为施工提供依据。它们的施工放样程序与其他测量工作一样，也是按照从“整体到局部，先轴线后细部”的原则进行。

11.1 土坝施工放样

土坝属于重力坝型，它具有就地取材、施工简便的特点，一般中、小型水坝常修筑成土坝。土坝施工放样的内容主要包括坝轴线的测设、坝身控制测量、清基开挖线的放样、坡脚线和坝体边坡线的放样等。

11.1.1 坝轴线的测设

土坝一般为直线型，坝轴线就是坝顶中心线。小型土坝的坝轴线，一般是由工程设计和有关人员，根据当地的地形、地质和建筑材料等条件，经过方案比较，直接在现场选定，并用大木桩或混凝土桩标定轴线的端点。对于大中型土坝，一般经过现场踏勘、图上规划等多次调查研究和方案比较，确定建坝位置，并在坝址地形图上结合枢纽的整体布置，将坝轴线标于地形图上。为了在实地标定其位置，可根据其施工坐标计算出放样数据，然后放出坝轴线的端点位置。放样时，除了放出坝轴线端点的位置外，还需放出轴线中间一点。

当坝轴线的两端点在地面确定后，应埋设永久性标志。为了防止施工时端点被破坏，可用经纬仪将其向两端延长到不受施工干扰、易于保存的地方。

11.1.2 坝身控制测量

坝轴线是土坝施工放样的主要依据，但是，在进行整个坝体细部点的施工放样时，只有一条坝轴线是不能满足施工需要的，还必须建立坝身控制测量，为细部点的测设提供依据。坝身控制测量包括平面控制测量和高程控制测量。

11.1.2.1　平面控制测量

1. 平行于坝轴线的控制线的测设

在图11.1中，A、B是坝轴线的两个端点，将经纬仪（或全站仪）安置在A点，照准点B，固定照准部，用望远镜向河床两岸平坦的地面上定出M、N两点。然后，分别在M（及N）点安置仪器，照准坝轴线端点A（或B）后，旋转90°，定出坝轴线的两条垂线CD和EF，在垂线上按规定的轴距（一般每隔5 m、10 m或20 m）测量出各平行控制线距坝轴线的距离，得各平行线的位置a、b、…、f和a'、b'、…、f'等点，那么aa'、bb'、…、ff'等直线就是坝轴线的平行线。为了施工方便，还应将各平行线延长到两边山坡上，并埋设标志。

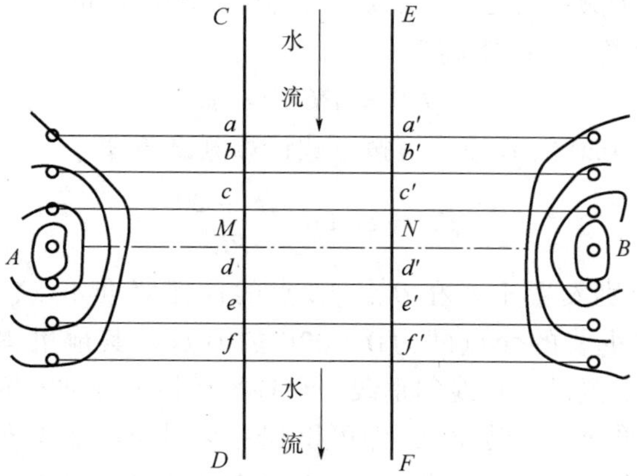

图11.1　平行于坝轴线的控制线的测设

2. 垂直于坝轴线的控制线的测设

垂直于坝轴线的控制线一般按每隔10～20 m设置。通常是将坝轴线上与坝顶设计高程一致的地面点作为坝轴线里程桩的起点，称为零号桩。其桩号为0+000，从零号桩起，每隔一定距离分别设置一条垂直于坝轴线的直线。

测设零号桩的方法如图11.2所示，在坝轴线的A点附近安置水准仪，后视水准点上的水准尺，得读数为a，根据求前视尺应有读数的原理，零号桩上的应有读数为

$$b = (H_0 + a) - H_{顶} \tag{11.1}$$

式中，H_0为水准点高程；$H_{顶}$为坝顶设计高程。

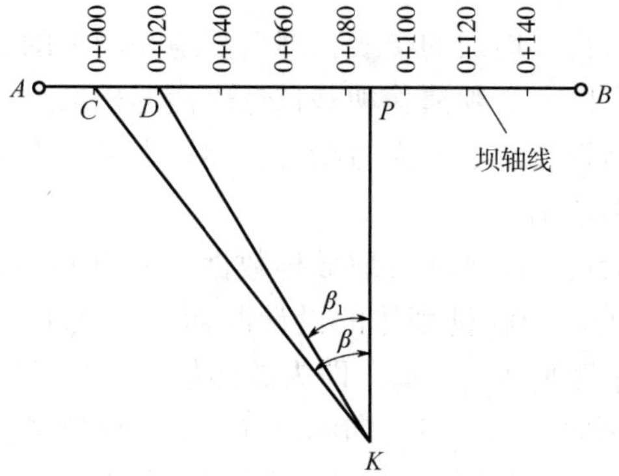

图11.2　测设坝轴线的里程桩

在坝轴线的另一个端点 B 上安置全站仪，照准 A 点，固定照准部。扶尺员持水准尺在全站仪视线方向沿山坡上、下移动，当水准仪中丝读数为 b 时，该立尺点即为坝轴线上零号桩的位置。

坝轴线上零号桩位置确定后，测出零号桩位置在此情况下的坐标值，用上述相同的方法和原理测设需要设置垂线的里程桩位置和横断面方向桩。

扶尺员在坝轴线上移动水准尺寻找两个坝轴线端点，当水准尺读数为 b 时，该点即为坝轴线端点，并打桩标定。以任一个坝顶端点为起点，沿坝轴线方向，每隔一定距离设置里程桩，若坝轴线方向坡度太陡，测设距离较为困难，可在坝轴线上选择一个适当的 P 点。该点应位于向下游或上游便于测距的地方。然后，在 P 点安置经纬仪（或全站仪），测量 PK 的水平距离和水平角 β，计算 CP 的距离为

$$\overline{CP} = \overline{PK} \cdot \tan\beta \tag{11.2}$$

若要确定桩号为 0 + 020 的 D 点，可按下式计算测设角 β_1：

$$\beta_1 = \arctan\frac{\overline{CP} - 20}{\overline{PK}} \tag{11.3}$$

用两台经纬仪，分别安置于 K 和 B 点。B 点的仪器照准 A 点，固定照准部，K 点的仪器测设角 β_1，两台仪器视线的交点即为 0 + 020 的 D 点。其他里程桩可按上述方法测设。

最后是在各里程桩上测设坝轴线的垂线，在各里程桩上分别安置仪器，照准坝轴线上较远的一个端点 A 或 B，照准部旋转 90°，即可得到一系列与坝轴线垂直的直线。将这些垂线也投测到围堰上或山坡上并用木桩或混凝土桩标志各垂直线的端点。

11.1.2.2 高程控制测量

用于土坝施工放样的高程控制，可由若干永久性水准基点和临时水准点两级布设。水准基点布设在施工范围以外，并与国家水准点联测，组成闭合或附合水准路线，用三等或四等水准测量的方法施测。

临时水准点直接用于坝体的高程放样，布设在施工范围以内不同高度的地方，并尽可能做到安置 1 ~ 2 次仪器就能放出需要的高程点。临时水准点应根据施工进程及时设置，并与水准基点构成附合水准路线，按四等精度施测。临时水准点一般不采用闭合路线施测，以免用错起算高程而引起事故。

11.1.3 清基开挖线的放样

清基开挖线就是坝体与自然地面的交线，即自然地表面上的坝脚线。为了使坝体与地面紧密结合，增强大坝的稳定性，必须清除坝基自然表面的松散土壤、树根等杂物。在清理基础时，为了不超量开挖自然表土、节省人力物力，测量人员应根据设计图，结合地形情况放出清基开挖线，以确定施工范围。

放样清基开挖线，一般可用图解法量取放样数据。如图 11.3 所示，P 点在坝轴线上的里程为 0 + 100，C、D 两点为 0 + 100 桩坝体的设计断面与地面上、下游的交点，在设计图纸上量取图上 PC、PD 的水平距离为 d_1、d_2，即为放样数据。放样时，在 P 点安置经纬仪，定出横断面方向，从 P 点分别向上、下游方向测设 d_1、d_2，标出清基开挖点 C 和 D。用上述方法定出各断面的清基开挖点，各开挖点的连线即为清基开挖线，如图 11.4 所示。由于清基开挖有一定的深度和坡度，所以应按估算的放坡宽度确定清基开挖线。当从断面图上量取 d_i

时，应按深度和坡度加上一定的放坡长度。

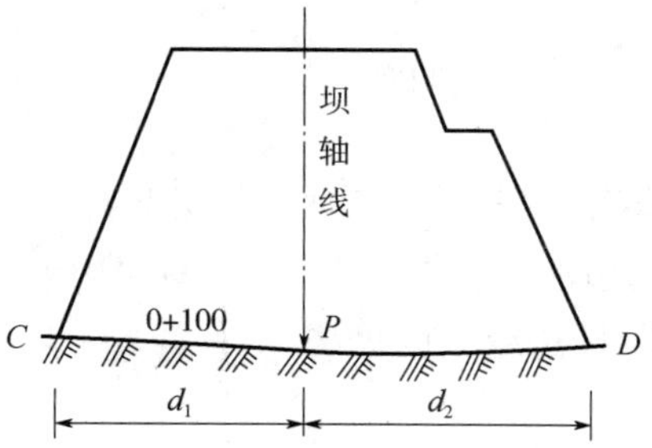

图 11.3　图解法求清基开挖点放样数据

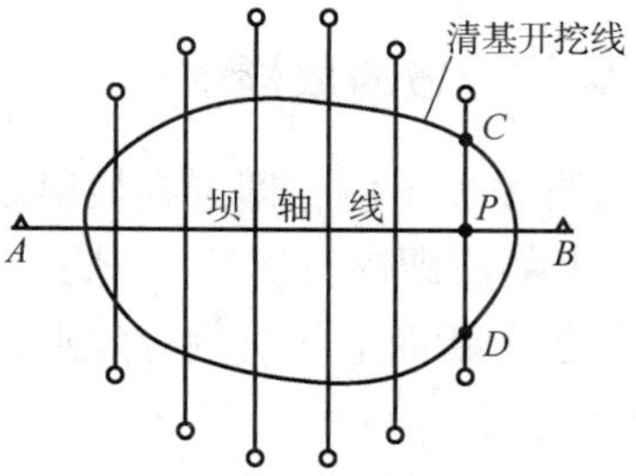

图 11.4　标定清基开挖线

11.1.4　坡脚线的放样

清基以后，应放出坡脚线，即坝体与地面的交线，以便填筑坝体。下面介绍两种放样方法。

1. 平行线法

坝身控制测量时，设置平行于坝轴线的直线，其与坝坡面相交处的高程可按式（11.4）计算，即

$$H_i = H_{顶} - \frac{1}{M}\left(d_i - \frac{b}{2}\right) \tag{11.4}$$

式中，H_i 为第 i 条平行线与坝坡面相交处的高程；$H_{顶}$ 为坝顶的设计高程；d_i 为第 i 条平行线与坝轴线之间的距离，即轴距；b 为坝顶的设计宽度；M 为坡面设计坡度的比例尺分母。

计算出各条平行线与坝坡面相交处的高程 H_i 后，即可在各平行线上用高程放样的方法测设 H_i 的坡角点。具体的施测方法与测定轴线上零号桩位置的方法相同。

各个坡脚点的连线即为坡体的坡脚线。但是，为确保坡面碾压密实，一般坡脚处填土范围应当大一些，多余的填土部分称为余坡。余坡的厚度取决于土质及施工方法，一般为 0.3 ~ 0.5 m。

2. 套绘断面法

清基完工后，首先恢复坝轴线上各里程桩的位置，并测定各里程桩的地面高程。如图 11.5 所示，将经纬仪（或全站仪）分别安置在各里程桩上，以坝轴线端点为起点定出各断面方向，然后根据设计断面估算的距离，沿断面方向测定坡脚线上点的轴距 d'（里程桩至坡脚点的水平距离）及高程 H'_C。图中里程桩 P 点到坡脚线上 C 点的轴距

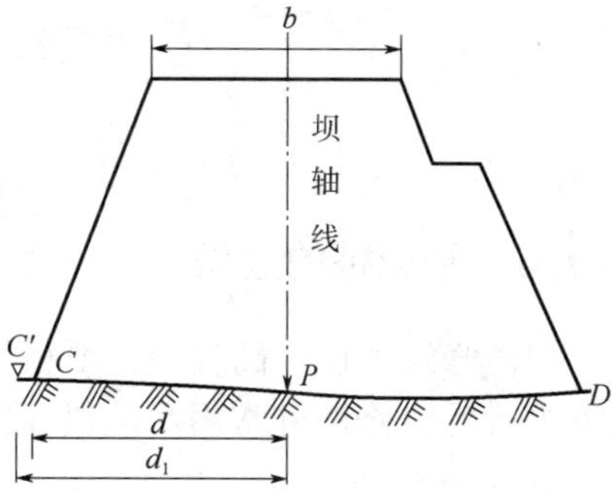

图 11.5　套绘断面法放样坡脚线

$$d = \frac{b}{2} + M(H_{顶} - H'_C) \tag{11.5}$$

式中，b 为坝顶设计宽度；M 为坝坡面设计坡度比例尺分母；$H_{顶}$ 为坝顶设计高程；H'_C 为立尺点 C' 的高程。

若实测的轴距 d' 与计算的轴距 d 不等，说明立尺点 C' 不是该断面设计的坡脚点 C，应沿断面方向移动立尺点的位置，反复试测，直至实测的轴距与计算的轴距之差在容许范围内。

这时的立尺点即为设计的坡脚点。同法测得其他断面的坡脚点，用白灰线将各坡脚点连接起来，即成为坝体的坡脚线。

11.1.5 坝体边坡的放样

坝体坡脚线放出后，即可在坡脚线范围内填土。土坝施工时是分层上料，每层填土厚度约0.5 m，上料后即进行碾压。为了保证坝体的边坡符合设计要求，每层碾压后应及时确定上料边界。各个断面上料桩的标定通常采用轴距杆法或坡度尺法。

1. 轴距杆法

根据土坝的设计坡度，按式（11.5）算出不同层坝坡面点的轴距 d，由于坝轴线里程桩不便保存，必须以填土范围之外的坝轴线平行线为依据进行量距。为此，在这条平行线上设置一排轴距杆，如图 11.6 所示。设平行线的轴距为 D，则填土上料桩（坡面点）离轴距杆的距离为（$D-d$），以此即可定出上料桩的位置。随着坝体升高，轴距杆可逐渐向坝轴线移近。

上料桩的轴距是按设计坝面坡度计算的，实际填土时应超出上料位置，即应留出碾压和修整的余地，图中用虚线表示。

2. 坡度尺法

按坝体设计的边坡坡度 1∶M 特制一个大的直角三角板（坡度尺），使两直角边的长度分别为1 m 和 M m。在长为 M m 的直角边上安一个水准管。放样时，将绳子的一头系于坡脚桩上，另一头系在坝体横断面方向的竖杆上，将三角板斜边靠着绳子，当绳子拉到水准气泡居中时，绳子的坡度即等于应放样的坡度，如图 11.6 所示。

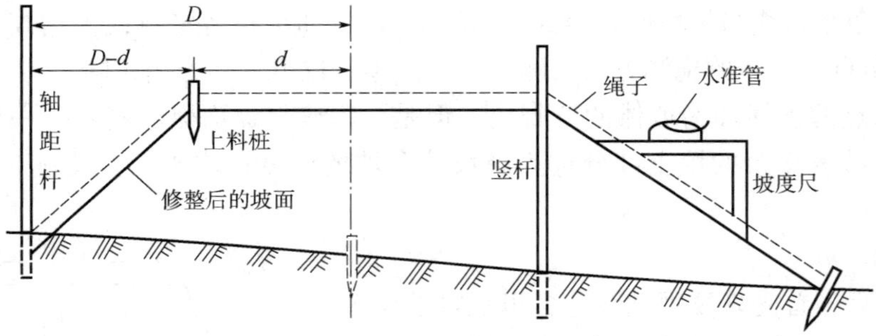

图 11.6　轴距杆法和坡度尺法放样边坡

11.1.6 修坡桩的放样

坝体修筑到设计高程后，要根据设计的坡度修整坝坡面，修坡是根据标明修去厚度的修坡桩进行的。修坡桩常用水准仪或经纬仪施测。

1. 水准仪法

在已填筑的坝坡面上，钉上若干排平行于坝轴线的木桩。木桩的纵、横间距都不宜过大，以免影响修坡质量。用钢卷尺丈量各木桩至坝轴线的距离，并按式（11.4）计算桩的坡面设计高程，然后用水准仪测定各木桩的坡面高程，各点坡面高程与各点设计高程之差即为该点的修坡厚度。

2. 经纬仪法

首先要根据坡面的设计坡度计算出坡面的倾角，即

$$\alpha = \arctan \frac{1}{M} \tag{11.6}$$

在填筑的坝顶边缘上安置经纬仪，量取仪器高度 i。将望远镜视线向下倾斜 α，固定望远镜，此时视线平行于设计坡面。然后，沿视线方向每隔几米竖立标尺，设中丝读数为 L，则该立尺点的修坡厚度

$$\delta = i - L \tag{11.7}$$

若安置经纬仪地点的高程与坝顶设计高程不符，则计算修坡量时应加改正数，如图 11.7 所示。此时，实际修坡厚度应按下式计算，即

$$\delta' = (i - L) + (H_i - H_0) \tag{11.8}$$

式中，i 为经纬仪的仪器高度；L 为全站仪（经纬仪）的中丝读数；H_i 为安置仪器的坝顶实测高程；H_0 为坝顶的设计高程。

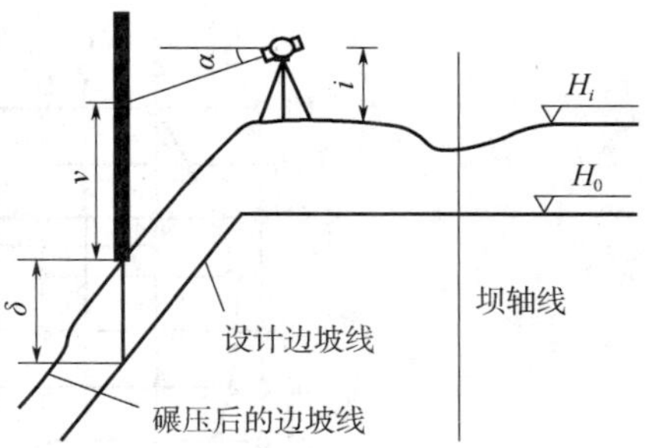

图 11.7　用经纬仪测设修坡桩

11.1.7　护坡桩的标定

坡面修整后，需用草皮或石块进行护坡。为使护坡后的坡面符合设计要求，还需测设护坡桩。护坡桩从坝脚线开始，沿坝坡面高差每隔 5 m 布设一排，每排都与坝轴线平行。在一排中每隔 10 m 钉一木桩，使木桩在坝面上构成方格网形状，将设计高程测设于木桩上，再在设计高程处钉一小钉，称为高程钉。在大坝横断面方向的高程钉上拴一根绳子，以控制坡面的横向坡度；在平行于坝轴线方向系一条活动线，当活动线沿横断面线的绳子上、下移动时，其轨迹就是设计的坝坡面。

11.2　混凝土坝施工放样

混凝土坝由坝体、闸墩、闸门、廊道、电站厂房和船闸等多种构筑物组成。因此混凝土坝施工较复杂，要求也较高。不论是施工程序，还是施工方法，都与土坝有所不同，放样精度比土坝要求高。

11.2.1　施工控制测量

11.2.1.1　基本平面控制网

平面控制网的精度指标及布设密度应根据工程规模及建筑物对放样点位的精度要求确定。平面控制测量的等级依次划分为二、三、四、五等，测角网、测边网、边角网或相应等级的光电测距导线网根据建筑物重要性的不同要求，平面控制网的布设梯级，可以根据地形条件及放样需要决定，以 1～2 级为宜。但无论采用何种梯级布网，其最末平面控制点相对于同级起始点或相邻高一级控制点的点位中误差不应大于 ±10 mm。

11.2.1.2　坝体控制网

一般在浇筑混凝土坝时，整个坝体沿轴线方向划分成许多坝段，而每一坝段在横向上又

分成若干个坝块。由于混凝土的物理和化学特性，以及施工程序和机械的性能，坝体必须分层浇筑，每一层中还分段分块（或分跨分仓）进行浇筑，因此每层每块都必须进行放样，建立施工控制网，作为坝体放样的定线依据。坝体细部常用方向线交会法和前方交会法放样，建立坝体施工控制网作为坝体放样的定线网，一般有矩形网和三角网两种。前者以坝轴线为基准，按施工分段分块尺寸建立矩形网，后者则由基本网加密建立三角网作为定线网。混凝土重力坝的坝体控制网如图 11.8 所示。

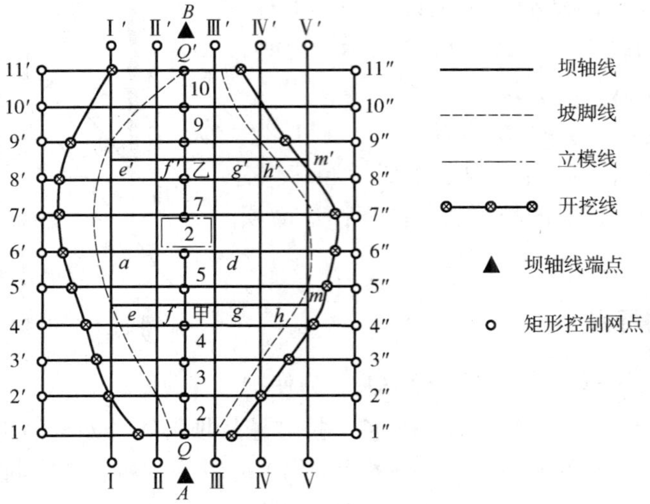

图 11.8　混凝土重力坝的坝体控制网

11.2.1.3　高程控制网

高程控制分永久水准基点和临时水准基点两级布设。水准基点是整个水利枢纽的高程控制，应与国家水准基点联测，组成闭合或附合水准路线。视工程的不同要求按二等或三等水准测量施测，并考虑以后可用作监测垂直位移的高程控制。临时水准基点或施工水准基点，随施工进程布设，尽可能布设成闭合或附合水准路线。临时水准基点多布设在施工范围内，并从水准基点引测它们的高程，应经常检查，如有变化及时改正。

11.2.2　混凝土坝清基开挖线放样

清基开挖线是指确定对大坝基础进行清除坝基自然表面的松散土壤、树根等杂物。在清理基础时，测量人员应根据设计图，结合地形情况放出清基开挖线，以确定施工范围。

标定混凝土坝清基开挖线的方法和土坝一样，也可以采用图解法。先沿坝轴线测量纵横断面绘出纵横断面图，由各断面上定出坡脚点，获得坡脚线及开挖线，如图 11.8 所示。和土坝清基开挖线的放样方法相同，实地放样时，在各横断面上由坝轴线向两侧量距得开挖点，然后据此在实地上放样出坝脚点，将各坝脚点连起来就是清基开挖线。在清基开挖过程中，还应控制开挖深度，在每次爆破后应及时在基坑内选择较低的岩面测定高程，并用红油漆标明，以便施工人员和地质人员掌握开挖情况。

11.2.3　混凝土重力坝坝体立模放样

在坝体分块立模时，应将分块线投射到基础面上或已浇好的坝块面上，模板架立在分块线上，因此分块线也叫立模线。但立模后立模线被覆盖，还要在立模线内侧弹出平行线，称为放样线，如图 11.8 中点画线所示，用来立模放样和检查校正模板位置。放样线与立模线之间的距离一般为 0.2 ~0.5 m。

11.2.3.1　方向线交会法

如图 11.8 所示的混凝土重力坝，已按分块要求布设了矩形坝体控制网，可用方向线交会法先测设立模线。如要测设分块 2 的坝点 b 的位置，可在 7′ 安置经纬仪，照准 7″ 点，同时在Ⅱ点安置经纬仪，照准 Ⅱ′ 点，两架经纬仪视线的交点即为 b 的位界。在相应的控制点上，用同样的方法可交会出该分块的其他三个顶点的位置，得出分块 2 的立模线。利用分块的边长及对角线校核标定的点位，无误后在立模线内侧标定放样线的四个角顶。

11.2.3.2　前方交会（角度交会）法

如图 11.9 所示，由 A、B、C 三个控制点用前方交会法测设某坝块的四个角点 d、e、f、g，它们的坐标由设计图纸上查得，从而由三个控制点的坐标可计算放样数据——交会角。如欲测设 g 点，可算出 β_1、β_2、β_3，便可在实地定出 g 点的位置。依次放出 d、e、f 各角点，也应用分块边长和对角线校核点位，无误后在立模线内侧标定放样线的四个角点。

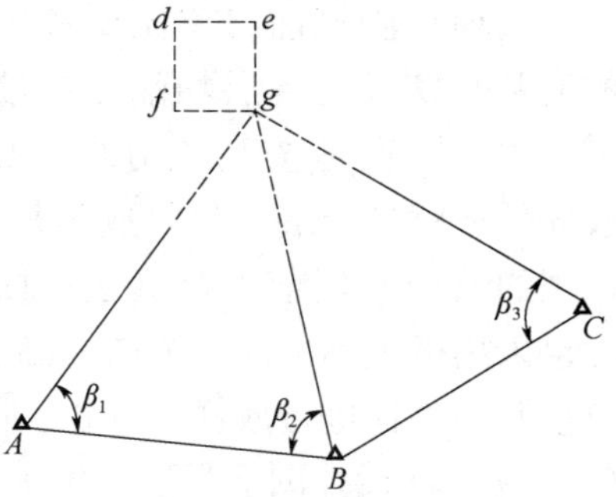

图 11.9　前方交会法放样立模

方向线交会法简易方便，放样速度也较快，但往往受到地形限制，或因坝体浇筑逐步升高，挡住方向线的视线，不便放样。因此实际工作中可根据条件把方向线交会法和前方交会法结合使用。

11.2.3.3　全站仪放样法

使用全站仪放样只需将控制点数据和放样点数据上传至全站仪，然后将全站仪安置在一个较理想的观测点上，后视另一个观测点确定方位角，然后调用放样程序即可顺序放样。这种方法快捷、方便、精度高，目前被广泛采用。

11.2.4　混凝土浇筑高度放样

为了控制新浇混凝土坝块的高程，可先将高程引测到已浇坝块面上，从坝体分块图上查取新浇坝块的设计高程，待立模后，再从坝块上设置临时水准点，用水准仪在模板内侧每隔一定距离放出新浇坝块的高程，并以规定的符号标明，以控制浇筑高度。

模板安装后，应该用放样点检查模板及预埋件安装的质量，符合规范要求时，浇筑混凝土。待混凝土凝固后，再进行上层模板的放样。

11.3　拱坝施工放样

拱坝的放样主要是把设计好的拱圈弧线标定在地面上，以便于拱石的安装或混凝土的浇筑。拱坝是在平面上呈凸向上游的拱形挡水建筑物，借助拱的作用将水压力的全部或部分传给河谷两岸的基岩。拱坝分为单曲拱坝和双曲拱坝两种类型。单曲拱坝的坝面弧线采用统一圆心，双曲拱坝坝面弧线的圆心随高度变动。单曲拱坝的放样比较简单，和双曲拱坝中放样一个拱圈的方法相同，故本节中主要介绍双曲拱坝的放样方法。

双曲拱坝在水平和铅直截面内都呈拱形，是由不同圆心和不同半径的一些圆曲线组成的，所有圆心都与拱顶位于同一条直线上，如图 11.10 所示，这条直线称为拱坝中心线。因为一般河谷都上宽下窄，所以，这些圆曲线所对的中心角及其半径总是按高程从上往下逐渐减小，对应的圆心也因设计半径的减小离坝体越近。

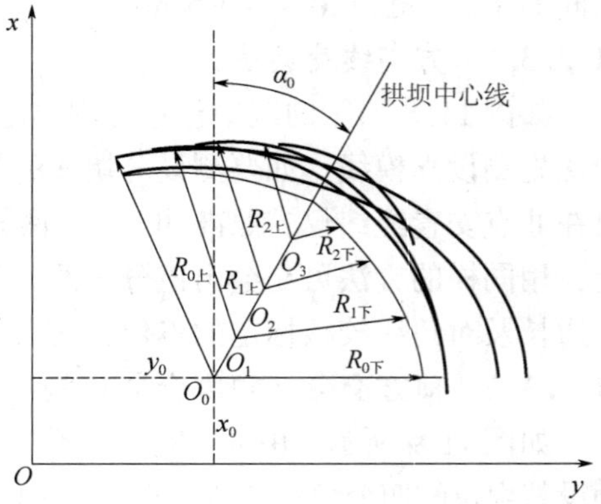

图 11.10　双曲拱坝的平面投影图

拱坝在浇筑前，首先要整体清基，河谷两侧的清基开挖线是各层坝端与山坡交点的连线。在施工中，拱坝是按高程分层、分段和分块浇筑，放样任务就是分层、分段放出每块立模线的位置。拱坝的放样常用前方交会法；如果量距方便，有时也采用极坐标法。当测图控制点的精度和密度能满足放样要求时，可以直接依据这些控制点按测图坐标进行放样；反之，则按测图坐标重新布设。放样的方法和步骤如下：

（1）从设计图上量取拱坝中心线的方位角 α_0 和离坝最远圆心的坐标 x_0 、y_0，以此作为推算其他曲线点坐标的起算数据。其中 α_0 一般应量取中心线上两点的坐标进行反算求得。

（2）根据离坝最远圆心对应的半径与其他圆心对应的半径之差，以及中心线的方位角计算出其他圆心的坐标，即

$$\begin{cases} x_i = x_0 + (R_0 - R_i)\cos\alpha_0 \\ y_i = y_0 + (R_0 - R_i)\sin\alpha_0 \end{cases} \tag{11.9}$$

（3）将每层拱圈从中心线向两边分成若干个相同的等份，如图 11.11 所示，每等份的大小视具体要求而定（如分块大小、放样精度），两端可能不足一等份。根据各等分角边（半径）与中心线的夹角计算出各角边的方位角。

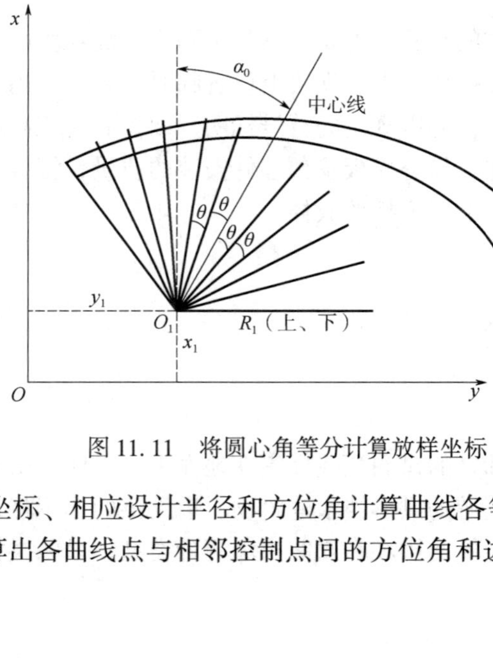

图 11.11　将圆心角等分计算放样坐标

（4）根据各圆心坐标、相应设计半径和方位角计算曲线各等分点上下游面的坐标。

（5）根据坐标反算出各曲线点与相邻控制点间的方位角和边长，在相应控制点上安置经

纬仪，按方位角进行前方交会（或采用极坐标法）放出曲线点，在实地标定出拱圈的位置。

11.4　水闸施工放样

在水利水电工程中，为了达到泄水和挡水的目的，常在大坝上设置水闸。图 11.12 是三孔水闸的平面位置示意图。水闸由闸门、闸墩、闸底板、两边侧墙、闸室上游防冲板和下游溢流面等结构物所组成。由于水闸一般建在土质地基上，因此通常以较厚的钢筋混凝土底板作为整体基础，闸墩和两边侧墙就浇筑在底板上，与底板接成一个整体。

水闸的施工放样包括水闸轴线的测设、闸底板范围的确定、闸墩中线的测设以及下游溢流面的放样等。

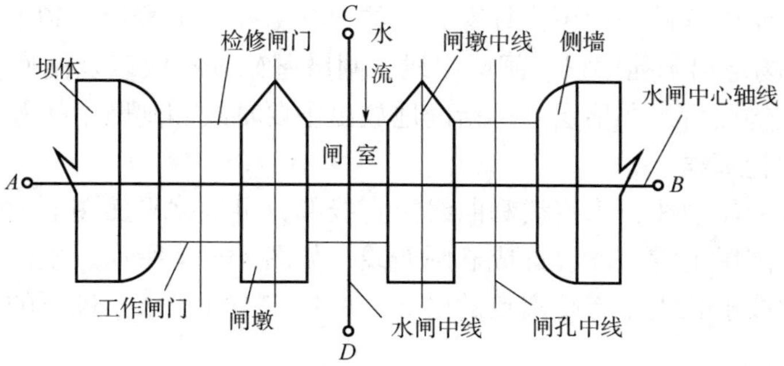

图 11.12　水闸平面示意图

11.4.1　水闸主要轴线的测设

水闸主要轴线的放样就是在施工现场标定轴线端点的位置，如图 11.13 所示的 A、B 和 C 、D 点的位置。

主要轴线端点的位置可从水闸设计图上量出坐标，然后将施工坐标换算成测图坐标，利用测图控制点进行放样。对于独立的小型水闸，也可在现场直接选定。

主要轴线端点 A、B 确定后，应精密测设 AB 的长度，并标定中点 O 的位置。在 O 点安置经纬仪，测设出 AB 的垂线 CD，其测设误差应小于10″。主轴线测定后，应向两端延长至施工影响范围之外，每端各埋设两个固定标志以表示方向。其目的是检查端点位置是否发生移动，并作为恢复端点位置的依据。

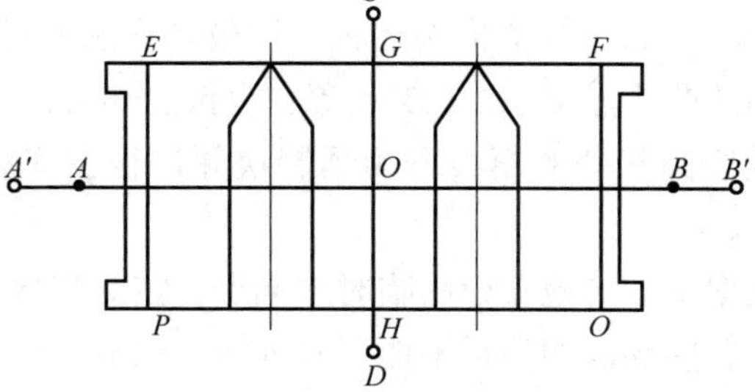

图 11.13　水闸放样的主要点线

11.4.2 闸底板的放样

闸底板的放样目前大多采用比较简单的全站仪测距法。如图 11.13 所示，在主轴线的交点 O 安置全站仪，根据闸底板设计尺寸，在轴线 CD 上分别向上、下游各测设底板长度的一半，得 G、H 两点。在 G、H 点分别安置仪器，以轴线 CD 定向，测设与 CD 轴线相垂直的两条方向线，两方向线分别与边墩中线交于 E、F、P、Q 点，这 4 个点即为闸底板的 4 个角点。

闸底板平面位置的放样也可根据实际情况，采用前方交会法、极坐标法等进行测设。

闸底板的高程放样可根据底板的设计高程用水准测量的方法放样，也可在放样平面位置时用全站仪三角高程测量的方法放样。

11.4.3 闸墩的放样

闸墩的放样是先放出闸墩中线，再以中线为依据放样闸墩的轮廓线。

放样前，由水闸的基础平面图，计算有关的放样数据。放样时，以水闸主要轴线 AB 和 MN 为依据，在现场定出闸孔中线、闸墩中线、闸墩基础开挖线以及闸底板的边线等。待水闸基础打好混凝土垫层后，在垫层上再精确地放出主要轴线和闸墩中线等。根据闸墩中线放出闸墩平面位置的轮廓线。

闸墩平面位置的轮廓线分为直线和曲线。直线部分可根据平面图上设计的有关尺寸，用直角坐标法放样。闸墩上游一般设计成椭圆曲线，如图 11.14 所示。放样前，应按设计的椭圆方程式，计算曲线上相隔一定距离点的坐标，由各点坐标可求出椭圆的对称中心点 P 至各点的放样数据 β_i 和 l_i。

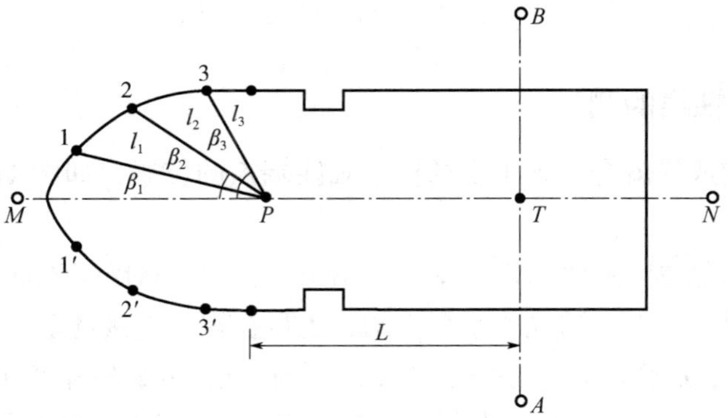

图 11.14 用极坐标法放样闸墩曲线部分

根据已标定的水闸轴线 AB、闸墩中线 MN 定出两轴线的交点 T，沿闸墩中线测设距离定出 P 点。在 P 点安置经纬仪，以 PM 方向为后视，用极坐标法放样 1、2、3 点等。由于 PM 两侧曲线是对称的，左侧的曲线点 1′、2′、3′点等，也按上述方法放出。施工人员根据测设的曲线放样线立模。闸墩椭圆部分的模板若为预制块并进行预安装，只要放出曲线上几个点，即可满足立模的要求。

闸墩各部位的高程根据施工场地布设的临时水准点，按高程放样方法在模板内侧标出高程点。随着墩体的升高，有些部位的高程不能用水准测量法放样，这时可用钢卷尺从已浇筑的混凝土高程点上直接丈量放出设计高程。

11.4.4　下游溢流面的放样

闸室下游的溢流面通常设计成抛物线，目的是减小水流通过闸室的能量，以降低水流对闸室的冲击力，如图11.15所示。

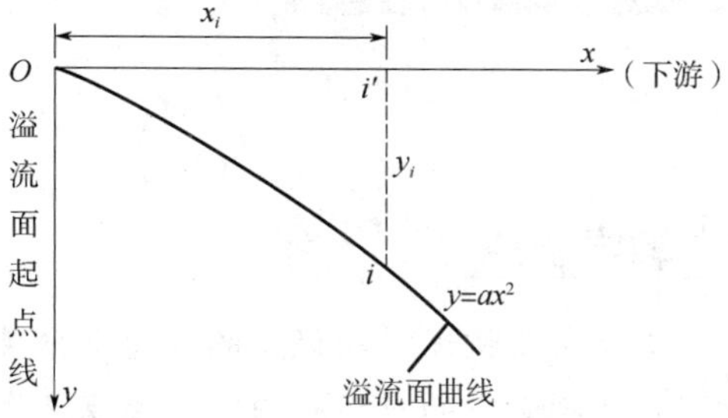

图11.15　溢流面局部坐标系

放样步骤如下：

(1) 以闸室下游水平方向为 x 轴，闸室底板下游高程为溢流面的起点 O（变坡点）为原点，通过原点的铅垂方向为 y 轴建立坐标系。

(2) 由于溢流面的纵剖面是抛物线，所以溢流面上各点的设计高程是不同的。根据设计的抛物线方程式和放样点至溢流面起点的水平距离计算剖面上相应点的高程，即

$$H_i = H_0 - y_i \tag{11.10}$$

其中

$$y_i = ax^2 \tag{11.11}$$

式中，H_i为 i 点的设计高程；H_0为下游溢流面的起始高程，由设计部门给定；y_i为与坐标原点 O 相距水平距离为 x_i的 y 值，图中可见，y 值即为高差；a 一般等于0.006。

(3) 在闸室下游两侧设置垂直的样板架，根据选定的水平距离，在两侧样板架上作垂线。再用水准仪按放样已知高程点的方法，在各垂线上标出相应点的位置。

(4) 将各高程标志点连接起来，即为设计的抛物面与样板架的交线，该交线就是抛物线。

思考题

1. 如何确定土坝的坝轴线？
2. 说明土坝坝身控制测量的方法。
3. 说明土坝清基线的放样方法。
4. 说明标定修坡桩的方法。
5. 说明用偏轴距法测设直线型坝体放样线的方法。
6. 水闸轴线是怎样测设的？
7. 说明闸墩的放样方法。
8. 说明下游溢流面的放样方法。

第12章 测量误差的基础知识

教学要点

本章主要讲述观测误差的概念及分类、偶然误差的特性、衡量精度的指标、误差传播定律及其在测量中的应用等内容。重点是衡量精度的指标和线性函数的误差传播定律；难点是误差传播定律。

12.1 观测误差

12.1.1 观测误差的概念

用一定的测量仪器或工具，通过采用一定手段获得的反映地球与其他实体空间分布有关信息的数据，称为观测值。对于任何一个观测量来说，客观上总是存在一个能反映其真正大小的数值，这个数值称为真值或理论值。但在测量工作中，由于诸多因素的影响，某量的观测值与观测值之间，或观测值与其理论值之间总是存在一定的差异，这种差异称为误差。常将该量的观测值与其理论值之间的差异称为真误差，用 Δ 表示。

若用 L 表示观测值，$\tilde{L}$ 表示真值，则该次观测值的真误差

$$\Delta = L - \tilde{L} \tag{12.1}$$

12.1.2 观测误差的来源

观测值是通过测量仪器或者工具获取的，在获取过程中不可避免地会使观测值与观测值，或观测值与真值之间产生误差。这些观测误差产生的原因是多种多样的，但概括起来主要有以下三个方面。

1. 仪器误差的影响

仪器误差可分为两个方面：一是由于仪器本身具有一定限度的准确度，由此观测所得的数据必然具有误差。例如，用只有厘米分划的水准尺进行水准测量时，就很难保证在厘米以下的读数准确无误。二是由于仪器本身具有一定的残余误差，会给测量数据带来误差。例如，微倾式水准仪视准轴不平行于水准管轴而产生的 i 角误差，就会使水准尺中丝读数不准确。

2. 观测者的影响

由于观测者感觉器官的鉴别能力有一定的局限性，所以在安置仪器、照准、读数等方面

的操作过程中都会产生误差。同时，观测者的工作态度和技术水平对观测成果的质量有着直接影响。

3. 外界环境的影响

观测所处的外界环境条件，如温度、湿度、风力、大气折光等因素也会对观测结果产生影响。同时，温度高低、湿度大小、风力强弱及大气折光不同的变化，对观测结果的影响也会不同，因而在这样变化的客观环境下进行观测，就必然导致观测的结果产生误差。

测量仪器、观测者和外界环境是引起观测误差的主要因素，通常把这三方面的因素综合起来称为观测条件。一般来说，观测条件的好坏与观测成果的质量有着密切的联系。当观测条件好时，观测中产生的误差平均说来就可能相对小些，因而观测质量就会高些。反之，当观测条件差时，观测中产生的误差平均说来就可能相对大些，因而观测成果的质量就会低些。如果观测条件相同，观测成果的质量也就可以说是相同的。所以说，观测条件的好坏决定了观测成果质量的高低。但是，不管观测条件如何，在整个观测过程中，观测结果总会受到上述因素的影响，从这个意义上来说，测量工作中的观测误差是不可避免的。

12.1.3　观测误差的分类

根据观测误差对观测结果的影响性质，可将观测误差分为系统误差和偶然误差两种。

1. 系统误差

在相同的观测条件下进行一系列观测，如果误差在大小、符号上表现出系统性，或者在观测过程中按一定的规律变化，或者为一常数，那么，这种误差就称为系统误差。例如，水准尺的刻划不准确、水准仪的视准轴误差、温度对钢尺量距的误差、尺长误差等均属于系统误差。

系统误差具有累积性，对成果的影响较大，应当设法消除或减弱它的影响。采用的方法一般有两种：一是在观测的过程中采取一定的观测方法削弱；二是在观测结果中加入改正数，其目的就是消除或减弱系统误差的影响，使其达到忽略不计的程度。

2. 偶然误差

在相同的观测条件下进行的一系列观测，如果误差在大小和符号上都表现出随机性，即从单个值来看，其大小和符号没有规律性，但就大量误差的总体而言，具有一定的统计规律，那么这种误差称为偶然误差。例如，观测时的照准误差、读数时的估读误差等，都属于偶然误差。

如果各个误差项对其总和的影响都是均匀小，即其中没有一项比其他项的影响占绝对优势，那么它们的总和将是服从或近似地服从正态分布的随机变量。因此，偶然误差就其总体而言，都具有一定的统计规律，所以，有时又把偶然误差称为随机误差。

12.1.4　测量误差的处理

12.1.4.1　系统误差的处理

系统误差对于观测结果的影响一般具有累积的作用，它对成果质量的影响也特别显著。因此，在实际工作中，应采取相应方法来消除和减少系统误差对观测成果的影响。

消除或减弱系统误差的方法一般有以下三种：

(1) 通过检校测量仪器，把由于仪器误差引起的系统误差降低到最小程度。例如，每次水准测量前都要进行 i 角检验，对 i 角误差超限的仪器，应校正后用于观测。

(2) 在观测方法和观测程序上采用必要的措施，限制或削弱系统误差的影响。这是消除或者减弱系统误差的主要方法。例如，观测水平角时，采用盘左、盘右观测，并在每个测回起始方向重新配置度盘等措施；采用方向观测法测水平角时，为了检查水平度盘在观测过程中是否发生变动，应计算归零误差；水准测量中，应保证前后视距尽量相等，以减弱 i 角影响；对于整条水准线路来说，应进行往返观测，并取往测高差与返测高差的中数作为一条线路最后的观测高差，可以使得在观测过程中由仪器与标尺下沉所引起的观测误差大部分得到消除等。

(3) 根据系统误差的表现规律，对观测值进行系统误差的改正。如在钢尺量距中，某钢尺的注记长度为 30 m，经鉴定后，它的实际长度为 30.016 m，即每量一整尺，就比实际长度少 0.016 m，也就是每量一整尺段就有 +0.016 m 的系统误差。这种误差的数值和符号是固定的，误差的大小与距离成正比。若丈量了 5 个整尺段，则长度误差为

$$5 \times (+0.016)\ \text{m} = +0.080\ \text{m}$$

若用此钢尺丈量的结果为 167.213 m，则实际长度为

$$167.213\ \text{m} + \frac{167.213}{30} \times (+0.016)\ \text{m} = 167.302\ \text{m}$$

因此，钢尺量距时，要计算尺长改正数，并对丈量结果进行改正，从而消除系统误差。

需要注意的是，由于系统误差总是使测量结果偏向一边，或者偏大，或者偏小，因此，多次测量求平均值并不能消除系统误差。

12.1.4.2 偶然误差的处理

由于偶然误差是一种随机变量，在测量过程中是一直存在的，无法完全消除它，但测量过程中的偶然误差在总体上是服从或近似服从正态分布的随机变量，所以可以应用数理统计规律处理偶然误差，获得观测量的最或是值。

12.1.4.3 粗差的处理

粗差是一种大量级的观测误差，在测量成果中是不允许粗差存在的。在观测数据中应设法避免出现粗差。处理粗差的办法主要有以下两种：

(1) 采用 3σ 准则。统计理论表明，测量值的偏差超过 3σ 的概率仅为 0.3%，可以认为它是一个不可能事件。因此，可以认为偏差超过 3σ 的测量值是由其他因素或过失造成的，为异常数据，应当剔除。

(2) 进行必要的重复观测和多余观测，通过必要而又严格的检核、验算等方式均可发现粗差。国家测绘机构制定的各类测量规范和细则，也能起到防止粗差出现和发现粗差的作用。

含有粗差的观测值都不能使用。因此，一旦发现粗差，该观测值必须舍弃或重测。尽管观测过程十分小心，粗差有时也在所难免，但是，如何在大量的观测数据中发现和剔除粗差，或在数据处理中削弱含粗差的观测值对平差成果的影响，是测绘界十分关注的课题之一。

12.2 偶然误差的特性

12.2.1 偶然误差的描述

由12.1节可知，在相同的观测条件下，偶然误差是一种随机变量，就单个误差来讲，从表面上看其符号和大小没有规律，即呈现出一种偶然性（或随机性）。但就总体而言，却会呈现出一定的统计规律性，而且随着误差个数的增多这种规律表现得越明显。根据概率论与数理统计知识可知，偶然误差是服从于正态分布的。下面通过实例来描述一组观测误差的分布情况。

设在相同的观测条件下，独立地观测了358个平面三角形的3个内角，由于观测值有误差，三角形3个内角和不等于180°，则各三角形内角和的真误差

$$\Delta_i = (L_1 + L_2 + L_3)_i - 180° \tag{12.2}$$

式中，$i = 1,2,3,\cdots,358$。

1. *列表法*

现将三角形内角和真误差出现的范围分成若干相同的小区域，每个区域长度为 $d\Delta = 0.2''$，将该组真误差按其绝对值大小排列，统计出误差落入各个区间的正、负误差个数 v_i，并分别按照式（12.3）计算出其频率

$$f_i = \frac{v_i}{n} \tag{12.3}$$

式中，n 为误差总的个数；v_i为落入 i 区间的误差个数。

统计结果列于表12.1中。

表12.1 误差统计结果

误差的区间/（″）	Δ为正值			Δ为负值			备注
	个数v_i	频率f_i	$f_i/d\Delta$	个数v_i	频率f_i	$f_i/d\Delta$	
0.00~0.20	46	0.128	0.640	45	0.126	0.630	$d\Delta = 0.2''$，等于区间左端值的误差算入该区间内
0.20~0.40	41	0.115	0.575	40	0.112	0.560	
0.40~0.60	33	0.092	0.460	33	0.092	0.460	
0.60~0.80	21	0.059	0.295	23	0.064	0.320	
0.80~1.00	16	0.045	0.225	17	0.047	0.235	
1.00~1.20	13	0.036	0.180	13	0.036	0.180	
1.20~1.40	5	0.014	0.070	6	0.017	0.085	
1.40~1.60	2	0.006	0.030	4	0.011	0.055	
1.60以上	0	0	0	0	0	0	
Σ	177	0.495		181	0.505		

从表12.1中可以看出，三角形内角和的真误差具有一些特点，如误差的绝对值有一定

的限度，最大的误差不超过 1.6″；绝对值小的误差比绝对值大的误差多；绝对值相等的正、负误差出现的个数大致相近。

2. 直方图法

根据表 12.1 的数据，以真误差 Δ 的数值为横坐标，以各区域内误差出现的频率除以区间的间隔值（$f_i/\mathrm{d}\Delta$）为纵坐标绘制直方图，如图 12.1 所示。每一误差区间上的长方形面积代表误差在该区间内出现的相对个数。

从图 12.1 中也可看出，三角形内角和的真误差仍具有上述一些特点，所以直方图同样可以反映出误差的分布情况。

3. 误差分布曲线

在一定的观测条件下得到的一组独立误差，对应着一种确定的误差分布。当观测值总个数足够大时，出现在各区间内的误差频率就会稳定在某一常数附近。而当观测个数 $n \to \infty$ 时，误差出现在各区间的频率也就趋于一个完全确定的数值。如果此时把区间间隔无限缩小，图 12.1 中各个小长方条顶边的折线将变成一条光滑的曲线，如图 12.2 所示，该曲线称为误差的概率密度曲线或误差分布密度曲线，简称为误差曲线。随着 n 的增大，误差分布曲线以正态分布为其极限，而偶然误差的概率密度函数可表示为

$$f(\Delta) = \frac{1}{\sqrt{2\pi}\sigma} \mathrm{e}^{-\frac{\Delta^2}{2\sigma^2}} \tag{12.4}$$

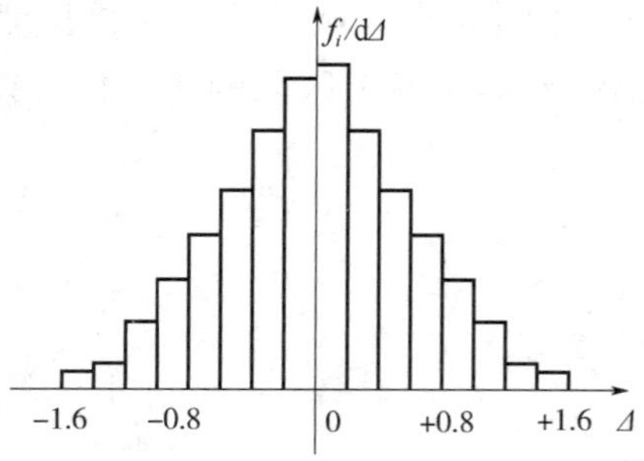

图 12.1　直方图

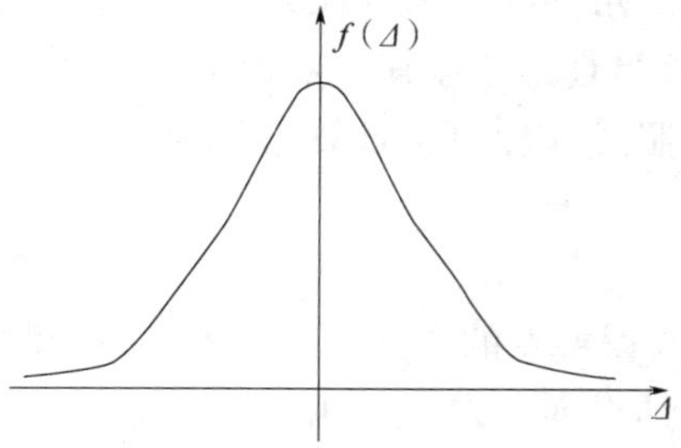

图 12.2　误差曲线

12.2.2　偶然误差的特性

通过以上讨论可以看出，偶然误差具有以下几个统计特性：

（1）在一定的观测条件下，偶然误差的绝对值有一定的限值，或偶然误差的绝对值大于某个数的概率为零，该特性称为偶然误差的有界性。

（2）绝对值较小的误差比绝对值较大的误差出现的概率大，该特性称为偶然误差的聚中性。

（3）绝对值相等的正、负误差出现的概率相同，该特性称为偶然误差的对称性。

（4）偶然误差的数学期望或偶然误差算术平均值的极限值为零，即

$$E(\Delta) = 0 \tag{12.5}$$

该特性称为偶然误差的抵偿性。

对于一系列的观测而言，其观测条件是好是差，也不论是对同一个量还是对不同的量进行观测，只要这些观测是在相同的条件下独立进行的，则所产生的一组偶然误差就必然都具

有上述特性。

12.2.3 由偶然误差特性引出的两个测量依据

1. 制定测量限差的依据

由偶然误差的有界性可知，在一定的观测条件下，若仅有偶然误差的影响，误差的绝对值必定会小于一定的限值。因此，在实际工作中，就可依据观测条件确定一个误差限值，若观测值的误差绝对值小于该限值，即认为观测值合乎要求，否则，应剔除或者重测。

2. 判断系统误差或粗差的依据

由偶然误差的对称性和抵偿性可知，误差的理论平均值应为零，即观测值的期望值应为其真值，观测值中不含有系统误差或粗差。若误差的理论平均值不为零，且数值较大，说明观测成果中可能含有系统误差或者粗差。

12.3 衡量精度的指标

12.3.1 精度的概念

精度是指误差分布的密集或者离散程度，也表示各观测结果与其数学期望的接近程度。当观测值中仅含有偶然误差时，其数学期望就是真值，在这种情况下，精度描述了观测列与真值的接近程度，它反映了观测结果的偶然误差大小，是衡量偶然误差大小程度的指标。

一般来说，在一定的观测条件下进行的一组观测，对应着一种确定不变的误差分布。如果分布较为密集，则表示该组观测值质量较好，或观测质量较高；反之，如果分布较为离散，则表示该组观测质量较差，或者观测质量较低。而对于相同条件下的每一个观测值，它们都是同精度观测值。

12.3.2 衡量精度的指标

为了衡量观测值精度的高低，虽然可以用12.2节的方法，把在一组相同条件下得到的误差，采用误差频率分布表、绘制直方图或画出误差分布曲线的方法来比较，但在实际工作中，这样做比较麻烦，甚至很困难，而且人们还需要对精度有一个数字概念，所以必须寻求一个用数字指标衡量精度的标准。这种具体的数字应该能够反映误差分布的密集或离散的程度，即能够反映其离散度的大小，因此称为衡量精度的指标。常用的衡量精度的指标有以下几种。

12.3.2.1 中误差

12.2节已述及，标准差的大小可以反映观测成果质量的好坏，但如果标准差采用统计中的公式进行计算，要求观测次数无限，这在实际的测量工作中是不可能的，因此通常采用中误差作为衡量观测成果精度的标准。在相同的观测条件下对某未知量进行了 n 次观测，各观测值真误差平方和的平均值的平方根，称为中误差，常用 m 表示，即

$$m = \pm\sqrt{\frac{\Delta_1^2 + \Delta_2^2 + \cdots + \Delta_n^2}{n}} = \pm\sqrt{\frac{[\Delta\Delta]}{n}} \tag{12.6}$$

中误差实际上是标准差的近似值，统计学上称为估值，随着 n 的增加，m 将趋近于 σ。应当指出，在相同的观测条件下进行的一组观测，测得的每一个观测值的精度都是相同的，称为等精度观测值。由于它们对应着同一个误差分布，因此中误差是指该组每个观测值都具有这个值的精度，也称观测值中误差。但是等精度观测值的真误差彼此并不一定相等，有的差别还比较大。

例如：在等精度条件下，有两个观测组对某一已知的角度进行6次观测，每个小组的6个观测值的真误差分别为

第1组：+3″，+2″，−4″，+2″，0″，−4″；

第2组：+3″，−5″，+1″，−3″，0″，+4″。

如果直接从观测数据来评定两组的观测精度显然是比较困难的，但是采用中误差来评定两组的观测精度，则可见分晓。两组观测值的中误差分别为

$$m_1 = \pm\sqrt{\frac{[\Delta\Delta]}{n}} = \pm\sqrt{\frac{(3'')^2 + (2'')^2 + (-4'')^2 + (2'')^2 + (0'')^2 + (-4'')^2}{6}} = \pm 2.8''$$

$$m_2 = \pm\sqrt{\frac{[\Delta\Delta]}{n}} = \pm\sqrt{\frac{(3'')^2 + (-5'')^2 + (1'')^2 + (-3'')^2 + (0'')^2 + (+4'')^2}{6}} = \pm 3.2''$$

计算的结果表明 $|m_1| < |m_2|$，即说明第1组观测值比第2组观测值的精度高。所以，若中误差绝对值较小，则观测的精度较高；若中误差绝对值较大，则观测的精度较低。计算的结果还说明，在一组观测值中，m 不是某一个观测值的中误差，它与每一个真误差的大小有关，它描述了一组观测值中误差的离散程度，突出了较大误差与较小误差之间的差异，将较大误差对观测结果的影响显现出来。因此，中误差是衡量观测精度的可靠标准，测量工作中常常采用中误差作为衡量精度的标准。

在实际工作中，由于观测量的真值往往是不知道的，因此很难求得真误差，只能根据观测值求得观测量的最或然值，且观测个数总是有限的。

对于等精度的一组观测值，可以用残差计算该组观测值的中误差

$$m = \pm\sqrt{\frac{v_1^2 + v_2^2 + \cdots + v_n^2}{n-1}} = \pm\sqrt{\frac{[vv]}{n-1}} \tag{12.7}$$

应当指出，在测量中，即使一次测量的偶然误差正好为0，也不能说明精度就高，它的精度仍然是相同条件下的中误差精度。例如，一次观测三角形的3个内角，其和正好为180°，这个不能够说明本次观测各角的精度就高，只是因为各内角观测的偶然误差相互有抵消而偶然为0而已。

12.3.2.2 相对误差

真误差和中误差都是没有考虑有些观测值本身量大小时的误差，一般称为绝对误差。在测量工作中，有时单纯用绝对误差的大小还不能说明测量精度的高低。例如，分别丈量长度为600 m和800 m的两段距离，其中误差均为±0.1 m，显然我们认为这两段距离的丈量精度是相同的，但事实上，量距误差的大小与距离的长短有关，也就是说这两段距离丈量的精度实际上是不一样的。为了客观地衡量这一类测量的精度，还必须采用另一种标准来衡量，这就是相对误差。相对误差就是绝对误差的绝对值与相应观测结果的比值，通常以分子为1

的分数形式表示，常用 K 表示相对误差，值越小，其测量的精度越高。例如，距离测量的相对误差为

$$K=\frac{|m|}{D}=\frac{1}{\frac{D}{|m|}} \tag{12.8}$$

式中，m 为丈量某一段距离的中误差；D 为丈量距离的长度。

如丈量上述两段距离中，相对误差分别为

$$K_1=\frac{|m|}{D_1}=\frac{|\pm 0.1|}{600}=\frac{1}{6\ 000}$$

$$K_2=\frac{|m|}{D_2}=\frac{|\pm 0.1|}{800}=\frac{1}{8\ 000}$$

显然，用相对误差来衡量观测精度有 $K_1>K_2$，即后者的精度高于前者。

需要指出，角度测量与水准测量等不能用相对误差的概念来衡量精度的高低，因为其误差与观测值本身量的大小无关。

12.3.2.3　允许误差

中误差虽然反映了一组观测值的精度，但它并不代表个别观测值的真误差的大小，也就是需要判断每个观测值的结果是否合乎规定要求。因此，要衡量某一观测值的质量，决定其取舍，还要引入允许误差的概念。允许误差是一定观测条件下规定的测量的限值，又称为限差或极限误差。

由偶然误差的第一特性可知，在一定的观测条件下，误差的绝对值不会超过一定的限值。从大量的测量实践得出，在等精度观测的一组误差中，绝对值大于一倍中误差的偶然误差，其出现的概率为32%；绝对值大于两倍中误差的偶然误差，其出现的概率为4.6%；绝对值大于三倍中误差的偶然误差，其出现的概率仅为0.3%，已经是概率接近于零的小概率事件，或者说实际上是不可能事件。因此，对于观测次数有限的测量工作，绝对值大于三倍中误差的偶然误差实际上基本不会出现，故通常规定以三倍中误差作为偶然误差的允许误差，即

$$\Delta_{限}=3m \tag{12.9}$$

在实际的测量工作中，有的测量对精度要求比较高，要求观测值不容许存在较大的误差，常以两倍中误差作为偶然误差的允许误差，即

$$\Delta_{限}=2m \tag{12.10}$$

如果某一观测值超过上述限差，就可以认为该观测值不可靠，应舍去不用或返工重测。

12.4　误差传播定律及其在测量中的应用

12.4.1　误差传播定律

前面已经讲述了衡量一组等精度观测值的精度指标，并指出在测量中通常以中误差作为衡量精度的指标。但在实际测量工作中，某些未知量不可能或不便于直接进行观测，而需要

由一些直接的观测量根据一定的函数关系间接计算出来。例如，要测量不在同一水平面上两点间的水平距离 D，可以用全站仪测量斜距 S 并测量竖直角 α，则有 $D = S\cos\alpha$。在此情况下，函数 D 的中误差与观测值 S 和 α 的中误差之间必定有联系。反映这种函数关系的定律，称为误差传播定律。

由于观测值与其函数之间有不同的表达方式，现就线性函数和非线性函数分别进行讨论。

12.4.1.1 线性函数的中误差

设有线性函数

$$z = k_1x_1 \pm k_2x_2 \pm \cdots \pm k_nx_n \tag{12.11}$$

式中，x_1，x_2，…，x_n为独立的观测值；k_1，k_2，…，k_n为常数。

设观测值的中误差分别为 $m_1, m_2, \cdots, m_n$，函数 z 的中误差为 m_z。下面来讨论观测值中误差与函数中误差之间的关系。为了简便起见，先讨论具有两个独立观测值的函数，则此时式（12.11）可以写成

$$z = k_1x_1 \pm k_2x_2 \tag{12.12}$$

设 x_1、x_2的真误差为Δ_1、Δ_2，则函数 z 必存在真误差Δ_z，即

$$z + \Delta_z = k_1(x_1 + \Delta_1) \pm k_2(x_2 + \Delta_2) \tag{12.13}$$

式（12.13）减式（12.12）得真误差关系式

$$\Delta_z = k_1\Delta_1 \pm k_2\Delta_2 \tag{12.14}$$

若对 x_1、x_2进行了 n 次观测，则有

$$\begin{cases} \Delta_{z_1} = k_1(\Delta_1)_1 + k_2(\Delta_2)_1 \\ \Delta_{z_2} = k_1(\Delta_1)_2 + k_2(\Delta_2)_2 \\ \qquad \vdots \\ \Delta_{z_n} = k_1(\Delta_1)_n + k_2(\Delta_2)_n \end{cases} \tag{12.15}$$

将式（12.15）等号两边平方求和，并除以 n，得

$$\frac{[\Delta_z{}^2]}{n} = \frac{k_1[\Delta_1{}^2]}{n} + \frac{k_2[\Delta_2{}^2]}{n} \pm 2\frac{k_1k_2[\Delta_1 \cdot \Delta_2]}{n}$$

由于Δ_1、Δ_2均为偶然误差，因此乘积$\Delta_1 \cdot \Delta_2$必然呈现偶然性，根据偶然误差的抵偿性，则有

$$\lim_{n\to\infty}\frac{k_1k_2[\Delta_1 \cdot \Delta_2]}{n} = 0$$

于是，根据中误差的定义，则得到观测值的中误差和函数中误差的关系为

$$m_z^2 = (k_1m_1)^2 + (k_2m_2)^2$$

或

$$m_z = \pm\sqrt{(k_1m_1)^2 + (k_2m_2)^2} \tag{12.16}$$

即两观测值之和（差）的中误差的平方和，等于各观测值中误差与常数之积的平方和。

将其推广，可得线性函数中误差的关系式为

$$m_z^2 = (k_1m_1)^2 + (k_2m_2)^2 + \cdots + (k_nm_n)^2$$

或

$$m_z = \pm\sqrt{(k_1m_1)^2 + (k_2m_2)^2 + \cdots + (k_nm_n)^2} \tag{12.17}$$

即 n 个观测值之和（差）的中误差的平方和，等于各观测值中误差与常数之积的平方和。

由式（12.17）可以写出下列两种特殊线性函数及其中误差关系式。

1. 倍数函数

设函数 $z = kx$，则由式（12.17）可得倍数函数的中误差

$$m_z = \pm km_x \tag{12.18}$$

例 12.1 在比例尺为 1∶1 000 的地形图上，量得 A、B 两点间的距离 $d = 102.3$ mm，其中误差 $m_d = \pm 0.1$ mm。求 A、B 两点间的实地距离 D 及其中误差 m_D。

解： A、B 两点间的实地距离 D 与图上量得的距离 d 是倍数函数关系，即

$$D = Md = 1\,000 \times 102.3 \text{ mm} = 102.3 \text{ m}$$

根据式（12.18）得

$$m_D = \pm Mm_d = 1\,000 \times (\pm 0.1 \text{ mm}) = \pm 0.1 \text{ m}$$

结果一般写为

$$D = (102.3 \pm 0.1) \text{ m}$$

2. 和差函数

设函数 $z = x_1 \pm x_2 \pm \cdots \pm x_n$，根据式（12.17）得和差函数的中误差

$$m_z = \pm\sqrt{m_1^2 + m_2^2 + \cdots + m_n^2} \tag{12.19}$$

在等精度观测条件下，即 $m_1 = m_2 = \cdots = m_n = m$，则有

$$m_z = \pm m\sqrt{n} \tag{12.20}$$

例 12.2 自 A 点向 B 点进行水准测量，已测得各段高差分别为

$$h_1 = +4.083 \text{ m} \pm 2 \text{ mm}$$
$$h_2 = +5.084 \text{ m} \pm 3 \text{ mm}$$
$$h_3 = -3.132 \text{ m} \pm 1 \text{ mm}$$
$$h_4 = -1.341 \text{ m} \pm 2 \text{ mm}$$

求 A、B 两点间的高差 h_{AB} 及其中误差 $m_{h_{AB}}$。

解：

$$h_{AB} = h_1 + h_2 + h_3 + h_4 = (4.083 + 5.084 - 3.132 - 1.341) \text{ m} = +4.694 \text{ m}$$

由式（12.18）得

$$m_{h_{AB}} = \pm\sqrt{m_1^2 + m_2^2 + m_3^2 + m_4^2} = \pm\sqrt{2^2 + 3^2 + 1^2 + 2^2} \text{ mm} = \pm 4.2 \text{ mm}$$

12.4.1.2 非线性函数的中误差

非线性函数即为一般函数，其函数形式为

$$z = f(x_1, x_2, \cdots, x_n) \tag{12.21}$$

式中，$x_1, x_2, \cdots, x_n$ 为独立的观测值；z 为 $x_1, x_2, \cdots, x_n$ 的函数。

对上式进行全微分，得

$$\mathrm{d}z = \frac{\partial f}{\partial x_1}\mathrm{d}x_1 + \frac{\partial f}{\partial x_2}\mathrm{d}x_2 + \cdots + \frac{\partial f}{\partial x_n}\mathrm{d}x_n \tag{12.22}$$

设 $x_1, x_2, \cdots, x_n$ 的真误差为 $\Delta_1, \Delta_2, \cdots, \Delta_n$，由这些观测值的真误差引起的函数 z 的真误差

为 Δ_z。因真误差均很小，用其代替式（12.22）中的微分，得真误差关系式为

$$\Delta z = \frac{\partial f}{\partial x_1}\Delta x_1 + \frac{\partial f}{\partial x_2}\Delta x_2 + \cdots + \frac{\partial f}{\partial x_n}\Delta x_n \tag{12.23}$$

式中，$\frac{\partial f}{\partial x_i}$（$i = 1,2,\cdots,n$）是函数对各自变量 x 的偏导数，以观测值代入，所得的值为常数，设

$$\frac{\partial f}{\partial x_1} = k_1,\ \frac{\partial f}{\partial x_2} = k_2,\ \cdots,\ \frac{\partial f}{\partial x_n} = k_n$$

因此，式（12.23）即成为类似线性函数的真误差关系式，则由式（12.17）可得出非线性函数的中误差关系式为

$$m_z^2 = (k_1m_1)^2 + (k_2m_2)^2 + \cdots + (k_nm_n)^2$$

即

$$m_z = \pm\sqrt{\left(\frac{\partial f}{\partial x_1}m_1\right)^2 + \left(\frac{\partial f}{\partial x_2}m_2\right)^2 + \cdots + \left(\frac{\partial f}{\partial x_n}m_n\right)^2} \tag{12.24}$$

事实上，线性函数的中误差关系式也可通过求函数全微分的方法导出，因此线性函数中误差可以认为是非线性函数中误差的一种特殊形式。

应用误差传播定律求函数中误差时，首先应根据问题的性质列出正确的函数关系式，对于线性函数，可直接采用相应的中误差公式来求；对于非线性函数，应先对函数进行全微分，再求取函数的中误差。应当注意，观测值必须是独立的观测值，即函数式中各自变量必须是互相独立的，不包含相同的误差，否则应做并项或分项处理，使其均为独立观测值，否则将会得出错误的结果。

例 12.3 已知直线 AB 的长度 $D = 216.318\ \text{m} \pm 0.005\ \text{m}$，方位角 $\alpha = 116°38'30'' \pm 5''$。求直线端点 B 的点位中误差。

解：坐标增量的函数式为

$$\Delta x = D\cos\alpha$$
$$\Delta y = D\sin\alpha$$

设 Δx、Δy、D 及 α 的中误差分别为 $m_{\Delta x}$、$m_{\Delta y}$、m_D 及 m_α。将上两式对 D 和 α 求偏导数，则

$$\frac{\partial(\Delta x)}{\partial D} = \cos\alpha \qquad \frac{\partial(\Delta x)}{\partial\alpha} = -D\sin\alpha$$

$$\frac{\partial(\Delta y)}{\partial D} = \sin\alpha \qquad \frac{\partial(\Delta y)}{\partial\alpha} = D\cos\alpha$$

则由式（12.24）得

$$m_{\Delta x} = \pm\sqrt{(\cos\alpha\cdot m_D)^2 + \left[(-D\sin\alpha)\cdot\frac{m_\alpha}{\rho}\right]^2}$$

$$m_{\Delta y} = \pm\sqrt{(\sin\alpha\cdot m_D)^2 + \left(D\cos\alpha\cdot\frac{m_\alpha}{\rho}\right)^2}$$

则 B 点的点位中误差

$$m^2 = m_{\Delta x}^2 + m_{\Delta y}^2 = m_D^2 + \left(D\frac{m_\alpha}{\rho}\right)^2$$

即

$$m = \pm\sqrt{m_D^2 + \left(D\frac{m_\alpha}{\rho}\right)^2}$$

将 $m_D = \pm 5$ mm, $m_\alpha = \pm 5''$, $\rho = 206\ 265''$, $D = 216.318$ m 代入上式得

$$m = \pm\sqrt{5^2 + \left(216.318 \times 1\ 000 \times \frac{5}{206\ 265}\right)^2}\ \text{mm} \approx \pm 7.2\ \text{mm}$$

12.4.2 误差传播定律在测量上的应用

12.4.2.1 水准测量的精度

设 N 个测站测定 A、B 两水准点的高差，其中第 i 站的观测高差为 h_i，则 A、B 两水准点之间的高差

$$h_{AB} = h_1 + h_2 + \cdots + h_N$$

设各测站观测高差是精度相同的独立观测值，其中误差均为 $m_{站}$，则可由线性函数的误差传播定律求得 h_{AB} 的方差

$$m_{h_{AB}}^2 = m_{站}^2 + m_{站}^2 + \cdots + m_{站}^2 = N\,m_{站}^2 \tag{12.25}$$

由此得中误差

$$m_{AB} = \pm\sqrt{N}m_{站} \tag{12.26}$$

若水准路线敷设在平坦地区，每测站间的距离 s 大致相等，设 A、B 两水准点之间的距离为 S，则测站数 $N = S/s$，代入上式得

$$m_{AB} = \pm\sqrt{\frac{S}{s}}m_{站}$$

如果 $S = 1$ km，s 以 km 为单位，则 1 km 的测站数

$$N_{\text{km}} = \frac{1}{s}$$

则 1 km 的中误差

$$m_{\text{km}} = \pm\sqrt{\frac{1}{s}}m_{站}$$

因此，距离为 S km 的 A、B 两水准点之间的高差 h_{AB} 的中误差

$$m_{AB} = \sqrt{S}m_{\text{km}} \tag{12.27}$$

式（12.26）和式（12.27）是水准测量中计算高差中误差的基本公式。由式（12.26）可知，当各测站高差的观测精度相同时，水准测量高差的中误差与测站数的平方根成正比；由式（12.27）可知，当各测站间的距离大致相等时，水准测量高差的中误差与距离的平方根成正比。

12.4.2.2 导线方位角的精度

一条支导线，以同样的精度测得 n 个转折角（左角）β_1，β_2，…，β_n，它们的中误差均为σ_β，第 n 条导线边的坐标方位角

$$\alpha_n = \alpha_0 + \beta_1 + \beta_2 + \cdots + \beta_n \pm n \times 180^\circ$$

式中，α_0为已知边的坐标方位角，设无误差，则根据误差传播定律可求出第 n 条导线边的坐标方位角的中误差

$$m_{\alpha_n} = \pm \sqrt{n} m_\beta \tag{12.28}$$

式（12.28）表明，支导线中第 n 条导线边的坐标方位角的中误差等于各转折角的中误差的 $\sqrt{n}$ 倍，n 为转折角的个数。

12.4.2.3　同精度独立观测值的算术平均值的精度

设某量以同精度独立观测了 N 次，$L_1, L_2, \cdots, L_N$ 为观测值，它们的中误差均等于 m，则 N 个观测值的算术平均值

$$x = \frac{1}{N}\sum_{i=1}^{N} L_i = \frac{1}{N}L_1 + \frac{1}{N}L_2 + \cdots + \frac{1}{N}L_N$$

由误差传播定律可得算术平均值 x 的中误差

$$m_x = \pm \sqrt{\frac{1}{N^2}m^2 + \frac{1}{N^2}m^2 + \cdots + \frac{1}{N^2}m^2} = \pm \frac{m}{\sqrt{N}} \tag{12.29}$$

即 N 个同精度独立观测值的算术平均值的中误差等于各观测值的中误差除以 $\sqrt{N}$。

思考题

1. 什么叫观测误差？为什么在测量工作中其观测结果一定存在误差？

2. 观测误差的来源有哪些？

3. 什么是系统误差？它给观测结果带来怎样的影响？如果观测结果中存在系统误差，能否将其消除？怎样消除？

4. 什么是偶然误差？偶然误差具有哪些特性？如果观测结果中存在偶然误差，能否将其消除？

5. 何谓精度？常用的衡量观测精度的指标有哪几种？

6. 什么叫中误差、相对误差、允许误差？中误差与真误差有何区别？

参考文献

[1] 武汉测绘科技大学《测量学》编写组．测量学［M］．北京：测绘出版社，2000.
[2] 张东明．测绘基础［M］．武汉：武汉大学出版社，2014.
[3] 谢跃进，于春娟．测量学基础［M］．郑州：黄河水利出版社，2012.
[4] 王金玲．工程测量［M］．武汉：武汉大学出版社，2013.
[5] 蓝善勇，刘凯，陆鹏，等．水利工程测量［M］．北京：中国水利水电出版社，2014.
[6] 张国辉．工程测量使用技术手册［M］．北京：中国建材工业出版社，2009.
[7] 何保喜．全站仪测量技术［M］．郑州：黄河水利出版社，2016.
[8] 任伟．建筑工程测量［M］．武汉：武汉理工大学出版社，2015.
[9] 周建郑．GNSS 定位测量［M］．北京：测绘出版社，2014.
[10] 赵玉肖．工程测量［M］．北京：北京理工大学出版社，2012.
[11] 窦如令．建筑工程测量及实训教程［M］．武汉：武汉理工大学出版社，2015.
[12] 靳祥生．水利工程测量［M］．郑州：黄河水利出版社，2008.
[13] 牛志宏．测量平差［M］．北京：中国电力出版社，2012.
[14] 李长城．工程测量实训指导［M］．北京：北京理工大学出版社，2010.
[15] 李行洋．测量平差基础［M］．北京：中国水利水电出版社，2011.
[16] 杨中利，汪仁银．工程测量［M］．北京：中国水利水电出版社，2007.
[17] 华锡生，田林亚．测量学［M］．南京：河海大学出版社，2003.
[18] 中华人民共和国国家标准．工程测量规范：GB 50026—2007［S］．北京：中国计划出版社，2008.
[19] 中华人民共和国国家标准．国家三、四等水准测量规范：GB/T 12898—2009［S］．北京：中国标准出版社，2009.
[20] 中华人民共和国水利部．水利水电施工测量规范：SL 52—2015［M］．北京：中国电力出版社，2015.
[21] 中华人民共和国国家标准．国家基本比例尺地图图式 第1部分：1∶500 1∶1000 1∶2000地形图图式：GB/T 20257.1—2017［S］．北京：中国标准出版社，2017.